"十二五"职业教育国家规划教材
经全国职业教育教材审定委员会审定

稀土冶金技术

(第2版)

主编 石富

北京
冶金工业出版社
2024

内 容 提 要

本书基于稀土冶金生产过程，分别论述了稀土精矿分解、稀土萃取分离、稀土化合物制备、熔盐电解法制备稀土金属和合金、金属热还原法制备稀土金属和合金、热还原法生产稀土铁合金等生产过程的基本原理、工艺流程和设备、工艺参数以及操作技术。本书内容丰富，理论联系实践，标准规范，实用性强。

本书可以作为高等职业技术教育冶金工程和材料工程专业的教学用书，也可作为企业相关技术人员职业资格和岗位技能培训教材。

图书在版编目(CIP)数据

稀土冶金技术/石富主编.—2版.—北京：冶金工业出版社，2015.2(2024.8重印)

"十二五"职业教育国家规划教材

经全国职业教育教材审定委员会审定

ISBN 978-7-5024-6539-1

Ⅰ.①稀… Ⅱ.①石… Ⅲ.①稀土金属—有色金属冶金—高等职业教育—教材 Ⅳ.①TF845

中国版本图书馆CIP数据核字(2014)第030894号

稀土冶金技术（第2版）

出版发行 冶金工业出版社 **电　话** (010)64027926

地　　址 北京市东城区嵩祝院北巷39号 **邮　编** 100009

网　　址 www.mip1953.com **电子信箱** service@mip1953.com

责任编辑 任咏玉 美术编辑 彭子赫 版式设计 葛新霞

责任校对 王永欣 责任印制 窦 唯

北京虎彩文化传播有限公司印刷

2009年4月第1版，2015年2月第2版，2024年8月第2次印刷

787mm×1092mm 1/16；18.5印张；450千字；283页

定价45.00元

投稿电话 **(010)64027932** **投稿信箱** **tougao@cnmip.com.cn**

营销中心电话 **(010)64044283**

冶金工业出版社天猫旗舰店 **yjgycbs.tmall.com**

（本书如有印装质量问题，本社营销中心负责退换）

第2版前言

本书是经全国职业教育教材审定委员会审定的“十二五”职业教育国家规划教材，是按照教育部高等职业技术教育高技术、高技能人才的培养目标和规格，依据内蒙古机电职业技术学院校企合作发展理事会冶金分会和冶金专业建设指导委员会审定的“稀土冶金技术”课程教学大纲，在总结近几年教学经验并征求相关企业技术人员对本书第1版修改意见的基础上编写而成的。

此次修订力求体现职业技术教育特色，注重以职业（岗位）需求为依据，贯彻“基于工作过程”的教学原则，每个单元都提出了教学目标，对于生产案例和拓展内容做出了标识；适当反映了先进的技术成果和生产经验，调整了相关内容，如氯化物熔盐体系电解由于氯气回收和环保问题难以解决，已逐渐被生产企业所淘汰，故此次修订删除了与此相关的内容。

本书共分7章，第1章稀土冶金基础知识介绍了稀土化学、稀土资源、稀土应用和稀土工业的发展等基础知识及产业相关知识。第2~7章对应于稀土生产企业的6个职业岗位群，分别论述了稀土精矿分解、稀土萃取分离、稀土化合物制备、电解制备稀土金属和合金、金属热还原法制备稀土金属及提纯、稀土铁合金生产等生产过程的基本原理、工艺流程和设备、工艺参数以及操作技术。书中标识为【案例】的内容是生产企业中成熟的和典型的生产方法。标识为【拓展】的内容，一是应用于局部地区或企业的典型生产方法，如从离子吸附型稀土矿提取稀土的生产方法等；二是仍然处于研发阶段的新技术，如变价稀土化合物的制备、熔盐电解法制备稀土合金、稀土金属的提纯等内容。此次修订遵照专业建设指导委员会的意见仍保留了【拓展】内容，以保证本书中稀土冶金生产过程的全面性和系统性。

本书各章教学目标的设定取决于院校的培养目标、教学组织模式和实践条件。内蒙古机电职业技术学院的教学安排是：在上述6个职业岗位群的相关企业轮岗实习4周；校内采取项目化教学，如目前实施浓硫酸低温分解稀土精矿技术研发、稀土化合物制备、6kA电解槽电解生产稀土金属、真空感应炉钙热还原稀土金属、100kV·A直流矿热炉碳热还原稀土铁合金等工作教学项目。项目的实施采取咨询、计划、决策、实施、检查、评估方法，本书内容作为各项目的咨询环节在课堂讲授，尤其是【案例】内容要结合实习过程而详加讨论，故课堂讲授约80学时；各项目的实施约160学时。

内蒙古机电职业技术学院石富担任本书主编，并编写第1、4~6章；包钢华美稀土高科有限公司赵占峰编写第2章；内蒙古包钢稀土高科股份有限公司夏长林编写第3章，于鹏编写第7章。在编写和审稿过程中，得到了稀土产业界和兄弟院校许多同仁的大力支持和热情帮助，得到了内蒙古机电职业技术学院领导和同事们的积极支持，在此表示衷心的感谢。对所有为本书提供资料、建议和帮助的各方人士，借此也一并表示诚挚的谢意。

由于作者水平所限，书中不妥之处，恳请读者批评指正。

编　者

2014年10月

第 1 版前言

本书为高等职业技术教育冶金类专业“十一五”规划教材，是按照教育部高等职业技术教育高技能人才的培养目标和规格、应具有的知识结构、能力结构和素质要求，依据内蒙古机电职业技术学院材料与能源专业教学指导委员会审定的“稀土冶金技术”课程教学大纲，在总结近几年教学经验并征求相关企业技术人员意见的基础上编写而成的。

经过半个世纪的发展，我国的稀土工业已进入了“新材料时代”或“高新技术时代”。稀土主要应用于电子、信息、通信、汽车、包括医疗器械在内的精密机电，以及传统的石油、玻璃、冶金等行业。稀土产业链的后续环节，即稀土新材料、元器件及终端应用，多属高新技术产业。这些产业的高速增长为我国稀土工业提供了良好的机遇，我国稀土工业的发展也必将为人类社会的进步做出应有的贡献。

为适应稀土材料工程技术这个新专业教学的需要，“稀土冶金技术”作为核心技术课程之一，其教学基本目的是：熟悉稀土湿法冶金、火法冶金和各类稀土材料生产的基本过程；熟悉生产流程中各个岗位的工艺原理和基本机械装备；具有在生产一线操作的基本知识和技能；具有开发新材料，采用新工艺、新设备、新技术的初步能力。

多年前，本书作者曾在稀土产业界和科研院所众多专家和工程技术人员的鼓励和帮助下，出版了《稀土冶金》一书（1994 年 8 月，内蒙古大学出版社）。《稀土冶金》一书多年来在多所院校相关专业教学中使用，也深受稀土企业欢迎，作为职业培训教材使用，并于 1997 年荣获内蒙古自治区职教系统研究成果一等奖。

十几年来，稀土冶金技术得到了长足发展，稀土产业链不断延伸。为了适应稀土产业的高速发展，适应基于工作过程的教学要求，作者以《稀土冶金》一书为基础，编写了《稀土冶金技术》一书，本书共分 7 章。第 1 章绪论介绍了稀土化学、稀土资源、稀土应用和稀土工业的发展等基础知识和产业相关知识。第 2 ~ 7 章分别论述了稀土精矿分解、稀土元素萃取分离、稀土化合物制备、电解制备稀土金属和合金、金属热还原法制备稀土金属及提纯、稀土铁合金生产等生产过程的基本原理、工艺流程和设备、工艺参数以及操作技术。在编写过程中力求体现职业技术教育特色，注重以职业（岗位）需求为依据，贯彻“基于工作过程”的原则，且注意吸收国内外有关的先进技术成果和生产经验，充实了必要的基础知识和基本操作技能。叙述上由浅入深，理论联系实践，内容充实，标准规范，实用性强。本书可以作为冶金工程、材料工程专业职业教育的教学用书，也可作为职业资格和岗位技能培训教材。

本书由内蒙古机电职业技术学院石富任主编，并编写第1、2、4、5、6章；盛维汉编写第3章；甄丽萍编写第7章。全书由石富统稿，包头华美稀土集团公司李茂山总工程师任主审。在编写和审稿过程中，得到了稀土产业界和兄弟院校许多同仁的大力支持和热情帮助，得到了内蒙古机电职业技术学院领导和同事们的积极支持，在此一并表示衷心的感谢。借此对所有为本书提供资料、建议和帮助的各方人士，表示诚挚的谢意。

限于作者的水平，书中难免有错误和疏漏之处，诚请师生和读者批评指正。

编　者

2008年12月

目　录

1 稀土冶金基础知识

【教学目标】认知稀土元素及其分类、代号、丰度、电子结构特点及稀土金属的性质；了解稀土化合物的性质及其与提取工艺的关系、稀土矿物的赋存状态和稀土工业矿物、稀土工业的发展和稀土的主要应用。

1.1 稀土元素概述

1.1.1 稀土元素的概念

稀土元素包括原子序数为57～71的15个镧系元素，即镧（La）、铈（Ce）、镨（Pr）、钕（Nd）、钷（Pm）、钐（Sm）、铕（Eu）、钆（Gd）、铽（Tb）、镝（Dy）、钬（Ho）、铒（Er）、铥（Tm）、镱（Yb）、镥（Lu），以及与镧系元素在化学性质上相似的原子序数为21的钪（Sc）和原子序数为39的钇（Y），共17个元素。它们属于化学元素周期表中第$Ⅲ_B$族，正常化合价是+3价。在这17个稀土元素中，钪与其他16个元素在自然界中的共生关系不太密切，性质差别也比较大，大多数工业稀土矿中都不含钪或其提取方法不同。同时，镧系元素中的钷是放射性元素，它是反应堆铀裂变的产物或存在于富铀矿中，其半衰期短，常见的稀土矿中也不含钷。因此，稀土矿处理过程实际上只涉及15个稀土元素。

根据稀土元素在物理化学性质和地球化学性质上的某些差异和生产工艺的要求，常将其分为轻、重稀土两组或轻、中、重稀土三组。两组的分类法开始是基于人们把溶解度较小的钆之前的稀土硫酸复盐富集在一起，故把钆之前从镧到铕这些原子序数以及相对原子质量较小的稀土元素称为轻稀土或铈组元素，从钆到镥的稀土元素再加上钇称为重稀土或钇组元素。钇的原子序数与相对原子质量都比镧系元素小得多，但由于它的离子半径与铒等重稀土相近，而且在自然界往往与重稀土共生，故将其归于重稀土。三组的分类法通常是根据稀土硫酸复盐溶解度的差异，或者根据酸性萃取剂对稀土元素萃取的难易程度以及工艺需要来分组，例如，有时把从钐到镝的5个元素或从钐到钆的3个元素称为中稀土。

稀土一词的英文为Rare Earths，国际上通用R为其代号，德国用RE，法国用TR，俄罗斯用P.3。我国规定用RE代表稀土元素，有时为简便也用R代表。

1.1.2 稀土元素的丰度

稀土元素是在1794年由芬兰科学家J·加多林（Johan Gadolin）研究瑞典伊特比（Ytterbite）矿石时首先发现的，以后人们又连续不断地发现了其他稀土元素。直至1972年从天然铀矿中发现了微量钷，至此，17个稀土元素在地壳中全部被发现。

由于稀土元素被人类发现较晚，其开发和应用还不广泛，故被列为稀有金属。实际上，稀土元素在地壳（以厚度16km计）中的储量颇为丰富，17个稀土元素的总量在地壳中的质量分数达0.0236%，其中铈组元素为0.01592%，钇组元素为0.0077%，比常见元素铜（0.01%）、锌（0.005%）、锡（0.004%）、铅（0.0016%）、镍（0.008%）、钴（0.003%）等都多。镧、铈和钕是稀土元素中分布最广的，即使是三者中含量最少的铥也达到$2\times10^{-5}\%$，与铋（Bi）为同一数量级。各个稀土元素在地壳中的丰度见表1-1。

表1-1 稀土元素在地壳中的丰度

原子序数	元素名称	元素符号	相对原子质量	丰度/%	占稀土总量的比例/%
21	钪	Sc	44.96	5.00×10^{-4}	3.26
39	钇	Y	88.91	2.81×10^{-3}	18.31
57	镧	La	138.91	1.83×10^{-3}	11.93
58	铈	Ce	140.12	4.61×10^{-3}	29.33
59	镨	Pr	140.91	5.53×10^{-4}	3.60
60	钕	Nd	144.24	2.39×10^{-3}	15.58
61	钷	Pm	(145)①	4.50×10^{-21}	—
62	钐	Sm	150.36	6.47×10^{-4}	4.22
63	铕	Eu	151.97	1.47×10^{-4}	0.69
64	钆	Gd	157.25	6.36×10^{-4}	4.15
65	铽	Tb	158.92	9.10×10^{-5}	0.59
66	镝	Dy	162.50	4.47×10^{-4}	2.91
67	钬	Ho	164.93	1.15×10^{-4}	0.75
68	铒	Er	167.26	2.47×10^{-4}	1.61
69	铥	Tm	168.93	2.00×10^{-5}	0.13
70	镱	Yb	173.04	2.66×10^{-4}	1.73
71	镥	Lu	174.97	7.50×10^{-5}	0.46

①括号内数字表示天然放射性同位素中，已知最长半衰期同位素的相对原子质量。

由表1-1可看出，稀土元素的丰度随原子序数的增加而递减。从稀土元素内部来看，奇偶效应很明显，原子序数为偶数的元素，其丰度大大高于原子序数为奇数的元素。铈和钇的高丰度与原子核壳层特殊的稳定性相符合。

1.1.3 稀土元素的电子层结构

稀土元素的物理、化学性质极其相似，这是由其电子层结构的特点所决定的。稀土元素原子的核外电子层结构见表1-2。从表中看出，随着原子序数的增加，原子的最外电子层（P层）和次外电子层（O层）的结构基本保持不变，从一个元素过渡到另一个元素时，增加的电子填入原子内部的4f层。由于4f层电子最大可能数为14，这样就确定了镧系元素的数量。除镧、铈、钆和镥外，镧系元素的5d层没有电子，但4f与5d两层的能级相接近，由4f层转移一个电子至5d层所消耗的能量并不大。这些元素离子化时发生4f层电子跃迁，因此由6s层的两个电子和5d层的一个电子参与组成价键，使镧系元素呈现+3价。钪、钇具有与镧系元素相似的电子层结构和相同的化合价，因而其化学行为与镧系元素相似。

表 1-2 稀土元素原子的核外电子层结构

原子序数	元素	M			N				O			P	主要化合价
		3s	3p	3d	4s	4p	4d	4f	5s	5p	5d	6s	
21	Sc	2	6	1	2								+3
39	Y	2	6	10	2	6	1		2				+3
57	La	2	6	10	2	6	10		2	6	1	2	+3
58	Ce	2	6	10	2	6	10	1	2	6	1	2	+3，+4
59	Pr	2	6	10	2	6	10	3	2	6		2	+3，+4
60	Nd	2	6	10	2	6	10	4	2	6		2	+3
61	Pm	2	6	10	2	6	10	5	2	6		2	+3
62	Sm	2	6	10	2	6	10	6	2	6		2	+2，+3
63	Eu	2	6	10	2	6	10	7	2	6		2	+2，+3
64	Gd	2	6	10	2	6	10	7	2	6	1	2	+3
65	Tb	2	6	10	2	6	10	9	2	6		2	+3，+4
66	Dy	2	6	10	2	6	10	10	2	6		2	+3
67	Ho	2	6	10	2	6	10	11	2	6		2	+3
68	Er	2	6	10	2	6	10	12	2	6		2	+3
69	Tm	2	6	10	2	6	10	13	2	6		2	+3
70	Yb	2	6	10	2	6	10	14	2	6		2	+2，+3
71	Lu	2	6	10	2	6	10	14	2	6	1	2	+3

在镧系元素中除 +3 价外，还有 +4 价和 +2 价的，这是由于 4f 层电子数不同而产生电子结合强度的差异所造成的。电子结合的强度随着 4f 层电子数目全空、半满、全满而增大。铈和镨的 4f 层电子是最初填充的，结合力较弱；而铽和镝失去电子，趋于形成稳定的钆结构，因而它们的 4f 层电子很容易移向 5d 层，都会出现 +4 价。钐、铕、镱等 4f 层电子数目接近或等于 7 和 14 的元素处于相对稳定状态，参与组成价键的只有 6s 层的两个电子，故经常为 +2 价。此外，在某些化合物中还存在 Ce^{2+}、Nd^{2+}、Tm^{2+}、Nd^{4+} 等化合价，说明其变价特点还受到热力学和动力学因素的影响。所有正常价的 RE^{3+} 和 Ce^{4+}、Eu^{2+}、Yb^{2+} 等变价离子可存在于水溶液中，其他变价离子则存在于固态化合物中。利用稀土元素的这种变价特点，易于将其与其他稀土元素分离。

镧系元素的电子内迁移特性，使其原子半径（铕和镱除外）和 +3 价离子半径的变化规律是随原子序数的增加而逐渐减小，如表 1-3 所示，这种现象称为“镧系收缩”现象。这是由于内填充的 4f 层电子对核正电荷的屏蔽作用较弱，不是一对一的，因而随着核正电荷数的逐渐增加，对外层电子的静电引力逐渐增强，引起电子壳的收缩。除了 Sc^{3+} 外，RE^{3+} 的半径在 0.0848 ~ 0.1061nm 间变化，平均两个相邻元素之间相差 0.0015nm，变化很小，所以在矿物晶格中可以互相取代，常呈类质同晶现象。Y^{3+} 的半径为 0.088nm，与重稀土元素相近，常与重稀土共存于矿物中。而 Sc^{3+} 的离子半径与镧系元素相差较大，故一般不与稀土矿物共存。镧系元素的离子半径相差不多，使其性质相似，分离困难。镧系元素离子半径的这种变化规律可用来解释化合物的某些性质，如镧系元素的碱性差异很小，且随离子半径的减小而减弱，这对判断离子的水解程度、络合能力以及形成 $RE(OH)_3$ 的 pH 值具有指导作用。生产实践中，正是利用稀土元素间的这种微小差别将其逐个分离的。

表 1-3 稀土元素的原子半径和 +3 价离子半径

原子序数	元素	原子半径/nm	+3 价离子半径/nm	+3 价离子颜色
21	Sc	0.1641	0.068	无
39	Y	0.1803	0.088	无
57	La	0.1877	0.1061	无
58	Ce	0.1824	0.1034	无
59	Pr	0.1828	0.1013	绿色
60	Nd	0.1821	0.0995	淡红色
61	Pm	(0.1810)	(0.0987)	粉红色
62	Sm	0.1802	0.0964	黄色
63	Eu	0.2042	0.0950	无
64	Gd	0.1802	0.0938	无
65	Tb	0.1782	0.0923	无
66	Dy	0.1773	0.0908	黄色
67	Ho	0.1766	0.0894	棕黄色
68	Er	0.1757	0.0881	淡红色
69	Tm	0.1746	0.0869	绿色
70	Yb	0.1940	0.0858	无
71	Lu	0.1734	0.0848	无

原子半径是指金属晶体中两个原子核之间距离的一半。在金属中，最外层电子在相邻原子之间是相互重叠的，可以在晶格之间自由运动而成为传导电子。铕和镱只有两个传导电子 $6s^2$，而其他镧系金属原子有 3 个传导电子 $4f^1$ 和 $6s^2$，因此使这两个金属的原子半径远大于其他镧系金属的原子半径。

在 4f 电子层的 7 个轨道中，除 La^{3+} 全空和 Lu^{3+} 全部排满 14 个电子外，其余镧系元素的 4f 层电子可在这 7 个轨道间任意排布，产生比一般元素更多种多样的能级。电子在这些能级间的跃迁，能吸收或发射各种波长的紫外光、可见光和红外光。而且，在 5s、5p 电子层的屏蔽作用下，4f 层电子受稀土化合物中其他元素的影响较小，稀土化合物的吸收光谱和自由离子的吸收光谱基本一样。由于这些光学特性，使得稀土元素在与光学有关的领域内，如在荧光材料和激光材料方面取得了广泛的应用。此外，部分稀土离子吸收单色光呈现单色光补色的颜色，据此可以辨别稀土离子或其化合物。由于多个稀土原子的 4f 电子层存在不成对电子，这些电子自旋产生较大的磁场，而且 4f 层电子绕原子核运动也产生磁场，这样其与其他元素结合就有可能成为性能优异的磁性材料。

因此，在讨论含稀土元素的材料时，可分为以下两种情况来考虑：一是利用取决于 4f 层电子的物理性质的材料；二是利用与 4f 层电子没有直接关系的稀土特有化学性质（例如与离子半径、电荷等有关）的材料。与 4f 层电子直接有关的材料有荧光、激光等发光材料和磁性材料。发光材料是利用4f层轨道内电子的能级跃迁，而磁性材料是利用不成对的4f层电子的自旋排列。归根结底，都是利用4f层轨道电子未充满的性质。用在玻璃着色剂、陶瓷釉上的稀土化合物也是利用4f层电子对光的吸收性质。与此相反，用在催化、冶金添加剂、固体电解质、氧化物高温超导体、储氢合金和发光材料的基质等方面的稀土元素，是由于它们的电荷、离子半径等适合形成具有某种结构的化合物。

1.2 稀土金属的性质

1.2.1 稀土金属的物理性质

稀土金属断口大多数呈银白色，其中钕和镨略带黄色。在一般条件下，它们的表面呈现褐色至黑色，视金属表面上所存在的氧化物膜或氮化物膜而定。稀土金属的某些物理性质见表1－4。

表1－4 稀土金属的物理性质

元素	晶体结构	晶格参数/nm		密度 /g·cm^{-3}	熔点 /℃	沸点 /℃	热中子俘获截面 /b①	电阻率（25℃） /Ω·nm	弹性模量 /MPa
		a	c						
Sc	密排六方	0.3309	0.5273	2.992	1538	2730	24.0±1.0	660	—
Y	密排六方	0.3648	0.5732	4.478	1502	2630	1.31±0.08	530	67000
La	双重六方	0.3774	1.2270	6.174	920	3470	9.3±0.3	570	39150
Ce	面心立方	0.5161	—	6.771	797	3468	0.73±0.08	750	30580
Pr	双重六方	0.3672	1.1833	6.782	935	3017	11.6±0.6	680	35920
Nd	双重六方	0.3658	1.1796	7.004	1024	3210	46±2	640	28600
Pm	双重六方	0.3650	1.165	7.264	1035	3200	—	—	—
Sm	菱形	0.8980	α=23.31°	7.536	1072	1670	6500±200	920	34800
Eu	体心立方	0.4583	—	5.259	826	1430	4500±100	810	—
Gd	密排六方	0.3634	0.6783	7.895	1312	2800	46000	1340	57300
Tb	密排六方	0.3605	0.5694	8.272	1356	2480	46±4	1160	58640
Dy	密排六方	0.3592	0.5650	8.536	1407	2330	950±50	910	64330
Ho	密排六方	0.3577	0.5618	8.803	1761	2490	65±3	940	68500
Er	密排六方	0.3559	0.5585	9.051	1497	2420	173±17	860	74740
Tm	密排六方	0.3537	0.5554	9.332	1545	1700	127±4	900	—
Yb	面心立方	0.5485	—	6.977	824	1320	37±4	280	18150
Lu	密排六方	0.3503	0.5549	9.842	1652	3000	112±5	1080	—

①1b（靶恩）$=1\times10^{-28}m^2$。

常温下，稀土金属都具有紧密排列的晶格结构，即密排六方、面心立方以及α－Sm型的菱形晶格，只有铕为体心立方晶格结构。大多数稀土金属具有同素异构转变，低温时为密排六方晶格，高温下变成体心立方晶格后熔化。它们的晶格转变过程较缓慢，因而有时在金属中出现具有不同晶格结构的两相。其中，铈在低温下有同素异构转变，在230～263K温度范围内，面心立方晶格的γ－Ce转变为双重六方晶格的β－Ce。另外，在等静压作用下稀土金属的晶体结构按下列方式转变：密排六方晶格→α-Sm 型菱形晶格→双重六方晶格→面心立方晶格。

在一级近似下，镧系元素的密度依次单调增加，熔点按一定规律增高，只有铕和镱明显偏离这一关系。铕和镱的物理性质异常与它们的晶格结构有关，而晶格结构又取决于金属的电子结构。通常，在稀土金属的晶格结点上存在 RE^{3+} 离子，但铕和镱很容易先给出 $6s^2$ 亚电子层的两个电子，而 $4f^7$ 和 $4f^{14}$ 亚电子层的电子则难以脱离，因而在晶格结点上存在 RE^{2+} 离子。+2 价离子的半径比 +3 价离子大，因此这两种金属“较松散”，比其他稀土金属的原子体积大，密度小。在铕和镱晶格中 $RE^{2+}+2e$ 的结合能，比其他稀土金属中 $RE^{3+}+3e$ 的结合能小，因此其熔点和沸点较低。同理，在晶格结点上存在 RE^{3+} 离子的稀土金属中，由于离子半径依次减小，$RE^{3+}+3e$ 的结合能依次增大，则其密度依次增加，熔点依次升高（铈除外），熔点最高的镥和熔点最低的铈相差近 1000℃，硬度也有类似的变化。呈 +2 价的稀土金属钐、铕、铥、镱的沸点明显低于其他稀土金属。

稀土金属最明显的差异是原子核的性质，轻稀土镧和铈对热中子吸收少，钐、铕、钆等中重稀土的热中子俘获截面远大于现反应堆作为热中子俘获材料使用的镉（2500b）和硼（1715b）。

稀土金属的导电性能较差，常温下的电阻率比铜大 40～70 倍。α-La 在 4.9K、β-La 在 5.85K 的转变具有超导性能，其他稀土金属甚至在零点几开的绝对温度下仍无超导性能。

除钆、镝、钬具有铁磁性外，其他稀土金属均具有顺磁性。在低温下，钆之前的金属也表现出铁磁性。

高纯度稀土金属具有可塑性，其中铈、钐、镱还具有良好的延展性。其力学性能在很大程度上取决于杂质含量，特别是氧、硫、氮、碳等。钇组金属（镱除外）的弹性模量高于铈组金属。稀土金属的硬度一般是随原子序数的增加而增大，其布氏硬度在 20～70MPa 之间。

已知稀土元素的同位素有 200 余种，其中天然同位素只有 65 种，其余为人工核分裂产生的放射性同位素。

1.2.2 稀土金属的化学性质

稀土金属的化学活性很强，能与大多数元素作用，其金属活泼性仅次于碱土金属。稀土金属的活泼性按钪、钇、镧的顺序递增，由镧至镥递减，镧为最活泼的稀土金属。

稀土金属在室温下就能与空气中的氧作用，继续氧化的程度视所生成的氧化物的结构和性质而有所不同。镧、铈、镨和钕氧化得很快，其余氧化得很慢，能在很长时间内保持金属光泽。铈氧化后生成的 Ce_2O_3 很容易继续氧化成疏松的 CeO_2，会使铈无阻碍地继续发生氧化，这是引起铈和富铈合金自燃的原因。当温度高于 180～200℃时，所有稀土金属都会在空气中迅速氧化甚至自燃，其中铈、镨、铽分别生成 CeO_2、Pr_6O_{11}（$4PrO_2 \cdot Pr_2O_3$）和 Tb_4O_7（$2TbO_2 \cdot Tb_2O_3$），其余稀土金属生成 RE_2O_3 型氧化物。

稀土金属在室温下即可吸收氢，在 250～300℃时其相互作用加剧，并形成 $REH_{2.8}$ 型（对于 La、Ce、Pr）或 REH_2 型氢化物。氢化物在真空中加热至高于 1000℃时分解，并且在潮湿空气中不稳定。

在含硫的气氛中加热稀土金属会生成 RE_2S_3、RE_3S_4 和 RES 等硫化物，稀土硫化物具有很高的熔点（1900～2500℃）和耐火性。稀土金属在 750～1000℃时与氮反应，生成以 REN 型为主的氮化物。稀土金属与碳、碳氢化合物、CO、CO_2 在加热时相互作用，形成 REC_2 型碳化物。稀土碳化物在潮湿空气中发生水解，生成以乙炔为主的碳氢化合物和部分甲烷。

所有卤素在温度高于 200℃时均与稀土金属发生强烈反应，生成 REX_3 型卤化物。除氟化物外，所有的卤化物都有很强的吸水性，并很容易水解生成 REOX 型氧卤化物。只有钐、铕和镱生成低价卤化物 REX_2。

稀土金属能与多数金属元素生成金属间化合物或合金。稀土金属与镁生成 REMg、$REMg_2$、$REMg_3$、$REMg_4$ 等化合物，稀土金属还微溶于镁；与铝生成 LaAl、$LaAl_2$、$LaAl_4$、La_3Al、Ce_3Al_2 等化合物；与钴生成 $SmCo_2$、$SmCo_3$、$SmCo_5$、Sm_2Co_7、Sm_3Co、Sm_3Co_4 等强磁性化合物；与镍生成 LaNi、$LaNi_5$、La_3Ni_5 等化合物；与铜生成 YCu、YCu_2、YCu_4、YCu_5、$NdCu_5$、CeCu、$CeCu_2$、$CeCu_4$、$CeCu_6$ 等化合物；与铁生成 $CeFe_2$、$CeFe_3$、Ce_2Fe_3、YFe_2 等化合物，但镧与铁只生成共晶体。

稀土元素由于原子体积比较大，因此与其他金属元素一般不能形成固溶体。稀土金属与碱金属及钙等均生成不互溶的体系；其在锆、铪、铌、钽金属中的溶解度很小，一般只形成共晶体；其与铬、钼、钨等元素也不能生成化合物。

稀土金属可分解水，冷则慢、加热则快；易溶于稀盐酸、硫酸和硝酸；微溶于氢氟酸和磷酸，这是由于生成了难溶盐的保护膜。稀土金属和碱溶液不发生作用。

1.3 稀土主要化合物的性质

1.3.1 稀土氢氧化物

稀土氢氧化物一般为 $RE(OH)_3$ 形式，铈有 $Ce(OH)_4$ 形式。在稀土的盐溶液中加入氨水或其他碱，可生成稀土氢氧化物，它是一种胶状沉淀，在热溶液中聚积沉降。在不同盐的溶液中，稀土氢氧化物开始沉淀的 pH 值及其溶度积稍有不同。由于镧系收缩，+3 价离子的离子势 E/r 随原子序数的增大而增加，开始沉淀时的 pH 值也随原子序数的增大而降低，见表 1－5。其中 Sc^{3+} 由于离子半径最小，开始沉淀的 pH 值最低。+4 价铈的氢氧化物在 pH＝0.7～1.0 时就沉淀析出。而 +2 价的铕与碱土金属（尤其 Ba^{2+}）性质相似，它们的氢氧化物溶于水。

表 1－5 稀土氢氧化物的物理性质

氢氧化物	颜色	溶度积（25℃）	开始沉淀的 pH 值				
			硝酸盐	氯化物	硫酸盐	醋酸盐	高氯酸盐
$La(OH)_3$	白色	1.0×10^{-19}	7.82	8.03	7.41	7.93	8.10
$Ce(OH)_3$	白色	1.5×10^{-20}	7.60	7.41	7.35	7.77	
$Pr(OH)_3$	浅绿色	2.7×10^{-20}	7.35	7.05	7.17	7.66	7.40
$Nd(OH)_3$	紫红色	1.9×10^{-21}	7.31	7.02	6.95	7.59	7.30
$Sm(OH)_3$	黄色	6.8×10^{-22}	6.92	6.82	6.70	7.40	7.13

续表 1-5

氢氧化物	颜色	溶度积（25℃）	开始沉淀的 pH 值				
			硝酸盐	氯化物	硫酸盐	醋酸盐	高氯酸盐
$Eu(OH)_3$	白色	3.4×10^{-22}	6.82		6.68	7.18	6.91
$Gd(OH)_3$	白色	2.1×10^{-22}	6.83		6.75	7.10	6.81
$Tb(OH)_3$	白色						
$Dy(OH)_3$	浅黄色						
$Ho(OH)_3$	浅黄色						
$Er(OH)_3$	浅红色	1.3×10^{-23}	6.75		6.50	6.95	
$Tm(OH)_3$	浅绿色	2.3×10^{-24}	6.40		6.20	6.53	
$Yb(OH)_3$	白色	2.9×10^{-24}	6.30		6.18	6.50	6.45
$Lu(OH)_3$	白色	2.5×10^{-24}	6.30		6.18	6.46	6.45
$Y(OH)_3$	白色	1.6×10^{-23}	6.95	6.78	6.83	6.83	6.81
$Sc(OH)_3$	白色	4×10^{-30}	4.9	4.8		6.10	
$Ce(OH)_4$	黄色	4×10^{-51}	0.7~1				

稀土氢氧化物胶状沉淀受热不稳定，温度高于200℃时则发生脱水反应，由$RE(OH)_3$转变成 REO(OH)。这种脱水物也可在高温、高压下通过热合成法制备，如在193~420℃和$2.159\times10^5\sim7.093\times10^7$Pa 的条件下，从 NaOH 溶液中生长出晶体稀土氢氧化物（La~Yb，Y）$(OH)_3$，晶体属于密排六方晶系。Lu 和 Sc 则可在 NaOH 溶液中于 157~159℃制取，晶体为密排六方晶系。加热温度再升高，脱水的氢氧化物 REO(OH) 则会生成RE_2O_3。如表 1-6 所示，从 La 到 Lu 离子半径逐渐减小，离子势逐渐增大，脱水温度也逐渐降低。含水$Ce(OH)_3$在空气中将被缓慢氧化，在加热情况下很快变成黄色的$Ce(OH)_4$。$Ce(OH)_3$是一种强还原剂。

表 1-6　$RE(OH)_3$ 及 REO(OH) 的脱水温度　（℃）

元素	沉淀法制样			水热法制样	
	$RE(OH)_3\cdot nH_2O$	$RE(OH)_3$	REO(OH)	$RE(OH)_3$	REO(OH)
La	70	390	590	410	550
Pr	54	328	460	355	
Nd	58	338	464	375	535
Sm	60	345	515	345	595
Eu	71	370	540	330	575
Gd	76	380	570	330	490
Tb	66	340	500	320	375
Dy	60	300	490	295	455
Ho	48	270	460	290	430
Er	45	255	440	250	430

续表 1－6

元素	沉淀法制样			水热法制样	
	$RE(OH)_3 \cdot nH_2O$	$RE(OH)_3$	REO(OH)	$RE(OH)_3$	REO(OH)
Tm	40	240	430	270	390
Yb	36	225	410		
Lu	31	210	400		
Y	56	280	470	310	470

$RE(OH)_3$ 不溶于水和碱，本身呈碱性，其碱性大小由镧到镥逐渐减弱。胶状的氢氧化物可从空气中吸收 CO_2 而生成碳酸盐。$RE(OH)_3$ 溶于酸而生成盐，但在稀硝酸或稀盐酸中溶解度不同。$Ce(OH)_4$ 的溶解度比 $RE(OH)_3$ 小，这是稀硝酸或稀盐酸优先溶解 RE^{3+} 而分离铈的依据。

1.3.2 稀土氧化物

稀土氧化物一般可用 RE_2O_3 通式表示，而铈、镨、铽可以生成 CeO_2、PrO_2 和 Pr_6O_{11}（$Pr_2O_3 \cdot 4PrO_2$）、Tb_4O_7（$Tb_2O_3 \cdot 2TbO_2$），钐、铕、镱还可以生成 SmO、EuO、YbO。

除了 Ce、Pr、Tb 外，其余稀土元素的氧化物（RE_2O_3）均可通过灼烧氢氧化物及稀土盐 $RE_2(CO_3)_3$、$RE_2(C_2O_4)_3$、$RE(NO_3)_3$、$RE_2(SO_4)_3$ 等得到。在空气条件下，灼烧 Ce、Pr、Tb 的氧化物和稀土盐，则分别得到 CeO_2、Pr_6O_{11} 和 Tb_4O_7 等氧化物。

稀土氧化物都是粉末状的，具有很高的熔点和沸点。除镧、钆、镱、镥的氧化物为白色外，其他均具有不同的颜色和结构。稀土氧化物的物理性质见表 1－7。稀土氧化物的反应活性取决于加热的程度，灼烧的温度应尽可能低些，以便获得最高活性。

表 1－7 稀土氧化物的物理性质

氧化物	密度/$g \cdot cm^{-3}$	熔点/℃	颜色	氧化物	密度/$g \cdot cm^{-3}$	熔点/℃	颜色
Sc_2O_3	3.864	2300	白色	EuO	8.210	—	暗红色
Y_2O_3	5.010	2410	白色	Gd_2O_3	7.407	2322	白色
La_2O_3	6.510	2217	白色	Tb_2O_3	8.330	2292	白色
Ce_2O_3	6.860	2142	灰绿色	Tb_4O_7	—	2337	棕色
CeO_2	7.132	2397	黄白色	Dy_2O_3	7.810	2352	白色
Pr_2O_3	7.070	2127	浅绿色	Ho_2O_3	8.360	2405	淡黄色
Pr_6O_{11}	6.830	2042	黑色	Er_2O_3	8.640	2387	淡红色
Nd_2O_3	7.240	2211	蓝紫色	Tm_2O_3	8.770	2392	绿白色
Sm_2O_3	7.680	2262	黄白色	Yb_2O_3	9.170	2372	白色
Eu_2O_3	7.420	2002	紫红色	Lu_2O_3	9.942	2467	白色

稀土氧化物不溶于水和碱，本身都呈碱性，并且随原子序数的增加，从镧到镥碱性逐渐减弱。CeO_2 的碱性比 +3 价稀土氧化物微弱，其性质很稳定，难溶解在盐酸和硝酸中，但 CeO_2 与浓 H_2SO_4 作用可生成橘红色的 $Ce(SO_4)_2$ 溶液。+3 价稀土氧化物能溶于无机酸

（除 HF 和 H_3PO_4 外）生成相应的盐。氧化物可以与水结合生成氢氧化物，例如用水热法，令水蒸气与氧化物一起加热，可以得到 $RE(OH)_3$ 和 $REO(OH)$。氧化物在空气中能吸收 CO_2 生成碳酸盐，而在800℃灼烧可得到无碳酸盐的氧化物。

1.3.3 稀土卤化物

在工艺中较重要的稀土卤化物是稀土氯化物和氟化物，它们从水溶液中析出的是水合结晶物。稀土氯化物包括水合氯化物、无水氯化物和氯氧化物。无水氯化物通过水合物脱水或氧化物氯化等方法制取。

将稀土氧化物、氢氧化物或碳酸盐溶解在盐酸中，都可得到氯化稀土溶液，然后蒸发浓缩析出水合物。对于轻稀土 La、Ce、Pr，为 $RECl_3 \cdot 7H_2O$；对于 Nd ~ Lu、Sc、Y，则为 $RECl_3 \cdot 6H_2O$。水合结晶氯化物有强烈的吸水性，易溶于水和酸。无水氯化物和水合氯化物在水中的溶解焓见表1-8，无水氯化物的溶解焓为很大的负值，表明为强烈放热反应，且随+3价稀土离子半径的减小，溶解焓的绝对值变大，而放热量增加。

表1-8 稀土氯化物在水中的溶解焓（25℃） (kJ/mol)

元素	无水氯化物	水合氯化物	元素	无水氯化物	水合氯化物
La	-137.3	-28.00	Dy	-209	-41.73
Ce	-143.9	-28.9	Ho	-213.4	-43.58
Pr	-149.4	-23.91	Er	-215.1	-44.95
Nd	-156.9	-38.21	Tm	-215.9	-46.53
Sm	-166.6	-36.04	Yb	-215.9	-48.18
Eu	-170.3	-36.46	Lu	-218.4	-49.62
Gd	-181.6	-38.15	Y	-224.7	-46.24
Tb	-192.5	-39.97	Sc		-31.8

稀土氯化物在有机溶剂中有一定的溶解度。例如，$LaCl_3$ 在甲醇和乙醇中的溶解度分别为2.45mol/kg和1.26mol/kg，而且随镧系元素原子序数的增加，其溶解度也增加。溶解度一般随溶剂碳链的增长而下降。

稀土元素在各种溶液（$RE(OH)_3$、$RE(CO_3)_3$、$RE(NO_3)_3$、$RE_2(SO_4)_3$、$RECl_3$）中都易与氟反应，以 $REF_3 \cdot 0.5H_2O$ 的水合结晶物或无水盐（如 PrF_3 和 NdF_3）形式从水溶液中沉淀出来。稀土氟化物几乎不溶于水和无机酸，也不溶于碱金属的氟化物溶液。水合氟化物在热分解时也伴随有水解反应，生成 REOF，因此其脱水过程也应在真空条件下进行。

1.3.4 稀土含氧盐

1.3.4.1 稀土草酸盐

稀土的盐溶液加入草酸或草酸铵，可得到白色结晶的草酸稀土。所生成的稀土草酸盐一般都带有结晶水，按结构不同可分为两类。较轻的稀土 La ~ Er、Y 为10水合物的正盐 $RE_2(C_2O_4)_3 \cdot 10H_2O$，较重的稀土 Er ~ Lu、Sc 为6水合物，反应式为：

$$2RE^{3+} + 3(C_2O_4)^{2-} + nH_2O = RE_2(C_2O_4)_3 \cdot nH_2O$$

稀土草酸盐的溶解度随溶液酸度的升高而增大；酸度相同时，溶解度随原子序数的增大而减小。在无机酸浓度相同时，稀土草酸盐在盐酸介质中的溶解度比在硝酸介质中要小，如表1－9所示，所以沉淀稀土草酸盐最好在盐酸介质中进行。溶液中有过量草酸存在可降低其溶解度。当溶液中含有大量 NH_4^+ 时，重稀土的草酸盐在草酸铵溶液中有少量溶解，从而造成稀土损失。

表1－9 稀土草酸盐的溶解度（25℃） (g/L)

草酸盐	La	Ce	Pr	Nd	Sm	Yb	Y
水	6.2×10^{-4}	4.1×10^{-4}	7.4×10^{-4}	4.9×10^{-4}	5.4×10^{-4}	3.3×10^{-3}	1.0×10^{-3}
2mol/L 盐酸	7.02	5.72	4.65	3.44	2.37		
2mol/L 硝酸	9.94	7.30	5.46	4.58	3.64		
2mol/L 硫酸	5.90	4.46	3.26	2.64	2.57		

1.3.4.2 稀土碳酸盐

在可溶性的稀土盐溶液中加入略过量的碳酸铵或者碳酸氢铵，反应后得到稀土碳酸盐，反应式为：

$$2RE^{3+} + 3CO_3^{2-} + nH_2O = RE_2(CO_3)_3 \cdot nH_2O$$

得到的沉淀为正碳酸盐，但随着原子序数的增加，生成碱式盐的趋势也增加。碱金属的碳酸盐与稀土可溶性盐作用，只能得到碱式盐；而碱金属的酸式碳酸盐与稀土可溶性盐作用，则生成稀土碳酸盐。从水溶液中沉淀出来的稀土碳酸盐一般均含有一定的水合水分子，含有水分子的多少随金属离子的不同而不同。

无论是稀土碳酸盐还是其碱式盐，在水中的溶解度均不大，见表1－10。但碳酸稀土在碱金属和铵的碳酸盐溶液中有一定的溶解度，其溶解度随原子序数递增而增大，这是因为形成了易溶的碳酸盐配合物 $RE_2(CO_3)_3 \cdot Me_2CO_3 \cdot nH_2O$。

表1－10 $RE_2(CO_3)_3$ 在25℃水中的溶解度 (μmol/L)

碳酸盐	La	Ce	Pr	Nd	Sm	Eu	Gd	Dy	Y	Er	Yb
溶解度	1.02	1.0	1.99	3.46	1.89	1.94	7.4	6.0	2.52	2.10	5.0
颜色	白色	白色	绿色	微黄色	微红色	白色	白色	白色	白色	白色	白色

混合稀土碳酸盐为白色固体粉末，单一稀土元素碳酸盐随＋3价稀土离子颜色的不同而不同（见表1－10）。碳酸稀土可溶于酸中，生成相应的盐而放出 CO_2。碳酸稀土受热则发生分解，在320～550℃时生成 $RE_2O(CO_3)_2$，而在800～905℃时则分解为 $RE_2O_2CO_3$，最后生成 RE_2O_3，其反应为：

$$RE_2(CO_3)_3 \cdot nH_2O = RE_2O_3 + 3CO_{2(g)} + nH_2O$$

1.3.4.3 稀土硝酸盐

稀土氧化物溶于硝酸中，蒸发溶剂后结晶即可得到水合硝酸盐，其组成可用 $RE(NO_3)_3 \cdot nH_2O$ 表示，其中 n 可以是3、4、5、6，而以6最为常见。无水的硝酸盐可在150℃、加压条件下，通过相应稀土氧化物与 N_2O_4 反应制得。

稀土硝酸盐在水中的溶解度很大，25℃时溶解度大于2mol/L，并且随着温度升高溶解度增大。此外，稀土硝酸盐还能溶于乙醇、无水胺、丙酮、乙醚、乙腈等极性溶剂，且可被磷酸三丁酯（TBP）等中性溶剂萃取。

稀土硝酸盐的热稳定性不好，受热后分解放出 O_2、N_2 和 NO_2，最终产物为氧化物。Sc、Y、La、Ce、Pr、Nd、Sm 的硝酸盐转变为氧化物的最低温度分别为 510℃、480℃、780℃、450℃、505℃、830℃、750℃，其反应为：

$$4RE(NO_3)_3 = 2RE_2O_3 + 12NO_2 + 3O_2$$

1.3.4.4 稀土硫酸盐

+3 价稀土元素的硫酸盐呈水合结晶形态存在，最有代表性的为 $RE_2(SO_4)_3 \cdot 8H_2O$。稀土硫酸盐有强烈的吸水性，易溶于水和酸。硫酸盐 $RE_2(SO_4)_3 \cdot 8H_2O$ 在水中的溶解度随着温度的升高而降低。它们在加热时分解，通过生成碱式盐形态最终转变成 RE_2O_3 型氧化物。硫酸盐在 500℃以下稳定，超过 800℃时转变成氧化物。

1.3.5 稀土复盐与络合物

多数稀土盐能与碱金属盐、铵盐以及许多 +2 价元素的盐类生成复盐或络盐。

稀土元素能与硝酸铵或硝酸镁生成硝酸复盐 $RE(NO_3)_3 \cdot 2NH_4NO_3 \cdot 4H_2O$ 及 $2RE(NO_3)_3 \cdot 3Mg(NO_3)_2 \cdot 24H_2O$，其溶解度随原子序数的增加而增大，而钇组元素除铽外难以形成硝酸复盐沉淀，以前曾根据这一性质用分步沉淀法分离铈组元素。铈组元素复盐的溶解度由镧到钐递增（见表 1－11），早期曾利用这一性质用分级结晶法制取单一稀土化合物。

表 1－11 稀土硝酸复盐的相对溶解度（取镧的硝酸复盐的溶解度为 1）

复 盐	La^{3+}	Ce^{3+}	Pr^{3+}	Nd^{3+}	Sm^{3+}
$RE(NO_3)_3 \cdot NH_4NO_3 \cdot 4H_2O$	1	1.5	1.7	2.2	4.6
$2RE(NO_3)_3 \cdot Mg(NO_3)_2 \cdot 2H_2O$	1	1.2	1.2	1.5	3.8

当把碱金属硫酸盐或硫酸铵加入稀土硫酸盐溶液时，可析出稀土硫酸复盐沉淀 $xRE_2(SO_4)_3 \cdot yMe_2SO_4 \cdot zH_2O$（Me 代表 Na、K、$NH_4$）。复盐的组成依溶液中稀土浓度、沉淀剂的浓度和沉淀的温度而有所不同。通常，y 随溶液中沉淀剂浓度的增加而增大，z 随溶液温度的提高而减小。当温度高于 90℃时，则生成无水盐。复盐的溶解度按照所用沉淀剂的不同，依 $(NH_4)_2SO_4 > Na_2SO_4 > K_2SO_4$ 的顺序减小，且随溶液温度的升高而减小。同时，随稀土元素原子序数的增加，硫酸复盐的溶解度增大，可以分为微溶的（La、Ce、Pr、Nd、Sm），中等溶解的（Eu、Gd、Tb、Dy）和可溶的（Ho、Er、Tm、Yb、Lu、Y）三组。+3 价稀土元素的碳酸盐在有过量的碱金属或铵的碳酸盐沉淀剂存在时，生成难溶的碳酸复盐 $xRE_2(CO_3)_3 \cdot yMe_2CO_3 \cdot zH_2O$。但 +4 价铈的碳酸盐却生成可溶性复盐 $Me_{2x}[Ce(CO_3)_{2+x}]$。

稀土元素还能与许多有机酸形成络合物，其中最重要的是与乙二胺四乙酸（EDTA）、磷酸三丁酯（TBP）、甲基膦酸二甲庚酯（P_{350}）、二（2－乙基己基）磷酸（P_{204}）、2－乙基己基膦酸单 2－乙基己基酯（P_{507}）、环烷酸等生成络合物。稀土元素与有机酸生成的络合物的稳定性，大都是从镧至镥依次增加的，这一性质被广泛用于稀土元素的分离方法中。

1.4 稀土矿物原料

1.4.1 稀土元素在地壳中的赋存状态

地壳是由岩石构成的，而岩石是矿物的集合体。含有稀土元素的矿物称为稀土矿物或含稀土矿物。

根据地球化学的研究，认为在液态岩浆相分离的第一阶段，稀土元素成为硅酸盐熔体的成分，是亲石的元素；在岩浆凝固的第二阶段，稀土元素与其他稀有金属元素一起主要富集在岩浆结晶的最终产物中。尽管地壳中稀土丰度很高，但其在很大程度上是分散的，其原生矿物通常很少局部聚集。它们主要富集在花岗岩、碱性岩和碱性超基性岩及与它们有关的矿床中，其中最富含稀土元素的是花岗岩。

在自然界中，稀土元素多以离子化合物形式存在于矿物晶格中，呈多面体配位形式，其氧离子配位数一般为6~12。稀土元素能形成具有8电子外层的惰性气体型阳离子，离子半径较大，易与氧或含氧阴离子团结合形成矿物。矿物中阴离子部分的变化有时是以F^-和OH^-离子进入晶格中进行补偿。稀土元素在矿物中的存在状态主要有下列三种：

（1）参加矿物晶格，与其他元素一同形成独立的稀土矿物。这类矿物通常由稀土元素的阳离子与含氧的阴离子结合，矿物的化学成分也比较简单。这类矿物有氟碳铈矿（Ce，La）CO_3F、独居石（Ce，La，Nd，Th）PO_4、磷钇矿YPO_4等。

（2）以类质同晶的形态分散于许多造岩矿物和另外一些稀有矿物中。这类矿物通常由两种以上阳离子与氧或含氧阴离子结合形成复合矿物。按照类质同晶形成的条件，在这类矿物中稀土离子常与类型相同、半径相近的Ca、Sr、Ba、Mn、Zr、Nb、Ta、Fe、Ti、Th、U等离子进行总电价相等的相互置换。例如，褐钇铌矿（Y，Ce，V，Th，Ca）（Nb，Ta，Ti）O_4、褐帘石（Ca，Ce，Th）$_2$（Al，Fe，Mn，Mg）$_3$（SiO_4）$_3$OH、易解石（Ce，Th，Y）（Ti，Nb）$_2O_3$、钛铀矿（U，Ca，Fe，Y，Th）$_3Ti_5O_{16}$等均属此类。

（3）呈离子吸附状态存在于某些矿物的表面和晶层间。这类矿物是花岗岩风化后的风化土中含离子化稀土元素的矿物，易富集在硅铝酸盐、高岭石等黏土层中，称为离子吸附型矿。

上述第一类稀土矿物是工业利用的主要资源，另两类矿物可通称为含稀土元素的矿物，其中有一些矿物也是稀土金属的重要工业来源。

在各种稀土矿物中，铈组稀土元素和钇组稀土元素大多同时共存。根据其稀土配分量的特点，可将稀土矿物分为完全配分型和选择配分型两类。在完全配分型矿物中，铈组稀土元素和钇组稀土元素的含量相差无几，属于此类的有铈磷灰石、钇萤石等。在选择配分型矿物中，可能是铈组元素占优势，如氟碳铈矿、独居石、易解石等；也可能是钇组元素占优势，如磷钇矿、褐钇铌矿、菱氟钇钙矿等。任一矿物不论其属于何种选择配分型，在该矿物中往往也只是一两种元素特别富集，如氟碳铈矿选择铈，磷钇矿选择镱、钇，易解石选择铈、钕，褐钇铌矿选择镝、钇等。

必须指出，每种矿物的稀土配分不是固定不变的，而是随着生成条件的不同而变化。

甚至在同一矿床中，该矿物的稀土配分也因产状不同而异。如我国铁铌稀土矿床，产于钠闪石型矿石和钠辉石型矿石中的独居石比其他类型矿石中的独居石贫镧而富钕。

1.4.2 稀土工业矿物

所谓稀土工业矿物，是指那些目前已被或者于近期内有可能被工业部门利用的稀土矿物。目前世界上已知的含有稀土元素的矿物有250种以上，但含稀土5% ~8%以上的矿物则不到60种。在50余种稀土工业矿物中，有一小部分矿物（主要是稀土硅酸盐类，如钇榍石、硅铈钛矿、铈磷灰石和褐帘石等矿物）尽管在自然界有一定程度的富集，但鉴于它们的工业利用加工工艺至今尚未合理解决，目前只能认为其具有潜在的工业价值；还有极少数几种矿物，如磷铝铈矿、水磷钪石等，只是另类矿床的伴生组分；大部分稀土工业矿物均是在稀土矿床中作为主要稀土矿物的伴生组分而可顺便回收的对象。

作为稀土元素主要工业来源的矿物，在自然界有10余种。表1-12列出了某些稀土工业矿物的大致成分。它们的晶体构造均已查明，故其化学式常用结构式表示。稀土矿物的化学定量分析结果用氧化物含量表示。在独立稀土矿物中，REO含量与其化学式表示的理论含量大致相同。在以类质同晶存在的矿物中，REO含量受矿物晶体结构的控制，在一定范围内变化。在离子吸附型稀土矿中，黏土胶体对稀土离子的吸附有较大影响，REO含量变化范围大且无规律。

表1-12 主要稀土工业矿物的大致成分 (%)

矿物名称	化学式	TREO①	铈组	钇组	其他
氟碳铈矿	(Ce, La)(CO_3)F	58~76	30~60	0~5	$CO_2$18~22，F5~8
独居石	(Ce, La, Nd, Th)PO_4	50~68	39~74	0~5	$P_2O_5$22~31，$ThO_2$5~10，$U_3O_8$0.1~0.3
磷钇矿	YPO_4	57~68	0~11	54~64	$P_2O_5$22~30，ThO_2~1，U_3O_8~1
硅铍钇矿	(Ce, La, Nd, Y)$_2$Fe$Be_2Si_2O_{10}$	32~50	0~51	32~46	BeO<12，ThO_2<2
褐帘石	(Ce, Ca, Y)(Al, Fe)$_3$(SiO_4)$_3$(OH)	11~23	2~34	0~4	CaO10.6，$Al_2O_3$17，$Fe_2O_3$18，$SiO_2$31，$ThO_2$0.25
褐钇铌矿	$YNbO_4$	30~45	1~8	31~37	$Nb_2O_5$38~51，$ThO_2$1~7，$U_3O_8$1~9，$Ta_2O_5$4~17
黑稀金矿	(Y, Ca, U, Th)(Nb, Ta, Ti)$_2O_6$	25~30	5~12	15~25	$Nb_2O_5$18~33，$Ta_2O_5$10~25，$TiO_2$17~26
复稀金矿	(Y, Ca, U, Th)(Ti, Nb, Ta)$_2O_6$				$ThO_2$1.5~4.7，$U_3O_8$2.6~16
离子吸附型矿	(Si, Al, K)RE	0.056~0.224	~88	~88	$SiO_2$64~75，$Al_2O_3$13~17，K_2O3.4~5.6，ThO_2<0.01

①稀土氧化物总含量。

这些矿物不仅稀土含量高，而且加工工艺比较简单，在自然界又有大量的聚集。在这些主要工业矿物中，具有头等工业意义的是氟碳铈矿、独居石和离子吸附型矿。

应该指出，目前公认的工业稀土矿物并不是绝对不变的，随着现代科学技术的发展以及对稀土需要量的增加，工业矿物的数量必然不断增加，现有稀土工业矿物的相对重要性也会发生程度不同的变化。

1.4.3 稀土资源

世界稀土资源储量巨大，我国居于首位。据有关资料统计，我国稀土资源在20世纪70年代占世界总量的74%，到80年代下降到69%，至90年代末下降到45%左右。这主要是由于澳大利亚、俄罗斯、加拿大、巴西、越南等国家近20年来在稀土资源的勘察与研究方面取得了重大进展，先后发现了一批大型和超大型稀土矿床。至于世界上的稀土资源究竟有多少，目前还没有一个很准确的数字。据中国稀土学会地采委员会提供，我国已探明的稀土资源储量为5200万吨，其中包头白云鄂博的储量为4350万吨，占全国总储量的83.6%，见表1－13。表1－14所示为美国地质调查局2008年公布的世界稀土储量数据。

表1－13 我国已探明的稀土资源（REO）储量

地　区	矿床类型及主要矿物	工业储量/万吨	比例/%
包头白云鄂博	铁铌稀土矿床（磁铁矿、赤铁矿、伴生氟碳铈矿、独居石等）	4350	83.6
山东微山	稀土矿床（氟碳铁矿）	400	7.7
四川凉山	稀土矿床（氟碳铁矿）	150	2.9
南方七省（区）①	砂矿、离子矿（独居石、磷钇矿、离子态稀土）	150	2.9
其　他		150	2.9
总　计		5200	100.0

①江西、广东、广西、湖南、福建、云南、浙江。

表1－14 世界已探明的稀土资源（REO）储量

国　家	工业储量/万吨	比例/%	远景储量/万吨
中　国	5200	46.28	21000
俄罗斯	1900	16.91	2100
美　国	1300	11.57	1400
澳大利亚	520	4.63	580
印　度	110	0.97	130
巴　西	4.8	0.04	8.4
其　他	2200	19.58	2300
总　计	11235	100.0	27518

在众多的稀土矿中，氟碳铈矿是最为重要的稀土原料矿物。它几乎没有放射性，含铕量是独居石的2～2.5倍，比独居石更易处理，因此其需求量迅速增加。我国白云鄂博铁－铌－稀土矿床采选出铁精矿与氟碳铈矿和独居石的混合稀土精矿，其稀土储量和稀土矿产品产量均占世界的55%以上，使我国成为举世瞩目的稀土资源大国和稀土产业大国。此外，我国山东、四川等地产出单一氟碳铈矿，在稀土资源中也占有重要位置。

独居石是在海滨和河岸等地区的二次堆积砂矿。独居石是开发最早、分布最广、易于采选的稀土原料矿物。不久前独居石还是提取钍和稀土的主要原料。由于钍的需求有限，这种矿物已不如氟碳铈矿重要了，但仍是稀土的重要原料。

我国独特的离子吸附型稀土矿，具有类型新、分布广、配分全、采冶性能好和放射性比活度低等特点。尤其是中、重稀土离子吸附型矿，近年来已成为提取钇和其他中、重稀土的主要原料。

钇近年来颇受重视。磷钇矿、褐钇铌矿以及钛铀矿等矿物，是钇组稀土主要的工业来源。钛铀矿尽管是一种铀钍矿物，但却是目前西方国家获取钇组稀土的最主要原料。

目前世界稀土矿产品总需求量约为10万吨REO，平均年增长率为9%。世界上生产和提供稀土矿产品的国家主要有中国、美国、俄罗斯、马来西亚、巴西、斯里兰卡等。2007年世界稀土矿产品产量约为12.98万吨REO，我国的矿产品产量为12.42万吨REO，占世界产量的95.69%。

1.5 稀土工业概况

1.5.1 稀土工业简史

世界稀土工业发展史就是一部稀土应用开发史。

1886年，奥地利科学家威尔斯巴赫（C. A. Welsbach）发明了用硝酸钍和硝酸铈作气灯纱罩用于照明，标志着稀土工业的开始。1903年，威尔斯巴赫采用熔盐电解法制取了铁铈发火合金，发明了打火石。1912年，人们制成氟化稀土电弧碳棒。1920年，稀土用作玻璃着色剂，并发现了添加氧化镧的玻璃具有高折射、低色散的特点；同时，德国人成功开发稀土镁合金，开始了稀土在冶金方面的应用。1933年，制造了氧化铈抛光粉。1939年，以氧化铈作为乳浊剂用于陶瓷工业。

从20世纪40年代起，随着原子能工业的发展，离子交换分离技术和溶剂萃取技术开始应用于稀土元素分离。1954年，美国学者斯比亭（F. H. Speeding）确立了以EDTA为淋洗剂、Cu^{2+}作延缓剂的离子交换分离稀土方法，使全部高纯单一稀土的生产均实现了工业化。该工艺于50年代中后期投入工业运行，取代了传统的分级结晶工艺，大大降低了生产成本，为稀土元素的特性研究和开发应用提供了物质基础。

20世纪60年代后，稀土的科研、生产和应用进入了蓬勃发展的时期。1962年，研究成功含稀土石油裂化催化剂，迅速成为稀土的主要工业用途之一；同年，钕作为激光玻璃材料而被应用。稀土在钢铁中的应用始于50年代，至70年代有大规模应用。1964年，以钒酸钇作基质材料、铕为激活剂的彩电红粉的应用，进一步推动了稀土工业的发展。1967年，发明了钐钴磁性材料。1983年，又发现了钕铁硼作为磁性材料的重要应用；同时期，稀土储氢材料也得到了开发和应用。

进入新世纪以来，稀土元素在高温陶瓷、超导材料、磁致伸缩材料等方面的应用得到了开发。稀土元素的重要作用越来越得到世界各国的广泛关注和高度重视。随着全球产业结构的调整和以信息技术为主要代表的科技革命的迅速发展，稀土元素作为高新技术产业支柱性原材料的作用已日益凸显，稀土工业的发展正在步入辉煌的时期。

1.5.2 我国稀土工业的发展

我国稀土工业起步于20世纪50年代，一开始就受到政府的高度重视。我国科学家针对我国稀土资源的特点，研究开发了一系列独特的采选、冶炼、分离提取、材料制备工艺和技术，并迅速使之工业化，形成了比较完整的新兴工业体系。

1958 年，上海跃龙化工厂用广东和朝鲜进口的独居石矿生产出打火石和电弧炭棒用的稀土化合物，标志着我国稀土工业的萌芽。1960 年，研究成功采用稀土高炉渣冶炼含稀土 25% 的稀土硅铁合金。1975 年，研究成功从包头钢铁公司选铁尾矿选出含 60% 稀土氧化物的稀土精矿，使稀土原矿和精矿都得到利用。这两项创造为我国稀土工业奠定了基础，标志着我国稀土工业的开端。

20 世纪 80 年代以来，我国的稀土开发进入空前活跃阶段。首先是包头稀土矿的选冶技术取得了重大进展。1981 年，包头钢铁公司实现了高品位稀土精矿的大规模工业生产。1984 年，包头稀土研究院又选出了品位大于 70%、纯度为 95% 的氟碳铈矿精矿。1990 年，包头钢铁公司建成年产 6 万吨稀土精矿的浮选工程，加上原有能力，稀土精矿生产能力达到了 8 万吨，品位为 60% 的稀土精矿可以满足需要了。

由稀土精矿制备氯化稀土技术，最初是由包头稀土研究院、北京有色金属研究总院和中科院长春应用化学研究所等单位研究出五种方法，在 80 年代初都建立了相应工厂，形成了一定生产能力。1984 年，包头稀土研究院又研究成功碱法分解包头稀土精矿生产氯化稀土新工艺，回收率达到 85%。后来，北京有色金属研究总院又开发成功第三代酸法生产氯化稀土新工艺，用浓硫酸强化焙烧包头稀土精矿，浸出后进行萃取，该工艺简单、周期短、能耗低、回收率高。现在，全国分解稀土精矿的生产能力按氧化物计达到 10 万吨，这标志着我国稀土湿法工艺达到了国际先进水平。

20 世纪 80 年代以来，包头稀土资源和南方离子吸附型稀土资源的综合回收、分离和应用列入了国家“六五”、“七五”重点科技攻关计划，创立了多项具有国际先进水平的工艺技术。1981 年，包头稀土研究院研究成功 P_{507} 萃取剂全萃取分离单一稀土工艺，用同一种介质可连续得到 7 种纯度达 99.9% ~99.99% 的高纯单一稀土氧化物。北京大学徐光宪教授提出的“串级萃取”理论为稀土萃取技术的发展做出了重大贡献。1983 年，包头钢铁公司应用这一技术建成了单一稀土产品萃取车间，并且陆续推广到全国各地，建起了许多单一稀土分离厂。近几年，在这项技术的基础上又发展成为“多出口”工艺，可连续分离出 15 个单一稀土元素。南方稀土资源品种齐全，离子吸附型稀土矿和独居石砂矿相当丰富，还有富含重稀土的磷钇矿。具有我国特色的单一稀土分离技术取得突破并实现工业化以后，江西、广东已经成为我国南方重要的稀土生产基地。

混合稀土金属和部分单一稀土金属的制取普遍采用稀土氯化物熔盐电解法。用稀土氧化物直接电解制取稀土金属从 20 世纪 60 年代末开始研究，到 1985 年制取金属钕的技术已经达到世界先进水平。这一技术也可用于其他单一稀土金属和合金的制取。10kA 氟盐体系熔盐电解国产化装备已研究成功，并在生产中稳定运行。

利用包头矿冶炼稀土铁合金在我国稀土工业中占有重要位置。稀土铁合金冶炼技术最先由上海冶金陶瓷研究所研究成功，于 20 世纪 60 年代初在包头钢铁公司实现工业化。这项技术是采用高炉－电炉联合流程，把稀土中贫矿送进高炉冶炼，生产出稀土富渣，然后用电炉冶炼出稀土硅铁合金。这一流程具有我国资源特色，成本比国外采用的电炉法低得多。1984 年，包钢稀土一厂和包钢钢研所又试验成功用稀土精矿直接入电炉冶炼稀土硅铁合金，使合金中稀土品位从 25% 提高到 35%，还增加了 Mn 系、Ca 系、Ti 系、Cu 系稀土铁合金等新产品，扩大了稀土铁合金的用途。近几年又开发了采用喷射冶金技术强化冶炼稀土硅铁合金的方法，可以大幅度提高稀土回收率、降低成本、缩短冶炼时间、减少电耗，很有推广价值。此外，综合利用稀土、铌和铁的高炉－转炉－电炉流程，采用高铌、高稀土矿入高炉工艺，可生产出含稀土12%的稀土富渣、铌锰合金和含磷半钢。采用含磷半钢制作的火车闸瓦的寿命比普通闸瓦长得多。

进入21世纪以来，在国家有关政策的引导和支持下，稀土采、选、冶、用的关键技术攻关和研发工作不断得到加强，一批先进适用技术在生产中得到应用。目前，我国已从技术源头治理消除稀土开发污染的乱局，力图解决稀土企业生产中造成的水土流失、资源浪费和“三废”超标排放等问题。其中，稀土精矿低温硫酸化动态焙烧技术解决了包头稀土精矿硫酸焙烧尾气和放射性渣对环境污染的问题；非皂化萃取分离稀土新工艺获得了2012年度国家科学技术发明二等奖，经济和环保效益显著；利用低碳低盐无氨氮稀土氧化物分离提纯技术正在建厂；模糊联动萃取分离工艺可满足高端稀土功能材料对超纯稀土氧化物的需求，同时可以降低酸碱消耗30%以上。同时，稀土新材料发展迅速，其在高新技术领域的应用增长速度明显快于在传统领域的应用。

1.5.3 稀土元素的用途

稀土元素发现史及稀土工业发展史都与稀土应用密切相关。各稀土元素的应用举例列述如下。

1.5.3.1 镧

镧的应用非常广泛，如应用于压电材料、电热材料、热电材料、磁阻材料、发光材料（蓝粉）、储氢材料、光学玻璃、激光材料、各种合金材料等，也应用于制备有机化工产品的催化剂、光转换农用薄膜等。

1.5.3.2 铈

铈广泛应用于如下几方面：

（1）作为玻璃添加剂，能吸收紫外线与红外线，现已被大量应用于汽车玻璃。添加铈的汽车玻璃不仅能防紫外线，还可降低车内温度，从而节约空调用电。从1997年起，日本汽车玻璃全部加入氧化铈。1996年，用于汽车玻璃的氧化铈至少有2000t，美国有1000多吨。

（2）目前正将铈应用于汽车尾气净化催化剂中，可有效防止大量汽车废气排到空气中。美国在这方面的铈消费量占稀土总消费量的1/3。

（3）硫化铈可以取代铅、镉等对环境和人类有害的金属应用到颜料中，可对塑料着色，也可用于涂料、油墨和纸张等行业。

（4）掺铈氟铝酸锶（Ce：LiSAF）激光系统是美国研制出来的固体激光器，通过监测色氨酸浓度可用于探查生物武器，还可用于医学。

铈的应用领域非常广泛，几乎所有的稀土应用领域中都含有铈，如抛光粉、储氢材料、热电材料、铈钨电极、陶瓷电容器、压电陶瓷、铈碳化硅磨料、燃料电池原料、汽油催化剂、某些永磁材料、各种合金钢及有色金属等。

1.5.3.3 镨

镨是用量较大的稀土元素，主要用于玻璃、陶瓷和磁性材料中。

（1）镨被广泛应用于建筑陶瓷和日用陶瓷中，其与陶瓷釉混合制成色釉，也可单独作釉颜料，制成的颜料呈淡黄色，色调纯正、淡雅。

（2）用于制造永磁体。选用廉价的镨钕金属代替纯钕金属制造永磁材料，其抗氧化性能和力学性能明显提高，可加工成各种形状的磁体，广泛应用于各类电子器件和马达。

（3）用于石油催化裂化。以镨钕富集物的形式加入Y型沸石分子筛中制备石油裂化催化剂，可提高催化剂的活性、选择性和稳定性。我国20世纪70年代开始投入工业使用，用量不断增大。

（4）镨可用于磨料抛光。

（5）镨在光纤领域的用途越来越广。

1.5.3.4 钕

钕元素凭借其在稀土领域中的独特地位，多年来成为市场关注的热点。金属钕的最大用途是制备钕铁硼永磁材料。钕铁硼永磁体的问世，为稀土高科技领域注入了新的生机与活力。钕铁硼磁体磁能积高，被称作当代“永磁之王”，以其优异的性能广泛用于电子、机械等行业。阿尔法磁谱仪的研制成功，标志着我国钕铁硼磁体的各项磁性能已跨入世界一流水平。钕还应用于有色金属材料。在镁或铝合金中添加1.5%~2.5%的钕，可提高合金的高温性、气密性和耐腐蚀性，广泛用作航空航天材料。另外，掺钕的钇铝石榴石产生短波激光束，在工业上广泛用于厚度在10mm以下的薄型材料的焊接和切削。在医疗上，掺钕钇铝石榴石激光器代替手术刀用于摘除手术或消毒创伤口。钕也用于玻璃和陶瓷材料的着色剂以及橡胶制品的添加剂。随着科学技术的发展以及稀土科技领域的拓展和延伸，钕元素将会有更广阔的利用空间。

1.5.3.5 钷

钷为核反应堆生产的人造放射性元素。钷的主要用途有：

（1）可作热源，为真空探测和人造卫星提供辅助能量。

（2）^{147}Pm 放出能量低的β射线，用于制造钷电池，作为导弹制导仪器及钟表的电源。此种电池体积小，能连续使用数年之久。

（3）钷还用于便携式X射线仪、制备荧光粉、度量厚度以及航标灯中。

1.5.3.6 钐

钐是制备钐钴永磁体的原料，钐钴永磁体是最早得到工业应用的稀土磁体。这种永磁体有 $SmCo_5$ 系和 Sm_2Co_{17} 系两类。20世纪70年代前期发明了 $SmCo_5$ 系，后期发明了 Sm_2Co_{17} 系，现在以后者的需求为主。钐钴永磁体所用的氧化钐的纯度不需太高，从成本方面考虑，主要使用纯度为95%左右的产品。此外，氧化钐还用于陶瓷电容器和催化剂方面。钐还具有核性质，可用作原子能反应堆的结构材料、屏蔽材料和控制材料，使核裂变产生的巨大能量得以安全利用。

1.5.3.7 铕

铕大部分用于荧光粉。Eu^{3+} 用于红色荧光粉的激活剂，Eu^{2+} 用于蓝色荧光粉的激活剂。现在 $Y_2O_2S:Eu^{3+}$ 是发光效率最高、涂敷稳定性最好、回收成本最低的荧光粉，再加上其对提高发光效率和对比度等技术的改进，故正在被广泛应用。近年来氧化铕还用于新型X射线医疗诊断系统的受激发射荧光粉。氧化铕还可用于制造有色镜片和光学滤光片，用于磁泡储存器件，在原子反应堆的控制材料、屏蔽材料和结构材料中也能一展身手。

1.5.3.8 钆

钆在现代科技革命中将起重要作用。它的主要用途有：

(1) 其水溶性顺磁络合物在医疗上可提高人体的核磁共振（NMR）成像信号。

(2) 其硫氧化物可用作特殊亮度的示波管和X射线荧光屏的基质栅网。

(3) 钆镓石榴石中的钆对于磁泡记忆存储器是理想的单基片。

(4) 在无卡诺循环限制时，其可用作固态磁致冷介质。

(5) 用作控制核电站联锁反应级别的抑制剂，以保证核反应的安全。

(6) 用作钐钴永磁体的添加剂，以保证其性能不随温度而变化。

另外，氧化钆与镧一起使用，有助于玻璃化区域的变化和提高玻璃的热稳定性。氧化钆还可用于制造电容器、X射线增感屏。目前世界上正在努力开发钆及其合金在磁致冷方面的应用，现已取得突破性进展，室温下采用超导磁体、金属钆或其合金为磁致冷介质的磁冰箱已经问世。

1.5.3.9 铽

铽的应用大多涉及高技术领域，是技术密集、知识密集型的尖端项目，又是具有显著经济效益的项目，有着诱人的发展前景。铽的主要应用领域有：

(1) 用于三基色荧光粉中绿粉的激活剂，如铽激活的磷酸盐基质、硅酸盐基质、铈镁铝酸盐基质，在激发状态下均发出绿色光。

(2) 用于磁光储存材料。近年来铽系磁光材料已达到大量生产的规模，用Tb－Fe非晶态薄膜研制的磁光光盘作计算机存储元件，存储能力可提高10～15倍。

(3) 用于磁光玻璃。含铽的法拉第旋光玻璃是制造在激光技术中广泛应用的旋转器、隔离器和环形器的关键材料。

(4) 铽镝铁磁致伸缩合金（Terfenol）是20世纪70年代发现的新型材料，该合金中有一半成分为铽和镝，有时加入钬，其余为铁。当Terfenol置于一个磁场中时，其尺寸的变化比一般磁性材料大，这种变化可以使一些精密机械运动得以实现。铽镝铁开始主要用于声纳，目前已广泛应用于从燃料喷射系统、液体阀门控制、微定位到机械制动器、太空望远镜的调节机构和飞机机翼调节器等领域。

1.5.3.10 镝

镝目前在许多高技术领域中起着越来越重要的作用。镝的最主要用途是：

(1) 作为钕铁硼系永磁体的添加剂。在这种磁体中添加2%～3%的镝，可提高其矫顽力。过去镝的需求量不大，但随着钕铁硼永磁体需求的增加，它成为必要的添加元素，其品位必须为95%～99.9%，需求量也在迅速增加。

(2) 用作荧光粉激活剂。+3价镝是一种有前途的单发光中心三基色发光材料的激活离子，它主要由两个发射带组成：一个为黄光发射；另一个为蓝光发射。掺镝的发光材料可作为三基色荧光粉。

(3) 镝是制备大磁致伸缩合金铽镝铁合金的必要金属原料，能使一些机械运动的精密活动得以实现。

(4) 镝金属可用作磁光存储材料，具有较高的记录速度和读数敏感度。

(5) 用于镝灯的制备。在镝灯中采用的工作物质是碘化镝，这种灯具有亮度大、颜色好、色温高、体积小、电弧稳定等优点，已用于电影、印刷等照明光源。

（6）由于镝元素具有中子俘获截面积大的特性，在原子能工业中用来测定中子能谱或作中子吸收剂。

（7）$Dy_3Al_5O_{12}$还可用作磁致冷用磁性工作物质。

随着科学技术的发展，镝的应用领域将会不断地拓展和延伸。

1.5.3.11 钬

钬的应用领域目前还有待进一步开发，其用量不是很大。包钢稀土研究院采用高温高真空蒸馏提纯技术，研制出非稀土杂质含量很低的高纯金属钬，$w(Ho)/\Sigma w(TRE)>99.9\%$。目前钬的主要用途有：

（1）用作金属卤素灯添加剂。金属卤素灯是一种气体放电灯，它是在高压汞灯基础上发展起来的，其特点是在灯泡里充有各种不同的稀土卤化物，目前主要使用的是稀土碘化物，在气体放电时发出不同的谱线光色。在钬灯中采用的工作物质是碘化钬，在电弧区可以获得较高的金属原子浓度，从而大大提高了辐射效能。

（2）钬可以用作钇铁石榴石或钇铝石榴石的添加剂。

（3）掺钬的钇铝石榴石（Ho：YAG）可发射2μm激光，人体组织对2μm激光的吸收率高，几乎比掺钕的钇铝石榴石（Nd：YAG）高3个数量级。所以用Ho：YAG激光器进行医疗手术时，不但可以提高手术效率和精度，而且可使热损伤区域减至更小。钬晶体产生的自由光束可消除脂肪而不会产生过大的热量，从而减少对健康组织产生的热损伤。据报道，美国用钬激光治疗青光眼，可以减少患者手术的痛苦。我国2μm激光晶体的水平已达到国际水平，应大力开发生产这种激光晶体。

（4）在磁致伸缩合金Terfenol-D中，也可以加入少量的钬，从而降低合金饱和磁化所需的外场。

（5）用掺钬的光纤可以制作光纤激光器、光纤放大器、光纤传感器等光通信器件，在光纤通信迅猛发展的今天将发挥更重要的作用。

1.5.3.12 铒

铒的光学性质非常突出，一直是人们关注的重点。

（1）Er^{3+}在1550nm处的光发射具有特殊意义，因为该波长正好位于光纤通信的光学纤维最低损失点，如果把适当浓度的铒掺入合适的基质中，可依据激光原理作用，使放大器能够补偿通信系统中的损耗。因此，在需要放大波长为1550nm的光信号的电信网络中，掺铒的光纤放大器是必不可少的光学器件，目前掺铒的二氧化硅纤维放大器已实现商业化。据报道，为避免无用的吸收，光纤中铒的掺杂量为$10^{-5}\sim10^{-4}$数量级。光纤通信的迅猛发展将开辟铒的应用新领域。

（2）掺铒的激光晶体及其输出的1730nm激光和1550nm激光对人的眼睛安全，大气传输性能较好，对战场的硝烟穿透能力较强，保密性好，照射军事目标的对比度较大，已制成军事上使用的对人眼安全的便携式激光测距仪。

（3）将Er^{3+}加入玻璃中可制成稀土玻璃激光材料，它是目前输出脉冲能量最大、输出功率最高的固体激光材料。

（4）Er^{3+}可作为稀土上转换激光材料的激活离子。

（5）铒也可应用于眼镜片玻璃、结晶玻璃的脱色和着色等方面。

1.5.3.13 铥

铥的主要用途有以下几方面：

（1）铥可用作医用轻便X光机射线源。铥在核反应堆内辐照后产生一种能发射X射线的同位素，可用于制造便携式血液辐照仪，这种辐照仪能使^{169}Tm受到高中子束的作用转变为^{170}Tm，放射出X射线照射血液并使白细胞数量下降，而正是这些白细胞引起器官移植排异反应，从而减少了器官的早期排异反应。

（2）铥元素可以应用于临床诊断和治疗肿瘤，因为它对肿瘤组织具有较高的亲和性，重稀土比轻稀土亲和性更高，尤其以铥元素的亲和力为最大。

（3）铥在X射线增感屏用荧光粉中作激活剂LaOBr：Br（蓝色），达到增强光学灵敏度的效果，因而降低了X射线对人的照射和危害，与以前的钨酸钙增感屏相比，可降低X射线剂量50%，这在医学应用中具有重要的现实意义。

（4）铥可在新型照明光源金属卤素灯中作添加剂。

（5）Tm^{3+}加入玻璃中可制成稀土玻璃激光材料，这是目前输出脉冲量最大、输出功率最高的固体激光材料。Tm^{3+}也可作稀土上转换激光材料的激活离子。

1.5.3.14 镱

镱的主要用途有：

（1）作热屏蔽涂层材料。镱能明显地改善电沉积锌层的耐蚀性，而且含镱镀层比不含镱镀层晶粒细小、均匀致密。

（2）作磁致伸缩材料。这种材料具有超磁致伸缩性，即在磁场中膨胀的特性。该合金主要由镱-铁氧体合金及镝-铁氧体合金构成，并加入一定比例的锰，以便产生超磁致伸缩性。

（3）用于测定压力的镱元件。试验证明，镱元件在标定的压力范围内灵敏度高，同时为镱在压力测定方面的应用开辟了一个新途径。

（4）磨牙空洞的树脂基填料，以替换过去普遍使用的银汞合金。

（5）日本学者成功地完成了掺镱钆镓石榴石埋置线路波导激光器的制备工作，这一工作的完成对激光技术的进一步发展很有意义。

另外，镱还用于荧光粉激活剂、无线电陶瓷、电子计算机记忆元件（磁泡）添加剂、玻璃纤维助熔剂以及光学玻璃添加剂等。

1.5.3.15 镥

镥的主要用途有：

（1）制造某些特殊合金。例如，镥铝合金可用于中子活化分析。

（2）稳定的镥核素在石油裂化、烷基化、氢化和聚合反应中起催化作用。

（3）作为钇铁石榴石或钇铝石榴石的添加元素，改善某些性能。

（4）作为磁泡储存器的原料。

（5）掺镥的四硼酸铝钇钕（NYAB）是一种复合功能晶体，属于盐溶液冷却生长晶体的技术领域。实验证明，掺镥的NYAB晶体在光学均匀性和激光性能方面均优于NYAB晶体。

（6）经国外有关部门研究发现，镥在电致变色显示和低维分子半导体中具有潜在的用途。

此外，镥还用于能源电池技术以及荧光粉的激活剂等。

1.5.3.16 钇

钇是一种用途广泛的金属，其主要用途有：

（1）作为钢铁及有色合金的添加剂。Fe－Cr 合金通常含钇 0.5%～4%，钇能够增强这些不锈钢的抗氧化性和延展性；MB26 合金中添加适量的富钇混合稀土后，合金的综合性能得到明显的改善，可以替代部分中强铝合金用于飞机的受力构件上；在 Al－Zr 合金中加入少量富钇稀土，可提高合金电导率，该合金已被国内大多数电线厂采用；在铜合金中加入钇，可提高其导电性和机械强度。

（2）含钇 6%、铝 2% 的氮化硅陶瓷材料，可用来研制发动机部件。

（3）用功率为 400W 的钕钇铝石榴石激光束，可对大型构件进行钻孔、切削和焊接等机械加工。

（4）由钇铝石榴石单晶片构成的电子显微镜荧光屏，荧光亮度高，对散射光的吸收率低，抗高温和抗机械磨损性能好。

（5）含钇 90% 的高钇结构合金，可以应用于航空以及其他要求低密度和高熔点的场合。

（6）目前备受人们关注的掺钇 $SrZrO_3$ 高温质子传导材料，对燃料电池、电解池和要求氢溶解度高的气敏元件的生产具有重要意义。

此外，钇还可作为耐高温喷涂材料、原子能反应堆燃料的稀释剂、永磁材料添加剂以及电子工业中的吸气剂等。

1.5.3.17 钪

钪与钇和镧系元素相比，由于其离子半径特别小，氢氧化物的碱性也特别弱，当钪和稀土元素混合在一起时用氨（或极稀的碱）处理，钪将首先析出，故应用分级沉淀法可比较容易地把它从稀土元素中分离出来。另一种方法是利用硝酸盐的分级分解进行分离，由于硝酸钪最容易分解，从而达到分离的目的。

（1）在冶金工业中，钪常用于制造合金（作为合金的添加剂），以改善合金的强度、硬度和耐热性能。例如，在铁水中加入少量的钪可显著改善铸铁的性能，将少量的钪加入铝中可改善其强度和耐热性。

（2）在电子工业中，钪可用作各种半导体器件，如钪的亚硫酸盐在半导体中的应用已引起国内外的注意，含钪的铁氧体在计算机磁芯中也颇有前途。

（3）在化学工业上，用钪化合物作为酒精脱氢及脱水剂、生产乙烯和用废盐酸生产氯时的高效催化剂。

（4）在玻璃工业中，可以制造含钪的特种玻璃。

（5）在电光源工业中，由钪和钠制成的钪钠灯具有效率高和光色正的优点。

（6）^{46}Sc 作为示踪剂，已在化工、冶金及海洋学等方面使用。

（7）在医学上，国外还有人研究用 ^{46}Sc 来医治癌症。

1.5.4 稀土产品的应用

稀土因其独特的化学和光、电、磁等特性，成为新材料开发领域的重要元素，广泛应用于国民经济的各个领域，是经济发展和高技术开发不可或缺的重要战略资源。稀土应用一般可分为两大类，即传统应用和高技术应用。也有人称其为两个市场，即传统市场和高技术市场，稀土已进入了“新材料时代”或“高新技术时代”。即使是传统应用领域也有新材料的成分，如在冶金行业中，稀土不仅用于钢铁，还以镁、铝等轻合金的“金属材料”形式用于航空航天与汽车行业；再如，在玻璃领域中还有稀土激光玻璃等。

稀土磁性材料多用于PC中的硬盘驱动器，手提电脑、数码相机等用的活动硬盘，彩电、手机、MP3等的声振元件，光纤通信中的光隔离器以及汽车电机等器件。用于医疗诊断的磁共振成像仪（MRI）和磁选机也是不可忽视的领域，一台永磁型MRI约用3t钕铁硼永磁材料，磁选机不仅用于选矿，在食品和环保等产业也有广阔的应用前景。由于国家对节能环保高度重视，稀土磁性材料以其独特的性能成为不可缺少的材料，其应用领域必将越来越宽，具备较大的增长潜力。

稀土发光材料（荧光粉）的开发利用取得了很大的进展，近几年用在稀土节能灯上的荧光粉量已超过显像管（CRT），其成为稀土荧光粉的第一大应用领域。现在正在发展的等离子显示（PDP）、大屏幕彩电和发光二极管照明灯又给稀土荧光材料提供了新的机遇。

稀土储氢材料主要用作镍氢电池，添加稀土金属制造的镍氢电池在混合动力汽车和纯电动汽车上的应用仍占据重要地位。近几年来，高性能储氢材料生产技术取得了重要进展，我国储氢合金产量以年均增长20%的速度增加，按照我国新能源汽车规划，技术成熟的镍氢电池将用于动力汽车。作为绿色能源的风力发电和太阳能发电现在正在迅猛发展，由于其电压具有不稳定性，要通过镍氢电池储存，以达到逆变状态实现上网。电站储能镍氢电池市场巨大。

稀土在玻璃中的消费居各稀土材料之首，而其中最大的用户是阴极射线管（CRT）。为防止玻璃脱色和玻璃变暗，需数千吨甚至上万吨的CeO_2加入量。在数码相机、摄像机等镜头玻璃中加入了La_2O_3。光纤通信中用掺铒的玻璃光纤作光放大器。此外，在汽车、建筑等行业所用的防紫外线玻璃中，REO每年的消费量就达1000 t以上。

每年用于抛光的REO超过1万吨，除了PC、电视、手机、数码相机等的屏幕和各种镜头的抛光外，还有玻璃硬盘中玻璃基板、集成电路中光掩膜等半导体的抛光。由于应用不同，稀土抛光粉的品种、规格、档次越来越丰富。

稀土陶瓷有功能陶瓷、结构陶瓷与工艺陶瓷。功能陶瓷用途广泛且发展较快，主要用于多层陶瓷电容器、彩电消磁元件所需的正温度系数热敏电阻、汽车尾气净化器配套的氧传感器、固体氧化物燃料电池的固体电解质等。

汽车与摩托车用的尾气净化催化剂是稀土应用中增长较快的领域。此外，我国研发的用稀土顺丁橡胶制作汽车轮胎也是催化的一种应用。

Nd: YAG激光器早已用于医疗、机械加工、测距、军事等领域，如汽车工业就用稀土激光器进行打孔、切割、焊接等机械加工。现在又有Ho: YAG与Er: YAG（掺铒的钇铝石榴石）用于激光外科，其最大好处是“微创伤”，几乎不伤皮肉，患者无痛苦、恢复快。

稀土在冶金行业中主要用于钢、铸铁（球铁、蠕铁和高牌号灰铸铁等）、有色金属及合金材料的生产。使用的稀土产品主要有混合稀土金属（MM）、稀土硅化物（稀土硅铁镁）的中间合金、稀土有色金属中间合金等。利用稀土金属的高活泼性，脱除金属液中的氧、硫及其他有害杂质，起到净化金属液的作用；控制硫化物及其他化合物的形态，起到变质、细化晶粒和强化基体等作用。利用稀土易氧化、燃烧的特性，其还被用于制备打火石和各类军用发火合金。

稀土在石油化工领域中的应用形式是含稀土的分子筛催化剂，用作石油裂解的裂化催化剂。稀土原子由于具有可变的配位数，它们的催化活性优于不含稀土的分子筛催化剂，可以提高汽油等轻质油的产率5%，提高裂解装置能力20%～30%。稀土化合物还可用作合成氨、有机化学氧化过程、硫酸生产以及工业废气净化等的催化剂，用作工程塑料的改性剂，用作油漆、染料的成分等。

在我国，稀土还用于农业。将稀土用作植物生长的生理调节剂，每亩农田仅施用15～20g REO就可使粮食作物增产10%，经济作物增产15%。现在我国已将稀土用于多元复合肥的微量元素。

综合以上对稀土材料和应用器件的概略评述，可将稀土应用领域归纳为以下主要行业：电子、信息、通信、汽车、包括医疗器械在内的精密机电以及传统的石油、玻璃、冶金等。在稀土产业链的后续环节，即稀土新材料、元器件及终端应用上，多属高新技术产业。这些产业的高速增长为我国稀土工业提供了良好的机遇。我国稀土工业的发展也必将为人类社会的进步做出应有的贡献。

稀土的产品种类很多。按加工深度，可将其分为选冶产品和应用产品。前者指稀土矿山和冶炼企业生产的稀土精矿，单一和混合的稀土氧化物、金属及其合金，单一和混合的稀土盐类等，共计300多个品种、500多个规格。后者指一切含稀土的制成品，如稀土永磁体、稀土荧光粉、稀土抛光粉、稀土微肥、稀土激光晶体、稀土储氢材料等。目前稀土产品没有统一的分类法，界限也不明确，其大体分为：矿产品和初级产品（或粗产品），称为上游产品；深加工产品（或单一产品、高纯产品），称为中游产品；应用材料和应用产品（或器件），称为下游产品。从稀土原料到最终成品要经过原料→材料→器件→产品这几个阶段，且每一个环节都有关键的技术，越接近最终产品，其技术含量就越高，当然附加值也越高。所以，发展稀土应用产品和高附加值产品是我国稀土产业未来的希望。

复习思考题

1-1　稀土元素是哪几个元素，为何说稀土矿处理过程中实际上只有15个稀土元素？

1-2　稀土元素是如何分组的，可分为几组，各组分别包括哪几个稀土元素？

1-3　稀土元素在地壳中的储量如何，其分布的丰度值有何特点？

1-4　稀土元素的核外电子层如何排布？试写出各稀土元素的核外电子排布式。

1-5　稀土元素的物理和化学性质有何特点，与其核外电子排布有何关系？

1-6　稀土金属的主要物理性质有哪些，主要化学性质有哪些？

1-7　简述稀土主要化合物的性质，并设计主要化合物产品的生产工艺。

1-8　稀土元素的重要有机络合物有哪些，各有何应用？

1-9　稀土元素在地壳中有哪几种赋存状态？写出氟碳铈矿、独居石、离子吸附型矿的化学式及大致成分范围。

1-10　稀土工业矿物有哪些，我国处理的主要稀土工业矿物有哪些？

1-11　由稀土工业发展过程归纳稀土矿物的主要处理方法。

1-12　稀土元素在传统应用和高技术应用领域中各有哪些应用产品？

2 稀土精矿分解

【教学目标】认知稀土精矿的种类、品级和质量标准；了解稀土精矿分解方法的发展；能够进行分解率的计算、稀土精矿化学成分和矿物组成的计算；知道各种稀土精矿分解方法的原理、工艺和设备，能够完成稀土精矿分解任务操作。

2.1 稀土精矿

2.1.1 稀土精矿质量标准

稀土精矿是经过矿石开采和选矿过程选出的富集了稀土矿物的有价产品。

稀土矿通常是含有多种有价矿物的复合矿，工业上利用的稀土岩矿一般含有百分之几至百分之十几的稀土矿物，而稀土砂矿和离子吸附型矿仅含有万分之几至千分之几的稀土（按氧化物计）。因此，开采得到的稀土矿必须经过处理，才能得到满足冶炼要求的稀土精矿或稀土化合物，同时回收其他有用矿物。否则，随后的化合物提取或金属提取就会效率更低、成本更高，且更难生产出高纯状态的产品。稀土精矿的成本主要取决于矿石的类型、采选工艺及费用、生产量和生产率、所要求的精矿品位。

我国白云鄂博铁－铌－稀土矿床的稀土储量占世界首位，对该矿最主要的处理流程是通过选矿除去脉石矿物。开采得到的矿石经过破碎、磨矿，用磁选法选出铁精矿。从选铁尾矿中浮选得到稀土粗精矿，然后采用重选－浮选流程得到氟碳铈矿－独居石混合精矿，其质量标准见表2－1。

表2－1 氟碳铈矿－独居石混合精矿的质量标准 （%）

级 别	REO含量（≥）	杂质含量（≤）	
		F	CaO
特一级品	68	8	4.5
特二级品	65	8.5	6.5
一级品	60	10	9
二级品	55	12	13
三级品	50	13	15
四级品	45	14	
五级品	40	16	
六级品	35	18	
七级品	30	20	

注：1. 特一级品至三级品中的氧化钡含量，提供实测数据；

2. 七级品中的磷和全铁含量，提供实测数据。

我国山东、四川等地有储量很大的氟碳铈矿矿床。这类矿床稀土品位低，风化严重，矿泥含量较多。采出后经过磨矿，先用摇床富集稀土矿物和脱除矿泥，然后用浮选法获得稀土精矿和重晶石精矿。氟碳铈矿精矿的质量标准见表2-2。

表2-2 氟碳铈矿精矿的质量标准 (%)

<table>
<tr><th rowspan="2">牌 号</th><th rowspan="2">REO 含量（≥）</th><th colspan="5">杂质含量（≤）</th></tr>
<tr><th>F</th><th>TiO_2</th><th>P_2O_5</th><th>CaO</th><th>TFe</th></tr>
<tr><td>REO68</td><td>68</td><td rowspan="9">7</td><td rowspan="9">0.5</td><td rowspan="7">1.0</td><td>2.5</td><td>2.0</td></tr>
<tr><td>REO63</td><td>63</td><td rowspan="8">不规定</td><td rowspan="8">不规定</td></tr>
<tr><td>REO60</td><td>60</td></tr>
<tr><td>REO55</td><td>55</td></tr>
<tr><td>REO50</td><td>50</td></tr>
<tr><td>REO45</td><td>45</td></tr>
<tr><td>REO40</td><td>40</td></tr>
<tr><td>REO35</td><td>35</td><td rowspan="2">1.5</td></tr>
<tr><td>REO30</td><td>30</td></tr>
</table>

注：REO63～REO30八个牌号中的F、CaO、TiO_2、TFe含量，供方提供分析数据，但不作为考核依据。

我国的独居石砂矿分布广泛，规模较大，易于开采，不需要破碎和磨矿，还可以综合回收其他重稀土矿物。一般在砂矿床就地粗选，将富集有价矿物的粗精矿送入稀土冶炼厂分选和精选，得到独居石、磷钇矿及其他重稀土矿物的精矿。独居石精矿的质量标准见表2-3。

表2-3 独居石精矿的质量标准 (%)

级 别	REO + ThO_2 总含量（≥）	杂质含量（≤）		
		TiO_2	ZrO_2	SiO_2
一级品	65	1.0	1.5	2.5
二级品	63	1.5	2.0	3.0
三级品	60	2.5	2.5	3.5
四级品	58	3.0	3.0	4.5

注：如对产品有特殊要求，由供需双方商定。

我国中南地区的离子吸附型稀土矿一般不用经过选矿，用NaCl或$(NH_4)_2SO_4$等稀溶液渗浸，可将稀土元素提取到溶液中，然后沉淀回收稀土化合物。

对以其他稀有金属为主的复合矿石，稀土元素属于选矿或冶炼过程的综合回收对象，所占比例有限。

2.1.2 稀土精矿分解方法

稀土精矿中的主要成分是稀土矿物（即含稀土元素的天然化合物）。但即使是品位很高的稀土精品，仍含有一定量的非稀土矿物，在一般情况下，精矿中的稀土还不能直接利用。为了获得便于利用的稀土产品，首先需要将稀土精矿分解，使稀土元素和其他伴生元素分离。

稀土精矿分解是通过焙烧或在分解剂作用下，破坏矿物的晶体结构，使矿物中的主要成分转变成易溶于水或酸的化合物。然后经过浸出、净化、浓缩或灼烧等工序，制成各种混合稀土化合物产品。在分解工艺中，有时还进行某种稀土元素的分离（如对 Ce^{4+} 的分离）或稀土元素的分组分离。

工业上常用于生产稀土化合物的稀土精矿有氟碳铈矿－独居石混合精矿、氟碳铈矿精矿、独居石精矿和磷钇矿等。精矿中的主要稀土矿物分属于碳酸盐类和磷酸盐类矿物，两类矿物的物理化学性质存在很大差异。因此，应根据精矿的类型、品位、伴生元素等特点及产品方案，有利于综合利用精矿中的有价组分，便于控制污染，技术先进、经济合理等一系列因素，确定适当的精矿分解方法。

对于碳酸盐类矿物（如氟碳铈矿），加热到矿物的热分解温度以上就可使矿物分解，生成稀土氧化物和氟氧化物，放出 CO_2。因而氟碳铈矿精矿常用氧化焙烧的方法分解，在焙烧过程中铈氧化成 +4 价。随后用硫酸溶液浸出稀土，并用复盐沉淀的方法制取铈产品和富镧产品。

对于磷酸盐类矿物（如独居石），矿物结构非常稳定，需用强酸或强碱等分解剂，并加热到接近于分解剂的分解温度或沸点以下的温度使其分解。在工业生产中，曾用浓硫酸分解独居石精矿，现在全部采用烧碱液分解工艺。浓硫酸法的最大优点是对精矿的适应性强，即使精矿中有价元素含量低、颗粒较粗，也能获得较为满意的结果。其缺点是废气易腐蚀设备，给劳动防护与环境保护带来很大困难，而且精矿中含量仅低于稀土的磷难以回收利用。而烧碱分解工艺要求精矿中的杂质含量尽量少，分解前需将精矿磨细。但是，烧碱工艺中的设备腐蚀、劳动防护与环境保护等问题都较易解决，独居石中的磷元素也能得以回收。有关稀土的著作中，称这种工艺为世界上无公害的碱法。

内蒙古包头钢铁公司除生产氟碳铈矿精矿外，还生产大量的混合型稀土精矿，精矿中氟碳铈矿与独居石的相对含量为（1～9）:1。由于精矿成分复杂，我国的科技人员研究开发了多种分解方法，如硫酸焙烧法、烧碱分解法、纯碱焙烧法、高温氯化法等。对于氟碳铈矿含量较高的混合型精矿，还研究了氧化焙烧法。从所用分解剂的角度来看，这些方法与其他类型稀土矿的分解相同，但因精矿原料不同，所用工艺流程差异很大。尤其是在工业生产实践中，有不少创造性的突破。目前工业生产中采用浓硫酸法和烧碱法分解混合型稀土精矿。

工业上衡量精矿分解工艺过程的好坏，除了以上必要条件外，很重要的就是了解稀土元素或杂质组分的分解率、回收率、分解过程的选择性、试剂消耗量等指标。

稀土元素的分解率是指稀土组分从精矿中转入分解产物（如稀土元素进入浸出液）的量占原料中该稀土总量的百分比，即：

$$\eta = \frac{V\rho}{Wa} \times 100\% = \frac{Wa - M\delta}{Wa} \times 100\%$$

式中 η——稀土元素的分解率，%；

V——浸出液的体积，m^3；

ρ——浸出液中稀土元素的质量浓度，kg/m^3；

W——原料质量（干计），kg；

a——稀土元素品位（质量分数），%；

M——浸出渣的质量，kg；

δ——渣中稀土元素的品位，%。

稀土元素回收率是指稀土组分从精矿、浸出液、化合物等原料转入下一工序化合物产品中的量占原料中该稀土组分总量的百分比，计算方法与分解率相似。

精矿分解的选择性为稀土元素分解率与杂质组分分解率的比值：

$$\beta = \eta/\eta'$$

式中 η——稀土元素的分解率，%；

η'——杂质元素的分解率，%。

β 值越接近于1，则浸出过程的选择性越差。

2.1.3 稀土精矿的化学成分和矿物成分【案例】

稀土精矿质量标准中规定了各品级精矿 REO 含量的下限和主要杂质含量的上限。在分解时，通常需要进行稀土精矿的化学成分分析，必要时还需要进行矿物组成分析，以分析数据作为配料计算、物料平衡计算、稀土回收率计算和产品质量控制的依据。

表2-4～表2-6列出了我国主要稀土精矿的历次多元素分析结果，在稀土精矿分解工艺中具有重要的参考价值。值得注意的是，随着矿山开采的进度和选矿工艺的改变，稀土精矿的多元素分析结果也常常发生变化。

表2-4 氟碳铈矿-独居石混合精矿的主要化学成分 （%）

REO	TFe	F	P	SiO_2	CaO	BaO	S	ThO_2	Nb_2O_5
31.19	12.90	14.80	2.80	0.97	10.50	14.50	3.25	0.163	0.122
34.39	13.60	7.10	3.00	1.23	10.58	8.26	2.40	0.270	0.130
40.60	14.30	6.55	3.95	2.07	11.00	1.92	1.10	0.240	0.170
50.40	3.70	5.90	3.50	0.55	5.55	7.58	2.17	0.490	0.052
54.70	2.10	6.20	4.65	0.67	7.65	4.59	1.64	0.170	0.017
60.12	3.05	6.20	4.80	1.28	5.80	2.42	0.65	0.210	0.023
65.20	1.70	5.40	3.12	0.62	3.25	1.08	0.42	0.232	0.116
67.26	2.20	5.00	4.20	0.59	2.10	0.84	0.34	0.176	0.094

表2-5 氟碳铈矿精矿的主要化学成分 （%）

产地	REO	TiO_2	CaO	BaO	TFe	SiO_2	P_2O_5	F
山东	30.40	0.25～0.43	3～4.5	10～14	3～5	10～17	0.35～0.50	3.5～4.8
	40.1～50.0	0.25～0.43	3～4.5	8～11	2～4	8～11	0.35～0.50	4～5.5
	50.1～60.0	0.25～0.43	1.5～3.0	2.1～4.5	2～4	4～5.5	0.35～0.50	5～6.5
	60.1～68.0	0.25～0.43	1～2	1.1～4.7	1～3	0.5～1.8	0.45～1.0	6～7.2
四川	67.40	0.23	1.32	5.63	0.73	1.08	0.84	
包头	68.40		3.60	1.11	0.80	0.45	1.91	8.60

表 2-6 独居石精矿的主要化学成分 (%)

REO	CaO	ThO_2	P_2O_5	U_3O_8	Fe	TiO_2	SiO_2	ZrO_2
45.70	—	5.26	22.80	0.29	1.80	0.99	4.38	1.42
49.40	40.44	7.18	24.24			1.71	2.54	3.59
51.74	40.12	5.50	24.33			1.64	4.70	4.38
55.70	16.18	4.30	28.10	0.30	3.60	3.40	3.00	0.94
58.90	24.44	4.60	30.10	0.32	2.20	0.70	2.70	1.41
60.30	21.52	4.70	31.50	0.22	1.80	2.30	1.46	0.71
65.91	30.63	0.38	26.94		1.80		0.69	

根据稀土精矿的多元素化学分析数据，可以大致估算稀土精矿的矿物成分。例如，根据表 2-7 所示的包头稀土精矿的主要化学成分，由有关的矿石及选矿资料可列出精矿的矿物组成为氟碳铈矿、独居石、萤石、重晶石、磷灰石、赤铁矿、褐铁矿、白云石、方解石、铌铁矿、硅酸盐矿物等。根据包头稀土精矿的矿物组成，确定计算的主要矿物成分有氟碳铈矿、独居石、磷灰石、萤石以及铁矿物和硅酸盐类矿物等。矿物成分与化学成分的系数矩阵见表 2-8。

表 2-7 包头稀土精矿的主要化学成分 (%)

元素	REO	P	F	CaO	TFe	ThO_2
含量	52.19	4.10	8.79	7.90	5.40	0.21

表 2-8 主要矿物的化学成分系数矩阵 (%)

化学成分 \ 矿物名称		氟碳铈矿（$RECO_3F$）X_1	独居石（$REPO_4$）X_2	磷灰石（$Ca_5(PO_4)_3F$）X_3	萤石（CaF_2）X_4
REO	Y_1	0.750	0.698		
P	Y_2		0.132	0.184	
CaO	Y_3			0.556	0.718
F	Y_4	0.086		0.037	0.487

由表 2-8 列出如下方程组，可用迭代法求解：

$$0.75X_1 + 0.698X_2 = 52.19$$

$$0.132X_2 + 0.184X_3 = 4.10$$

$$0.556X_3 + 0.718X_4 = 7.90$$

表 2-7 中稀土精矿的热重-差热（DTA-TG）分析曲线如图 2-1 所示，加热至 900℃时总失重为 11.35%。将其在 390.28～470.31℃温度范围内的失重值 10.27% 视为氟碳铈矿分解放出的 CO_2 量，折算为氟碳铈矿含量 $X_1 = 10.27\%/0.2 = 51.35\%$。将 X_1 值代入上述方程组，依次得到独居石含量 $X_2 = 19.60\%$，磷灰石含量 $X_3 = 8.22\%$，萤石含量 $X_4 = 4.64\%$。其他矿物含量按照化学成分估算，铁矿物（以 Fe_2O_3 代表）含量为 7.72%，其余矿物含量为 8.47%。

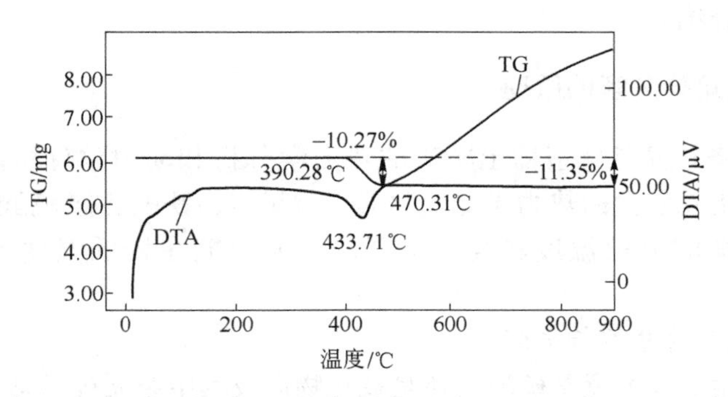

图 2-1 包头稀土精矿的 DTA-TG 曲线

2.2 浓硫酸焙烧分解混合型稀土精矿

2.2.1 浓硫酸焙烧分解工艺的发展

浓硫酸焙烧是目前分解混合型稀土精矿的主要工艺之一。按照处理的精矿品位、焙烧温度和浸出后稀土提取方法的不同，其又分为低温焙烧、高温焙烧、高温强化焙烧等工艺方法。

低温焙烧法于20世纪70年代初开始用于处理低品位精矿。当时只能得到含REO 20%～35%的混合型稀土精矿，其中铁等杂质含量高而进入浸出液，约占 REO 质量的 50%。为得到合格的混合稀土氯化物产品，不得不用复盐沉淀、碱转化、酸溶解等冗长的流程操作除去杂质，整个工艺流程的稀土回收率约为80%，而且稀土的回收率不易保证。

随着选矿工艺取得突破性进展，能得到含 REO 60%以上的精矿，杂质含量显著降低。此时考虑某些杂质硫酸盐（如硫酸铁）在较高温度下分解成不易溶解的物质的特性，提高了浓硫酸分解精矿的温度，在不影响稀土回收率的前提下抑制杂质进入浸出液，简化了工艺流程，降低了生产成本。高温焙烧法于20世纪80年代初期实现了工业化，适于分解含 REO 30%～60%的混合型稀土精矿，浸出液经净化后用环烷酸或脂肪酸萃取转型，萃取铁后生产混合稀土氯化物。这一工艺流程的稀土总回收率约为87%，比低温焙烧工艺提高4%～8%。

采用高温强化焙烧工艺分解含 REO 50%～60%的混合型稀土精矿，浸出液经净化后，用 P_{204} 直接从硫酸稀土溶液中进行萃取分组、萃取分离钕、萃余液的萃取转型等，得到氧化钕、中稀土富集物、重稀土富集物和低钕混合轻稀土氯化物四种产品，稀土总回收率大于80%。

浓硫酸高温焙烧或高温强化焙烧工艺具有工艺简单、流程短、便于大规模生产的优点。其主要缺点是废渣、废气、废水量大，且治理的难度较大，不利于劳动防护和环境保护。近几年包头华美稀土有限公司实现了年处理4万吨混合型稀土精矿的清洁生产，有效地进行了浓硫酸焙烧的综合治理。此外，有关单位正在开发浓硫酸低温焙烧高品位稀土精矿工艺，以期使钍进入浸出液而集中分离，避免高温下硫酸的大量分解。

本节主要介绍浓硫酸高温焙烧分解混合型稀土精矿、焙烧矿的浸出和除杂等工艺原理和设备。工业上从硫酸稀土溶液中沉淀碳酸稀土、浸出液的萃取转型或分组等工艺环节，将在后面有关章节介绍。

2.2.2 浓硫酸高温焙烧分解的原理

浓硫酸高温焙烧分解混合型稀土精矿的热力学分析和动力学分析研究已取得较好结果。高温阶段，稀土硫酸盐的热力学稳定区低于820℃；铁的各级硫酸盐至650℃左右时分解完毕；钍硫酸盐的分解温度较高（825℃），但它能在较低温度下与磷酸生成难溶复盐。

2.2.2.1 *硫酸盐的分解与平衡*

高温焙烧时，生成物究竟是硫酸盐还是氧化物以及其中杂质硫酸盐含量的多少，均取决于焙烧温度和炉气成分。

稀土氧化物的硫酸化反应为：

$$RE_2O_3 + 3SO_3 \longrightarrow RE_2(SO_4)_3$$

反应平衡常数为：

$$K = \frac{a_{RE_2(SO_4)_3}}{a_{RE_2O_3} P_{SO_3}^3}$$

因 $RE_2(SO_4)_3$ 和 RE_2O_3 均为纯物质，活度为1，故可得：

$$P_{SO_3} = K^{-1/3}$$

即硫酸盐的分解压 P_{SO_3} 仅与温度有关，若温度一定，P_{SO_3} 即为定值。

反应气体的成分取决于体系中 SO_3 的分解与平衡条件。由反应 $SO_3 = SO_2 + \frac{1}{2}O_2$ 的平衡常数

$$K = \frac{p_{SO_3}}{p_{SO_2} p_{O_2}^{1/2}}$$

和限制条件

$$p_{SO_2} = 2p_{O_2}$$

$$p_{SO_3} + p_{SO_2} + p_{O_2} = p_{总}$$

以及反应吉布斯自由能变化 $\Delta G = -RT\ln K = -94.558 + 0.089T$ （kJ/mol）

可以求出不同温度下该反应的 K 值，即可求得给定 $p_{总}$ 时的平衡气体成分，得到焙烧条件下气相的实际成分为：

$$p_{SO_3} = K p_{SO_2} p_{O_2}^{1/2}$$

比较 P_{SO_3} 和 p_{SO_3} 公式可知，在一定温度下，当 $P_{SO_3} < p_{SO_3}$ 时，生成硫酸盐；反之，则硫酸盐分解成氧化物。当 $P_{SO_3} = p_{SO_3}$ 时，硫酸盐和氧化物成为平衡的两相。

图2-2示出几种硫酸盐分解时 SO_3 的压力与温度的关系。硫酸盐的分解压 P_{SO_3} 随着温度的升高而增大，气相分压 p_{SO_3} 随着温度的升高而减小。在焙烧条件下，$p_{总} \approx 0.02$MPa，因此硫酸盐 P_{SO_3} 线与 p_{SO_3} 线相交点所对应的温度即为该硫酸盐的分解温度。低于分解温度时，若 $P_{SO_3} < p_{SO_3}$，则硫酸盐能稳定存在或氧化物生成硫酸盐；反之，若 $P_{SO_3} > p_{SO_3}$，则硫酸盐分解为碱式盐或氧化物等水不溶物。

焙烧分解时，增加浓硫酸用量可提高气相中的 SO_3 分压，有利于 $RE_2(SO_4)_3$ 的生成，同时又能提高其分解温度，使之趋于稳定。

2.2.2.2 *热分析实验结果与反应历程*

图2-3、图2-4所示为含REO 60%的混合型稀土精矿浓硫酸焙烧的TG与DTA曲

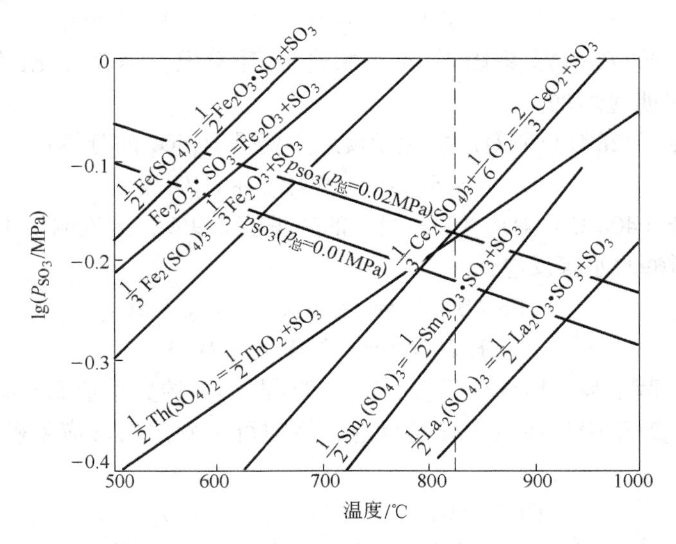

图 2-2 硫酸盐分解 SO_3 的压力（根据反应吉布斯自由能计算）

线。由 TG 曲线可见，随着温度升高，反应体系至约 300℃时失重最多（19.7%）；DTA 曲线上第一个吸热峰（181℃）的峰宽为 150～320℃。在这个阶段，浓硫酸分解稀土矿物的主反应和分解脉石矿物的副反应应该基本完成，即：

$$2RECO_3F + 3H_2SO_4 = RE_2(SO_4)_3 + 2HF_{(g)} + 2CO_{2(g)} + 2H_2O$$

$$2REPO_4 + 3H_2SO_4 = RE_2(SO_4)_3 + 2H_3PO_4$$

$$ThO_2 + 2H_2SO_4 = Th(SO_4)_2 + 2H_2O$$

$$CaF_2 + H_2SO_4 = CaSO_4 + 2HF_{(g)}$$

$$Fe_2O_3 + 3H_2SO_4 = Fe_2(SO_4)_3 + 3H_2O$$

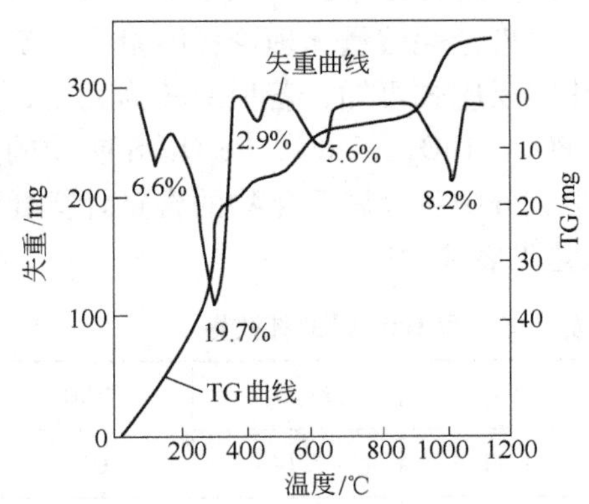

图 2-3 混合稀土精矿浓硫酸焙烧 TG 曲线

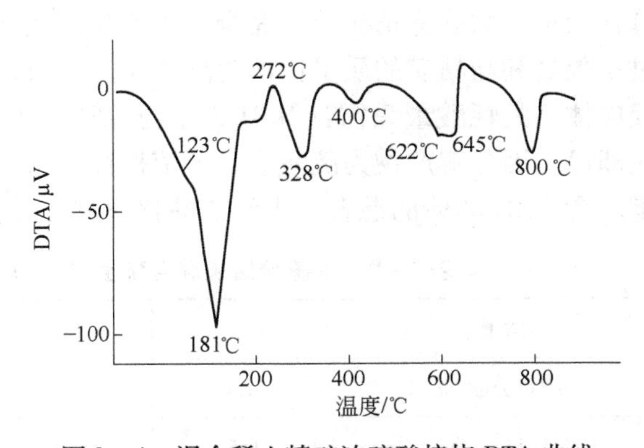

图 2-4 混合稀土精矿浓硫酸焙烧 DTA 曲线

反应产物 HF 与矿物中 SiO_2 反应：

$$SiO_2 + 4HF = SiF_{4(g)} + 2H_2O$$

此外，在 200～300℃，磷酸脱水转变成焦磷酸，焦磷酸与硫酸钍作用生成难溶的焦磷酸钍：

$$2H_3PO_4 = H_4P_2O_7 + H_2O$$

$$Th(SO_4)_2 + H_4P_2O_7 \xlongequal{} Th(P_2O_7)_{(s)} + 2H_2SO_4$$

生成焦磷酸钍的反应趋势随着温度的升高而增强，当焙烧温度超过200℃时，$Th(P_2O_7)$的生成量明显增加。

第二个吸热峰（328℃）所对应的化学反应主要是H_2SO_4的分解：

$$H_2SO_4 \xlongequal{} SO_{3(g)} + H_2O$$

第三个吸热峰（400℃）对应TG曲线上的失重值2.9%，这表明发生了硫酸铁分解成碱式硫酸铁和焦磷酸脱水等反应：

$$Fe_2(SO_4)_3 \xlongequal{} Fe_2O(SO_4)_2 + SO_{3(g)}$$

$$H_4P_2O_7 \xlongequal{} 2HPO_3 + H_2O$$

622℃和645℃两个吸热峰部分重叠，对应TG曲线上的失重值5.6%。这说明焙烧温度达到600~700℃时至少存在两个化学反应，目前可以确定的反应是碱式硫酸铁的继续分解：

$$Fe_2O(SO_4)_2 \xlongequal{} Fe_2O_3 + 2SO_{3(g)}$$

800℃的吸热峰无失重，至1000℃时失重8.2%。800℃时稀土硫酸盐开始分解成碱式硫酸盐，至1000℃时继续分解成稀土氧化物：

$$RE_2(SO_4)_3 \xlongequal{} RE_2(SO_4)_2 + SO_{3(g)}$$

$$RE_2O(SO_4)_2 \xlongequal{} RE_2O_3 + 2SO_{3(g)}$$

综上所述，混合稀土精矿浓硫酸焙烧分解的热力学分析和DTA、TG曲线所描述的反应历程是一致的。约300℃时，浓硫酸就可使精矿中的稀土转变成易溶于水的硫酸盐，同时伴随着生成焦磷酸钍，除去部分磷和钍。300~650℃温度范围内，主要反应为硫酸的热分解、硫酸铁的逐级热分解和焦磷酸脱水，进一步除去铁、磷、钍等杂质。

2.2.2.3 酸矿比计算

酸矿比指浓硫酸和稀土精矿的质量比。根据浓硫酸分解稀土精矿的化学反应式，可计算耗酸量。为确保精矿分解完全，浓硫酸用量通常超过理论耗酸量。理论耗酸量和浓硫酸过量数之和与精矿的质量比即为酸矿比。分析以上化学反应式可知，若反应较为完全，则反应体系的耗酸量只需计算H_2SO_4与$RECO_3F$、$REPO_4$、ThO_2、CaF_2、Fe_2O_3等矿物的反应即可。因分解产物为硫酸盐，可依据稀土精矿化学成分中各金属氧化物的含量计算耗酸量。含REO 60%的混合稀土精矿的化学成分及耗酸量见表2-9。

表2-9　浓硫酸焙烧混合稀土精矿的化学成分与分解100g矿的耗酸量

化学成分	REO	CaO	BaO	Fe_2O_3	ThO_2
质量分数/%	61.6	6.44	1.11	7.14	0.18
摩尔质量/g·mol^{-1}	165	56.08	153.33	159.69	264.04
物质的量/mol	0.3733	0.1148	0.0072	0.0447	0.007
分解100g矿的耗酸量/mol	0.5599	0.1148	0.0072	0.1341	0.0014

由表2-9可归纳出，分解100g该精矿，理论耗酸0.817mol，质量为80.13g。硫酸过量多少，着重考虑精矿的分解率和硫酸的参与反应率，根据精矿粒度、炉温、压力、传热

效率等工艺技术条件决定。回转窑焙烧一般控制硫酸过量25%～35%，如果使用93%工业硫酸，精矿含水0.2%，则分解该精矿的耗酸量为：

$$耗酸量 = 80.13 \times (1 + 0.35) \times 99.8\%/93\% = 116g$$

即酸矿比为1.16∶1。

2.2.2.4 浓硫酸焙烧分解混合稀土精矿的物料平衡计算【案例】

图2－5示出表2－7所示包头稀土精矿浓硫酸低温焙烧的DTA－TG曲线。随着温度的升高，DTA曲线上有两个吸热峰（141.23℃与270.57℃处）。反应体系至200℃时失重17.323%，浓硫酸分解稀土矿物的主反应与分解脉石矿物的副反应已基本完成。200～300℃温度范围内反应体系失重11.823%，磷酸脱水转变成焦磷酸，焦磷酸与硫酸钍作用生成难溶的焦磷酸钍，同时伴随着 H_2SO_4 的挥发。由估算的稀土精矿矿物成分和有关化学反应式计算反应物的产率，列出200℃时的物料平衡表（见表2－10）。

表2－10 浓硫酸焙烧包头稀土精矿的物料平衡表 (g)

反应物			凝聚相产物		气相产物			
名称	质量	耗酸量	名称	质量	CO_2	H_2O	HF	H_2SO_4
$RECO_3F$	51.35	34.34	$RE_2(SO_4)_3$	66.55	10.27	4.20	4.67	
$REPO_4$	19.60	12.26	$RE_2(SO_4)_3$ H_3PO_4	23.76 8.17				
ThO_2	0.21	0.16	$Th(SO_4)_2$	0.34		0.03		
$Ca_5(PO_4)_3F$	8.22	7.99	$CaSO_4$ H_3PO_4	11.10 4.79			0.32	
CaF_2	4.64	5.83	$CaSO_4$	8.10			2.38	
Fe_2O_3	7.72	14.22	$Fe_2(SO_4)_3$	19.33		2.61		
其他矿物	8.26	8.10	$CaSO_4$	11.24	3.63	1.49		
H_2SO_4	140		H_2SO_4	45.64		7.00		4.2
小计	240	82.90		199.2	13.90	15.33	7.37	4.2
共计	240		240.0（气相产物共计40.8，失重率17%）					
$[H_3PO_4]$	12.90		$H_4P_2O_7$	11.71		1.25		
$[Th(SO_4)_2]$	0.34		ThP_2O_7	0.32				
			$H_4P_2O_7$	－0.14				
			H_2SO_4	0.156				
H_2SO_4	45.64		H_2SO_4	18.5				27.14
小计			170.95		28.25，失重率11.77%			

注：其他矿物以 $CaCO_3$ 为代表。

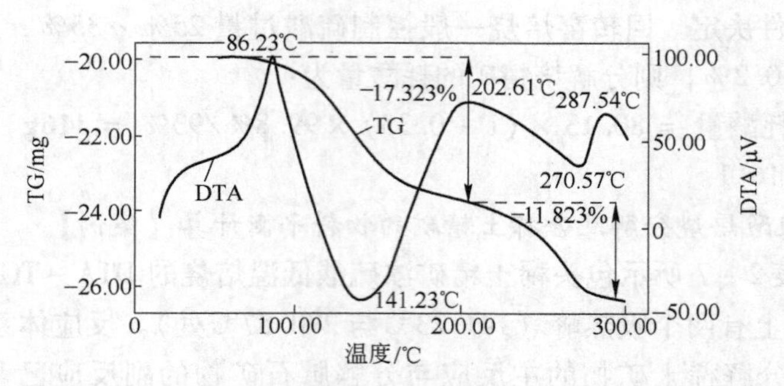

图 2－5　包头稀土精矿浓硫酸低温焙烧的 DTA－TG 曲线

加热至200℃时，反应体系气相产物质量为40.8g，失重率为17%，与图2－5中200℃左右时的失重率17.323%相符。其中 H_2SO_4 挥发4.2g为估计值，挥发率约为4.2/140＝3%。气相产物中HF、H_2SO_4 等有害气体质量为11.57g，占28.3%。由此可知，尽管矿物成分的估算是粗略的，反应产物也不尽如表中所列，但引起的误差均在物料平衡计算的允许误差范围内。200～300℃温度范围内的失重率为11.8%，显然是由 H_2SO_4 挥发引起的失重所致，H_2SO_4 的挥发率达到27.14/140＝19.4%。浓硫酸低温焙烧实验结果表明，当配料酸矿比为1.4∶1时，在200℃左右的较低温度下焙烧就可使稀土矿物分解，稀土的浸出率达到97.6%。浓硫酸低温焙烧分解包头稀土精矿可避免硫酸的大量挥发，从而减轻了有害烟尘和尾气治理的压力。

2.2.3　浓硫酸焙烧分解工艺【案例】

2.2.3.1　浓硫酸焙烧分解设备

浓硫酸高温焙烧分解工艺设备布置如图2－6所示，可分为精矿的干燥系统、加料系统、加热系统、回转窑及传动系统、尾气净化系统等。

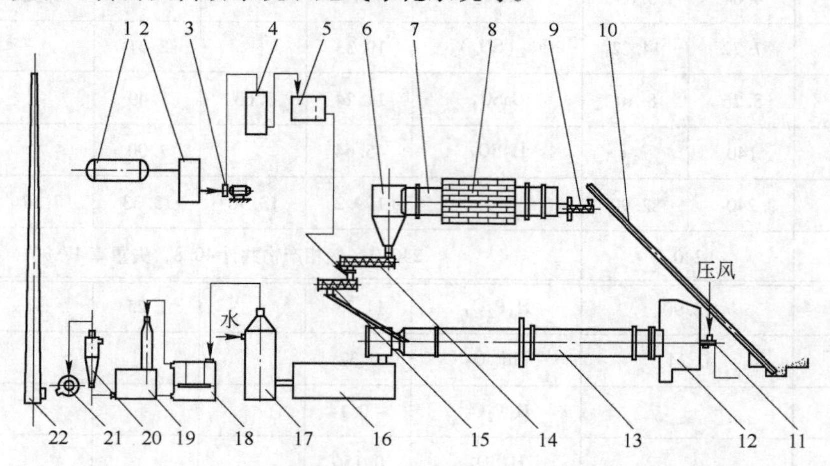

图 2－6　浓硫酸高温焙烧分解工艺设备布置示意图

1—硫酸储罐；2—硫酸计量槽；3—氟耐酸泵；4—高位稳压槽；5—U形液面计；6—干精矿仓；7—加热炉；8—外热式干燥窑；9—螺旋输送机；10—链式提升机；11—燃烧器；12—燃烧室；13—焙烧窑；14—给料机；15—混料机；16—沉渣室；17—喷淋塔；18—氟吸收室；19—喷射吸收塔；20—旋风除沫器；21—高压风机；22—烟囱

精矿一般含水5%～10%。浓硫酸焙烧的一个重要工艺条件是酸矿比，酸多造成浪费，酸少则精矿分解不完全。常用的螺旋给料机、圆盘给料机等对湿料的计量不准确，即不能精确控制酸与精矿的质量比。另外，许多工厂浓硫酸焙烧所用回转窑的窑体为无内衬钢管，易受稀硫酸腐蚀。因此，精矿在分解前需经过干燥。

精矿的干燥窑多为钢制外热式回转窑，采用电阻丝加热，也可用煤气或重油在燃烧室内燃烧等方法加热窑体外壁，燃烧室温度控制在400～500℃。窑体的长径比为10～12，倾斜度为2%～3%，转速为2～3r/min，1台ϕ1m×12m的干燥窑日处理含水10%以下的精矿约20t。要求烘干后精矿中水分含量低于0.2%。

浓硫酸焙烧窑的加热系统包括窑头与燃烧室，燃料可用重油、柴油、煤气或煤。内热式回转窑窑头与燃烧室合一，燃烧气体进入窑体内直接加热。加料系统包括浓硫酸高位槽、硫酸流量计、干精矿料仓、精矿给料机、矿酸混合器、下流导料管等。矿酸混合物经导料管由窑尾加入窑内。窑头设有卸料孔，焙烧矿从窑体流动到窑头，经过卸料孔落入打浆槽，送往水浸出工序。

回转窑窑体目前多采用无内衬的钢管，长径比为15～20，倾斜度为1.5%～4%。窑体由2～3组托轮支撑，通过减速箱的齿轮与窑体上的大齿圈传动，窑体转速为1～3r/min。这种窑有多种规格，产能为0.5～0.6t/(d·m^3)，随着规格增大，产能降低。例如，直径为ϕ1.3m、长25m的回转窑，有效容积为33m^3，日处理精矿10～15t，产能为0.3～0.45t/(d·m^3)。

回转窑的窑尾包括窑尾室与沉渣室。窑尾室为生铁铸成的异型三通，与转动的窑体采用动圈式连接或迷宫式密封连接，沉渣室与窑尾室相连。沉渣室的横截面积是窑体横截面积的数倍，所以气流进入沉渣室后流速大为降低，气流中夹带的固体粉末自然沉降，经过沉渣室的尾气再通过排气导管进入尾气净化系统。

2.2.3.2 浓硫酸焙烧工艺条件

回转窑焙烧是一个连续的动态过程，矿酸混合料从窑尾加入，在窑体转动时推动湿料向窑头方向移动，与窑头产生的燃烧烟气逆向流动，依靠烟气热量对物料加热以促进其分解，焙烧矿从窑头落入打浆槽。

焙烧矿一般是直径为ϕ5～50mm的大小不等的疏松小球，遇水后易分散成浆状物。焙烧矿中稀土矿物的分解率应大于95%。工业实践中影响分解率的主要因素有精矿粒度、酸矿比、焙烧温度和焙烧时间等。

精矿颗粒越细，比表面积越大，则矿与酸的接触面积越大，对精矿的分解就越有利。通常要求精矿粒度小于0.047mm（300目）的粒级比例大于90%。

酸矿比与焙烧温度对稀土矿物分解率及杂质浸出浓度的影响见表2－11。同一酸矿比条件下，随着温度的升高，浸出液酸度下降，稀土分解率和杂质浸出率也下降，但杂质浸出率下降的程度大得多。同一温度时，随着酸矿比的增加，浸出液酸度、稀土分解率和杂质浸出率均增加。从工业生产的实际结果来看，酸矿比随精矿中稀土品位的增加而减少。例如，含REO 47.6%～56%的精矿，酸矿比为（1.1～1.3）∶1；含REO 29%～31.5%的精矿，酸矿比为1.4∶1，两者均可达到94%的分解率。

表2-11 酸矿比及焙烧温度对稀土分解率及杂质浸出率的影响

焙烧条件		稀土分解率/%	浸出液						
			Fe		P		Th		H^+
酸矿比	温度/℃		质量浓度/$g \cdot L^{-1}$	$\frac{w(Fe)}{w(REO)}$/%	质量浓度/$g \cdot L^{-1}$	$\frac{w(P)}{w(REO)}$/%	质量浓度/$mg \cdot L^{-1}$	$\frac{w(Th)}{w(REO)}$/%	浓度/$mol \cdot L^{-1}$
1.5:1	450	98.64	0.49	0.72	0.34	0.50	53	0.078	0.31
1.5:1	500	95.25	0.048	0.057	0.038	0.045	7	0.0085	0.041
1.5:1	550	94.40	0.03	0.035	0.018	0.021	6	0.0071	0.019
1.5:1	600	91.34	0.041	0.057	0.015	0.021	6	0.0084	0.014
1.4:1	450	97.72	0.22	0.28	0.114	0.14	28	0.035	0.11
1.4:1	500	93.80	0.03	0.051	0.004	0.006	6	0.01	pH3

精矿的实际焙烧温度取决于回转窑的燃烧温度和传热、传质效率，在实际操作中，窑头温度一般在夏天控制为820～880℃，在冬天控制为880～950℃；窑尾温度控制为200～250℃；窑头负压控制为29～49Pa。

焙烧过程为液－固两相反应，需要有足够的时间才能反应完全。因此，若焙烧的时间过短，则分解不完全。焙烧时间与物料在窑内的流速有关，流速又与加料量有关。例如ϕ1.3m的回转窑，精矿加料量一般为8.5～9.0kg/min；若控制在8kg/min以下，在相同条件下，精矿的分解率相应下降。这是由于焙烧矿流速小、反应时间长而引起过烧结。焙烧时间过长还会增加耗酸量和降低产量。所以，应根据矿物分解完全的程度来确定焙烧时间，实践中一般控制物料在窑内的停留时间为60～90min。

2.2.3.3 回转窑操作

回转窑操作的内容包括烘窑、开窑、停窑以及异常情况的预防和处理。

窑头燃烧室砌好后，应经过1.5d的时间的自然干燥，然后烘窑。烘窑一般用木柴烧至窑头温度达300℃左右，即可喷重油或煤气燃烧，使燃烧室耐火砖和耐火水泥中的水分蒸发，并积蓄热量达到一定温度。对ϕ1.3m×25m的无内衬窑，烘烤和加热时间常为1～2d。短时间停产（如停产1～3d）的回转窑，仅需加热6～8h便可投料生产。

在升温和投料生产之前，要对窑体、尾气净化系统及其附属设备，如电机、泵、减速器、窑尾风机等进行检查和空车运转，使整个系统处于负压状态，并开启喷淋塔、氟吸收塔的洗涤冷水。然后按预定的升温制度升温，当窑温达100℃时，开启窑体传动电机，使窑体开始转动，便于窑体均匀受热。窑温高于150℃时，可喷油点火燃烧，并调节油量和风量，按50～100℃/min的速度逐步升温到750℃，便可从窑尾投料开始生产。

停窑时，应先停止加料。停料4h后调节油量和风量，使窑温按50℃/h的速度下降至400℃以下，停止喷油并熄火。窑继续回转至窑内物料全部排出，窑内温度降至室温，最后关闭冷却水，停尾气风机。无论什么原因造成的停车都必须进行“盘车”，每隔10～15min转一圈窑体，逐渐降温，以防造成筒体塌腰变形。

回转窑操作中遇到的异常情况主要是窑内结壳。由于配料时酸与矿比例失调而造成酸少矿多，或窑尾温度过高而造成大量硫酸分解，都会使物料黏度变大，黏附在窑体内壁形成结壳。

窑内是否出现结壳，可从窑头观察孔和窑尾三通处进行观察判断。从窑头看，正常情况下物料翻滚距离较大，物料呈绿豆大小的颗粒状，物料量适当；当硫酸过量时，物料较“潮”，物料翻滚前移时常呈团块状，这种情况下物料受热不均匀，有部分精矿得不到分解而被排出；当硫酸量不足时，物料较“干”，料色发白，如发现物料流量突然减少并有大块壳，即可判定窑中间可能有结壳现象发生。从窑尾主要看物料层变动情况，料层堆积较快，往往是由于酸矿比偏低；料层较薄，说明物料流动性较好；物料流速较快，则酸矿比可能偏高。因此，应随时检查酸矿比并及时调整至规定范围内。窑尾温度也需控制在规定值内，可有效预防结壳。

如果发现窑内有结壳迹象，应果断给予处理。结壳较轻时，可停止给矿一段时间，用少量硫酸冲洗，使结壳物料与过量硫酸较快反应以除去结壳。结壳较严重时，除采取以上措施外，还应用钢钎将结壳捅掉；或者采取降温办法，通过热胀冷缩作用使结壳掉下来。壳掉后立即升温并适当降低物料流量，以保证物料的反应时间。

2.2.3.4 尾气净化系统

尾气中的固体粉尘、未燃烧完全的碳氢化合物及硫酸雾大部分在沉渣室中被除去，留在尾气中的 HF、SiF_4 及少量的硫酸雾再经过喷淋塔、喷射吸收塔等用水吸收。

浓硫酸焙烧过程中产生大量的烟气。假定焙烧 1t 矿的重油耗量为 0.16t，重油燃烧产物（标态）为 12.67m^3/kg，按照浓硫酸焙烧过程气相平衡的计算，焙烧 1t 精矿将排出窑外约 2600m^3 尾气（标态），其中 CO_2 占 13%，H_2O 占 17.6%，N_2 占 59.5%，HF、SiF_4、SO_3、SO_2 等有害气体约占 5%，如果直接排放将会严重污染环境。例如，年焙烧 2000t 精矿，则会排硫 358t，排氟 138t，所以必须回收尾气中的有害气体，使之净化后排空。

目前，浓硫酸焙烧尾气的处理采用喷淋吸收的方法回收混酸。其原理是：利用物质沸点的不同，尾气经除尘、冷凝后，再用水喷淋吸收 H_2SO_4（沸点为 330℃）、HF（沸点为 19.4℃）、SiF_4（沸点为 19.5℃）、SO_3 等有害气体。混酸回收工艺较简短的流程设有沉渣、喷淋吸收、风机排风等工序。沉渣室是一内尺寸为 $\phi 2.5m \times 16m$ 的卧式烟道，内衬石墨炭砖，外层为钢制夹套，通冷却水散热。从回转窑尾部排出的尾气（250 ~ 300℃）经沉渣室沉降烟尘和凝结部分酸雾，定期取出沉降物与焙烧矿合并，供水浸处理。沉渣后尾气（150℃左右）进入喷淋塔喷淋吸收有害气体。喷淋塔出口气体温度为 60℃，再经旋流分离器进一步洗涤净化后排入大气。喷淋塔中循环喷淋液的酸浓度达到要求后就可放出，其大致组成为 H_2SO_4 5% ~ 10%、HF 20% ~ 30%、H_2SiF_6 约 5%。回收的混酸可用来制造冰晶石、氟硅酸钠等产品。

2.2.4 焙烧矿水浸及净化工艺

水浸是利用选定的溶剂分离固体混合物中可溶性组分的单元操作。根据稀土硫酸盐的可溶性，用水浸出焙烧矿中的硫酸稀土，其他难溶物质则留在渣中，使稀土与杂质得到分离。浸出时有少量 Fe、P、Th 等杂质进入浸出液中，加入 $FeCl_3$ 调整铁磷比，加入氧化镁或方解石粉调整酸度，使 Fe、P、Th 等沉淀除去。

2.2.4.1 稀土硫酸盐的溶解

浓硫酸焙烧矿浸出过程的主要反应是稀土硫酸盐从固相转入溶液的简单溶解，如下式所示：

$$RE_2(SO_4)_3 + aq = RE_2(SO_4)_{3(l)}$$

焙烧矿中含有一定量 H_2SO_4，水浸时 H_2SO_4 也进入浸出液，与某些难溶化合物作用使部分杂质进入溶液，如：

$$Fe_2O_3 + 2H_2SO_4 = Fe_2(SO_4)_3 + 2H_2O$$

$$ThP_2O_7 + 2H_2SO_4 + H_2O = Th(SO_4)_2 + 2H_3PO_4$$

稀土硫酸盐的浸出受溶解度规律支配。稀土硫酸盐容易吸水，溶于水时放热。溶解度随着温度升高而下降。无水盐的溶解度比含水盐的溶解度小，但含水盐溶解较慢，故在实践中用常温水直接浸出热焙烧矿。在20℃时，稀土硫酸盐的溶解度随原子序数的变化，由Ce到Eu依次下降，而由Gd到Lu又依次上升，如图2－7所示。+2价稀土硫酸盐难溶于水。按轻稀土配分的质量分数计算，20℃时平均溶解度（REO）约为86g/L，40℃时平均溶解度大约降至45g/L。

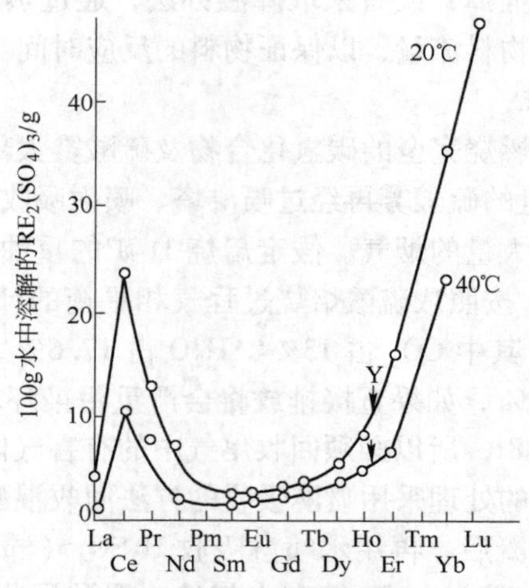

图2－7 稀土硫酸盐在水中的溶解度等温线

浸出过程还受动力学因素制约。简单溶解的动力学方程为：

$$\ln\frac{c_s}{c_s - c} = k\tau$$

式中 c——溶质在 τ 时刻的浓度；

c_s——实验温度下化合物在水中的溶解度；

k——速度常数。

在简单溶解过程中，有一饱和区迅速在固－液相界面形成，所以简单地说，观察到的速度就是溶剂化了的分子由饱和区扩散到本体中的速度。显然，此时溶解速度与焙烧矿粒度、温度和搅拌速度等因素有关。

2.2.4.2 稀土硫酸盐的水浸液除杂实验

溶液除杂的反应情况比较复杂，因为组分的活度是温度与组成的复杂函数。在一定温度下，平衡常数随组分的浓度而变化，所以实际溶液一般根据平衡时的实验数据来计算平衡常数。表2－12所示为方解石粉（小于0.124mm，即－120目）加入量、中和后溶液的pH值及去除杂质的情况。当溶液酸度从 $c_{H^+}=0.2mol/L$ 降至 pH＝3.4时，铁与磷沉淀的比例很高，且稀土损失很少。继续增加方解石粉提高溶液的pH值时，铁不再沉淀，而稀土损失量陡增。

表 2-12 方解石粉加入量对 pH 值、除杂及稀土损失率的影响

方解石粉加入量	溶液 pH 值	REO 浓度 /g·L^{-1}	稀土损失率 /%	铁的质量浓度 /g·L^{-1}	除铁率 /%	磷的质量浓度 /g·L^{-1}	除磷率 /%
c_{H^+} = 0.2mol/L		48.4	0	3.4	0	2.34	99
25	2.3	47.94	1.0	0.12	96.5	2.4×10^{-2}	99
26.5	3.4	47.68	1.5	0.05	98.5	5×10^{-4}	>99.9
28	3.8	45.68	5.2	0.05	98.5	$<5\times10^{-4}$	>99.9
37	4.4	46.04	4.9	0.05	98.5	$<5\times10^{-4}$	>99.9
53	4.6	45.22	6.6	0.05	98.5	$<5\times10^{-4}$	>99.9
63	4.9	44.66	7.7	0.05	98.5	$<5\times10^{-4}$	>99.9
87	5.0	43.26	10.6	0.05	98.5	$<5\times10^{-4}$	>99.9

进一步的研究表明，对于高铁、低磷的溶液，随着方解石粉的加入，pH 值上升，铁沉淀量也增加。但当溶液的 pH 值达 4.0 后，铁的质量浓度下降至 0.04g/L，再提高 pH 值也不能减少溶液中的铁含量，不过稀土损失率也无明显增加。高磷、低铁的溶液则不然，pH 值上升，磷的沉淀量增加，稀土损失率也显著增加，原因是沉淀物主要为磷酸稀土。按 $REPO_4$ 计算，1 单位质量的磷带入沉淀的 REO 约为 5.3 单位。为了除磷而又不增加稀土的损失，浸出液中加入 $FeCl_3$，使其生成 $FePO_4$ 沉淀。当加入 $FeCl_3$ 使水浸液达到 $w(Fe)/w(P)=2\sim3$ 时，再用方解石粉中和至 pH = 3.5 ~ 4，除磷效果好且稀土损失小。

2.2.4.3 溶液净化过程的离子沉淀

在溶液净化过程中，杂质离子在沉淀剂的作用下呈难溶化合物的形态沉淀，而稀土元素则留在溶液中，达到稀土元素与杂质彼此分离的目的。硫酸稀土水浸液的净化过程以去除铁、磷、钍等杂质为目的，采用形成难溶氢氧化物的水解法和呈磷酸盐沉淀的选择分离法。

硫酸稀土水浸液为多元混合盐溶液，沉淀物中有硫酸盐、硅酸盐、磷酸盐和氢氧化物以及各种碱式盐和复合盐，溶液中主要含硫酸稀土和硫酸。1L 水浸液中铁、磷、钍等杂质的量已降至几十至几百毫克（见表 2-11），但仍影响后续工艺的进行和混合稀土化合物产品的质量。在中和过程中，起初只有酸被中和，当 pH 值达到开始形成 $Fe(OH)_3$ 和 $Th(OH)_4$ 的数值时，如继续加入碱，便会导致铁和钍水解生成难溶氢氧化物沉淀，通式为：

$$Me^{z+} + zOH^- \longrightarrow Me(OH)_{z(s)}$$

因为 $Me(OH)_z$ 的溶度积 $K_{sp}=a_{Me^{z+}}a^z_{OH^-}$，并注意到水的离子积 $K_w=a_{Me^{z+}}a_{OH^-}$，所以溶液中金属离子的活度与开始沉淀的 pH 值的关系可写成以下形式：

$$pH = \frac{1}{z}\lg K_{sp} - \lg K_w - \frac{1}{z}\lg a_{Me^{z+}}$$

将溶液中 Fe 的浓度 3.4g/L、$K_{sp}=6.92\times10^{-38}$ 及 Th 的浓度 0.14g/L、$K_{sp}=1.26\times10^{-45}$ 分别代入上式，可计算出 $Fe(OH)_3$ 和 $Th(OH)_4$ 开始沉淀的 pH 值分别为 2.02

和3.58。

当溶液中有磷存在时，随pH值的增大，金属离子首先与磷生成更难溶的磷酸盐沉淀。理论分析与实践都表明，钍与磷在酸性溶液中就开始形成沉淀。硫酸稀土溶液中+3价离子以$MePO_4$沉淀的过程由以下两个反应综合而成：

$$MePO_4 \rightleftharpoons Me^{3+} + PO_4^{3-}$$

$$K_{sp} = a_{Me^{3+}} a_{PO_4^{3-}}$$

$$H_3PO_4 \rightleftharpoons 3H^+ + PO_4^{3-}$$

$$K_i = \frac{a_{H^+}^3 a_{PO_4^{3-}}}{a_{H_3PO_4}} = K_1 K_2 K_3 = 2.1 \times 10^{-22}$$

pH值与离子活度的关系可通过K_{sp}和K_i推导出来，将两式相除得到：

$$pH = \frac{1}{3}(\lg K_{sp} - \lg K_i - \lg a_{Me^{3+}} - \lg a_{H_3PO_4})$$

将溶液中Fe的浓度3.4g/L、$K_{sp} = 5 \times 10^{-26}$，REO的浓度48.4 g/L、$K_{sp} = 1.6 \times 10^{-23}$（$CePO_4$）以及P的浓度2.34g/L代入上式，可计算出$FePO_4$和$REPO_4$开始沉淀的pH值分别为-0.425和0.179。在应用以上规律时，应注意沉淀物的形成pH值与被沉淀金属的离子活度有关，并随着$a_{Me^{3+}}$的减小而增大。如溶液净化至Fe的浓度小于0.05g/L、P的浓度小于0.005g/L，按上式计算$FePO_4$和$REPO_4$的形成pH值均为1.07，即两者同时形成沉淀。

在净化工艺中，值得注意的是两种金属在溶液与沉淀物达成平衡时的共沉淀问题。对阴离子相同的两种盐来说，若有两种沉淀物从同一溶液中析出，并且两种金属呈独立的固相沉淀，则可导出类质同晶型的共沉淀定律如下：

$$D = \frac{a_{[Me1]}}{a_{[Me2]}} = \frac{K_{sp1}}{K_{sp2}}$$

比例系数$D = K_{sp1}/K_{sp2}$就是通常所谓的分配系数。系数D值越大于1，则对两种组分分离的条件越有利。若两种金属呈独立的固相沉淀，则平衡时两种金属在溶液中的含量之比等于两者的溶度积之比，并且与阴离子的活度无关。为使主要金属Me2保留在溶液中而将杂质Me1沉淀除去，那么杂质在经过净化以后的溶液中的最小浓度取决于$a_{Me1} = (K_{sp1}/K_{sp2})a_{Me2}$的平衡。如果要使溶液净化到Me1的活度$a_{Me1}$低于$a_{[Me1]}$，则主要金属也将开始沉淀。由硫酸稀土溶液净化实验数据表（见表2-12）可知，pH=3.4时，$D = a_{[Fe]}/a_{[RE]} = (0.05/55.85)/(47.68/164) = 3.08 \times 10^{-3}$。已知25℃时$LaPO_4$的$K_{sp} = 4 \times 10^{-23}$，$CePO_4$的$K_{sp} = 1.6 \times 10^{-23}$，由$D = \frac{K_{sp,FePO_4}}{K_{sp,CePO_4}} = 3.08 \times 10^{-3}$估算，$FePO_4$的$K_{sp} = 5 \times 10^{-26}$。通常水浸液中REO浓度控制在40g/L，则Fe的平衡浓度为$\rho[Fe] = D\rho[RE] = 3.08 \times 10^{-3} \times (40/164) \times 55.85 = 0.042$g/L。若溶液中还有过量的$PO_4^{3-}$，就会引起Fe与RE同时沉淀，增大了稀土的损失。因此，在净化工艺中控制$\rho[Fe]/\rho[P] = 2 \sim 3$，Fe沉淀至平衡浓度时，溶液中P的浓度则降至溶度积决定的平衡浓度，避免了稀土沉淀损失。

2.2.4.4 水浸与净化工业实践【案例】

焙烧矿水浸与净化工艺流程如图2-8所示。

在工业生产实际操作中，焙烧矿从回转窑排出，直接进入打浆槽，用洗渣水打浆。浆

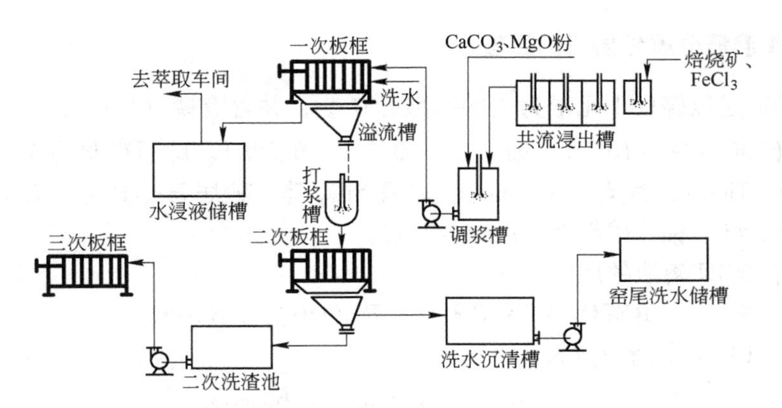

图2-8 焙烧矿水浸与净化工艺流程

料进入浸出槽，加水至固液比为1:(8~10）后开始搅拌。充槽时间为3~4h，搅拌浸出时间为4h。

焙烧矿浸出过程中，取样分析水浸液中Fe、P含量，加入$FeCl_3$调整$\rho[Fe]/\rho[P]=2\sim3$，随后加入MgO粉或方解石粉，调整pH=3.5~4.5，沉淀除去Fe、P、Th等杂质。中和反应式为：

$$H_2SO_4 + MgO = MgSO_4 + H_2O$$

$$H_2SO_4 + CaCO_3 = CaSO_4 + H_2O + CO_2$$

用方解石粉中和，价格较低；但生成的$CaSO_4$溶解度小，渣量较多，渣中夹带稀土而影响稀土回收率。用氧化镁中和，生成的$MgSO_4$溶解度较大，渣量少，稀土回收率较高；但氧化镁加料不匀造成“滞后反应”，使溶液的pH值波动，也会影响稀土回收率。

操作中根据分析结果计量加入$FeCl_3$并搅拌0.5h，再缓慢加入方解石粉，调至pH=4~4.5，然后继续搅拌0.5h。澄清一段时间后取样分析，并打入板框过滤机过滤，滤液静置12h后进入后面工序处理。滤渣经两次搅拌洗涤回收稀土，第二次洗渣水加少量硫酸，洗渣液返回用于第一次洗渣，第一次洗渣液返回用于浸出焙烧矿。洗渣固液比为1:10，洗渣时间为2h，洗渣酸度为pH=2。弃渣中$w(REO)<3\%$，返洗液中$w(REO)<1\%$，稀土回收率为96%。水浸液控制指标为：$\rho(REO)\approx40g/L$，$\rho(Fe)<0.05g/L$，$\rho(P)<0.005g/L$，$\rho(Th)<0.001g/L$，pH=4~4.5。

近年来多数工厂采用了1995年通过鉴定的除磷科技成果。由于白云鄂博矿的深入开采，混合稀土精矿中氟碳铈矿与独居石的比例已由以往的(2~6):1变为4:6，精矿中铁磷比大为降低，由以往的2.5降至1.0，造成稀土与磷生成沉淀而使稀土大量损失，从焙烧到水浸的稀土回收率由原来的90%~92%降至73%左右。该方法是将铁含量较高的矿物加入稀土精矿中，调整至铁与磷的合适比例，经过焙烧和浸出后，稀土回收率从73.59%提高到86.98%，即提高10%以上。

2.3 NaOH 溶液常压分解独居石精矿

用NaOH溶液分解稀土矿物是一种经典方法。独居石、氟碳铈矿、混合型稀土矿和磷钇矿等精矿都可用NaOH溶液分解。

2.3.1 NaOH 溶液分解独居石的原理

独居石精矿是以轻稀土元素为主的磷酸盐矿物，并含有磷（P_2O_5 20% ~33%）和放射性元素钍（ThO_2 4% ~10%）、铀（U_3O_8 0.2% ~0.8%）。脉石矿物有金红石（TiO_2）、钛铁矿（$FeO \cdot TiO_2$）、锆英石（$ZrSiO_4$）以及 SiO_2 等。独居石是具有综合利用价值的矿物，除稀土外，钍、铀、磷等都可以综合回收。

独居石与 NaOH 溶液的反应为：

$$REPO_4 + 3NaOH = RE(OH)_3 + Na_3PO_4 \qquad (2-1)$$

反应（2-1）的平衡常数 K 为：

$$K = \frac{c_{PO_4^{3-}}}{c_{OH^-}^3} = \frac{c_{RE^{3+}} c_{PO_4^{3-}}}{c_{RE^{3+}} c_{OH^-}^3} = \frac{K_{sp,REPO_4}}{K_{sp,RE(OH)_3}}$$

式中 $c_{PO_4^{3-}}$，c_{OH^-}，$c_{RE^{3+}}$——分别为反应平衡时 PO_4^{3-}、OH^- 和 RE^{3+} 的浓度；

$K_{sp,REPO_4}$，$K_{sp,RE(OH)_3}$——分别为 $REPO_4$ 和 $RE(OH)_3$ 的溶度积。

根据化学反应等温方程式，反应（2-1）的吉布斯自由能变化为：

$$\Delta G = -RT\ln K + RT\ln c_{PO_4^{3-}}/c_{OH^-}^3$$

由热力学原理可知，当 $K>1$ 或 $\Delta G<0$ 时，反应（2-1）才能进行。

某些元素的氢氧化物的溶度积，以及在 25℃ 和 $c_{Me^{z+}}=1$ 时生成氢氧化物的 pH 值和有关数据，见表 2-13。

表 2-13 某些金属在 25℃时形成氢氧化物的溶度积及有关数据

氢氧化物	K_{sp}	溶解度/$mol \cdot L^{-1}$	ΔG/$kJ \cdot mol^{-1}$	形成 $Me(OH)_z$ 的 pH 值
$U(OH)_4$	1.26×10^{-52}	1.37×10^{-11}	-296.299	1.03
$Ce(OH)_4$	3.98×10^{-51}	2.74×10^{-11}	-287.759	1.40
$Th(OH)_4$	1.26×10^{-45}	3.45×10^{-11}	-256.358	2.78
$Fe(OH)_3$	6.92×10^{-38}	2.25×10^{-10}	-213.066	1.62
$Al(OH)_3$	1.78×10^{-33}	2.82×10^{-9}	-186.982	3.08
$Lu(OH)_3$	1.9×10^{-24}	5.15×10^{-7}	-135.443	6.09
$Yb(OH)_3$	2.5×10^{-24}	5.51×10^{-7}	-134.773	6.13
$Er(OH)_3$	4.1×10^{-24}	6.24×10^{-7}	-133.601	6.20
$Eu(OH)_3$	9.0×10^{-24}	7.60×10^{-7}	-131.633	6.32
$Gd(OH)_3$	1.4×10^{-23}	8.48×10^{-7}	-130.293	6.38
$Y(OH)_3$	1.6×10^{-23}	8.87×10^{-7}	-129.958	6.42
$Sm(OH)_3$	8.4×10^{-23}	1.33×10^{-6}	-126.064	6.64
$Ce(OH)_3$	1.0×10^{-22}	1.39×10^{-6}	-125.604	6.70
$Nd(OH)_3$	3.2×10^{-22}	1.86×10^{-6}	-122.757	6.84
$Pr(OH)_3$	6.7×10^{-22}	2.23×10^{-6}	-120.873	6.94
$La(OH)_3$	1.7×10^{-19}	8.91×10^{-6}	-107.182	7.74
$Sn(OH)_2$	4.9×10^{-26}	2.31×10^{-9}	-144.528	1.34
$Cu(OH)_2$	1.07×10^{-19}	2.99×10^{-7}	-108.354	4.52

续表2－13

氢氧化物	K_{sp}	溶解度/mol·L^{-1}	ΔG/kJ·mol^{-1}	形成Me(OH)$_z$的pH值
$Ni(OH)_2$	1.51×10^{-16}	3.36×10^{-6}	−90.351	6.09
$Zn(OH)_2$	1.66×10^{-16}	3.46×10^{-6}	−90.351	6.11
$Fe(OH)_2$	1.91×10^{-15}	7.93×10^{-6}	−84.071	6.64
$Mn(OH)_2$	4.0×10^{-14}	2.15×10^{-5}	−76.535	7.30
$Mg(OH)_2$	8.71×10^{-12}	1.3×10^{-4}	−63.179	8.47

稀土磷酸盐的溶度积在10^{-23}数量级，对轻稀土而言（反应过程中$Ce(OH)_4$的生成量极少，可忽略不计），均有$K_{sp,REPO_4}<K_{sp,RE(OH)_3}$，即$K<1$。由等温方程$\Delta G=-RT\ln K$可知，反应（2－1）的$\Delta G>0$，因此，反应（2－1）不能自发进行。

但增加NaOH用量可提高溶液中c_{OH^-}，从而能使反应（2－1）的$\Delta G<0$。令$\Delta G=-RT\ln K+RT\ln c_{PO_4^{3-}}/c_{OH^-}^3<0$，有$c_{PO_4^{3-}}/c_{OH^-}^3<K$，故取

$$c_{OH^-}>\sqrt[3]{c_{PO_4^{3-}}/K}$$

例如，用50% NaOH溶液分解独居石精矿，碱液浓度$c_{OH^-}=500\times1.53/40.01=19.12$mol/L，反应完全时分解独居石$c_{PO_4^{3-}}=19.12/3=6.37$ mol/L。由表2－13，取

$$K=\frac{K_{sp,REPO_4}}{K_{sp,La(OH)_3}}=\frac{10^{-23}}{1.7\times10^{-19}}=0.588\times10^{-4}$$

将两值代入计算得$c_{OH^-}>\sqrt[3]{6.37/(0.588\times10^{-4})}=47.67$ mol/L，即欲使反应（2－1）的$\Delta G<0$，NaOH用量应为理论需要量19.12mol/L的2.49倍。换算为矿碱质量比，理论比$=(6.37\times235.4):(19.12\times40.01)=1:0.51$，而实际比达到$(6.37\times235.4):(47.67\times40.01)=1:1.27$，增大2.49倍，这样才能使反应向生成RE（OH）$_3$的方向进行。

由热力学计算可知，反应（2－1）的焓$\Delta H>0$，为吸热反应。由下式可知：

$$\frac{d\ln K}{dT}=\frac{\Delta H}{RT^2}$$

对于吸热反应，温度升高，K值增大，有利于反应的进行。因此，在工业上提高反应温度进行分解可降低耗碱量。常将温度控制在140℃以上，或采用压热法使分解温度进一步提高。

由于反应（2－1）是在固－液两相界面上进行的，反应生成物RE（OH）$_3$膜包覆在矿物颗粒的表面上，反应速度受到NaOH溶液中OH^-向固体表面扩散速度的控制。按照生成致密固体产物的动力学方程，独居石的分解率x与分解时间的关系式为：

$$1-\frac{2}{3}x-(1-x)^{2/3}=\frac{c_0k}{r_0^2\rho}\tau$$

式中 r_0——独居石颗粒的原始半径；

c_0——NaOH的初始浓度；

ρ——矿粒的密度；

k——常数，与扩散系数和温度有关；

τ——反应时间。

可见，通过细磨矿石、提高 NaOH 浓度和延长分解时间，均可提高独居石的分解率。

尽管提高 NaOH 浓度和反应温度可加速分解反应的进行，但由于 NaOH 浓度过高，物料变得黏稠，引起局部过热，从而导致分解产物中铈被氧化且难溶于酸。

2.3.2 NaOH 溶液常压分解工艺【案例】

NaOH 溶液分解独居石精矿的工艺流程如图 2－9 所示。过程的实质是在 140℃左右的温度下用 NaOH 溶液分解独居石，使稀土、钍、铀等生成氢氧化物沉淀，与 Na_3PO_4 实现分离。然后用盐酸溶解沉淀物，使稀土元素优先溶解，而钍、铀及其他杂质仍留在残渣中，达到分离效果。主要反应为：

$$REPO_4 + 3NaOH = RE(OH)_3 + Na_3PO_4$$

$$Th_3(PO_4)_4 + 12NaOH = 3Th(OH)_4 + 4Na_3PO_4$$

$$2U_3O_8 + O_2 + 6NaOH = 3Na_2U_2O_7 + 3H_2O$$

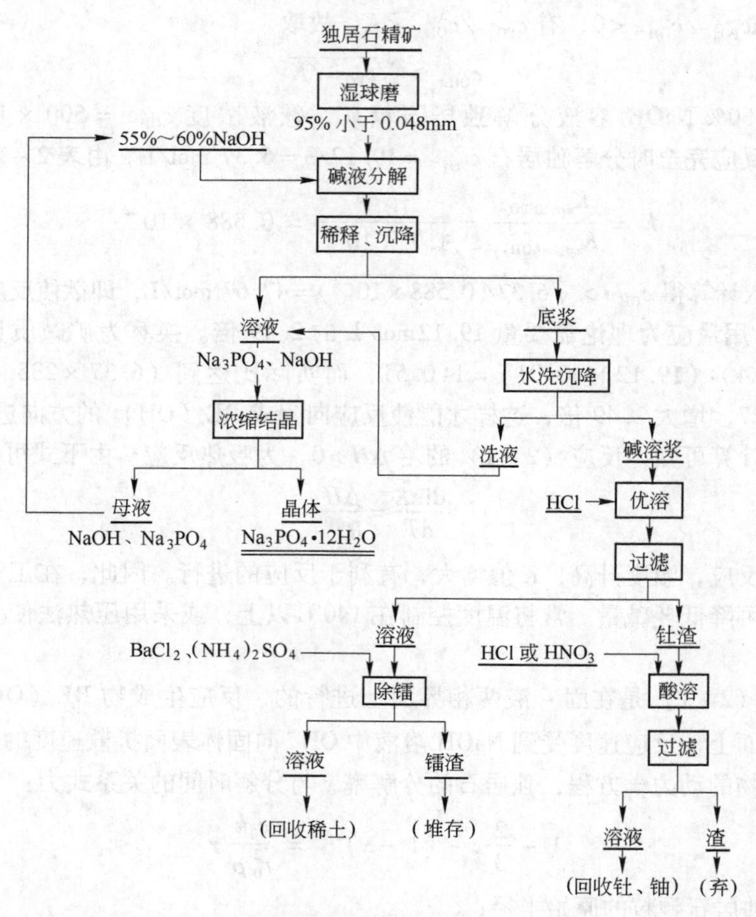

图 2－9 NaOH 溶液分解独居石精矿的工艺流程

部分 +4 价铀以 $U(OH)_4$ 沉淀析出，而在过量 NaOH 的溶液中，$U(OH)_4$ 又按下列反应生成络合物进入溶液中：

$$U(OH)_4 + OH^- = H_3UO_4^- + H_2O$$

其反应平衡常数为1.7×10^{-4}。

在分解过程中，精矿中少量的脉石矿物部分与NaOH反应：

$$ZrSiO_4 + 4\ NaOH = Na_2ZrO_3 + Na_2SiO_3 + 2H_2O$$

$$TiO_2 + 2\ NaOH = Na_2TiO_3 + H_2O$$

$$SiO_2 + 2\ NaOH = Na_2SiO_3 + H_2O$$

$$Al_2O_3 + 2\ NaOH = 2\ NaAlO_2 + H_2O$$

由于独居石精矿中的脉石矿物分解成可溶于酸的锆、钛、硅、铝的钠盐，形成凝聚的高分子胶状化合物，使溶液黏度变大。严重时会在反应槽底部结垢造成反应体系“发胀”，或反应过程中产生的气体不易散出而引起“冒槽”等事故，也会给分解后的固液分离带来困难。因此，碱液分解对独居石精矿的质量有一定要求，要求精矿中$w(REO)\geq65\%$、$w(ZrO_2)<1.8\%$、$w(TiO_2)<1\%$、$w(SiO_2)<3\%$、$w(Fe)<1\%$。

为了提高分解率和加快反应速度，分解前要湿球磨精矿，达到矿泥粒度小于0.046mm（320目）的粒级比例不小于99%，其中粒度小于0.04mm（360目）的粒级比例不小于95%，矿泥水分含量控制在26%～30%。根据矿种的不同，以矿碱比1∶(0.95～1)确定每批配料的矿浆体积和50%碱溶液的体积，将两者计量放入调浆槽，搅拌调匀后用砂浆泵输入计量高位槽。连续分解作业是在5个串联成一组的钢制反应槽中按串联并流连续工艺进行的，如图2－10所示。反应槽的温度达到135～140℃时，开启计量高位槽阀门，湿磨矿浆和NaOH溶液混合物按规定流量流入第1个反应槽。反应槽的夹套中通入蒸汽加热，为了保证温度均匀，在槽底的外部也可用电阻丝加热。在搅拌条件下，反应物料在槽内停留一段时间后连续流入第2个反应槽，依此类推，反应物料最后溢流入稀释槽。在槽内的总反应时间为8～12h。

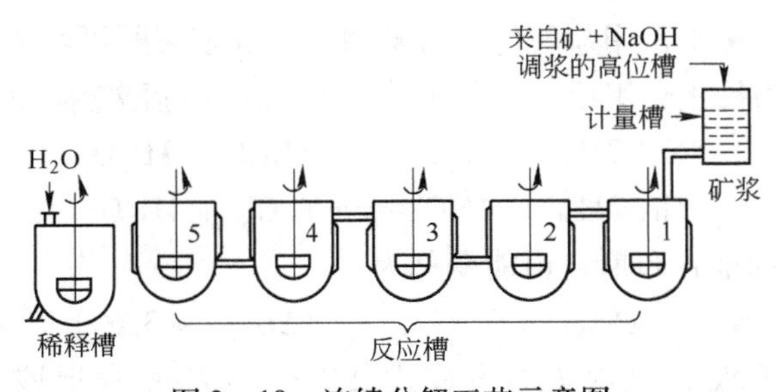

图2－10　连续分解工艺示意图

在稀释槽中，以浆∶水＝2∶1的比例加热水，将反应物料稀释后放出。稀释的目的是为了固、液容易分离，稀释温度约为100℃。温度过低，碱液中易析出Na_3PO_4；温度过高，则因物料翻动而影响物料沉降。将稀释料定期从稀释槽送入沉降槽，在沉降槽中经过约1h的陈化，以利于固体氢氧化物的凝聚与沉降。澄清后，将上清液（磷碱液）虹吸至蒸发器浓缩处理。将碱溶浆放入水洗槽，经过数段错流洗涤。水洗的目的是把碱溶浆中的Na_3PO_4和NaOH洗出回收。水洗时，以浆∶水＝1∶4的比例加入温度在90℃以上的热水，加水至槽容积的3/4时搅拌3～5min，然后加满水并沉降1h左右。第一、二次的洗液与磷碱液合并，第三次洗液作为第一次清洗水回用。清洗合格的碱溶浆中PO_4^{3-}的质量分数小于1.2%，以备酸溶解时使用。

在碱液分解过程中，较高浓度的碱液有利于分解反应的进行。此外，碱液的沸点随其浓度的增加而上升，如表2－14所示。即用较高浓度的碱液还可提高反应温度，也有利于分解反应。但是在碱用量固定的条件下，提高碱液浓度势必降低反应体系的液固比，致使其流动性变差。同时，在环境温度下，浓度过高的碱液易析出固体碱，从而使输送管道堵塞。故生产中用50%的碱液，溶碱时浓度需达到50Be′（Be′表示波美浓度，是用波美密度计浸入溶液中所测得的度数来表示的溶液浓度，如50Be′碱液的密度为1.53g/mL，对应的质量分数为50.5%）。实验证明，在此碱液浓度下，在140℃时分解5h即可达到97%的分解率。

表2－14 NaOH溶液浓度与沸点的关系

NaOH浓度/%	37.58	48.30	60.13	69.97	77.53
沸点/℃	125	140	160	180	200

分解反应消耗体系中的碱，NaOH浓度随之降低，碱液的沸点同时降低。碱液的沸点降至低于当时体系的温度时，则体系过热，料液大量溢出，发生“冒槽”事故。此时应及时补加适量新碱液或加快加料速度，以降低料液黏度和反应温度。

2.3.3 从碱溶浆中提取稀土和除镭

独居石精矿经过碱液分解和澄清沉降后，得到的碱溶浆含稀土、钍、铀和一部分未分解的脉石及分解后的锆、钛等钠盐的沉淀物。碱溶浆经充分洗涤除去PO_4^{3-}后，一般用盐酸优先将稀土溶解出来，而使钍和铀留在沉淀物中。盐酸优溶得到氯化稀土溶液，经过净化除镭后，蒸发结晶制取混合稀土氯化物产品。

经水洗后的氢氧化稀土，用盐酸优先溶解稀土。优溶液既可经浓缩结晶制取混合稀土氯化物产品，也可作为稀土分组或单一稀土分离的原料。盐酸溶解$RE(OH)_3$的反应为：

$$RE(OH)_3 + 3HCl = RECl_3 + 3H_2O \quad (2-2)$$

$$Th(OH)_4 + 4HCl = ThCl_4 + 4H_2O$$

反应（2－2）的标准吉布斯自由能变化为：

$$\Delta G = \Delta G_{RE^{3+}} + 3\Delta G_{H_2O} - (3\Delta G_{OH^-} + 3\Delta G_{H^+})$$

计算得$\Delta G = -1299$kJ，且由等温方程式$\Delta G = -RT\ln K$求得该反应的平衡常数$K = 10^{277}$。计算结果表明，该反应的ΔG远远小于零，平衡常数K值也相当大，说明该反应能自发进行，且进行得很完全。

用盐酸溶解$RE(OH)_3$的反应发生在悬浮于液体中的$RE(OH)_3$固体颗粒表面上。对于颗粒半径为r_0、密度为ρ的物料，反应服从一级反应，则用反应率x与时间τ的关系表示的反应动力学方程为：

$$1 - (1-x)^{1/3} = \frac{c_0 k}{r_0 \rho}\tau$$

对于电化学溶解反应：

$$Ce(OH)_4 + 4H^+ + e = Ce^{3+} + 4H_2O$$

按电化学速度模型，其动力学方程为：

$$1-(1-x)^{1/3}=\frac{k_s}{r_0\rho}\tau$$

在动力学区域内，反应率 x 随速度常数 k 的增加而提高。根据 Arrhenius 公式 $\ln k=-E/RT+B$，对大多数化学反应，活化能 E 值一般为 10kJ 数量级，因此温度每升高 10℃，反应速度增大 2 ~4 倍。盐酸的初始浓度 c_0 提高，溶解速度和溶解程度均随之增大。对于电化学溶解，k_s 为表面反应的比速度，与阴阳极的表面积、反应速度及离子的活度系数有关。

盐酸优溶是利用钍、铀、稀土的氢氧化物在盐酸溶液中溶解度的不同，使得钍、铀与稀土得到有效分离。由溶度积原理可以确定使 $RE(OH)_3$ 尽可能溶解，同时又使钍、铀等杂质保留在沉淀物中的 pH 值范围。通常认为溶液中金属离子的浓度小于 10^{-5}mol/L 时即已“沉淀完全”，根据这一指标计算 Th^{4+}、U^{4+}、Fe^{3+} 形成沉淀的 pH 值如下：

$$U^{4+}: 10^{-5}c_{OH^-}^4=1.26\times10^{-52}, c_{OH^-}=1.88\times10^{-12}, pH=2.28$$

$$Th^{4+}: 10^{-5}c_{OH^-}^4=1.26\times10^{-45}, c_{OH^-}=1.06\times10^{-10}, pH=4.02$$

$$Fe^{3+}: 10^{-5}c_{OH^-}^4=6.92\times10^{-38}, c_{OH^-}=1.91\times10^{-11}, pH=3.28$$

从计算结果可知，只要将溶液的 pH 值控制在 4 以上，即可将 U^{4+}、Th^{4+}、Fe^{3+} 等杂质元素除去。而由前述可知，将溶液的 pH 值控制在 6 以下，即可将 $RE(OH)_3$ 全部溶解。故在盐酸溶解时常将最终 pH 值控制在 4 ~4.5 范围内，以使 $RE(OH)_3$ 完全溶解并尽量除去非稀土杂质。

在生产实践中，先在水洗槽内将碱溶浆搅拌均匀，使其浓度达到 60Be′。将料浆转入酸溶反应槽，加入工业级盐酸（10 ~12mol/L），搅拌并加热至 90 ~100℃进行溶解反应。先将反应酸度控制在 pH =1.5 ~2.0，然后再用碱溶浆回调至 pH≈4.5。pH 值调整好后再煮沸 1h，以保证钍、铀沉淀完全。这样可得到较高的稀土溶出率（90% 左右），而且溶液中非稀土杂质含量较低，符合制取混合稀土氯化物产品的要求。

生产中常用板框式压滤机过滤优溶后的料浆，滤饼中稀土量约为精矿中稀土总量的 10%，而钍、铀几乎全部集中在滤饼中。滤饼用体积比为浆∶水 =1∶1.5 的 90 ~100℃热水调浆，进行第二次板框压滤。二次滤液并入第一次压滤清液中，二次滤饼用 90 ~100℃热水清洗 3 ~4 次，至洗液中氯离子浓度小于 0.6g/L 为止。最终滤饼可用硝酸或盐酸溶解，得到的溶液采用溶剂萃取法分离提取其中的稀土、钍、铀。

由于用盐酸优溶得到的稀土氯化物溶液中一般含有微量放射性元素镭（小于 10^{-10}mol/L），必须净化除镭。目前普遍采用硫酸钡共沉淀法除镭。由于镭和钡的离子半径很相近（Ba^{2+}0.138nm，Ra^{2+}0.141nm），因此产生同晶共沉淀现象，在硫酸钡沉淀的同时将镭共载下来：

$$Ba^{2+}(Ra^{2+})+SO_4^{2-}=\!=\!=Ba(Ra)SO_4$$

为了提高除镭效果，需要足够量的 Ba^{2+} 和 SO_4^{2-} 离子。操作时，先将稀土溶液加热至 70 ~80℃，然后在搅拌条件下向每立方米溶液加入 2kg 硫酸铵和 3.5kg 氯化钡的水溶液，控制离子溶度积 $c_{Ba^{2+}}c_{Ra^{2+}}$ 在 10^{-4} 数量级，大大超过 $BaSO_4$ 和 $RaSO_4$ 的溶度积（25℃时分别为 1.1×10^{-10} 和 4.2×10^{-11}），则 $RaSO_4$ 随大量 $BaSO_4$ 的沉淀而共沉淀。加完溶液后继续搅拌 10min，加聚丙烯酰胺溶液，继续搅拌 2min，反应后使其在室温下陈化较长时间，以利于充分共载沉淀和沉淀的过滤。

除镭后的稀土氯化物溶液的质量控制指标为：$\rho(REO)\geqslant 160g/L$，$w(SO_4^{2-})/w(REO)\leqslant 0.003\%$，放射性比活度不大于 $3.7\times 10^4 Bq/L$，$pH=4\sim 5$，可经过蒸发结晶制取混合稀土氯化物产品。

2.3.4 磷酸三钠的回收及除铀

独居石精矿经碱液分解后，经过数次清洗碱溶浆，磷以可溶的 Na_3PO_4 形态留在磷碱液中。此时磷碱液浓度约为10Be′，其中 NaOH 的浓度为2mol/L 左右，P_2O_5 的浓度为20g/L 左右。将其蒸发浓缩至溶液沸点达135℃时，NaOH 浓度约为47%。20℃时，Na_3PO_4 在36% NaOH 溶液中的溶解度仅为0.3%，所以，浓缩后的磷碱液冷却即析出 $Na_3PO_4\cdot 12H_2O$ 结晶。结晶母液中主要含 NaOH，还含有硅等杂质。加入石灰使杂质生成硅酸钙沉淀：

$$Na_2SiO_3 + Ca(OH)_2 = CaSiO_{3(s)} + 2NaOH$$

回收的碱液可再返回碱分解独居石工序使用。

工业实践中，在列文蒸发器中浓缩磷碱液。这种蒸发器又称管外沸腾式蒸发器，适用于处理浓稠的易于结晶和生垢的溶液。磷碱液在列文蒸发器中浓缩至浓度达36Be′后，放入结晶槽中用夹套水冷却6h 左右，待结晶完全析出后，吸出上清液，得到磷酸三钠结晶。

在冷却结晶时，微量的 +6 价铀会带入结晶体中，故应进一步除铀。即先用热水溶解粗结晶，加热至沸腾，随后加还原剂锌粉和硫酸亚铁，再加入石灰水，则 +6 价铀被还原成 +4 价状态，并以氢氧化铀沉淀除去：

$$UO_2^{2+} + Zn + H_2O = U^{4+} + 4OH^- + Zn^{2+}$$

$$UO_2^{2+} + 2Fe^{2+} + 2H_2O = U^{4+} + 2Fe^{3+} + 4OH^-$$

$$U^{4+} + 2Ca(OH)_4 = 2Ca^{2+} + U(OH)_4$$

$$2Fe^{3+} + Ca(OH)_2 = 2Fe(OH)_3 + Ca^{2+}$$

以上反应中，加入锌粉可使 +6 价铀有效地还原，但因铀量很少，只加锌粉不可能使 $U(OH)_4$ 完全沉淀下来。加入硫酸亚铁生成的 $Fe(OH)_2$ 则能很好地将 $U(OH)_4$ 共载沉淀。

除铀后的溶液再在结晶槽中冷却结晶，得到 $Na_3PO_4\cdot 12H_2O$ 产品，其放射性比活度值可达到允许范围。一般每分解1t 独居石精矿，可获得1t 以上磷酸三钠副产品。

2.4 NaOH 分解混合型稀土精矿【案例】

混合型稀土精矿是氟碳铈矿和独居石的混合矿物，其中主要杂质矿物有萤石、方解石、磷灰石和铁矿物。为保证碱分解过程的顺利进行和提高稀土产品质量，必须在碱分解前用盐酸将萤石等杂质除去，然后用 NaOH 将精矿中稀土转化为氢氧化物，再用盐酸溶剂将稀土转入溶液中，其工艺流程如图2－11所示。

2.4.1 化学选矿

化学选矿是用稀盐酸将精矿中的含钙矿物（如萤石等）浸出并分离出去。用稀盐酸对稀土矿进行化学选矿时，应有下列反应发生：

$$CaCO_3 + 2HCl = CaCl_2 + H_2O + CO_{2(g)}$$

$$Ca_5F(PO_4)_3 + 10HCl = 5CaCl_2 + 3H_3PO_4 + HF$$

$$CaF_2 + 2HCl = CaCl_2 + 2HF$$

$$RE_2(CO_3)_3 \cdot REF_3 + 6HCl = 2RECl_3 + REF_3 + 3H_2O + 3CO_2$$

$$RECl_3 + 3HF = REF_{3(s)} + 3HCl$$

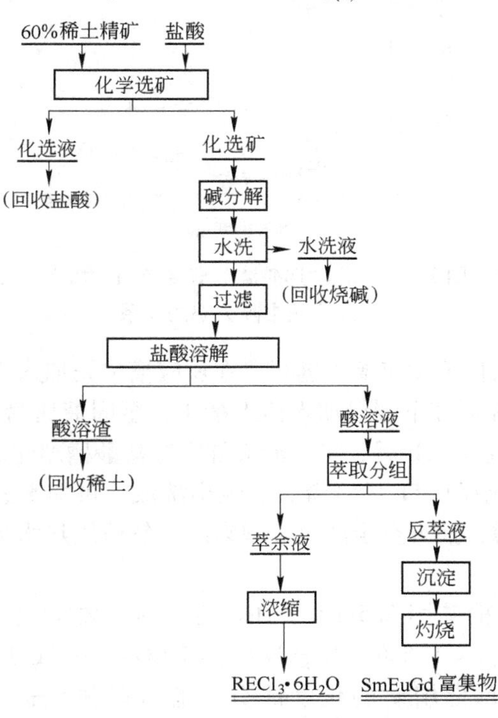

图 2-11 NaOH 分解混合型稀土精矿的工艺流程

精矿中的钙有 30% ~40% 以方解石和磷灰石的形式存在，易溶于稀酸；大量的钙赋存于萤石。若要使萤石溶解，则需要用较浓的酸在较高温度下进行。这就可能使氟碳铈矿 $RE_2(CO_3)_3 \cdot REF_3$ 中的 $RE_2(CO_3)_3$ 部分溶解，造成稀土损失。

但是，萤石溶解时有 F^- 进入溶液，会与已进入溶液的 RE^{3+} 形成 REF_3 且沉淀于精矿中。即相对于 REF_3，CaF_2 是强电解质。CaF_2 的溶解产生了同离子效应，使溶液中的 RE^{3+} 浓度降低，减少了稀土损失。另外，REF_3 的沉淀又使溶液中的 F^- 浓度降低，促进 CaF_2 继续溶解。显然，尽管氟碳铈矿在化选条件下有部分稀土被溶解，但由于萤石和磷灰石溶解时生成的 HF 又与已溶解的稀土生成 REF_3 沉淀，从而减少了稀土的损失。

用不同浓度和不同体积的盐酸在 90 ~95℃ 下浸出 3h，滤液中离子溶度积 $c_{RE^{3+}}c^3_{F^-}$ 与 $c_{Ca^{2+}}c^2_{F^-}$（精矿中仍有大量的 REF_3 和少量的 CaF_2，因此也可将这两个化合物的溶度积视为该条件下的溶度积）均随着滤液 pH 值的增加而降低。但对同一种滤液，$c_{Ca^{2+}}c^2_{F^-}$（c_{PC}）比 $c_{RE^{3+}}c^3_{F^-}$（c_{PR}）大 100 ~300 倍。选择较佳的条件，能使化学选矿中的 CaO 含量降至 0.2%，而稀土损失约 2%。此外，对钙含量较高的矿物，要提高除钙率和减少稀土损失，化学选矿过程就必须在较高酸度下进行。图 2-12 所示为化学选矿滤液酸度与钙、稀土、氟在滤液中除去率的关系。对于钙含量高的精矿，当化选滤液酸度接近 1.5mol/L 时，可除去精矿中约 95% 的钙，损失于滤液的稀土量也降至最小值，而氟达到最大除去率。

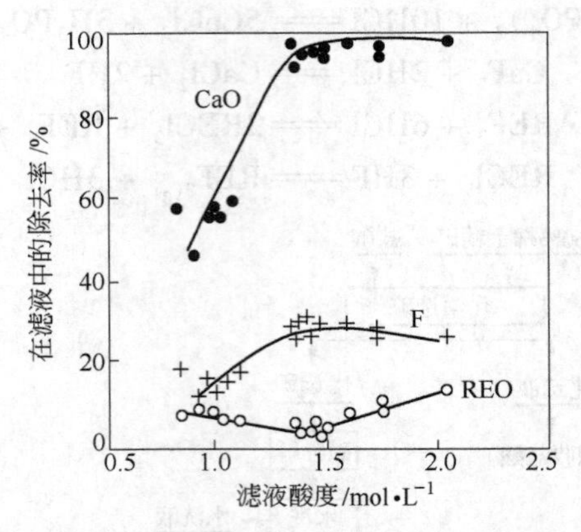

图 2－12 化学选矿滤液酸度与钙、稀土、氟在滤液中除去率的关系

化学选矿工艺操作在化选反应槽中进行。在反应槽中先加入工业盐酸，加水调配至酸度为2.5mol/L。升温并在搅拌下缓慢加入稀土精矿，至固液比为1:(5～7)。在温度高于90℃条件下搅拌2～3h，澄清2h后，将上清液虹吸至盐酸槽净化回收盐酸。反应槽中的沉淀加水，在60～70℃下搅拌0.5h后澄清。虹吸出洗液，再加水进行二次洗涤。洗好后将料浆打入真空过滤器过滤，抽真空至滤饼出现裂纹，然后用热水淋洗滤饼，抽干后挖出滤饼，转入碱分解工序。

含REO 60%的稀土精矿用2.5mol/L HCl溶解时，要求化选矿中$w(REO)>68\%$，$w(CaO)<4\%$，$w(Fe_2O_3)<1.5\%$；化选液中$\rho(REO)<0.1g/L$，$\rho(CaO)>15g/L$，$c_{H^+}<1.2mol/L$。必须掌握每批精矿的化学成分，随时调整化选条件，以达到上述质量指标。

化选液可在常温下除钙净化。化选液加入硫酸后与钙作用生成硫酸钙沉淀物，反应为：

$$CaCl_2 + H_2SO_4 \longequal CaSO_{4(s)} + 2HCl$$

硫酸用量为$w(CaO):w(H_2SO_4)=1:5$，反应时间为2～3h，澄清10～12h。除钙的化选液中$c_{H^+}=2\sim2.3mol/L$，$\rho(CaO)<3g/L$，可返回至配酸岗位继续用于化学选矿。

2.4.2 NaOH分解化选矿

NaOH与化选矿的反应如下：

$$RE_2(CO_3)_3 \cdot REF_3 + 9NaOH = 3RE(OH)_3 + 3NaF + 3Na_2CO_3$$

$$REPO_4 + 3NaOH = RE(OH)_3 + Na_3PO_4$$

$$REF_3 + 3NaOH = RE(OH)_3 + 3NaF$$

在一般条件下，上述反应不能自发进行。所以必须使NaOH过量，即使$\Delta G<0$。提高NaOH浓度或升高反应温度，均可使反应速度加快。实践证明，用浓度为50%的NaOH，在140℃时分解时间长达4～6h；而用70%的NaOH，在170℃时分解时间仅为30min。

实际上，稀土矿物与NaOH溶液的反应属多相反应，即分解反应发生在固－液两相界面上。反应生成物$RE(OH)_3$固体又附着在尚未分解的矿物表面上，且Na_2CO_3、NaF、Na_3PO_4溶液在固体颗粒周围形成液膜层。当矿物颗粒与NaOH溶液开始接触时，反应进

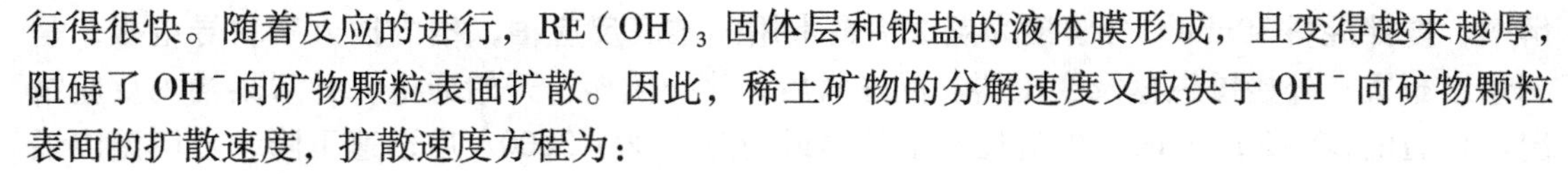

行得很快。随着反应的进行，$RE(OH)_3$ 固体层和钠盐的液体膜形成，且变得越来越厚，阻碍了 OH^- 向矿物颗粒表面扩散。因此，稀土矿物的分解速度又取决于 OH^- 向矿物颗粒表面的扩散速度，扩散速度方程为：

$$\frac{dc_p}{d\tau} = \frac{DA}{\delta V}(c_1 - c_2)$$

式中 c_p——平衡浓度；

D——扩散系数；

A——矿物比表面积；

δ——液膜厚度；

V——溶液体积；

c_1——NaOH 的初始浓度；

c_2——两相界面的 NaOH 浓度。

显而易见，提高 NaOH 浓度 c_1，增大矿物比表面积 A（细磨精矿），加强搅拌（减少液膜厚度 δ 和降低两相界面的 NaOH 浓度 c_2），均可使分解反应加速进行。当然，过高的碱液浓度也增加了液体黏度而不利于扩散。另外，若反应的碱液浓度与温度过高，由于是在空气中进行分解，分解产物中的 Ce^{3+} 易氧化成 Ce^{4+}，致使在盐酸溶解碱饼形成氯化稀土溶液时，溶液中 $w(CeO)_2/w(REO)$ 的值降低。

NaOH 分解含 REO 68% 的化选矿时，稀土矿物消耗的 NaOH 理论量不超过精矿量的 50%。实际上，必须增加 NaOH 用量才有利于反应向生成 $RE(OH)_3$ 的方向进行。使化选矿分解完全所需的碱量，既与矿物的稀土配分有关，也与化选矿中各种矿物的比例有关。例如，当混合型稀土精矿中氟碳铈矿与独居石的比例为 6:4 时，分解 1kg 氟碳铈矿需 NaOH 500g，若取独居石中 La_2O_3 的配分为 20%，估算该化选矿需 NaOH 769.5g，再加上其他稀土矿物消耗的 NaOH，在一定条件下，NaOH 用量达到精矿量的 80% 时，稀土矿物分解比较完全。

NaOH 溶液分解混合型稀土精矿的研究与生产经历了三个阶段，即碱液常压分解、固碱电场分解与浓碱液电加热分解。后两者是向分解槽中通入低压交流电，为分解反应提供热源，有利于液碱及反应产物的扩散，从而可在高浓度碱液和更高温度下分解，大大缩短了反应时间，减少了烧碱单耗。三种碱法的分解率都相当高，但从碱饼中 P_2O_5 和 F 的含量及除去率来看，碱液常压分解法效果稍好。但碱液常压分解法的工业生产表明，分解槽内壁易被腐蚀，分解槽用夹套式蒸汽加热，易发生事故，因此多已停止生产。另两种碱法工艺均为电加热，分解槽壁为单层，故无此问题。固碱电场分解法曾一度用于生产，碱分解工序劳动强度较大，设备尚有需改进之处。浓碱液电加热分解法现仍用于生产。

碱液常压分解可在多级共流分解槽中进行，也可在单级分解槽中进行。在单级分解槽中分解时，先在溶碱池中溶碱，测碱液浓度达到 50% 后将其送入分解槽，分解槽的夹套中通蒸气加温，在搅拌下缓缓加入计算量的化选矿。矿碱比为 1:(1～1.2)，升温至 120～140℃，保温反应 6～8h。取样测定分解率大于 95%、游离碱度小于 80g/L 后，将料浆用泵打入水洗槽进行水洗。

浓碱液电加热分解工艺的碱浓度为 60%，矿碱比为 1:0.8。因溶碱时碱液浓度达不到工艺要求，故在混料时补加部分片碱或碎碱。将碱液、化选矿及少量片碱按计算量加入分解槽，搅拌混料30min。分解槽为湿法冶金常用的锥底反应槽，槽内插入三块导电板，呈三角形布置，外接操纵盘及变压器。混好料后，停止搅拌，开始通电，并观察槽内反应情况。在通电20~30min时，电流逐步上升至最高点2000~3000A后迅速下降，分解温度逐步上升至160~170℃，碱分解反应即已完成。至电流下降到低点时，停电降温1h，取样分析分解率大于97%。加水并搅拌调浆，放出料浆，用泵打入水洗槽进行水洗。浓碱液电加热分解的操作周期由传统碱液分解的10h降至2h，能耗和碱耗也分别降低了1/8和1/3，从而提高了工艺效率，延长了设备寿命。

2.4.3 水洗碱溶浆及回收烧碱

碱分解后的料浆（即碱溶浆），在水洗槽中用热水洗去Na_2CO_3、NaF、Na_3PO_4及过剩的游离碱，洗至中性后过滤，得到氢氧化稀土滤饼。水洗过程中用水量大，热能消耗高，一般洗7~8次才能达到要求。为节约能源和减少稀土损失，应将前批料的后一次水洗液作为后批料前一次水洗的洗涤用水，依此类推。只排放每批料的第一次水洗液，并回收烧碱。水洗工艺条件为：固液比1:10，水洗温度60~70℃，搅拌1h，澄清时间2h，洗涤次数7~8次，最终洗液pH=7~8。将洗好的物料打入真空过滤器中过滤，所得滤饼即为$RE(OH)_3$产品。取样分析，其质量要求为：$w(REO)>75\%$，$w(Fe_2O_3)<1.5\%$，$w(CaO)<4.0\%$，$w+(H_2O)<40\%$。

水洗液中含大量的碱，$NaOH+Na_2CO_3$的浓度为100~120g/L，将其回收可降低生产成本。回收采用苛化-浓缩法。水洗液中加入石灰进行苛化，过滤后苛化液经蒸发浓缩，至碱浓度为40%时盐类析出，碱液回用。

苛化时，将水洗液加热至约70℃，加入生石灰，CaO加入量为NaOH生成量的1.5倍，然后在85~95℃下搅拌2.5~3h，澄清时间6h，苛化率大于90%。苛化反应如下：

$$Na_2CO_3 + CaO + H_2O \xlongequal{} 2NaOH + CaCO_{3(s)}$$

$$2NaF + CaO + H_2O \xlongequal{} 2NaOH + CaF_{2(s)}$$

$$2Na_3PO_4 + 3CaO + 3H_2O \xlongequal{} 6NaOH + Ca_3(PO_4)_{(s)}$$

废碱液的主要成分是NaOH与Na_2CO_3，可近似地将其视为$NaOH-Na_2CO_3-H_2O$三元体系。蒸发浓缩苛化液时，体系成分向NaOH浓度增大的方向变化。为了加速体系的平衡，采用常压搅拌浓缩的方式，浓缩的目标是获得约50%的碱液。在39~100℃温度范围内，体系成分均在Na_2CO_3及其饱和溶液的相区内，平衡时晶体为Na_2CO_3，而液相中Na_2CO_3浓度小于0.5%。从操作条件考虑，体系冷却到50℃时过滤，除去析出的Na_2CO_3、NaF、Na_3PO_4等盐类。工业生产中，滤液是约为40%的碱液，返回碱分解工序配碱后使用。也可将滤液继续蒸发至500℃，冷却后可得到品位高于95%的固体烧碱。

2.4.4 碱分解产物的酸溶解

经水洗后的氢氧化稀土，用盐酸优先溶解稀土。优溶液既可经浓缩结晶制取混合稀土氯化物产品，也可作为稀土分组或单一稀土分离的原料。

盐酸溶解稀土及铁、钍的反应较为完全。影响反应速度的因素有氢氧化物粒度、体系温度和盐酸浓度。生产实践中用工业盐酸（10~12mol/L）溶解碱饼，将工业盐酸打入酸溶槽，在搅拌条件下缓缓加入计量碱饼并加热。当温度升至95℃时料已加完，体系pH<1，

继续保温并搅拌2~3h，使碱饼完全溶解。然后在搅拌条件下慢慢加入少量碱饼或NH_4OH，调至pH=4~4.5，使Fe、Th水解沉淀。盐酸用量按碱饼完全溶解的物料平衡计算。例如，用36%的工业盐酸，所用盐酸质量大约为碱饼中REO质量的2.5倍。盐酸溶解时若有少量SO_4^{2-}进入溶液，则必须除去。在搅拌条件下加入计算量的$BaCl_2$，使其生成$BaSO_4$沉淀下来，反应如下：

$$BaCl_2 + SO_4^{2-} = BaSO_{4(s)} + 2Cl^-$$

然后加入一定体积的含量为0.3%的聚丙烯酰胺溶液，搅拌几分钟后停止搅拌，澄清2h后取样分析。将澄清后的酸溶液虹吸至储液槽。将酸溶槽底部的渣液放出，经过滤器过滤，渣集中堆放，滤液与虹吸液合并；也可用板框过滤机过滤，此时可将溶液全部过滤。氯化稀土溶液的控制指标为：$\rho(REO) > 230g/L$，$\rho(CaO) + \rho(MgO) < 10g/L$，$\rho(Fe_2O_3) < 0.5g/L$，$\rho(Ba^{2+}) \leq 0.05g/L$，$\rho(SO_4^{2-}) \leq 0.1g/L$，pH=4~4.5。

酸溶时，碱饼中含有的少量钙将发生如下反应：

$$Ca_3(PO_4)_2 + 6HCl = 3CaCl_2 + 2H_3PO_4$$

$$CaF_2 + 2HCl = CaCl_2 + 2HF$$

$$RE^{3+} + PO_4^{3-} = REPO_{4(s)}$$

$$RE^{3+} + 3F^- = REF_{3(s)}$$

从反应可知，由于生成$REPO_4$沉淀而降低了浸出率，稀土回收率约为85%。酸溶渣中REO含量达10%~20%，再以硫酸溶解其中的稀土与钍，或用盐酸溶解渣。用硫酸溶解渣后过滤，渣量约为化选矿质量的5%，其中含REO30%~40%、$ThO_2$0.3%~0.5%、Fe_2O_3约25%、P_2O_5约5%、F约3%，密封堆存。硫酸浸液中REO的质量浓度约为50g/L，ThO_2的质量浓度约为2g/L，以伯胺为萃取剂萃取钍，并制得钍富集物（ThO_2约25%）。萃余液中的稀土以硫酸钠复盐沉淀形式回收，再用氢氧化钠转化成稀土氢氧化物，最后经盐酸溶解得到稀土氯化物溶液。

NaOH分解混合型稀土精矿工艺的稀土回收率为：化学选矿98%，碱分解95%，水洗氢氧化稀土98%，盐酸溶解氢氧化稀土85%，氯化稀土浓缩结晶97%，工艺总回收率75.2%。主要原材料消耗指标为：每生产1t $RECl_3 \cdot 6H_2O$需含REO 60%的混合型稀土精矿1t，95%的烧碱1t，35%的盐酸2.5t。

2.5 稀土精矿的焙烧分解-酸浸及提铈方法【拓展】

稀土矿的焙烧分解主要有氟碳铈矿精矿的氧化焙烧分解和混合型稀土精矿的纯碱焙烧分解，焙烧过程中铈被氧化为+4价。分解产物用硫酸溶液浸出稀土，从浸出液中沉淀+3价的硫酸稀土复盐或萃取+4价的铈，从而实现了+3价稀土与铈的分离。

2.5.1 氟碳铈矿的氧化焙烧分解-酸浸法

2.5.1.1 工艺流程

氟碳铈矿精矿现已成为稀土工业的主要原料，目前在工业生产中有两种分解该精矿的工艺流程：一种是生产混合稀土氯化物的HCl-NaOH法；另一种是生产单一稀土化合物（如氧化铕或氧化铈）的氧化焙烧-酸浸法。这里介绍氧化焙烧-酸浸法从氟碳铈矿制取氧化铈的工艺，其流程如图2-13所示。

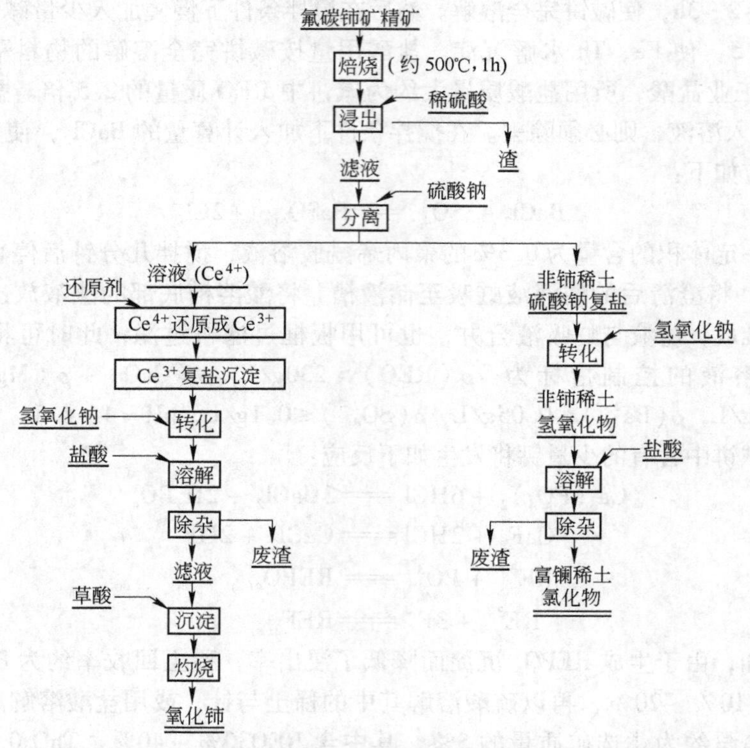

图 2-13 氧化焙烧-酸浸法从氟碳铈矿制取氧化铈的工艺流程

2.5.1.2 氧化焙烧分解

氟碳铈矿的分子式可写成 $REFCO_3$ 或 $REF_3 \cdot RE_2(CO_3)_3$，这种矿物易受热分解。图 2-14 所示为包头氟碳铈矿的 DTA-TG 分析曲线。在 290~342℃，由于矿物中 Fe^{2+} 被氧化为 Fe^{3+}，发生放热反应。从 398℃至 562℃，氟碳铈矿发生热分解反应，DTA 曲线上出现了两个吸热峰，铈同时被氧化，总失重率 16.21%。对不同温度下得到的焙烧产物进行 X 射线衍射结构分析，表明在 400℃以下氟碳铈矿仅部分分解。焙烧温度高于 450℃时，氟碳铈矿完全分解为稀土氧化物和氟氧化物，铈氧化率大于 95%。

同样的实验表明，微山矿的分解温度为 400~560℃，冕宁矿的分解温度为442~585℃，德昌矿的分解温度为 368~502℃。各种矿的热分解特性基本一致，分解温度不同可能是由于几种精矿在化学成分上存在一些差别所致（见表 2-5）。

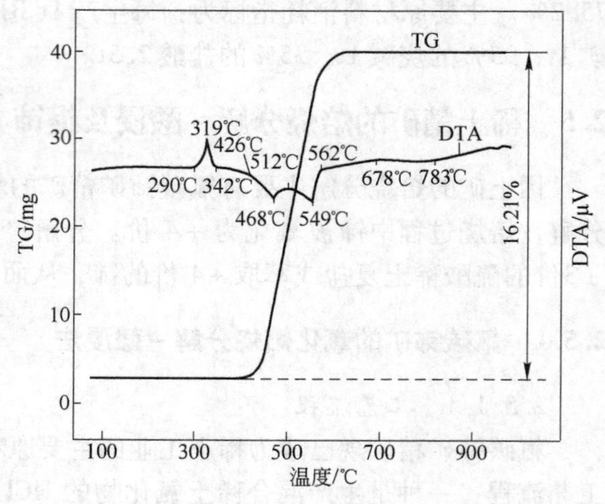

图 2-14 包头氟碳铈矿的 DTA-TG 分析曲线（升温速度 7℃/min）

用 2.5mol/L 的硫酸，在固液比为 1:5、温度为 60~80℃的条件下浸出焙烧产物 40min，发现焙烧温度为 500℃时稀土的浸出率和铈的氧化率最高。过高的焙烧温度会使稀土的浸出率降低，用显微镜观察精矿的焙烧产物发现，焙烧温度低于300℃时，精矿颗粒外观无变化；400～500℃时，颗粒表面出现许多裂纹，呈疏松多孔状，稀土易浸出；高于500℃，颗粒表面变得致密，而且温度越高，表面越致密，越不利于稀土的浸出。氟碳铈矿的热分解反应为：

$$2[REF_3 \cdot RE_2(CO_3)_3] = RE_2O_3 + 3REOF + REF_3 + 6CO_2$$

$$2[CeF_3 \cdot Ce_2(CO_3)_3] + \frac{3}{2}O_2 = 3CeO_2 + 3CeOF_2 + 6CO_2$$

式中，RE表示非铈稀土。

2.5.1.3　焙烧矿的浸出

将冕宁精矿在500℃下焙烧1h，然后用稀硫酸浸出。结果表明，氟碳铈矿精矿经氧化焙烧后易被浸出。硫酸浸出液的化学分析结果见表2－15。

表2－15　氟碳铈矿精矿经氧化焙烧后硫酸浸出液的化学分析结果

REO	CeO_2/REO	F	Fe	CaO	H^+	Ce^{4+}/CeO_2	ThO_2
86.2g/L	49.78%	8.16g/L	0.35g/L	0.12g/L	2.3mol/L	97.57%	0.13g/L

焙烧产物中铈是以＋4价态存在的，用硫酸浸出时，Ce^{4+}与F^-生成［CeF_3］$^+$配位离子。因此，焙烧产物与硫酸的反应为：

$$RE_2O_3 + REF_3 + 3REOF + 3CeOF + 3CeO_2 + 3CeOF_2 + 15H_2SO_4$$

$$= 3RE_2(SO_4)_3 + 2Ce(SO_4)_2 + 4[CeF_3]^+ + 2SO_4^{2-} + 15H_2O$$

式中，RE表示非铈稀土。

在浸出过程中，由于Ce^{4+}与F^-生成［CeF_3］$^+$，不会生成氟化稀土沉淀，可得到相当高的浸出率。正因为有［CeF_3］$^+$存在，即使硫酸浸出液中稀土浓度高达0.45mol/L，也不会有硫酸稀土结晶析出。

有关实验表明，焙烧产物的硫酸浸出率随焙烧温度的升高而增加，500℃时达到最大值，随后随着温度的升高而降低。低于500℃时，铈与非铈稀土同步溶解；高于500℃时，铈的溶解率高于非铈稀土。热分解过程中，铈的氧化率随着温度的升高而迅速增加，到400℃时达到最大值，且不再随着温度的升高而变化。

2.5.2　混合型稀土精矿碳酸钠焙烧分解－酸浸法

2.5.2.1　工艺流程

混合型稀土精矿碳酸钠焙烧分解－酸浸法主要通过高温使精矿中的稀土和碳酸钠作用，生成稀土氧化物，同时铈被氧化成＋4价，然后用稀硫酸溶解焙烧产物，形成稀土的硫酸盐溶液，供进一步分离使用。其工艺流程如图2－15所示。

2.5.2.2　焙烧分解

混合型稀土精矿加Na_2CO_3焙烧分解的DTA－TG分析曲线如图2－16所示。在348～455℃之间有一明显的吸热峰，外延起始温度为378℃，峰值温度为430℃。此间有明显失重，其外延起始温度为398℃时，失重率为9.5%，表明稀土氟碳酸盐在此温度区间发生分解反应。在557～665℃区间有弱的放热峰，外延起始温度为583℃，峰值温度为625℃。

且有明显失重，其外延起始温度为545℃，失重率为8.7%，表明稀土磷酸盐与碳酸钠发生反应。

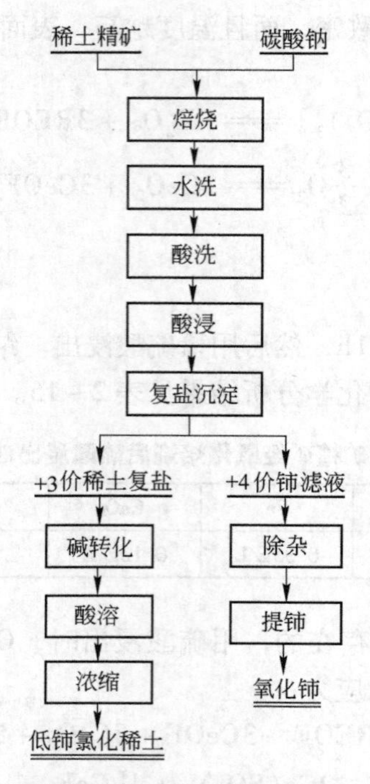

图2-15 碳酸钠焙烧分解-酸浸混合型稀土精矿的工艺流程

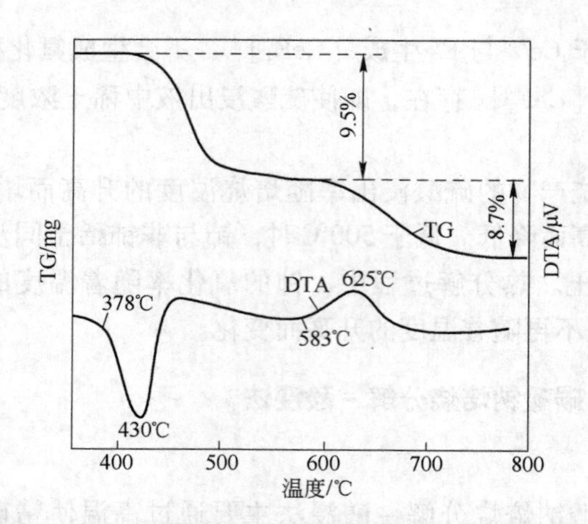

图2-16 混合型稀土精矿碳酸钠焙烧分解的DTA-TG曲线

焙烧产物的X射线衍射分析表明，生成物相为CeO_2和$Na_3Nd(PO_4)_2$（Ce、Nd可代表RE）。600℃下焙烧3h和800℃下焙烧3h的产物中，氟含量分别为3.03%和1.4%，表明焙烧产物中的氟含量随焙烧温度的升高而减少。物相分析表明，精矿中$REFCO_3$、$REPO_4$与Na_2CO_3发生了较彻底的反应，同时铈被氧化为+4价；有极少部分稀土进入Na_3PO_4晶格，形成$Na_3RE(PO_4)_2$。焙烧产物的衍射峰随着焙烧条件的强化有宽化的趋势。这是由于结晶形态不规则，形成类质同晶固溶体所致。

工业上将混合型稀土精矿与20%～25%的碳酸钠混匀后，在回转窑或反射炉内焙烧。焙烧温度为600～700℃，时间为1～2h，焙烧过程中仅产生 CO_2 气体。主要化学反应为：

$$2REFCO_3 + Na_2CO_3 = RE_2O_3 + 2NaF + 3CO_{2(g)}$$

$$2CeFCO_3 + Na_2CO_3 + \frac{1}{2}O_2 = 2CeO_2 + 2NaF + 3CO_{2(g)}$$

$$2REPO_4 + 3Na_2CO_3 = RE_2O_3 + 2Na_3PO_4 + 3CO_{2(g)}$$

$$2CePO_4 + 3Na_2CO_3 + \frac{1}{2}O_2 = 2CeO_2 + 2Na_3PO_4 + 3CO_{2(g)}$$

$$Th_3(PO_4)_4 + 6Na_2CO_3 = 3ThO_2 + 4Na_3PO_4 + 6CO_{2(g)}$$

在焙烧温度下还发生下列副反应：

$$CaF_2 + Na_3PO_4 = 2NaF + NaCaPO_4$$

$$REF_3 + NaF = NaREF_4$$

$$REPO_4 + nNaF = Na_nREPO_4F_n$$

$NaREF_4$ 和 $Na_nREPO_4F_n$ 较易溶于酸。

应当指出，精矿与碳酸钠的焙烧反应比较复杂。焙烧过程中生成的 Na_3PO_4 与 $CaCO_3$ 和 $BaCO_3$ 可能发生下列反应：

$$2Na_3PO_4 + 3CaCO_3 = Ca_3(PO_4)_2 + 3Na_2CO_3$$

$$2Na_3PO_4 + 3BaCO_3 = Ba_3(PO_4)_2 + 3Na_2CO_3$$

正因为有以上副反应的存在，如下两个实际问题可以得到满意的解释：

（1）实践证明，当纯碱用量低于理论需要量时，精矿也能得以完全分解。这就是由于反应过程中生成的 Na_3PO_4 进一步参与精矿的分解反应所致。

（2）如果没有上述副反应存在，主反应生成的 NaF 和 Na_3PO_4 应当在水洗过程中除去。但实际上，绝大部分的磷和一部分氟是在酸洗过程中才被除去的。

2.5.2.3 硫酸浸出

经过碳酸钠焙烧，稀土矿物分解成稀土氧化物，氟、磷、钙、铁等杂质以金属盐或低熔点共熔体形式存在。当精矿中萤石含量较高时，部分焙烧产物呈块状。

从回转窑出来的焙烧产物经过湿球磨后进行水洗。水洗的目的是除去分解生成的 NaF、Na_3PO_4 以及过剩 Na_2CO_3 等可溶性钠盐，从而避免了后续硫酸浸出工序中稀土生成硫酸复盐及氟化物沉淀损失。水洗在80℃下进行，固液比为1∶5，搅拌1～2h。实际上在水洗时只有约20%的磷被洗去，这是因为焙烧时生成难溶的 $Ca_3(PO_4)_2$ 和 $Ba_3(PO_4)_2$。水洗可除去约35%的氟离子，以萤石状态存在的氟不能被洗去。然后再用稀盐酸或硝酸洗去反应生成的碳酸钙和碳酸钡。酸洗过滤后的滤饼用1.5～2mol/LH_2SO_4，在60～65℃下搅拌浸出1～2h。酸浸时的主要反应是：

$$RE_2O_3 + 3H_2SO_4 = RE_2(SO_4)_3 + 3H_2O$$

$$CeO_2 + 2H_2SO_4 = Ce(SO_4)_2 + 2H_2O$$

$$ThO_2 + 2H_2SO_4 = Th(SO_4)_2 + 2H_2O$$

杂质铁等也生成硫酸盐进入溶液中。浸出后进行过滤，滤渣用1mol/LH_2SO_4 洗涤。酸浸过程中有部分萤石与硫酸作用，使氟进入溶液中：

$$CaF_2 + H_2SO_4 = CaSO_4 + 2HF$$

但由于 +4 价铈对 F^- 的络合作用，并不会生成 REF_3 沉淀。浸出时间不宜过长，且酸浸后应立即过滤。

2.5.3 酸浸液处理及分离 CeO_2

氧化焙烧分解氟碳铈矿以及碳酸钠焙烧分解混合型稀土精矿和氟碳铈矿都有应用。用稀硫酸浸出焙烧产物，过滤后得到硫酸稀土浸出液。酸浸液含有稀土和少量的钍及其他杂质，可用硫酸复盐法沉淀 +3 价稀土，或用溶剂萃取法提取 CeO_2。

2.5.3.1 稀土硫酸钠复盐沉淀

硫酸稀土浸液可用复盐法沉淀 +3 价稀土，使之与 +4 价铈分离。硫酸稀土能与 Na_2SO_4 形成难溶于过量 Na_2SO_4 或 H_2SO_4 溶液的复盐。浸液中有相当数量的 SO_4^{2-}，因此加入比 Na_2SO_4 便宜的 NaCl 即可生成 +3 价稀土的复盐沉淀：

$$RE_2(SO_4)_3 + 2NaCl + H_2SO_4 + nH_2O = RE_2(SO_4)_3 \cdot Na_2SO_4 \cdot nH_2O + 2HCl$$

复盐中 $n = 1 \sim 2$。

中、重稀土硫酸钠复盐的溶解度比轻稀土复盐大。工业实践证明，浸液中 $c_{H^+} > 1mol/L$ 时，若用 NaCl 为沉淀剂，中、重稀土复盐的溶解度下降，则其损失降低。此外，NaCl 的使用可减少杂质钙的沉淀量。因稀土复盐溶解度随温度升高而降低，故沉淀反应在 90℃ 以上进行 30min，$w(NaCl):w(REO) = (1.4 \sim 1.5):1$。反应完成后热过滤，$Ce^{4+}$ 留在母液中，从而使铈与非铈稀土分离。沉淀中 $w(CeO_2)/w(REO) < 15\%$，母液中 $w(REO)/w(CeO_2) < 1\%$。

往复盐沉淀后的母液中加入还原剂，Ce^{4+} 被还原成 Ce^{3+}，即得硫酸铈复盐沉淀，过滤后用氢氧化钠溶液将其转化成 $Ce(OH)_3$。用盐酸溶解 $Ce(OH)_3$，再经除铁、钍等杂质，加入草酸沉淀出草酸铈，焙烧后即得 CeO_2 产品。

2.5.3.2 碱转化稀土复盐

+3 价稀土硫酸复盐能与浓碱液反应生成溶解度更小的氢氧化稀土，而硫酸钠及部分钙、镁、磷酸钠等杂质留在碱转化液中得到分离。主要反应为：

$$RE_2(SO_4)_3 \cdot Na_2SO_4 + 6NaCl = 2RE(OH)_{3(s)} + 4Na_2SO_4$$

为有利于反应的进行，碱用量 $w(NaOH):w(REO) = 1:1$，碱浓度 $c_{NaOH} = 8 \sim 10mol/L$，并需保证游离 OH^- 浓度 $c_{OH^-} > 0.5mol/L$，95℃ 条件下搅拌 4 ~ 6h。反应结束后澄清，虹吸上清液，用热水（70℃）洗涤，如此反复数次，直至清液的 pH = 7 ~ 8。为节约用水和减少废液排放量，可将后一次水洗液作为下一批料前一次水洗的洗涤用水，只有第一次水洗液排放或回收硫酸钠。

工业生产中，碱转化稀土的回收率为 95% ~ 96%，主要损失于多次洗涤、虹吸等过程中。碱饼控制指标为：$w(REO) > 75\%$，$w(Fe_2O_3) < 1.5\%$，$w(CaO) < 4.0\%$，$w(SO_4^{2-}) < 1.5\%$，$w(H_2O) < 50\%$。用浓盐酸溶解碱饼中的 $RE(OH)_3$，盐酸用量 $w(HCl):w(REO) = 2.5:1$，控制 pH = 1，$\rho(REO) > 230g/L$，在 95℃ 条件下搅拌 2 ~ 3h。少量铁、钍等杂质也溶入稀土氯化物溶液中，可再加入 $RE(OH)_3$ 浆或稀氨水，将溶液的 pH 值调至 4 ~ 4.5，沉淀铁、钍。为除去溶液中少量的 SO_4^{2-}，以 $w(BaCl_2):w(SO_4^{2-}) = (0.8 \sim 1.2):1$ 的用量加入 $BaCl_2$，生成 $BaSO_4$ 沉淀除去。

工业生产中盐酸溶解工序的稀土回收率约为 95%，氯化稀土溶液的控制指标为：

$\rho(REO) \geqslant 230g/L$，$w(SO_4^{2-}) \leqslant 0.1\%$，$w(Ba^{2+}) \leqslant 0.05\%$，$w(CaO) + w(MgO) \leqslant 10\%$，pH =4～4.5。酸溶过程中，聚丙烯酰胺凝聚剂的用量为0.3%。

2.5.3.3 碳酸盐转化稀土复盐

乔军等对稀土硫酸钠复盐的碳酸盐转化过程进行了实验研究。采用硫酸铈－硫酸钠复盐、低铈稀土硫酸钠复盐和混合稀土硫酸钠复盐三种原料，分别进行了转化实验，转化率均接近100%。取一定量的稀土硫酸钠复盐，加入一定量的碳酸钠溶液，于加热条件下进行转化。转化结束后，水洗去除Na^+、SO_4^{2-}等杂质，过滤后得到碳酸稀土。并测定了碳酸钠加入量、碳酸钠浓度、转化温度、转化时间对转化率的影响，找出了碳酸盐转化的最佳工艺条件。其认为稀土硫酸钠复盐碳酸钠转化的最佳工艺条件为：碳酸钠加入量∶复盐中REO量=1.5∶1，碳酸钠浓度25%，转化温度70℃，搅拌时间1h。

该实验未测定碳酸稀土的成分。但提出如需纯化时，可再通过酸溶、过滤等步骤，得到下一步深加工合格的氯化稀土溶液。

2.6 从离子吸附型稀土矿中提取稀土【拓展】

我国南岭地区独特的花岗岩风化壳离子吸附型稀土矿床，具有类型新，储量大，分布广，中、重稀土含量高，配分全，采冶性能好和放射性比活度低等特点。目前，国内外市场对离子吸附型稀土的需求量增大，离子吸附型稀土已成为中、重稀土的主要来源之一。

2.6.1 离子吸附型稀土矿床的类型与稀土配分

离子吸附型稀土矿床一般都属于岩浆型原生稀土矿床经过风化淋滤所形成的风化壳构造带，根据离子吸附相和矿物相含量的多少可分为两大类：一类是以离子吸附型为主的稀土矿床，其特点是母岩中的原生矿物是以氟碳酸盐等易风化的稀土矿物为主；另一类是以磷钇矿、独居石等单一稀土矿物为主，部分稀土呈离子吸附相的稀土矿床，这一类风化壳稀土矿经过采选得到独居石和磷钇矿精矿。

离子吸附型稀土矿床的类型主要有富钇重稀土型、中钇重稀土型、富铕中钇轻稀土型、富镧钕富铕低钇轻稀土型、中钇低铕轻稀土型、富铈轻稀土型和无选择性配分型等，以前四种类型居多且最重要。主要离子吸附型稀土矿产品的稀土配分见表2－16。

表2－16 主要离子吸附型稀土矿产品的稀土配分 (%)

分组	元素名称	白云母花岗岩富钇重稀土型	黑云母花岗岩富铕中钇轻稀土型	黑云母花岗岩中钇重稀土型	花岗斑岩富镧钕轻稀土型	黑云母花岗岩中钇轻稀土型	二云母花岗岩无选择性配分型
轻稀土	La_2O_3	2.10	20.00	8.45	29.84	27.36	13.09
	CeO_2	<1.00	1.34	1.09	7.18	3.07	1.30
	Pr_6O_{11}	1.10	5.52	1.88	7.41	5.78	4.87
	Nd_2O_3	5.10	26.00	7.36	30.18	18.66	13.44
	Sm_2O_3	3.20	4.50	2.55	6.32	4.28	4.04
	Eu_2O_3	<0.30	1.10	0.20	0.51	<0.30	0.23
	ΣCe_2O_3	12.80	58.48	21.53	81.44	59.39	36.97

续表 2-16

分组	元素名称	白云母花岗岩富钇重稀土型	黑云母花岗岩富铕中钇轻稀土型	黑云母花岗岩中钇重稀土型	花岗斑岩富镧钕轻稀土型	黑云母花岗岩中钇轻稀土型	二云母花岗岩无选择性配分型
重稀土	Y_2O_3	62.90	25.89	49.88	10.07	26.36	41.69
	Gd_2O_3	5.69	4.45	6.75	4.21	4.37	5.05
	Tb_2O_3	1.13	0.56	1.36	0.46	0.70	1.17
	Dy_2O_3	7.48	4.08	8.60	1.77	4.00	7.07
	Ho_2O_3	1.60	<0.30	1.40	0.27	0.51	1.07
	Er_2O_3	4.26	2.19	4.22	0.88	2.26	3.07
	Tm_2O_3	0.60	<0.30	1.16	0.13	0.32	1.47
	Yb_2O_3	3.34	1.40	4.10	0.62	1.97	1.98
	Lu_2O_3	0.47	<0.30	0.69	0.13	<0.30	0.47
	ΣY_2O_3	87.47	39.57	78.46	18.54	40.79	63.03

2.6.2 从离子吸附型稀土矿中提取稀土的原理

在离子吸附型稀土矿床中，稀土元素的赋存状态是多相的，有离子吸附相、单矿物相和微固体分散相。其中以离子吸附相稀土为主，其占有率为75%~95%。稀土以离子态吸附在高岭石、埃洛石（多水高岭石）、白云母、黑云母、水化黑云母和磁铁矿等矿物上。在同一矿床的同一矿体中，矿物中稀土含量从高到低的顺序为：水化黑云母>埃洛石>高岭石>白云母（或黑云母）>磁铁矿。同时，在黏土类矿物上也吸附有不定量的其他阳离子，主要有氢、钾、钠、钙、镁、铝、铁、锰和铅等离子。因此，离子吸附相稀土的含量既取决于含矿母岩的类型和所含有易风化稀土矿物的量及其风化程度，也取决于所含吸附稀土矿物的类型、含量及其对稀土吸附的饱和程度。一般是稀土的品位与吸附稀土的矿物含量成正比关系。离子吸附相稀土主要富集在粒度小（-0.074mm）的黏土矿物中。

黏土类矿物不同程度地带有负电，因此，它们必然要从周围介质中吸附金属阳离子来平衡电荷，其也可吸附有机物。不仅如此，它们还具有离子相互交换的性能，即已吸附在黏土表面或晶层间的离子可以被其他离子置换出来。这种可以与其他阳离子发生交换反应的阳离子称为可交换性阳离子。黏土中可交换性阳离子的容量，通常以每100g干黏土含有阳离子的毫克当量来度量。吸附在黏土类矿物上的离子态稀土具有类似于离子交换吸附反应的物理化学特征。离子吸附型稀土具有稳定性和可交换性，在无离子的中性水中不溶解，也不被水解。但其可与电解质中的阳离子发生交换反应，且反应是可逆的，符合一般的离子交换反应规律。在一定的条件下，离子吸附型稀土可全部被交换下来，这是提取离子吸附型稀土工艺的根据。生产中采用电解质溶液渗浸法，直接从原矿中提取稀土元素。当电解质溶液与原矿接触时，吸附于高岭石等铝硅酸盐矿物上的稀土离子和电解质的阳离子发生交换反应：

$$[Al_2Si_2O_5(OH)_4]_m \cdot nRE + 3nMe^+ = [Al_2Si_2O_5(OH)_4]_m \cdot 3nMe + nRE^{3+}$$

式中，Me 为 Na^+ 或 NH_4^+，与稀土离子交换的顺序是：$H^+ \approx NH_4^+ > Na^+$。

2.6.3 从离子吸附型稀土矿中提取稀土的工艺【案例】

工业生产上常用的电解质主要有食盐或硫酸铵的水溶液。处理原矿的方法有淋洗法和搅拌浸出法两种。由于黏土类矿物具有交换酸性，矿层水的 pH 值约为 5.5；其还具有很强的吸水性，且吸水后体积膨胀，呈黏稠状和胶状，这些性能会直接影响到离子吸附相稀土的交换性能。故淋洗法必须用干法开采得到的原矿作原料，并应保证原料有良好的渗透性能。水法开采得到的原矿渗透性受到破坏，效果不好，故可采用搅拌浸出法。由于原矿中稀土含量很低，提取 1kgREO 大约需要 1.5t 的原矿，因此，通常是在矿区就地处理原矿得到稀土氧化物。为了保护矿区植被和防止污染环境，近年推行在矿体上直接用渗浸淋滤法提取稀土。

用食盐或硫酸铵水溶液淋洗液提取稀土的工艺流程如图 2－17 所示。

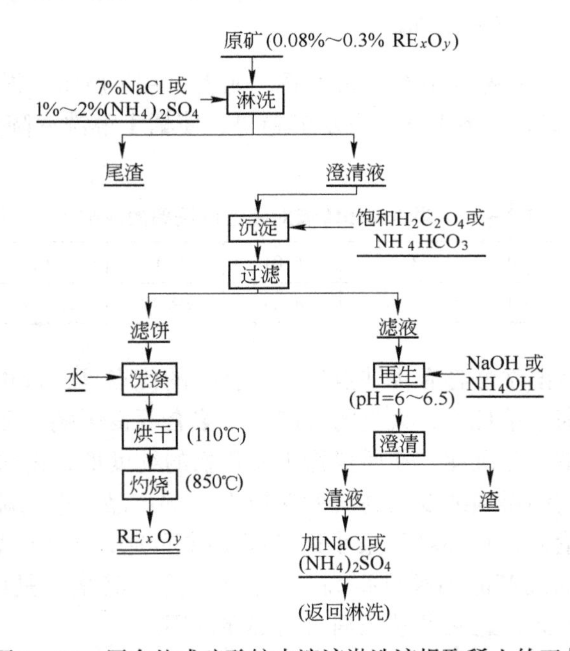

图 2－17 用食盐或硫酸铵水溶液淋洗液提取稀土的工艺流程

2.6.3.1 淋洗过程及影响因素

淋洗过程常在水泥槽中进行。将原矿（粒度约为 1mm）堆积在槽底部的滤层上，矿层厚度可为 1.5m 左右。用 7% NaCl 或 1% ~2% $(NH_4)_2SO_4$ 溶液自上而下渗透通过矿层，在自然渗透过程中，Na^+ 和 NH_4^+ 将原矿中的 RE^{3+} 交换到溶液中。溶液汇集在有一定倾斜度的槽底部。将溶液按稀土浓度分别收集。先渗出的溶液中稀土（REO）浓度较高，平均约为 2g/L，可从中直接回收稀土；后渗出的溶液中稀土浓度较低，可返回配淋洗液。稀土淋洗曲线如图 2－18 所示。

淋洗效果不受温度、压力的影响，与原矿的粒度无关。其稀土交换率主要受淋洗剂浓度、pH 值和淋洗速度等因素的影响。

图 2－19 示出稀土淋洗率与淋洗剂浓度的关系。可见，随淋洗剂浓度的提高，稀土淋洗率增大，采用 7% NaCl 或 1% ~2% $(NH_4)_2SO_2$ 溶液可使被吸附稀土的淋洗率达 95% 以上。

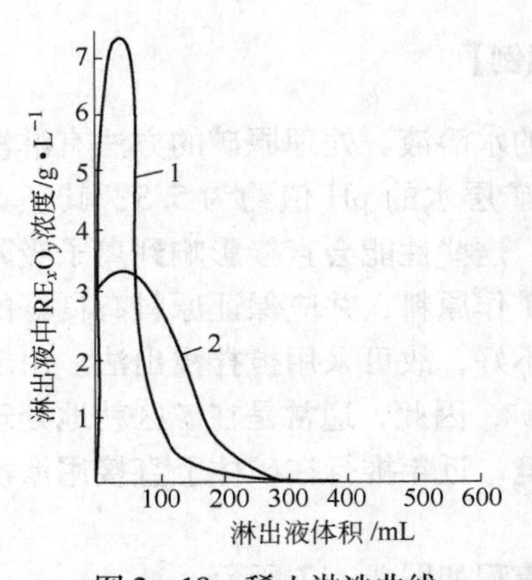

图2－18 稀土淋洗曲线

1—6% $(NH_4)_2SO_4$；2—1% $(NH_4)_2SO_4$

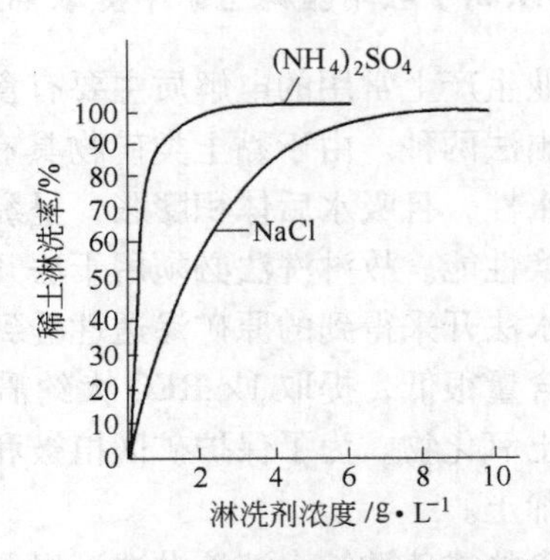

图2－19 稀土淋洗率与淋洗剂浓度的关系

淋洗剂的pH值和稀土的淋洗率有密切关系，如表2－17所示，淋洗剂pH≈4时，稀土淋洗率最高。pH值过高时，稀土离子有水解趋势，使稀土淋洗率降低；pH过低时，则杂质铝、铁等溶解得多。

表2－17 淋洗剂pH值对稀土淋洗率的影响

淋洗剂pH值	1.01	2.01	3.00	4.01	5.02	6.06	7.02	8.05
稀土淋洗率/%	75.68	78.00	88.40	96.20	89.78	83.53	72.3	52.21

食盐淋洗法及硫酸铵淋洗法各有优缺点。采用食盐的优点是：价格便宜，来源广。其缺点是：食盐所需浓度高、单耗大，大量的尾渣对土壤有不良影响；而且用草酸从溶液中沉淀稀土时有大量草酸钠一起沉淀，使所得稀土氧化物的纯度低，需对一次灼烧产品用大量水洗涤，经再次灼烧才能得到纯度较高（92%以上）的产品。采用硫酸铵的优点是：硫酸铵所需浓度低、消耗量低，对环境污染小；铵离子共沉淀少且在灼烧产物时易挥发掉，使所得稀土氧化物一次灼烧产品的纯度提高（94%以上）。其缺点是：使用大量硫酸铵，在供应上有一定困难。因此，这两种淋洗剂目前都在使用。

2.6.3.2 从淋洗液中提取稀土

从淋洗液中提取稀土的方法有沉淀法和溶剂萃取法。目前在工业生产中主要用沉淀法，沉淀剂有草酸和碳酸氢铵。

（1）草酸沉淀法。往稀土淋洗液中加入草酸溶液时，沉淀出稀土草酸盐。对于＋3价稀土离子，其反应为：

$$2RE_3^{3+} + 3H_2C_2O_4 = RE_2(C_2O_4)_3 + 6H^+$$

稀土沉淀率随草酸用量的增加而增大，但杂质的沉淀率也相应增加，故产品的纯度降低。沉淀物经过滤、烘干、灼烧，便可得到混合稀土氧化物产品。

采用草酸作沉淀剂时，由于大部分非稀土杂质（特别是碱土金属）能与草酸形成络合物而留在母液中，所得产品纯度高。其缺点是：草酸价格高、有毒且消耗大；尤其是重稀土的草酸盐在母液中溶解度较大，使稀土的回收率较低；在低温季节，重稀土草酸盐的沉降速度很慢，与较多杂质共沉淀而降低了产品纯度。

（2）碳酸氢铵沉淀法。近年来，在硫酸铵渗浸工艺中，也有采用碳酸氢铵（或碳酸铵）代替草酸来沉淀稀土碳酸盐的方法。对于+3价稀土离子，其反应为：

$$2RE_3^+ + 3NH_4HCO_3 = RE_2(CO_3)_3 + 3NH_4^+ + 3H^+$$

所得沉淀物经过滤、烘干和灼烧，便可得到混合稀土氧化物产品。该法沉淀率高，稀土回收率高；沉淀剂中 NH_4^+ 可以回用，生产成本低；而且生产周期短，污染小，是一种较好的方法。

由于淋洗液中稀土浓度较低，每升溶液仅含数克稀土氧化物，故也可用价格便宜的萃取剂进行萃取富集，减少因萃取剂损失而增加的生产成本。其中以环烷酸作萃取剂较为适宜。

2.7 其他稀土矿物的处理【拓展】

2.7.1 磷钇矿的分解

磷钇矿与独居石相似，也是一种稀土磷酸盐矿物，它的特点是：

（1）稀土元素中钇含量高，约占总稀土量的60%。

（2）精矿中钍含量少，一般只含1%～2%。

（3）比独居石难分解，大多数采用浓硫酸焙烧分解、加压碱液分解、碱熔融或苏打烧结等强化方法处理。用这些方法分解磷钇矿的基本原理及工艺过程与分解独居石类似，只是分解条件有所不同。

用浓硫酸分解磷钇矿精矿时，由于矿物中的重稀土含量高，用复盐沉淀的方法处理稀土硫酸盐溶液时稀土沉淀不完全。因此，一般采用草酸沉淀法将稀土和钍以草酸盐形态沉淀下来，或者直接用溶剂萃取法分离提取稀土、钍和铀。

用苛性钠溶液压煮法分解精矿时，分解条件为：矿碱比1:(2～2.5)，分解温度210℃左右，分解时间12h。若用电场碱法分解，矿碱比可降低至1:5，通入交流电产生的热量可使物料的温度迅速上升至700℃左右，在此高温下只需15min左右即可反应完全。

2.7.2 褐钇铌矿的分解

褐钇铌矿的主要成分是铌、钽和稀土，还含有少量钍、铀及微量镭。因此，考虑分解方法时应注意操作的防护措施，最好能将放射性元素集中在某种中间产物中，以便于处理。

工业上处理褐钇铌矿的主要目的是提取铌、钽，同时考虑回收稀土、钍和铀。用氢氟酸分解该精矿可实现铌、钽与稀土、钍、铀的完全分离，且工艺流程短。分解过程的主要化学反应为：

$$Nb_2O_5 + 14HF = 2H_2NbF_7 + 5H_2O$$

$$Ta_2O_5 + 14HF = 2H_2TaF_7 + 5H_2O$$

$$RE_2O_3 + 6HF = 3REF_{3(s)} + 3H_2O$$

$$ThO_2 + 4HF = ThF_{4(s)} + 2H_2O$$

$$UO_2 + 4HF = UF_{4(s)} + 2H_2O$$

铌和钽进入溶液，过滤渣中主要是稀土（40%～50%）、铀（4%～5%）、钍（3%～

4%）的氟化物。可用碱将这些氟化物转化成易溶于酸的产物：

$$REF_3 + 3NaOH = RE(OH)_3 + 3NaF$$

$$UF_4 + 4NaOH = U(OH)_4 + 4NaF$$

$$2UF_4 + 10NaOH + O_2 = Na_2U_2O_7 + 8NaF + 5H_2O$$

$$ThF_4 + 4NaOH = Th(OH)_4 + 4NaF$$

用水洗去可溶性的氟化钠后，再用酸溶解并用溶剂萃取法分离稀土、钍和铀。

氢氟酸分解褐钇铌精矿在由钼镍合金制成的、衬铅或硬橡胶的、带夹套蒸汽加热的分解槽内进行。先把浓度为50%的工业氢氟酸加入分解槽内，在不断搅拌的条件下缓慢加入磨细的精矿（90%粒度小于0.043mm），按1∶1.6的矿酸比加完物料，将温度控制在100℃，分解2h，分解率可达98%。

复习思考题

2－1 我国的稀土精矿主要有哪几种，各分为几个品级，对杂质元素有哪些要求？

2－2 试根据稀土精矿的类型选择精矿分解方法，并简述理由和分析优缺点。

2－3 某稀土精矿的品位为50% REO，分解100kg该精矿得到1m^{3}浸出液，稀土元素在浸出液中的质量浓度为49.2kg/m^3，试计算其分解率。

2－4 已知包头稀土精矿的化学成分（质量分数）为：REO 61.6%，CaO 6.44%，BaO 1.11%，Fe_2O_3 7.14%，ThO_2 0.18%，F 6.8%，P_2O_5 5.96%，SiO_2 1.61%，热分析失重13.72%，试估算其矿物成分。若用浓硫酸低温焙烧分解，试列出物料平衡表。

2－5 简述浓硫酸高温焙烧分解包头混合型稀土精矿的原理、工艺条件、设备和操作要点。

2－6 简述NaOH分解独居石精矿的原理、工艺条件、设备和操作要点。

2－7 简述NaOH分解包头混合型稀土精矿的原理、工艺条件和操作要点。

2－8 简述$NaHCO_3$焙烧、氧化焙烧等分解稀土精矿的原理、工艺条件。

2－9 简述从离子吸附矿中回收稀土的原理和工艺条件。

2－10 简述用一般化学分离法从各种稀土浸出液中提取稀土的工艺方法，试比较其优缺点。

3 稀土萃取分离

【教学目标】明确溶剂萃取的概念，认识常用稀土萃取剂和稀释剂的种类、性质及萃取特点；掌握萃取过程中的几个基本参数（D、$\beta_{A/B}$、R、q、φ、E）的计算方法；比较各种萃取体系、萃取方式、萃取设备，能够根据萃取任务选择萃取方法，完成箱式混合澄清萃取器的有关计算；了解串级萃取工艺的计算方法，能够根据常用萃取分离稀土工艺的原理，分析其典型工艺布置，制订萃取生产过程的主要工艺操作。

3.1 溶剂萃取的基本知识

3.1.1 稀土分离方法的发展

从稀土精矿分解后所得到的混合稀土化合物中分离提取单一稀土元素，在化学工艺上是比较复杂和困难的，其主要原因是镧系元素之间的物理性质和化学性质十分相似。多数稀土离子半径在相邻两元素之间非常相近，在水溶液中都是稳定的 +3 价态。稀土离子与水的亲和力大，因受水合物的保护，其化学性质非常相似，分离提纯极为困难。其次，稀土精矿分解后所得到的混合稀土化合物中伴生的杂质元素较多（如铀、钍、铌、钽、钛、锆、铁、钙、硅、氟、磷等）。因此，在分离稀土元素的工艺流程中，不但要考虑化学性质极其相近的稀土元素之间的分离，而且还必须考虑稀土元素与伴生杂质元素之间的分离。

稀土生产中先后采用的湿法分离方法有分步法（分级结晶法、分级沉淀法和氧化还原法）、离子交换法和溶剂萃取法。

分步法是利用化合物在溶剂中溶解的难易程度（溶解度）的差别来进行分离和提纯。因为稀土元素之间的溶解度差别很小，必须重复操作多次才能将两种稀土元素分离开来，一次分离的重复操作竟达 2 万次，因此用这样的方法不能大量生产单一稀土。

离子交换法是利用稀土离子与络合剂形成的络合物的稳定性不同，在阳离子交换树脂柱入口端吸附待分离的混合稀土，然后用淋洗液洗脱。与淋洗液亲和力大的稀土离子向下流动快，先到达出口端，从而实现了分离。这种方法的优点是一次操作可以将多个元素加以分离，而且能得到高纯度的产品。其缺点是不能连续处理，一次操作周期花费时间长，而且树脂的再生、交换等所耗成本较高。因此，这种曾经作为分离大量稀土的主要方法已被溶剂萃取法取代。但由于离子交换色层法具有获得高纯度单一稀土产品的突出特点，目前为制取某些超高纯单一稀土产品以及一些重稀土元素的分离，仍采用离子交换法。

溶剂萃取法在石油化工、有机化学、药物化学和分析化学方面应用较早。但近 60 年来，由于原子能科学技术的发展以及超纯物质和稀有元素生产的需要，溶剂萃取法在核燃料工业、稀有金属冶金工业等方面得到了很大的发展。溶剂萃取法从20世纪50年代起成为稀土元素分离的研究重点之一。近二三十年来，无论是在新型萃取剂的制备、萃取化学和萃取工艺的研究，还是在新型高效萃取设备的研制及应用等方面，都得到了较大的发展。近年来，萃取设备的改进、最优化理论的建立、计算机在模拟设计和在生产控制方面的应用更加提高了萃取效率，从而为萃取工艺的广泛应用创造了条件。我国在萃取理论的研究、新型萃取剂的合成与应用、稀土元素分离的萃取工艺流程及产品质量等方面，均达到了很高的水平。目前，除Pm以外的16个稀土元素都可提纯到6N(99.9999%）的纯度。

3.1.2 溶剂萃取的概念

3.1.2.1 溶剂萃取

溶剂萃取法是利用有机溶剂，从与其不相混溶的水溶液中把被萃取物提取分离出来的方法，称为有机溶剂液-液萃取法，简称溶剂萃取法。它是一种把物质从一个液相转移到另一个液相的传质过程。与分级沉淀、分级结晶、离子交换等分离方法相比，溶剂萃取法具有分离效果好、生产能力大、便于快速连续生产、易于实现自动控制等一系列优点，因而逐渐成为分离大量稀土的主要生产方法。

3.1.2.2 萃取体系的组成

在萃取体系中，通常把具有相同物理性质和化学性质的均匀部分称为相，如水相、有机相等。金属离子通常以无机盐的形式溶于水而形成水合离子，且有较大的溶解度，这种溶液称为水相。有机溶剂主要由萃取剂和稀释剂组成，称为有机相。

萃取剂是一种有机试剂，如P_{204}、P_{507}等，它能够与被萃取物发生作用，生成一种不溶于水相而易溶于有机相的络合物，这种络合物称为萃合物，从而使被萃取物从水相转入有机相。稀释剂则是一种惰性有机试剂，本身不参与化学反应，主要用于改善有机相的物理性能，如减小密度、降低黏度等，以利于两相分离和流动，从而可提高萃取剂的萃取能力。在工业上常用煤油作稀释剂。

有机相除了由萃取剂和稀释剂组成之外，有时还添加其他种类的有机试剂，称为添加剂。如在萃取剂中添加高碳醇等，可以消除萃取过程中可能生成的第三相，而且可以抑制乳化现象的产生。但加入添加剂有时会降低萃取剂的萃取能力。

为了提高萃取分离效果，水相中有时加入盐析剂。常用无机盐类盐析剂，将其溶于水相与金属离子络合，能促进萃合物的生成。盐析剂除了能提高萃取分配比外，有时还能提高相邻稀土元素之间的分离系数。常作为盐析剂的是NH_4NO_3，高浓度的硝酸盐本身也有盐析作用，这种现象称为“自盐析”。一般半径越小、电荷越多的阳离子，盐析效应越大。

在某些萃取体系的水相中还加入络合剂。络合剂也采用无机盐类，其能溶于水相且与金属离子生成络合物。若生成的络合物易溶于水相而不溶于有机相，则能抑制萃取，使萃取率降低，这样的络合剂称为抑萃络合剂；反之，生成的络合物使萃取率增加，这样的络合剂称为助萃络合剂。

在萃取体系中还使用各种无机酸，如盐酸、硝酸、硫酸等，用以控制水溶液的酸度或参与萃取反应，使被萃取物获得较好的分离。

3.1.2.3 萃取工艺过程的主要阶段

一般金属元素的萃取工艺过程分为萃取、洗涤和反萃取三个主要阶段，如图 3－1 所示。

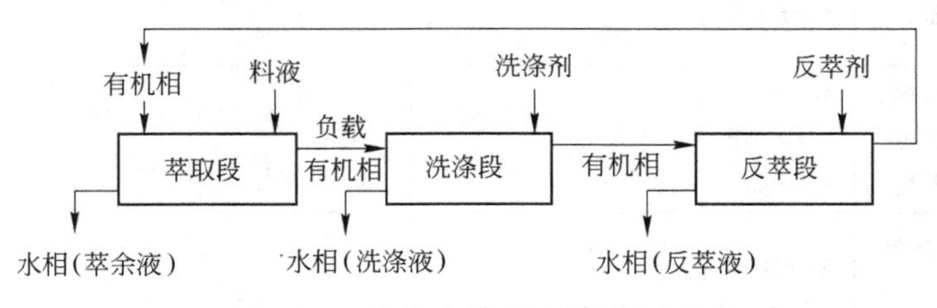

图 3－1 萃取工艺过程的主要阶段

萃取是将含有萃取剂的有机相与含有被萃取物的水相在混合室内充分混合，使萃取剂与被萃取物发生化学结合或物理分配，生成萃合物而进入有机相。经过一定时间后，被萃取物在有机相和水相间的分配达到平衡，使两相分层，即把有机相和水相分开。此过程称为一级萃取。

两相接触前的有机相（不含被萃取物）称为空白有机相，含有被萃取物的水相称为料液或原液。两相接触后，被萃取物由水相转入有机相，该有机相称为负载有机相或萃取液。萃取后的水相若含有被萃取物，称为萃余液；若不含被萃取物，则称为残液。

萃取的目的是在稀土元素之间或稀土元素和非稀土元素之间实现分离，亦或是使微量、少量或低浓度的稀土化合物富集，通常需要多级萃取。

在萃取过程中，由于机械夹带和少量的杂质同时被萃入有机相，直接影响分离效果和被萃取金属的纯度。在混合室内有机相与某种水溶液（如酸、水等）混合接触，将杂质金属离子从有机相洗入水相，这一过程称为洗涤或萃洗。这种水相溶液称为洗涤液。在萃取工艺过程中同样需要多级洗涤。

经洗涤净化后的负载有机相在混合室内与某种水溶液（如酸、水等）混合接触，破坏有机相中萃合物的结构，使被萃取物重新返回至水相，这种与萃取相反的过程称为反萃取，简称反萃。所使用的水溶液称为反萃液。此时的有机相为空白有机相，经过适当处理后返回萃取段再次循环使用。有时反萃液可使被萃取元素转变为难以萃取的低价元素而被反萃下来，或者使被萃取物以沉淀形式转入水相，这两种特殊情况分别称为还原反萃取和沉淀反萃取。

如果料液中含有 A、B 两组分，A 为易萃组分，B 为难萃组分。用溶剂萃取法分离两组分是在萃取段将 A 组分萃入有机相，但有少量的难萃组分 B 也被萃入有机相。为了提高分离效果，用洗涤液在洗涤段将难萃组分 B 从有机相洗回至水相。这样不仅能达到分离的目的，同时还能提高两组分的纯度。实际萃取分离的料液中有多个组分 A、B、C、D、…，假定分离界限在 A、B 和 C、D、…之间，则 A、B 合并为易萃组分，C、D、…合并为难萃组分。同理，可确定分离界限在任意的相邻元素之间，并将易萃组分记为 A，难萃组分记为 B。

3.1.3 常用萃取剂和稀释剂

随着科研和生产实践的发展，用于溶剂萃取的萃取剂种类越来越多。而用于稀土元素分离的萃取剂可以分为三类，常用萃取剂见表3-1。

表3-1 稀土分离常用萃取剂

类别		名 称	代号或缩写	相对分子质量	密度 /g·cm^{-3}	沸点 /℃	黏度 /mPa·s	折射率 n_D	水溶解度 /g·L^{-1}	应用实例
阳离子萃取剂	酸性磷型萃取剂	磷酸二异辛酯，二（2-乙基己基）磷酸	D2EHPA或HDEHP，P_{204}	322.43	0.97（25℃）	233	34.77（25℃）	1.4415（25℃）	0.012	轻、中稀土全分离
		异辛基膦酸单异辛酯，2-乙基己基膦酸单2-乙基己基酯	EHEHPA或HEH（EHP），P_{507}	306.4	0.9475	235	36（25℃）	1.419（25℃）		轻、中、重稀土全分离
	羧酸类萃取剂	环烷酸		200～400	0.935				0.09	分离提取纯氧化钇
		脂肪酸		140	0.917				～2.5	萃取稀土
		异构酸			0.92（20℃）	280（90%）	42.5（20℃）	1.4225（20℃）	～0.1（20℃）	从重稀土中分离钇
阴离子萃取剂	胺类萃取剂	伯胺	N_{1923}	280～300	0.8151（25℃）	140～202	7.773	1.453	0.0625（0.5mol/L H_2SO_4）	从硫酸介质中萃取钍、稀土
		三烷基叔胺	N_{235}	387	0.8153（25℃）	180～230	10.4（25℃）	1.4253（20℃）	<0.01（25℃）	从稀土料液中除铁
		甲基三辛基氯化铵	N_{263}	459.7	0.8951（25℃）		12.04（25℃）	1.4687（25℃）	0.04	稀土与铁、铅的分离
中性络合萃取剂		磷酸三丁酯	TBP	266.37	0.9727（25℃）	289（760℃分解）	3.32（25℃）	1.4224（25℃）	0.39（25℃）	铀、钍与稀土分离，+4价铈与+3价稀土分离
		甲基膦酸二甲庚酯	P_{350}	320.3	0.9148	120～122	7.5677	1.436	0.01	混合稀土分离镧、镨及分离镨、钕等
		三辛基氧化膦	TOPO	386.65		210～225			0.008（20℃）	稀土与其他金属的分离

3.1.3.1 阳离子萃取剂

阳离子萃取剂又称酸性萃取剂，它是一种有机弱酸，与被萃取物以阳离子或荷正电原子基团交换的方式生成萃合物而进行萃取。按此原理发生萃取作用的萃取剂一般有三类：一是酸性磷型萃取剂，如P_{204}和P_{507}；二是羧酸类萃取剂，如环烷酸、脂肪酸C_7～C_9、异构酸等；三是螯合萃取剂，如硫茂（噻吩）甲酰三氟丙酮。

P_{204}称磷酸二异辛酯，又称二（2-乙基己基）磷酸，缩写为HDEHP或D2EHPA。

P_{204}是一元酸，其结构简式为：

```
R—O     O
   \   //
    P              或  HA
   / \
R—O   O—H
```

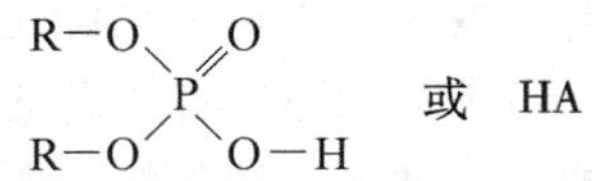

在非极性溶剂中，由于氢键作用，P_{204}以二聚体形态存在，用（HA）$_2$表示，即结构式为：

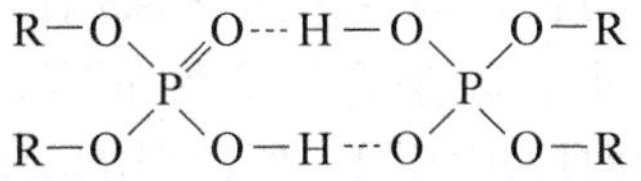

```
R—O     O···H—O     O—R
   \   //       \   /
    P            P
   / \          // \
R—O   O—H···O     O—R
```

二聚分子与金属阳离子发生交换反应：

$$RE^{3+} + 3\,\overline{(HA)_2} = \overline{RE(HA_2)_3} + 3H^+$$

生成的萃合物为螯环结构：

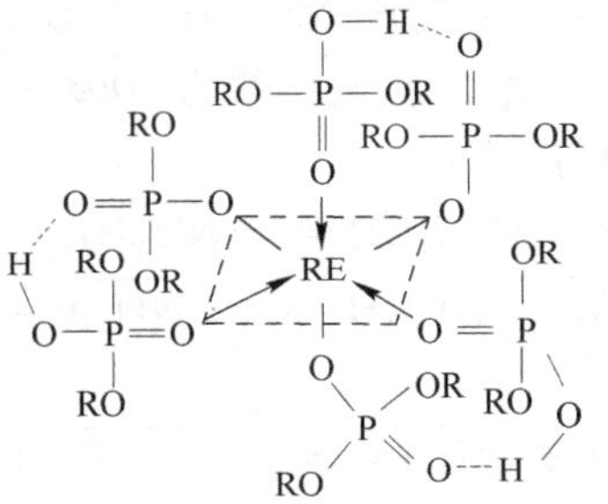

```
                      O—H····O
                      |      ||
               RO—P—OR    ||
         RO           ||   RO—P—OR
         |            O        |
   O═P—O            ↓        O
   ·    |     \     RE    /
   H   RO   OR      ↑
    \    |     /         \
    O—P═O  - - - - - - - O═P
         |            |         |  \
        RO           O        RO  O
                        \  OR      /
                         P        O
                        / \\     /
                      RO    O···H
```

这类萃合物的结构中有3个八原子环，其中4个氧原子在一个平面上。但是这种螯环结构中有氢键存在，故不如螯合萃取剂生成的螯环稳定。

P_{507}称为异辛基膦酸单异辛酯，又称2－乙基己基膦酸单2－乙基己基酯，缩写为EHEHPA或HEH（EHP）。P_{507}也是一元酸，其结构简式为：

```
R—O     O
   \   //
    P              或  HA
   / \
  R   O—H
```

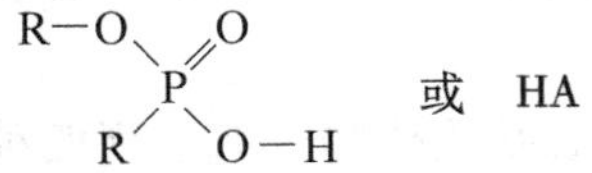

P_{507}是稀土分离工业中应用最广的一种萃取剂，与P_{204}相比，由于其在萃取剂分子中引入一个C—P键，使酯氧原子的电负性削弱，酸性降低。因酸性磷型萃取剂的酸性是决定它们萃取能力的主要因素，所以P_{507}的萃取能力小于P_{204}。当它萃取中、重稀土时，所需的水相酸度较低，反萃液的酸度也较低，即反萃取比P_{204}容易。

羧酸类萃取剂如RCOOH，其以单分子HA和二聚分子（HA）$_2$两种形式存在，萃取稀土离子的反应为：

$$RE^{3+} + 3\,\overline{HA} = \overline{REA_3} + 3H^+$$

$$RE^{3+} + 3\,\overline{(HA)_2} = \overline{RE(HA_2)_3} + 3H^+$$

在它们的萃合物中也可能有螯环结构，如稀土萃合物$\overline{RE(HA_2)_3}$中含有与P_{204}萃合物类似的螯环，在$\overline{REA_3}$中也可能有不稳定的四元螯环。羧酸类萃取剂中应用最多的是异构酸及环烷酸。后者是石油工业的副产品，价廉易得，使用更为广泛。

螯合萃取剂有两种官能团，即酸性官能团（—OH、═NOH、—SH—等）和配位官能团（C ═CO、═N—等）。在萃取过程中，金属离子与酸性官能团作用置换出氢离子，形成一个离子键；而配位官能团又与金属离子形成一个配位键，从而生成疏水性金属螯合物 MA_n。这种金属螯合物形成的五元环或六元环具有较高的稳定性，所以选择合适的条件能达到很完全的萃取。但它们的萃取反应速度一般较慢，萃合物在有机溶剂中的溶解度不够大，萃取剂的价格也较贵。目前较有应用前途的螯合萃取剂主要是含氮螯合萃取剂，如羟肟类萃取剂、异羟肟酸类萃取剂及 8－羟基喹啉类萃取剂。

上述三类萃取剂中，就酸性而言，酸性磷型萃取剂比螯合萃取剂和羧酸类萃取剂强，故能在酸性较强的溶液中进行萃取；就螯合稳定性而言，羧酸类萃取剂最差，P_{204} 居中，螯合萃取剂最强。因为它们的萃取原理相同，所以影响萃取的因素也是相似的。

酸性萃取剂萃取稀土是阳离子交换反应，反应后放出 H^+，提高了水相酸度，将阻止对金属离子进一步萃取。如果提高原始料液的 pH 值，则有利于萃取。但料液的 pH 值过高将使萃取过程产生乳化，影响萃取过程操作。因此，为了增加有机相的萃取容量，提高原始料液的酸度，便于过程操作，需先用 NH_4OH、NH_4HCO_3 或 NaOH 进行皂化。例如，P_{204}、P_{507}、环烷酸萃取稀土时，一般用质量分数为 20% ~50% 的浓 NH_4OH 水溶液进行皂化，皂化率达 90% 以上。皂化反应为：

$$\overline{(HA)_2} + NH_4OH \rightleftharpoons \overline{NH_4HA_2} + H_2O$$

$$\overline{NH_4HA_2} + NH_4OH \rightleftharpoons 2\,\overline{NH_4A} + H_2O$$

皂化后的萃取反应为：

$$RE^{3+} + 3\,\overline{NH_4HA_2} \rightleftharpoons \overline{RE(HA_2)_3} + 3NH_4^+$$

皂化后的有机相萃取稀土离子时，交换出的离子有一部分是 NH_4^+，而不使水相酸度明显变化。但是，皂化率过高会发生乳化现象，所以应控制适宜的皂化率。

3.1.3.2 阴离子萃取剂

阴离子萃取剂也称碱性萃取剂，主要是含氮有机化合物，如胺和季铵盐。被萃取物通常为金属络阴离子，与萃取剂以离子缔合方式形成萃合物而进入有机相，反应机理是阴离子交换。

胺类萃取剂可以看作是氨的烷基取代物，有下列四种类型：

$$R{-}N{<}^{H}_{H} \qquad R{-}N{<}^{R'}_{H} \qquad R{-}N{<}^{R'}_{R''} \qquad \left[{}^{R}_{R'''}{>}N{<}^{R'}_{R''}\right]^+ X^-$$

伯胺　　仲胺　　叔胺　　季铵

前三者属于中等强度的碱性萃取剂，必须与强酸作用生成胺盐后才能萃取金属络阴离子。它们靠氮原子的孤对电子与无机酸的 H^+ 离子形成稳定的配位键，生成相应的胺盐。无机酸生成胺盐的能力由大到小的顺序为：$ClO_4^- > NO_3^- > Cl^- > HSO_4^- > F^-$。就碱性强弱而言，一般为叔胺 > 仲胺 > 伯胺。季胺盐属于强碱性萃取剂，无需先萃酸就能萃取金属络阴离子，在酸性、中性和碱性溶液中均可萃取。当水相中络阴离子的配体（X^-）浓度足够大时，胺盐萃取金属络阴离子的反应为阴离子交换；在 X^- 浓度较小时，可能是发生亲核反应而被萃取。胺盐萃取的反应为：

$$RE^{3+} + (n-3)H^+ + 3X^- + (n-3)\,\overline{R_3N} \rightleftharpoons \overline{(R_3NH^+)_{n-3} \cdot REX_3^{(n-3)-}}$$

在稀土萃取分离中应用的胺类萃取剂有：伯胺，如 N_{1923}；叔胺，如 N_{235}；季铵，如

N_{263}等。

3.1.3.3 中性络合萃取剂

中性络合萃取剂本身是一种中性分子，萃取时被萃取物以中性分子形式与萃取剂作用，生成的萃合物是一种中性溶剂化络合物。其中，萃取剂的功能团直接与中心原子（原子团）配位的，称为一次溶剂化；通过与水分子形成氢键而溶剂化的，称为二次溶剂化。

中性络合萃取剂分为中性磷氧萃取剂、中性含氧萃取剂、中性含氮萃取剂和中性含硫萃取剂。其中，中性磷氧萃取剂在稀土分离工业中应用较多，而中性含硫萃取剂还处于研究开发阶段。

中性磷氧萃取剂是指磷酸分子中三个羟基全部被烷基酯化的化合物，称为磷酸三烷基酯，通式为 $(RO)_3P=O$，如 TBP。两个羟基中的氢原子被烃基取代、第三个羟基被烃基取代的化合物，其通式为 $(RO)_2RP=O$，如 P_{350}。

TBP 和 P_{350}的通式也可为 $G_3P=O$，基团 G 可以是烷基 R 或烷氧基 R—O。萃取时，它们与中性金属盐 MeX_n 生成的萃合物是通过氧原子上的孤对电子生成配位键 O→Me，如：

$$m\,(G-\underset{\underset{G}{|}}{\overset{\overset{G}{|}}{P}}=O)+MeX_n \;=\!=\!=\; (G-\underset{\underset{G}{|}}{\overset{\overset{G}{|}}{P}}=O)_m \longrightarrow MeX_n$$

配位键越强，则 $G_3P=O$ 的萃取能力越大。烷氧基有电负性大的氧原子，所以拉电子的能力强，于是 P=O 键氧原子上的孤对电子就有被 R—O 拉过去的倾向，它和金属离子生成的配位键 O→Me 的能力就弱；反之，G 是烷基（又称斥电子基），拉电子的能力弱，因此 P=O 键氧原子的配位能力就强，它的萃取能力也强。因此，用于稀土萃取分离时 P_{350}优于 TBP。例如，用 TBP 萃取 +3 价稀土元素时，发生的萃合反应为：

$$RE^{3+} + 3NO_3^- + 3\,\overline{TBP} = \overline{RE(NO_3)_3 \cdot 3TBP}$$

中性磷氧萃取剂能够萃取酸，与酸反应通常生成 1:1 的配合物；当水相酸度高时，还能生成 1:2、1:3 的配合物。TBP 萃取酸的顺序为：草酸≈乙酸 > $HClO_4$ > HNO_3 > H_3PO_4 > HCl > H_2SO_4。这一次序大致是阴离子水化能增加的次序，即 SO_4^{2-} 的水化能最大或水相拉 SO_4^{2-} 的能力最强，所以 TBP 对 H_2SO_4 的萃取能力最小。在实际工作中有时为了防止萃取过程酸度的变化，有机相预先用酸饱和。

中性磷氧萃取剂萃取金属卤化物的反应比较复杂。例如对 $RECl_3$ 的萃取，分配比很小而几乎不萃取，利用这一性质，可以用 TBP 将 RE^{3+} 与 Fe^{3+} 等其他离子进行萃取分离。

中性磷氧萃取剂是由氢键缔合而成的，即：$G_3P=O + H_2O = G_3P=O \cdots H-O-H$。因此，1L 纯 TBP 在常温时可溶解大约 3.6mol 水。

3.1.3.4 稀释剂

稀释剂是指能够溶解萃取剂并构成连续有机相的有机溶剂。它用于改善有机相的物理性质，如密度、黏度和表面张力，并使有机相具有合适的萃取剂浓度。原则上，它与被萃取物不发生化学结合作用。

选用稀释剂时，对其极性和介电常数有一定要求。一般来说，极性不要太大，介电常数不要太高。稀土溶剂萃取常用煤油作稀释剂，为了避免萃取过程产生乳化现象，必须除去煤油中的不饱和烃。通常对煤油进行磺化处理，利用烯烃易发生加成作用的性质，用浓硫酸处理生成的单烷基酸酯可溶于水，也可溶于过量硫酸中，从而将其与饱和烃分离。磺化处理后的煤油是一种浅黄色液体，成分为 $C_{13}H_{28} \sim C_5H_{32}$ 烷基的混合物。磺化过程的反应为：

$$RCH{=}CH_2 + H_2SO_4 {=\!=} R{-}\underset{\underset{OSO_3H}{|}}{CH}{-}CH_3$$

3.1.4 萃取过程的基本参数

3.1.4.1 萃取过程的平衡与分配比（D）

萃取过程的实质是各组分在不互溶的两液相中进行分配，主要受能斯特分配定律支配。但在萃取分离过程中处理的料液往往并不是稀溶液，且溶质在两相中由于逐级络合作用或缔合作用，它们存在的形式并不相同。目前在宏观上还无法分别测定各种形态离子的浓度。因此，在实际工作中用分配比来描述物质在两平衡液相之间的分配。其定义为：萃取达到平衡后，被萃取物在有机相中的总浓度与在水相中的总浓度之比，即：

$$D = \frac{\overline{c}}{c} = \frac{\overline{c}_{Me_1} + \overline{c}_{Me_2} + \overline{c}_{Me_3} + \cdots + \overline{c}_{Me_n}}{c_{Me_1} + c_{Me_2} + c_{Me_3} + \cdots + c_{Me_n}}$$

式中 c，$\overline{c}$——分别为被萃取物在水相和有机相中的总浓度；

c_{Me_1}，c_{Me_2}，c_{Me_3}，…，c_{Me_n}——分别为各种形态的被萃取物在水相中的浓度；

$\overline{c}_{Me_1}$，$\overline{c}_{Me_2}$，$\overline{c}_{Me_3}$，…，$\overline{c}_{Me_n}$——分别为各种形态的被萃取物在有机相中的浓度。

3.1.4.2 分离系数（$\beta_{A/B}$）

萃取的目的不仅是把某个组分从水相中提取出来，更重要的是将各组分分离开来。为了表示两组分彼此分离的难易程度，通常用分离系数的大小来衡量。分离系数是指在同一萃取体系内，在同样的条件下，A、B 两组分的分配比之比，即：

$$\beta_{A/B} = \frac{D_A}{D_B} = \frac{\overline{c}_A c_B}{c_A \overline{c}_B}$$

式中 D_A，D_B——分别为 A、B 两组分的分配比。

当 $\beta_{A/B} = 1$，即 $D_A = D_B$ 时，说明两组分被萃取的程度相同，也就是说用萃取法不能将它们分离。$\beta_{A/B}$ 的数值与 1 相差越大，两组分就越容易分离，易萃组分 A 在有机相中富集，难萃组分 B 在水相中富集。

分配比 D 和分离系数 $\beta_{A/B}$ 是萃取分离过程的两个主要指标，分配比反映了可萃取性的大小，分离系数反映了分离效果的优劣。

3.1.4.3 萃取率（q）

为了说明萃取剂的实际萃取能力，常用到萃取率 q 的概念。它是指被萃取物进入有机相中的量占萃取前料液中被萃取物总量的百分比，即：

$$q = \frac{\overline{c}V_O}{\overline{c}V_O + cV_A} \times 100\% = \frac{\overline{c}}{\overline{c} + c(V_A/V_O)} \times 100\%$$

$$= \frac{\overline{c}}{\overline{c} + c(1/R)} \times 100\% = \frac{D}{D + 1/R} \times 100\%$$

式中 R——相比，即有机相体积 V_O 与水相体积 V_A 之比。

在一定的萃取体系中，萃取达到平衡时，被萃取组分的分配比是一定的。那么增加有机相体积，即增大相比 R，使有机相中被萃取组分的浓度减小，根据平衡移动原理，可使更多的被萃取组分由水相转入有机相，进而提高有机相中被萃取组分的总量。

3.1.4.4 萃取比（E）

萃取比是指萃取平衡时，被萃取组分在有机相中的总量与其在萃余水相中的总量之比，即：

$$E = \frac{\bar{c}V_O}{cV_A} = DR$$

显然，增加两相的分配比和相比，萃取比也随之增加。

3.1.4.5 萃余分数（φ）

萃余分数是指萃取平衡时，被萃取组分在萃余水相中的量占萃取前料液中该组分总量的百分比，即：

$$\varphi = \frac{cV_A}{\bar{c}V_O + cV_A} \times 100\% = \frac{1}{DR+1} \times 100\% = \frac{1}{E+1}$$

显然，有 $\varphi + q = 1$，即萃取率和萃余分数互为余数，它们的和等于100%。

萃余分数、萃取比和萃取率在单级萃取平衡时有如下关系：

$$q = \frac{E}{E+1} \times 100\%$$

$$\varphi = \frac{1}{E+1} \times 100\%$$

3.1.4.6 萃取等温线、饱和容量与饱和度

由分配比的定义可以知道，当水相中被萃取物的浓度改变时，有机相的浓度也会随之变化。但这种变化不成比例，即 D 是一个变数。在一定温度下，被萃取物在两相中的分配达到平衡时，以该物质在有机相中的浓度与它在水相中的浓度关系作图，可得到如图3-2所示的曲线，称为萃取等温线（又称萃取平衡线）。

测定萃取等温线或确定饱和容量的方法有相比变化法和变化料液浓度法，用分液漏斗进行实验。相比变化法是用同一种浓度的料液，按不同的相比与同一种组成的有机相接触。萃取平衡后，根据每一份试样中有机相的金属离子浓度和水相的金属离子浓度作萃取平衡线。变化料液浓度法是事先配制一组金属离子浓度不同但酸度（pH值）相同的料液，按同一相比加入不同浓度的料液与同一种有机相，萃取平衡后分别测定两相组成。两种方法都要求各个实验点的水相平衡pH值均相同。

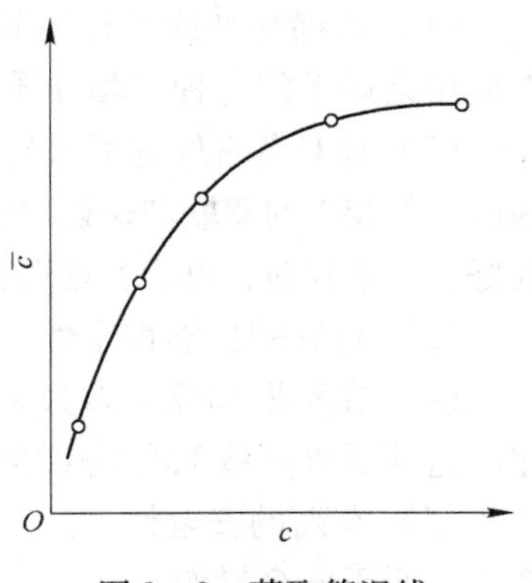

图3-2 萃取等温线

当水相浓度达到一定程度时，曲线趋向水平，说明当水相金属离子浓度逐渐升高到一定程度后，有机相的金属离子浓度基本维持不变。这种现象表明，一定浓度的萃取剂能够结合的金属离子量是一定的，也就是说，它具有一定的饱和容量。当曲线趋于水平时，有机相中的金属离子浓度就是该萃取剂对该离子的饱和容量。

根据萃取等温线可以计算出不同浓度时的分配比，还可以确定萃取级数、推测萃合物的组成等。

萃取饱和容量的单位为 g/L（被萃取物质量/有机相体积）、g/mol（被萃取物质量/萃取剂物质的量）等。其测定方法除了用萃取等温线外切线法之外，还可以用一份有机相与数份新鲜水相接触，直到有机相不再发生萃取作用为止，此时有机相所含被萃取物的量即为饱和容量。

在实际工作中还用到饱和度的概念。所谓饱和度，是指有机相中实际容量与饱和容量之比。

3.2 萃取体系、方式和设备的选择

3.2.1 萃取体系的选择

在湿法冶金中进入萃取工序的料液的组成与性质，例如是酸性溶液还是碱性溶液、酸或碱的种类和浓度、溶液中存在的其他无机盐的种类和含量等，都是由前面工序所决定的。根据来自上道工序的料液情况，即根据被分离组分的基本存在形式，可以确定选用的萃取体系类型。例如，分离轻稀土元素可选用 P_{204} 萃取剂，而且不需皂化也有很高的萃取容量；P_{507} 萃取剂比 P_{204} 的酸性低，与重稀土元素结合力弱，反萃容易，故选用 P_{507} 萃取剂分离重稀土元素；胺类萃取剂中的伯胺在硫酸体系中对钍有高的选择性，是萃钍的特效试剂，因此可用它处理硫酸稀土溶液中的钍，达到使钍和稀土预先分离的目的。再如，拟从轻稀土中将钐分离出来，选用中性络合萃取体系效果较好。

萃取过程的经济因素也是选择萃取体系所必须考虑的。在选择萃取体系时应考虑尽量使低浓度组分优先萃取，使高浓度组分留在水相中，从而减少传质量。

萃取体系的选择关键在于选择萃取剂、稀释剂与添加剂。选择一个尽善尽美的体系是困难的，只能权衡利弊而定。

萃取剂的选择应充分考虑特效和价廉两个突出因素，一般有如下要求：

（1）与稀释剂或者相调节剂能很好地混溶，在适宜的稀释剂中要有足够的溶解度，而在使用条件下的各种水相介质中极少溶解，以减少萃取剂的损耗。

（2）应具备良好的萃取与反萃取性能。对被萃取物有较高的萃取容量、较大的分配比，因而可用较少的萃取剂来处理浓度较高的料液；在待分离组分之间有高的分离系数，即选择性好；反萃容易，可为后处理、萃取剂的再生循环及提高金属回收率带来很多益处。

（3）有好的化学稳定性、热稳定性和辐照稳定性，因而能反复循环使用而不降解。

（4）在萃取和反萃取过程中两相分离和流动性能应良好，不发生乳化，不生成第三相。这就要求萃取剂有较低的黏度和密度以及较大的表面张力。

（5）有高的安全性。闪点要高，不易燃、不易爆；沸点要高，挥发性要小；无毒或毒性小，便于安全操作。

（6）来源丰富，制备容易，价格便宜。

稀释剂与添加剂的选择，同样应遵循具有良好的相分离性能、经济性、安全性等原则。另外，还应注意它们与萃取剂之间的相互作用、对萃取性能的影响等。稀释剂是原油的分馏产品，由于各地原油的成分不同，稀释剂的组分也不相同，而且稀释剂中的杂质还

有可能对萃取过程产生影响。稀释剂与相调节剂的选择一般应经过实验筛选和循环使用来决定取舍。

3.2.2 萃取方式的选择

在一般情况下，一级萃取不能达到分离、提纯和富集的目的。经过水相与有机相多次接触和分相，从而大大提高分离效果的萃取工艺称为串级萃取。按有机相与水相接触方式的不同，串级萃取工艺可分为并流萃取、逆流萃取、分馏萃取、回流萃取与错流萃取等方式。

3.2.2.1 并流萃取

水相和有机相按同一方向在萃取设备中由一级流经下级，一直从最后一级流出，称为并流萃取，如图3-3所示。

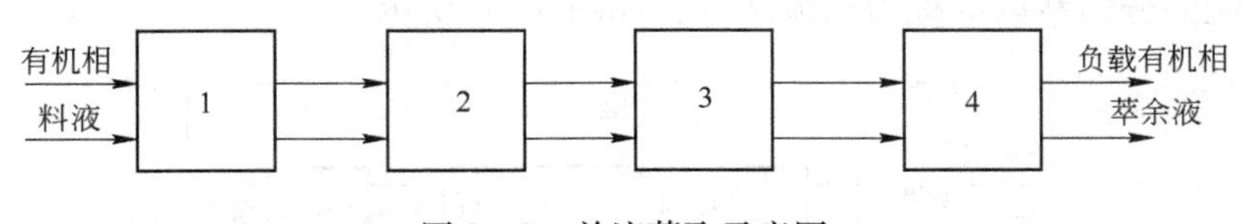

图3-3 并流萃取示意图

3.2.2.2 逆流萃取

逆流萃取是把有机相与水相分别从多级萃取器的两端加入，两相逆流而行，如图3-4所示。在每一个萃取器中，两相经过充分接触和澄清分离过程，然后分别进入相邻的两个萃取器。

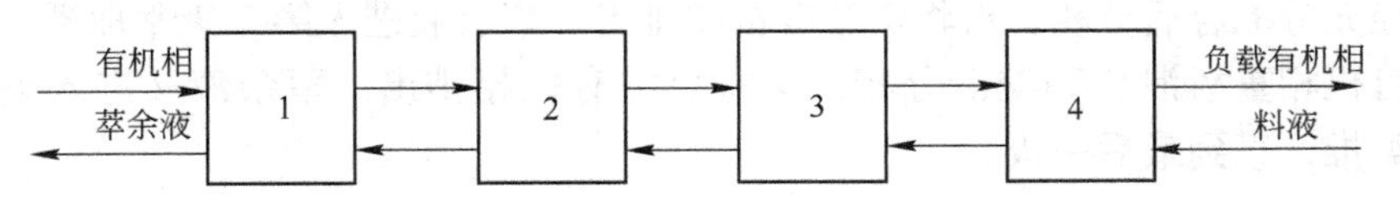

图3-4 逆流萃取示意图

事实上，料液进入端是料液浓度最高的水相与游离萃取剂浓度最低的有机相相遇，而在有机相进入端则是游离萃取剂浓度最高的有机相与被萃取物浓度最低的水相接触，从而使有机相萃取剂得到了充分的利用，故逆流萃取特别适合于分配比和分离系数较小的物质的萃取分离。

3.2.2.3 分馏萃取

分馏萃取是逆流萃取加上逆流洗涤组成的串级工艺，如图3-5所示。

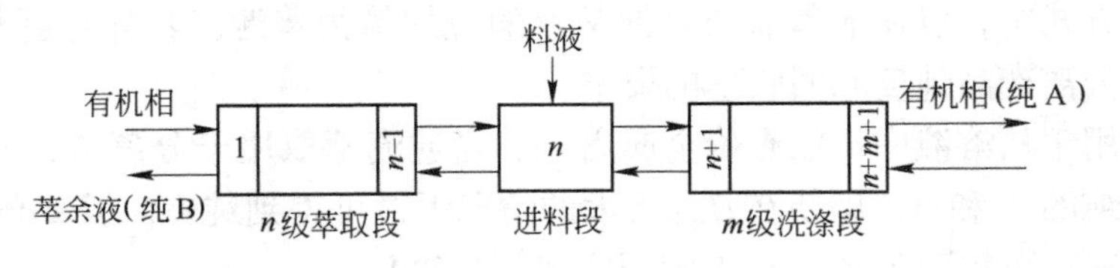

图3-5 分馏萃取示意图

为了既提高产品纯度，又不降低产品的回收率，将经过多级逆流萃取后的有机相再进行多级逆流洗涤。两者结合起来，利用洗涤保证足够的纯度，利用多级逆流萃取可获得高的回收率。因此，这种方法可以使分配比不高的物质获得很高的回收率，并保证得到要求的纯度，也能使分离系数相近的各种元素得到较好的分离。

3.2.2.4 回流萃取

回流萃取实际上是分馏萃取的一种改进。用萃取法来分离性质相近的两元素时，用回流萃取可以提高产品的纯度，改进分离效果，但产量有所降低。

例如，在料液中含 A、B 两种性质相似的元素，A 易被萃取，B 难被萃取。若按图 3－5所示进行分馏萃取，所得萃余液中有纯 B，萃取有机相中有纯 A。为了提高 A、B 的纯度，可使分馏萃取的洗涤液中含有一定量的纯 A，在洗涤过程中使它与负载有机相中所含的微量 B 进行交换，从而使进入反萃段的负载有机相中 A 的纯度进一步提高。同样，为了使水相产品 B 的纯度提高，使有机相在进入萃取段前在转相段中与部分水相产品接触，从而含有部分纯 B。这部分纯 B 与水相中含有的 A 进行交换，使水相产品 B 的纯度更高。这种带有回流的分馏萃取即称为回流萃取，如图 3－6 所示。

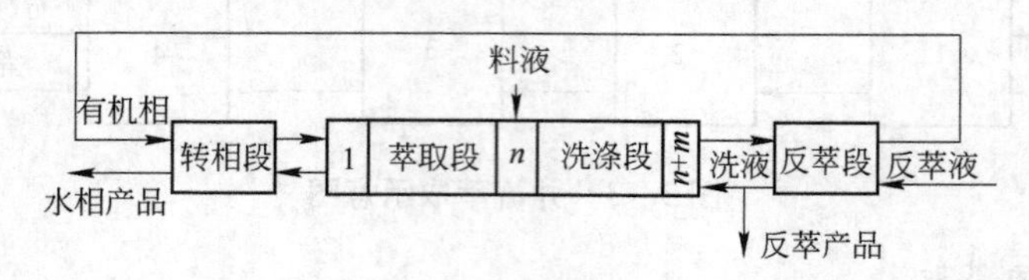

图 3－6 回流萃取示意图

3.2.2.5 错流萃取

错流萃取方式如图 3－7 所示。将新鲜的有机溶剂与料液按一定的相比加入第 1 级萃取器中，经充分混合后分相，再将负载有机相排出。萃余液进入第 2 级萃取器，按同一相比与新鲜有机相重新混合和澄清分相，又将负载有机相排出。萃余液又进入下一级萃取器，依此类推，直到最后一级。

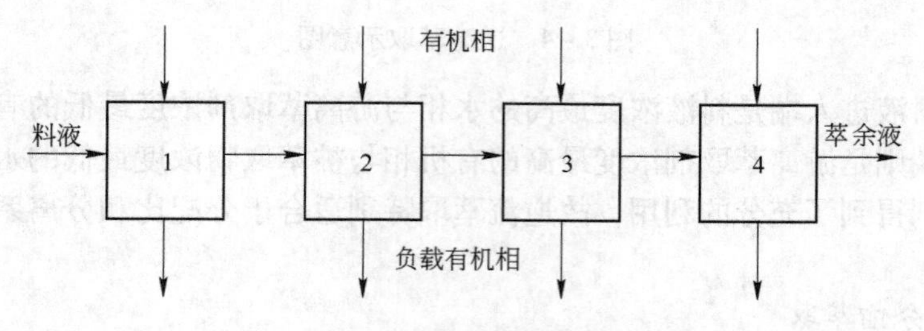

图 3－7 错流萃取示意图

上述几种方式中，以逆流萃取与分馏萃取的应用最为普遍。具体选择何种萃取方式，主要取决于对分离产品纯度和回收率的要求。

逆流萃取用于从溶液中提取有价金属离子。当逆流萃取用于分离 A、B 两组分时，不可能同时得到纯的 A 和 B。即使在 $\beta_{A/B}$ 不大的情况下，可得到纯 B，但 B 的回收率不是很高；或者反过来，可得到纯 A，但 A 的回收率不是很高。

如果要同时得到纯的 A 和 B，而且又要求有较高的回收率，就必须采用分馏萃取的办法。在 $\beta_{A/B}$ 不大时，分馏萃取也可满足分离要求，因此该法在相似元素分离中的应用很普遍。

如果$\beta_{A/B}$相当小，且要求纯度较高，就必须采用回流萃取。实际上，这是用牺牲一定产量的办法来达到高纯度的要求。

错流萃取虽可得到一个纯产品，但回收率低、试剂消耗大，只是在特定情况下（如分相很困难时）才采用。并流萃取也是在特定情况下才被采用。

3.2.3 萃取设备的选择

3.2.3.1 萃取设备的分类及特点

萃取设备可按不同的方式分类，一般按操作方式分为两大类，即逐级接触式萃取设备和连续接触式（微分式）萃取设备。前者由一系列独立的萃取器组成，水相和有机相经混合后在一个大的澄清区中分离，然后再进行下一级的混合。这类萃取设备两相混合充分，传质过程接近平衡，混合澄清槽是其中的典型代表。而在连续接触式设备中，两相在连续逆流流动中接触并进行传质，两相浓度连续发生变化，但并不达到真正的平衡。大部分柱式萃取设备属于这一类。

如果按照所采用的两相混合或产生逆流的方法，萃取设备又可分为不搅拌和搅拌、借重力产生逆流和借离心力产生逆流等类别。表3-2所示为工业常用萃取设备的优缺点比较，目前稀土萃取分离主要采用混合澄清槽萃取设备。

表3-2 工业常用萃取设备的优缺点

设备分类	优 点	缺 点
混合澄清槽	级效率高，处理能力大，操作弹性好，相比调整范围宽，放大可靠，能处理较高黏度液体	溶剂积压量大，需要厂房面积大，投资较大，级间可能需要用泵输送液体
脉冲筛板柱	理论塔板低，处理能力大，柱内无运动部件，能多级萃取，工作可靠	对密度差小的体系处理能力较低，不易进行高流比操作，处理易乳化体系有困难，扩大设计方法较复杂
机械搅拌柱	处理能力适宜，理论塔板适中，结构较简单，操作和维修费用较低	
振动筛板柱	理论塔板低，流动量大，结构简单，适应性强，能处理含悬浮固体物的液体以及具乳化倾向的混合液，易于放大	
离心萃取器	能处理两相密度差小的体系以及易乳化物料，适于处理不稳定物质，接触时间短，传质效率高，溶剂积压量小，设备体积小，占地面积小	设备费用大，操作费用高，维修费用大

3.2.3.2 箱式混合澄清槽【案例】

箱式混合澄清槽是湿法冶金中应用最为广泛的一种萃取设备。多级箱式混合澄清槽是把多个单级的混合澄清槽连成一个整体，从外观来看，像一个长的箱子，内部用隔板分隔成一定数目的级。每一级由混合室与澄清室两部分构成。奇数级与偶数级的混合室交叉相对排列在长箱的两边（澄清室也同样）。混合室常采用机械搅拌，澄清室则采用重力澄清方式。为了加速澄清过程，也可在澄清室安装挡板或其他促进分相的装置。图3-8为箱式混合澄清槽示意图。

由图3-8可见，每一个混合室下方设置一个潜室（有的无潜室），潜室通过两个相口与两相邻级萃取箱连通。有机相（轻相）和水相（重相）分别从两边相邻萃取箱的相口流入潜室，借助搅拌抽吸作用从潜室上部圆孔进入混合室。混合室内的混合相从挡板上沿溢流进入澄清室。混合相在澄清室分相后，有机相与水相分别进入相邻级再进行下一级混合。

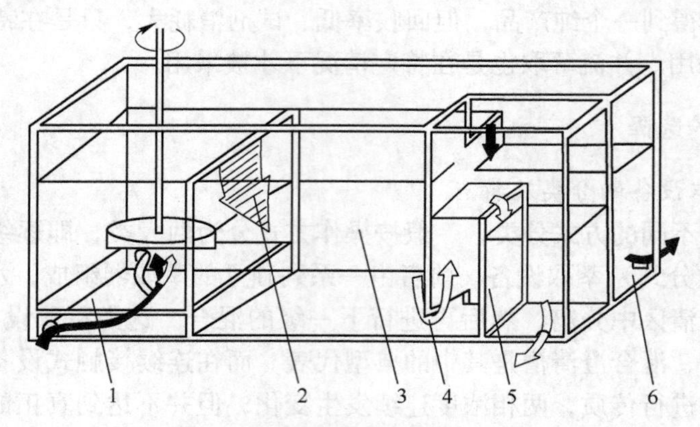

图 3-8 箱式混合澄清槽示意图

1—混合室；2—混合相；3—澄清室；4—水相出口；5—水相；6—有机相

还有一种箱式混合澄清槽的有机相入口由潜室提高至混合室，使有机相不经潜室而直接进入混合室，这样可使水相稳定地进入混合室并防止返混。

由图 3-8 还可以看出，在这种混合澄清槽中，就同一级而言，两相是并流的；但就整个箱式混合澄清槽而言，两相是逆流的，如图 3-9 所示。

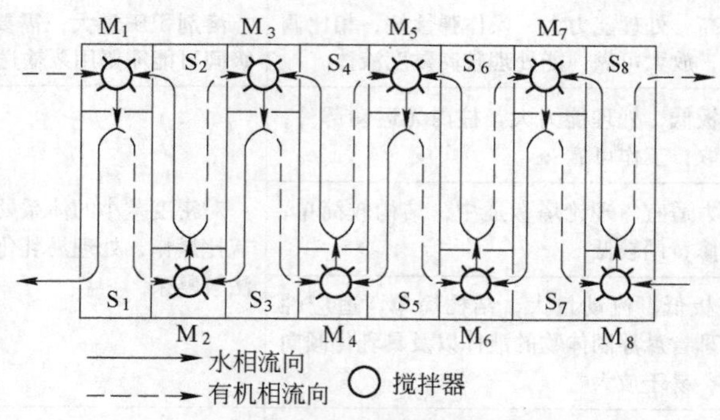

图 3-9 箱式混合澄清槽两相流动示意图

M_i—第 i 级的混合室；S_i—第 i 级的澄清室

箱式混合澄清槽把搅拌与液流输送结合起来，取消了级间的输送泵，简化了结构；而且槽体结构紧凑，便于加工制造，因此它是湿法冶金中生产规模不大时普遍采用的萃取设备。其缺点是：生产效率较低，体积大，相应的占地面积、物料和溶剂的积压量也大。

针对不同的需要对箱式混合澄清槽进行了许多改进。例如，在同一级内设置两个或多个混合室，延长总混合时间，同时通过调节各混合室的搅拌强度，使进入澄清室的混合相更易分相。

还有一种箱式混合澄清槽称为全逆流混合澄清槽，将混合室的相口由三个减少为两个。上相口同时作轻相入口和混合相出口，出混合相的目的是为了出水相；下相口作重相入口及混合相出口，出混合相的目的是出有机相，从而使物料走向变为全逆流流动，其结构见图 3-10。

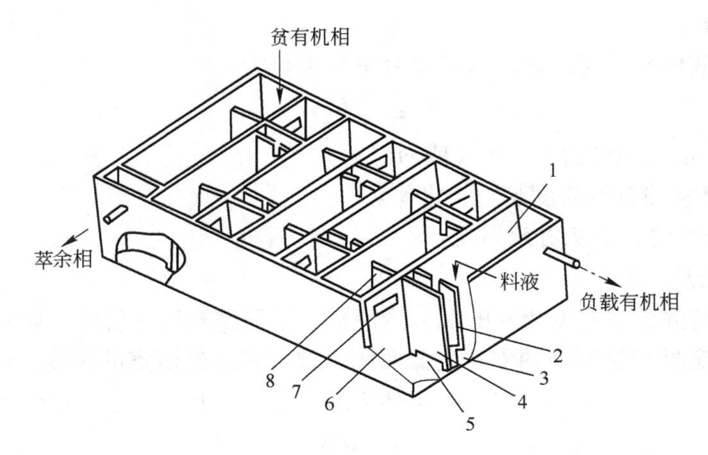

图 3－10 全逆流混合澄清槽结构示意图

1—澄清室；2—挡油板；3—挡水板；4—隔板；
5—下相口；6—混合室；7—上相口；8—挡流板

3.2.3.3 非箱式混合澄清槽

通过对箱式混合澄清槽进行更深层次的改造，发展了一系列具有特殊结构的混合澄清槽。这类萃取槽与箱式混合澄清槽的主要差别是，其混合室与澄清室可以有不同的尺寸，混合室与澄清室可以分开，而且级与级也可以分开，其间用管道连接，因此可称为非箱式混合澄清槽。它们的处理量可以很大，有的萃取槽的总流通量可达 900m^3/h。

3.2.4 箱式混合澄清槽的计算【案例】

已应用于工业生产的混合澄清槽的结构形式多达 20 种，用于稀土分离的有箱式混合澄清槽、全逆流混合澄清槽、多层澄清槽以及 EC－D 型和双混合室箱式萃取槽等多种。混合澄清槽的设计包括三个方面的内容，即混合室有效体积和结构尺寸的确定、澄清室有效体积和结构尺寸的确定、各相口及各板位置和结构尺寸的确定。计算的主要项目介绍如下。

3.2.4.1 混合室有效体积及其边长

混合室的大小是根据所要求的生产能力和为达到一定级效率所需要的两相接触时间来确定的，具体计算公式如下。

A 混合室有效体积

$$V_m = m(Q_A + Q_O)\tau$$

若要求有机相和水相在混合室内的接触相比与两相的流量比不相等，则：

$$V_m = m(1 + R)Q_A\tau$$

式中 V_m——混合室有效体积，m^3（或 L）；

m——体积校正系数，一般取 $m = 1.1$，对小型混合澄清槽可不予考虑；

Q_A——水相流量，m^3/h（或 L/min）；

Q_O——有机相流量，m^3/h（或 L/min）；

τ——两相在混合室内的表观停留时间，h（或 min）；

R——接触相比。

B 混合室边长

当混合室有效体积确定之后，方形混合室的边长为：

$$B = \sqrt[3]{V_m/k}$$

式中 B——方形混合室的边长，m（或 cm）；

k——混合室的有效高度与边长之比。

3.2.4.2 澄清室长度及有效高度

A 澄清室长度

对于澄清室与混合室宽度相等的混合澄清槽，澄清室宽度为已知，则只要根据“面积原则”计算出一定处理量所需的澄清室截面积，即可算出澄清室的长度。计算如下：

$$A = Q/(Q'/A')$$

$$L = A/B$$

式中 A——所设计的澄清室截面积，m^2（或 cm^2）；

Q——要求的处理量，m^3/h（或 L/min）；

Q'/A'——比澄清速度，$m^3/(h \cdot m^2)$（或 $L/(min \cdot cm^2)$）；

Q'——测定时的处理量；

A'——测定时的澄清室截面积；

L——澄清室长度，m（或 cm）。

B 澄清室有效高度

对于混合室底部设有潜室或液流管的混合澄清器，澄清室的有效高度等于混合室的有效高度加潜室的高度；而对于无潜室的混合澄清器，则澄清室的有效高度等于混合室的有效高度。

混合室的空高可凭经验确定，一般为澄清室有效高度的0.2~0.3倍。

3.2.4.3 各相口截面积

箱式混合澄清槽的主要相口计算公式及其经验公式如下。

A 混合相出口（兼作有机相回流口）

（1）假定混合相出口为简单的锐孔，可应用伯努利方程式求出相口的截面积：

$$f_1 = \frac{Q}{m_1\sqrt{2gH_1}}$$

式中 f_1——混合相出口截面积，m^2（或 cm^2）；

Q——混合相流量+有机相返回量，m^3/s（或 cm^3/s）；

m_1——流量系数，一般取0.6；

g——重力加速度，m/s^2（或 cm/s^2）；

H_1——出口两边液体的压头差，一般取0.005m。

（2）模拟混合相出口流速进行放大，根据经验取混合相出口流速 $v_{混} = 0.1 \sim 0.2m/s$，则：

$$f_1 = Q/v_{混}$$

B 重相入口

（1）假定重相入口为简单锐孔，同理，重相入口截面积为：

$$f_2 = \frac{Q_A}{m_2\sqrt{2gH_2}}$$

式中 f_2——重相入口截面积，m^2（或 cm^2）；

Q_A——水相流量，m^3/s（或 cm^3/s）；

m_2——流量系数，一般取 0.6；

H_2——重相入口两边液体的压头差，一般取 0.005m。

（2）模拟重相入口流速进行放大，根据经验取重相入口流速 v_O =0.1 ~0.2m/s，则：

$$f_2 = Q_O/v_O$$

C 轻相溢流口

（1）按标准堰方程式计算：

$$f_3 = \frac{Q_O}{m_3\sqrt{2gH_3^{1.5}}}$$

式中 f_3——轻相溢流口截面积，m^2（或 cm^2）；

Q_O——有机相溢流量，m^3/s（或 cm^3/s）；

m_3——流量系数，一般取 0.4；

H_3——堰边液体深度，取 0.01 ~0.015m。

（2）模拟轻相溢流口流速进行放大，根据试验取轻相溢流口流速 v_O = 0.1 ~ 0.2m/s，则：

$$f_3 = Q_O/v_O = bH_3$$

即：

$$b = (Q_O/v_O)/H_3$$

式中 b——堰宽度，m（或 cm）。

D 搅拌转速

进行混合澄清槽放大或缩小时，可采用如下公式计算搅拌转速：

$$n_2 = \alpha^{-2/3} n_1$$

式中 n_1——小型萃取槽的搅拌转速，r/min（或 r/s）；

n_2——大型萃取槽的搅拌转速，r/min（或 r/s）；

α——几何线度相似比。

3.2.5 流量控制器

在稀土萃取生产过程中，流量控制是至关重要的环节。它直接影响稀土产品的质量和回收率，也是萃取生产是否稳定的决定因素。稀土萃取过程的流量控制具有特殊性，一是介质具有强腐蚀性（大部为盐酸介质）；二是流量范围变化大，一个上百吨的稀土萃取分离厂，其流量小至每分钟几十毫升，大至每分钟几十升，相差 1000 多倍。目前国内生产的标准流量控制器均不适用。因此，我国稀土工作者在进行稀土萃取设备和萃取过程在线分析研究的同时，也对稀土萃取过程的流量控制做了大量的研究，研制出一些行之有效的流量控制器，并成功地应用于稀土萃取生产。

3.2.5.1 圆盘戽斗式流量控制器

圆盘戽斗式流量控制器的结构见图 3 - 11，两圆盘间夹有 6 个 L 形戽斗，转盘由步进电机驱动而旋转，旋转时L形戽斗从储液槽中舀一定量的液体注入轴芯的出液孔中，并由此送入萃取槽。安装溢流孔以保持固定液面，达到维持流量稳定的目的。改变转速即可方便地改变流量。使步进电机旋转的频率脉冲由计算机提供，故该流量控制器流量稳定、遥控方便。

该流量控制器的流量检测原理见图3-12，平时（未检测流量时）由流量控制器送来的液体由入口进入，经计量筒、常开型电磁阀和出口进入萃取槽。当计算机接到检测指令后，使电磁阀闭合，同时计算机开始计数。当计量筒中液位上升至一定值Q_1后，液位传感器发出信号，停止计数并同时释放电磁阀，把计量筒内的液体连同流量控制器新送来的液体一起送入萃取槽，完成一次检测任务。其流量值$Q=Q_1/\tau$（L/min）经计算机计算后显示并打印。由于检测用计算机与圆盘戽斗式流量控制器用的是同一台计算机，当检测到的流量与设定值有偏差时，即可很方便地调整流量控制器的脉冲频率，使流量恢复到设定值，实现流量的闭环控制。

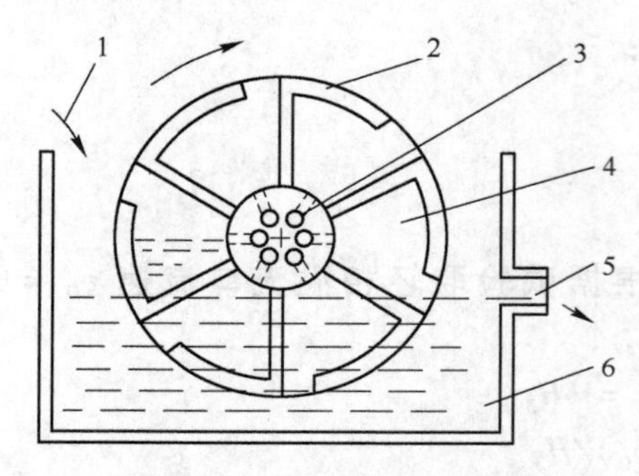

图3-11 圆盘戽斗式流量控制器的结构

1—料液入口；2—L形戽斗；3—出液孔；4—圆盘；5—溢流孔；6—储液槽

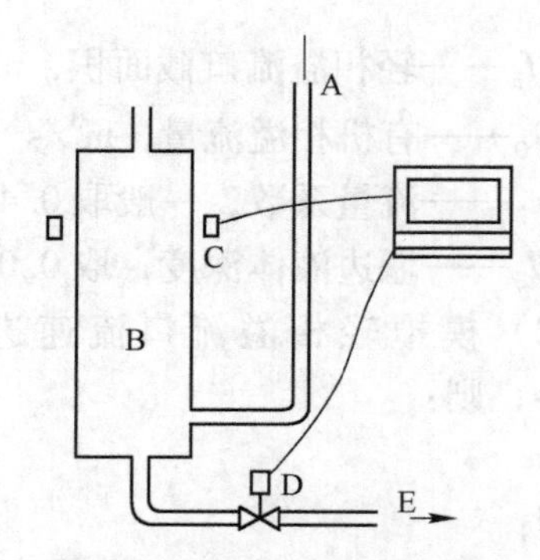

图3-12 圆盘戽斗式流量控制器的流量检测原理图

A—液体入口；B—计量筒；C—液位传感器；D—常开型电磁阀；E—液体出口

3.2.5.2 恒流自动调节流量计

恒流自动调节流量计是精细化工工艺流程中不可缺少的控制流量的理想装置。该流量计是用TVC板焊制成的。它既能自动控制流量，又能随时检测流量。恒流自动调节流量计的工作原理如图3-13所示。

高位槽的物料通过阀门2不断地流入浮子箱，其流量为Q_1；再经过阀门3流入测量筒通道，其流量为Q_2。这两个流量开始并不相等，待浮子箱内的液位平衡后，Q_1才能与Q_2相等。当高位槽内液位下降时引起出口管道流速下降，浮子随着液位下降，阀门2的开度增大，使浮子箱的液位变化得到补偿；同样，当高位槽的液位上升时引起阀门2的开度减小，浮子箱的液位仍会得到补偿。

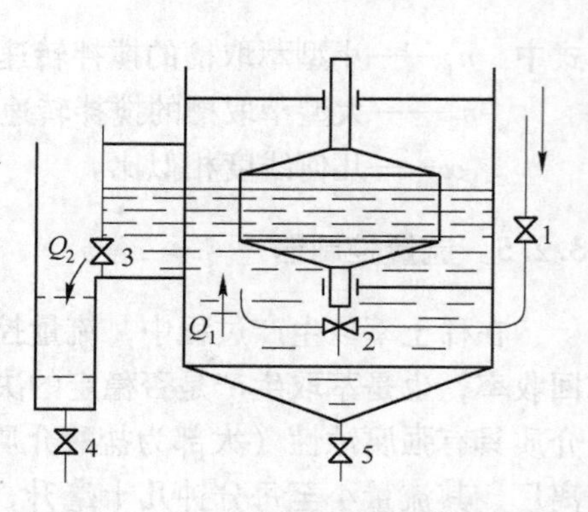

图3-13 恒定自动调节流量计原理图

1~5—阀门；Q_1—浮子箱内物料流量；Q_2—测量筒内物料流量

阀门3是从浮子箱到测量筒的流量的控制阀。在图3-13中阀门3的位置处，浮子箱壁上开有垂直狭缝液流通道，在箱壁左侧紧靠狭缝处装有闸板，可上下移动闸板的位置以调节流量。

测量筒用于检测流量。关闭阀门4，计量从低位虚线到高位虚线的容积充满物料所需的时间，则可计算出单位时间的流量。

3.3 串级萃取工艺设计【案例】

串级萃取工艺设计的任务主要包括在满足产品纯度和回收率的情况下，确定所需萃取级数、洗涤级数、各种相比（流比）、料液组成、洗涤液组成、进料级位置等条件，使在一定工艺条件下能达到产品纯度和回收率。

3.3.1 确定萃取体系以及测定分离系数和萃取比

利用分馏萃取法分离两种或两种以上物质，通常以单级实验筛选合适的萃取体系。针对要分离的任务选择了萃取体系后，为了确定最适当的有机相配比、测定其萃取性能及初步选定萃取工艺条件，一般在分液漏斗中进行一系列单级萃取实验。其主要内容可分为两个方面：其一是进行基本数据和性能的测定，例如饱和容量、对酸的萃取能力、温度的影响和平衡时间的测定等；其二是研究萃取剂浓度、皂化度、料液的酸度与浓度、洗液酸度、相比等基本工艺参数对分配比、分离系数、萃取比、萃取率的影响规律。若是使用成熟的萃取体系处理不同类型的料液，可以不必再进行单级条件实验。

在选定萃取体系有机相和料液的条件下，测定各金属离子的分配比，划分分离界限。依两组分的假设确定易萃组分A和难萃组分B，以分离界限两相邻金属离子的分配比计算分离系数。在实际分馏萃取体系各级萃取器中，A和B的分离系数是不相等的，但它们的变化不大，在串级萃取计算中可采用它们的平均值。有时候萃取段的平均分离系数和洗涤段的平均分离系数不相等，分别记为$\beta_{A/B}$和$\beta'_{A/B}$，即：

$$\beta_{A/B} = E_A / E_B$$

$$\beta'_{A/B} = E'_A / E'_B$$

如果$\beta_{A/B}$和$\beta'_{A/B}$相差不多，通常采用两者中较小的$\beta_{A/B}$值进行计算。

在实际的稀土萃取工艺中，为了使工艺条件易于控制，常把萃取段大部分级有机相中的金属离子浓度$\overline{c}_{Me}$调节到接近恒定（除第1级和第n级外），因而萃取段的混合萃取比E_m恒定，即：

$$E_m = \frac{\overline{c}_A + \overline{c}_B}{c_A + c_B} = \frac{\overline{c}_{Me}}{c_{Me}}$$

同理，洗涤段的混合萃取比E'_m也可调节洗涤段有机相中的金属离子浓度$\overline{c}'_{Me}$，使其在大部分级中接近恒定（除第$n+m$级外），即：

$$E'_m = \frac{\overline{c}'_A + \overline{c}'_B}{c'_A + c'_B} = \frac{\overline{c}'_{Me}}{c'_{Me}}$$

例如，酸性萃取体系只要预先把有机相皂化到一定程度，就能符合恒定混合萃取比的条件。含有盐析剂的中性磷型萃取体系或胺盐萃取体系，E_m和E'_m也接近恒定。

徐光宪教授等人基于恒定混合萃取比的串级萃取理论，提出了串级萃取优化设计方法。在已经确定了萃取体系和分离系数等有关参数的前提下，萃取生产中所期望的是在产品纯度和回收率都很高的条件下，同时具有最大的生产量。由此得到在萃取器总容积和分离效果相同的情况下，日产量达到最大的最优化方程，并由该方程推导出最优条件下的萃取比与分离系数的关系式：

$$E_B = 1/\sqrt{\beta_{A/B}}$$

$$E'_A = \sqrt{\beta'_{A/B}}$$

在恒定混合萃取比体系中，水相进料萃取的特点是：有机相中金属离子浓度除有机出口外，其他各级中均接近最大萃取量 S；洗涤段各级水相中的金属离子浓度均接近最大洗涤量 W；萃取段除第1级外，其他各级水相中金属离子浓度均为洗涤量 W 和料液进入量 M_F 的总和。以上萃取量 S 和洗涤量 W 都是以进料量 M_F = 1mol/min（或 g/min）为基准得到的质量流量（mol/min 或 g/min）。根据物料平衡原理，可以推导出萃取段和洗涤段水相的金属离子分布公式。

在萃取段：

$$W + M_F = S + M_1$$

式中 M_1——水相出口金属离子的质量流量。

在洗涤段：

$$W = S - \overline{M}_{n+m}$$

式中 $\overline{M}_{n+m}$——有机相出口金属离子的质量流量。

分馏萃取全流程物料平衡式为：

$$M_1 + \overline{M}_{n+m} = M_F$$

上式两边同时除以 M_F，并令 $f'_B = M_1/M_F$，$f'_A = \overline{M}_{n+m}/M_F$，则有：

$$f'_B + f'_A = 1$$

式中 f'_B，f'_A——分别为水相出口 B 的分数（摩尔分数或质量分数）和有机相出口 A 的分数（摩尔分数或质量分数）。

由此可以得出水相进料时恒定混合萃取比 E_m 和 E'_m 在萃取过程中的表达式：

$$E_m = S/(S + M_1)$$

$$E'_m = S/(S - \overline{M}_{n+m})$$

在恒定混合萃取比体系中，有机相进料萃取的特点是：萃取段各级有机相中的金属离子浓度均接近最大萃取量 S；洗涤段各级有机相中的金属离子浓度除第 $n+m$ 级外，均为 $S+M_F$；萃取段水相中除第1级外，金属离子浓度均接近最大洗涤量 W；洗涤段各级水相中的金属离子浓度也均为最大洗涤量 W。按照类似水相进料萃取物料平衡的推导过程，可以得到分馏萃取有机相进料的金属离子分布公式。

在萃取段：

$$W = S + M_1$$

在洗涤段：

$$W = S + \overline{M}_F - \overline{M}_{n+m}$$

式中 $\overline{M}_F$——有机相进料时的有机相料液进入量。

而混合萃取比 E_m 和 E'_m 的表达式为：

$$E_m = S/W$$

$$E'_m = (S + \overline{M}_F)/W$$

3.3.2 确定分离指标

分离指标是指萃取生产产品应达到的纯度和回收率。在设计分馏串级萃取时，为了研究经 n 级萃取和 m 级洗涤后产品所能达到的纯度和回收率，或者说产品在达到一定的纯度和回收率指标时所必需的萃取段级数和洗涤段级数，引用了萃余分数和纯化倍数的概念。

设料液中含有易萃组分 A 和难萃组分 B，如果假设各级中组分的分配比相同，萃取过程中各相的流比不变，可推导出 A、B 两组分的萃余分数和纯化倍数及其与萃取比、萃取级数等之间的关系。

萃余分数 φ_A 和 φ_B 是指经过萃取后，水相中易萃组分 A 或难萃组分 B 的剩余量与其在原料液中量的比值，表达式为：

$$\varphi_A = \frac{\text{萃余水相中 A 的质量流量}}{\text{料液中 A 的质量流量}} = \frac{c_{A,1}}{c_{A,F}} = \frac{E_A - 1}{E_A^{n+1} - 1}$$

$$\varphi_B = \frac{\text{萃余水相中 B 的质量流量}}{\text{料液中 B 的质量流量}} = \frac{c_{B,1}}{c_{B,F}} = \frac{E_B - 1}{E_B^{n+1} - 1}$$

通常 $E_A > 1$，$E_A^{n+1} \gg 1$，故有 $\varphi_A \approx 1/E_A^n$；$E_B < 1$，$E_B^{n+1} \ll 1$，故 $\varphi_B \approx 1 - E_B$。

纯化倍数是指经过萃取后萃取组分 A 和 B 纯度提高的程度。

对于难萃组分 B 的纯化倍数 b，定义为萃余水相中 B 与 A 的浓度比与料液中 B 与 A 的浓度比之比，即：

$$b = \frac{\text{萃余水相中 B 与 A 的浓度比}}{\text{料液中 B 与 A 的浓度比}} = \frac{c_{B,1}/c_{A,1}}{c_{B,F}/c_{A,F}} = \frac{c_{B,1}/c_{B,F}}{c_{A,1}/c_{A,F}} = \varphi_B/\varphi_A \approx E_A^n \approx (\beta E_B)^n$$

产品 B 的纯度为：

$$P_{B,1} = \frac{\text{萃余水相中 B 的浓度}}{\text{萃余水相的总浓度}} = \frac{c_{B,1}}{c_{A,1} + c_{B,1}} = \frac{c_{B,1}/c_{A,1}}{c_{B,1}/c_{A,1} + 1} = \frac{bc_{B,F}/c_{A,F}}{bc_{B,F}/c_{A,F} + 1} = \frac{b}{b + c_{A,F}/c_{B,F}}$$

从而有

$$b = \frac{P_{B,1}}{1 - P_{B,1}} \cdot \frac{f_A}{f_B}$$

式中 f_A，f_B——料液中 A 和 B 的摩尔分数或质量分数。

对于易萃组分 A 的纯化倍数 a，定义为第 $n+m$ 级有机相出口处有机相中 A 与 B 的浓度比与料液中 A 与 B 的浓度比之比。同样有：

$$a = \frac{\overline{c}_{A,n+m}/\overline{c}_{B,n+m}}{c_{A,F}/c_{B,F}} = \frac{\overline{P}_{A,n+m}}{1 - \overline{P}_{A,n+m}} \cdot \frac{f_B}{f_A} = \frac{1 - \varphi_A}{1 - \varphi_B}$$

由萃余分数的意义可知，料液中 B 组分在萃取过程中的回收率 Y_B 实际上是 B 组分的萃余分数 φ_B，即：

$$Y_B = \varphi_B = b(a-1)/(ab-1)$$

同样，可知 A 组分的回收率为：

$$Y_A = 1 - \varphi_A = a(b-1)/(ab-1)$$

分离指标的确定主要取决于产品方案。在生产实践中，根据原料中的稀土配分和市场对稀土产品的需求，通常有三种产品方案。三种产品方案给出的规定指标不同，因此计算纯化倍数 a 和 b 以及出口分数 f'_B 和 f'_A 的方法也分为如下三种：

（1）易萃组分 A 为主要产品，规定了 A 的纯度 $\overline{P}_{A,n+m}$ 和回收率 Y_A，则有：

$$a = \frac{\overline{P}_{A,n+m}/(1-\overline{P}_{A,n+m})}{f_A/f_B}, \quad b = \frac{a-Y_A}{a(1-Y_A)}$$

$$P_{B,1} = \frac{bf_B}{f_A + bf_B}, \quad f'_A = f_A Y_A/\overline{P}_{A,n+m}, \quad f'_B = 1 - f'_A$$

（2）难萃组分 B 为主要产品，规定了 B 的纯度 $P_{B,1}$ 和收率 Y_B，则有：

$$b = \frac{P_{B,1}/(1-P_{B,1})}{f_B/f_A}, \quad a = \frac{b-Y_B}{b(1-Y_B)}$$

$$\overline{P}_{A,n+m} = \frac{af_A}{f_B + af_A}, \quad f'_B = f_B Y_B/P_{B,1}, \quad f'_A = 1 - f'_B$$

（3）要求 A 和 B 同为主要产品，规定了 A 和 B 的纯度 $\overline{P}_{A,n+m}$ 和 $P_{B,1}$，则有：

$$a = \frac{\overline{P}_{A,n+m}/(1-\overline{P}_{A,n+m})}{f_A/f_B}, \quad b = \frac{P_{B,1}/(1-P_{B,1})}{f_B/f_A}$$

$$Y_A = \frac{a(b-1)}{ab-1}, \quad Y_B = \frac{b(a-1)}{ab-1}$$

$$f'_A = \frac{f_A Y_A}{\overline{P}_{A,n+m}}, \quad f'_B = \frac{f_B Y_B}{P_{B,1}}$$

3.3.3 判别分馏萃取过程的控制段

在分馏萃取过程中，为了提高产品 B 的纯度，可以提高萃取量 S，使水相中的 A 萃取得更彻底，但此时会使 B 的回收率和产量降低，还可能导致产品 A 的纯度下降。同样，为了提高产品 A 的纯度，可以提高洗涤量 W，使有机相中的 B 洗涤得更彻底，但此时会使 A 的回收率和产量降低，还可能导致产品 B 的纯度下降。如果同时提高 S 和 W，虽然短时间内可以获得高纯度的 A 和 B 两种产品，但是长期会造成萃取体系内 A 和 B 积累过多，当 A 和 B 的积累超过一定限度时，使 A 和 B 作为杂质从两产品出口溢出，影响产品的纯度。只有合理地选择 S 和 W 值，才可保证 A 和 B 两个产品的纯度和回收率同时提高。

为寻求最佳 S 和 W 值，引入最佳回萃比 J_S 和最佳回洗比 J_W 的概念。回萃比定义为萃取量与水相出口金属离子的质量流量之比，即：

$$J_S = S/M_1$$

同样，可以定义回洗比为洗涤量与有机相出口金属离子的质量流量之比，即：

$$J_W = W/\overline{M}_{n+m}$$

对于恒定混合萃取比体系，可以由恒定的混合萃取比控制回萃比和回洗比。对于水相进料体系，有：

$$E_m = S/(S+M_1) = J_S/(J_S+1)$$

$$E'_m = S/(S - \overline{M}_{n+m}) = S/W = (W + \overline{M}_{n+m})/W = 1 + 1/J_W$$

将最优萃取比方程中A和B的萃取比以混合萃取比代替并代入上列两式中，则得出恒定萃取比条件下的最优回萃比和最优回洗比公式，即：

$$J_S = E_m/(1 - E_m) = (\sqrt{\beta_{A/B}} - 1)^{-1}$$

$$J_W = (E'_m - 1)^{-1} = (\sqrt{\beta'_{A/B}} - 1)^{-1}$$

实际上 E_B 和 E'_A 或 J_S 和 J_W 是相互关联的两组变数，由以上公式可以得到 J_S、J_W、f'_B 三者之间的关系式：

$$J_W = [(1 + J_S)f'_B - 1]/(1 - f'_B)$$

由上式可见，随 f'_B 改变，J_S 可以大于、小于或等于 J_W。当 $J_S = J_W$ 时，可得到：

$$f'_B = \sqrt{\beta_{A/B}}/(1 + \sqrt{\beta_{A/B}})$$

由上两式可以判别萃取过程的控制阶段。因为优化的 E_m 及 E'_m 值视进料方式及水相出口分数 f'_B 的大小有四种控制状态，故全部计算过程分四种情况。一般应先计算 E_m 及 E'_m，再根据萃取比公式计算萃取量 S，然后根据物料平衡计算洗涤量 W。

(1) 水相进料。

若 $f'_B > \dfrac{\sqrt{\beta_{A/B}}}{1 + \sqrt{\beta_{A/B}}}$，应由萃取段控制，则：

$$E_m = 1/\sqrt{\beta_{A/B}}, \quad E'_m = \frac{E_m f'_B}{E_m - f'_A}$$

若 $f'_B < \dfrac{\sqrt{\beta_{A/B}}}{1 + \sqrt{\beta_{A/B}}}$，应由洗涤段控制，则：

$$E'_m = \sqrt{\beta'_{A/B}}, \quad E_m = \frac{E'_m f'_A}{E'_m - f'_B}$$

此时

$$S = \frac{E_m M_1}{1 - E_m} = \frac{E_m f'_B}{1 - E_m}$$

$$W = S - \overline{M}_{n+m} = S - f'_A$$

(2) 有机相进料。

若 $f'_B > \dfrac{1}{1 + \sqrt{\beta_{A/B}}}$，应由萃取段控制，则：

$$E_m = 1/\sqrt{\beta_{A/B}}, \quad E'_m = \frac{1 - E_m f'_B}{f'_B}$$

若 $f'_B < \dfrac{1}{1 + \sqrt{\beta_{A/B}}}$，应由洗涤段控制，则：

$$E'_m = 1/\sqrt{\beta'_{A/B}}, \quad E_m = \frac{1 - E'_m f'_B}{f'_A}$$

此时

$$S = \frac{E_m f'_B}{1 - E_m}$$

$$W = S + 1 - f'_A = S - f'_B$$

3.3.4 计算最优化工艺参数和级数

按照上述计算程序计算 E_m、E'_m、S 和 W 后，将最优化的混合萃取比 E_m 和 E'_m 代入级数计算公式，得到恒定混合萃取比最优化条件下的分馏萃取级数计算公式，区别不同工艺条件计算级数。

料液中 B 是主要组分、水相出口为高纯产品 B 时，按下列公式计算：

$$n=\frac{\lg b}{\lg(\beta_{A/B}E_m)},\quad m+1=\frac{\lg a}{\lg(\beta'_{A/B}/E'_m)}+2.303\lg\frac{\overline{P}_B^*-\overline{P}_{B,n+m}}{\overline{P}_B^*-\overline{P}_{B,n}}$$

料液中 A 是主要组分、有机相出口为高纯产品 A 时，按下列公式计算：

$$n=\frac{\lg b}{\lg(\beta_{A/B}E_m)}+2.303\lg\frac{P_A^*-P_{A,1}}{P_A^*-P_{A,n}},\quad m+1=\frac{\lg a}{\lg(\beta'_{A/B}/E'_m)}$$

有时为了粗略估算工艺级数，可忽略上述公式中等号右侧的第二项。如用精确公式计算级数，则需知道 P_A^*、$\overline{P}_B^*$、$P_{A,n}$ 或 $\overline{P}_{B,n}$，可使用如下公式计算。

如产品为高纯 B，即 $P_{A,1}$ 很小时，有：

$$P_A^*=\frac{\beta_{A/B}E_m-1}{\beta_{A/B}-1},\quad \overline{P}_B^*\approx\frac{\beta'_{A/B}/E'_m-1}{\beta'_{A/B}-1}+\frac{\beta'_{A/B}(1-1/E'_m)\overline{P}_{B,n+m}}{\beta'_{A/B}-E'_m+(E'_m-1)(\beta'_{A/B}-1)\overline{P}_{B,n+m}}$$

如产品为高纯 A，即 $\overline{P}_{B,n+m}$ 很小时，有：

$$\overline{P}_B^*=\frac{\beta'_{A/B}/E'_m-1}{\beta'_{A/B}-1}$$

式中 P_A^*——萃取段纯度平衡线与操作线的交点，为公式推导过程中引入的变量；

$\overline{P}_B^*$——洗涤段纯度平衡线与操作线的交点，为公式推导过程中引入的变量。

如用精确公式计算级数，则需知道 $P_{A,n}$ 或 $\overline{P}_{B,n}$，因假定进料级无分离效果，所以在水相进料情况下有：

$$P_{B,n}=f_B,\quad P_{A,n}=f_A,\quad \overline{P}_{B,n}=\frac{P_{B,n}}{\beta_{A/B}-(\beta_{A/B}-1)P_{B,n}},\quad \overline{P}_{B,n+m}=f_B(1-Y_B)/f'_A$$

在有机相进料情况下有：

$$\overline{P}_{B,n}=f_B,\quad \overline{P}_{A,n}=f_A,\quad P_{A,n}=\frac{\overline{P}_{A,n}}{\beta_{A/B}-(\beta_{A/B}-1)\overline{P}_{A,n}}$$

3.3.5 计算混合萃取比、萃取量及洗涤量

串级萃取理论的公式是在进料量 $F=1\text{mol/min}$（或 g/min）的情况下推导出来的，知道了进料量 F、萃取量 S 和洗涤量 W，如果知道相应溶液的浓度，则很容易算出它们相应的比体积流量，从而可以得到它们的流比。

令 c_F 为料液中混合稀土的浓度，c_S 为有机相中的稀土浓度，c_W 为洗涤液酸度。F、S、W 的单位为 mol/min（或 g/min），相应溶液浓度 c_F、c_S、c_W 的单位为 mol/L（或 g/L）。则 $F=1\text{mol/min}$ 时，每分钟的料液体积 Q_F、有机相体积 Q_S 和洗涤液体积 Q_W 分别为：

$$Q_F = F/c_F \quad (L/min)$$
$$Q_S = S/c_S \quad (L/min)$$
$$Q_W = 3W/c_W \quad (L/min)$$

此处假定 3mol 的酸洗下 1mol 的 RE^{3+}。$Q_F : Q_S : Q_W$ 称为流比，其值为 $1 : Q_S/Q_F : Q_W/Q_F$。

将上述计算结果总结于类似表 3－3 的表格中，其中包括所选用的一组工艺参数、串级萃取过程中的物料平衡、各级两相中金属离子总量和浓度以及流比等。其中，$\overline{M}$、M 分别表示有机相、水相中的金属离子总量；$\overline{c}_{Me}$、c_{Me} 分别表示有机相、水相中的金属离子浓度。这种类型的表格简称为框图。

表 3－3 水相进料体系框图

萃取剂 S ↓（第1级）　　料液 $F = 1mol/min$ ↓（第 $n+1$ 级）　　洗涤液 W ↓（第 $n+m+1$ 级）

级 序	1	…	n	$n+1$	$n+2$	…	$n+m+1$
有机相总量 $\overline{M}$	S	…	S	S	S	…	$f'_A F$
水相总量 M	$f'_B F$	…	$F+W$	$F+W$	W	…	W
有机相浓度 $\overline{c}$	$\frac{S}{Q_S}$	…	$\frac{S}{Q_S}$	$\frac{S}{Q_S}$	$\frac{S}{Q_S}$	…	$\frac{f'_A F}{Q_S}$
水相浓度 c	$\frac{f'_B F}{Q_F+Q_W}$	…	$\frac{W+F}{Q_F+Q_W}$	$\frac{W+F}{Q_F+Q_W}$	$\frac{W}{Q_W}$	…	$\frac{W}{Q_W}$

对于从混合稀土中提取多个单一稀土产品的分离流程，必然包含多个串级工艺。因此，必须对可能的流程走向及其各串级工艺进行上述计算，从各个工艺的衔接、产品质量和回收率的稳定性、产品的灵活性、化工原材料单耗、一次性充槽、设备投资以及“三废”处理费用等方面进行综合评估，以选择最佳流程。

3.3.6 串级萃取计算示例

采用某酸性萃取体系分离铕、钆，要求 Gd_2O_3 的纯度高于 99.99%，作为高亮度 X 光增感屏的基质材料。希望将 99% 的 Gd_2O_3 原料进行提纯，主要杂质是 Eu_2O_3 和 Sm_2O_3，要求 Gd_2O_3 的回收率达到 90%，试设计串级萃取工艺条件。

（1）已知某酸性萃取体系可分离 Eu^{3+}/Gd^{3+}，

$$\beta_{Eu/Gd} = \beta'_{Eu/Gd} = 1.46$$

因 $\beta_{Sm/Gd}$ 与 $\beta_{Eu/Gd}$ 相近，所以 Eu、Sm 两种杂质可以作为一种杂质考虑。令 $A = Eu_2O_3 + Sm_2O_3$，$B = Gd_2O_3$，则 $\beta_{A/B} = 1.46$。

（2）计算纯化倍数 a、b 和两相出口分数 f'_A、f'_B。

由题意：

$$f_B = 0.99, \quad P_{B,1} = 0.9999, \quad P_{A,1} = 0.0001, \quad Y_B = 0.90$$

所以
$$b = \frac{P_{B,1}/(1-P_{B,1})}{f_B/(1-f_B)} = \frac{0.9999/0.0001}{0.99/0.01} = 101$$

$$a=\frac{b-Y_B}{b(1-Y_B)}=\frac{101-0.9}{101\times0.1}=9.9$$

$$f'_B=f_BY_B/P_{B,1}=0.99\times0.90/0.9999=0.89$$

$$f'_A=1-f'_B=0.11$$

（3）计算工艺参数。

因采用水相进料，$f'_B=0.89>\frac{\sqrt{\beta_{A/B}}}{1+\sqrt{\beta_{A/B}}}=\frac{\sqrt{1.46}}{1+\sqrt{1.46}}=0.547$，所以应由萃取段控制，得：

$$E_m=1/\sqrt{\beta_{A/B}}=1/\sqrt{1.46}=0.828,\qquad E'_m=\frac{E_mf'_B}{E_m-f'_A}=\frac{0.828\times0.89}{0.828-0.11}=1.026$$

此时

$$S=\frac{E_mf'_B}{1-E_m}=\frac{0.828\times0.89}{1-0.828}=4.28$$

$$W=S-f'_A=4.28-0.11=4.17$$

（4）计算级数。

$$P_A^*=\frac{\beta_{A/B}E_m-1}{\beta_{A/B}-1}=\frac{1.46\times0.828-1}{1.46-1}=0.45$$

$$\overline{P}_B^*\approx\frac{\beta'_{A/B}/E'_m-1}{\beta'_{A/B}-1}+\frac{\beta'_{A/B}(1-1/E'_m)\overline{P}_{B,n+m}}{\beta'_{A/B}-E'_m+(E'_m-1)(\beta'_{A/B}-1)\overline{P}_{B,n+m}}=0.994$$

$$P_{B,n}=f_B=0.99$$

$$P_{A,n}=f_A=0.01$$

$$\overline{P}_{B,n}=\frac{P_{B,n}}{\beta_{A/B}-(\beta_{A/B}-1)P_{B,n}}=\frac{0.99}{1.46-0.46\times0.99}=0.985$$

$$\overline{P}_{B,n+m}=f_B(1-Y_B)/f'_A=0.99\times(1-0.9)/0.11=0.90$$

$$n=\frac{\lg b}{\lg(\beta_{A/B}E_m)}=\frac{\lg 101}{\lg(1.46\times0.828)}=24.3$$

取 $n=25$ 级。

$$m+1=\frac{\lg a}{\lg(\beta'_{A/B}/E'_m)}+2.303\lg\frac{\overline{P}_B^*-\overline{P}_{B,n+m}}{\overline{P}_B^*-\overline{P}_{B,n}}$$

$$=\frac{\lg 9.9}{\lg(1.46/1.026)}+2.303\times\lg\frac{0.994-0.90}{0.994-0.985}=6.50+2.35=8.85$$

取 $m=9$ 级。

（5）确定流比。

当料液中稀土浓度 $c_F=1\text{mol/L}$、有机相中稀土饱和浓度 $c_S=0.25\text{mol/L}$、洗涤液盐酸浓度 $c_W=2.1\text{mol/L}$、假定洗下 1mol 的 RE^{3+} 需要 3mol 的 HNO_3 或 HCl 时，令：

$$F=1\text{mol/min}$$

则：

$$Q_F=F/c_F=1/1=1\text{L/min}$$

$$Q_S=S/c_S=4.28/0.25=17.1\text{L/min}$$

$$Q_W=3W/c_W=3\times4.17/2.1=5.96\text{L/min}$$

$$c_1=\frac{f'_B}{Q_F+Q_W}=\frac{0.89}{1+5.96}=0.128\text{mol/L}$$

$$c_i=\frac{F+W}{Q_F+Q_W}=\frac{1+4.17}{1+5.96}=0.743\text{mol/L}\quad(i=2,3,\cdots,26)$$

$$c_j=\frac{W}{Q_W}=\frac{4.17}{5.96}=0.70\text{mol/L}\quad(j=27,28,\cdots,33)$$

$$\bar{c}_{33}=\frac{f'_A}{Q_S}=\frac{0.11}{17.1}=0.00643\text{mol/L}$$

（6）框图，见表3－4。

表3－4 某酸性萃取体系分离铕、钆（水相进料）的框图

$S=4.28$mol/min，$Q_S=17.1$L/min ↓（级1）　$F=1$mol/min，$Q_F=1$L/min ↓（级26）　$W=4.17$mol/min，$Q_W=5.96$L/min ↓（级33）

级　序	1	…	25	26	27	…	33
有机相总量$\overline{M}$	4.28	…	4.28	4.28	4.28	…	0.11
水相总量M	0.89	…	5.17	5.17	4.17	…	4.17
有机相浓度$\bar{c}$	0.25	…	0.25	0.25	0.25	…	0.00643
水相浓度c	0.128	…	0.743	0.743	0.70	…	0.70

3.4 稀土萃取分离工艺【案例】

我国已可用萃取法分离全部稀土元素，分离体系的水相可以是盐酸，也可以是硝酸或硫酸。萃取剂主要使用酸性磷型萃取剂D2EHPA（P_{204}）及HEHEHP（P_{507}）；季铵萃取剂N_{263}在分离提纯钇时获得了应用，但在我国主要采用环烷酸分离提纯氧化钇；中性络合萃取剂TBP及P_{350}在分离铀、钍和稀土以及稀土元素的分离中也有应用。

3.4.1 P_{204}萃取分离稀土

3.4.1.1 P_{204}萃取分离稀土原理

P_{204}萃取稀土元素的分配比D随着原子序数的增加而增加，这样的萃取序列称为正序萃取。钇的位置在重稀土钬与铒之间（见表3－5）。

表3－5 P_{204}萃取稀土元素的D及$\beta_{z+1/z}$

稀　土	分配比D	lg$D$	分离系数$\beta_{z+1/z}$	稀　土	分配比D	lg$D$	分离系数$\beta_{z+1/z}$
Y^{3+}	1.00	0.000		Gd^{3+}	0.019	－1.722	5.3
La^{3+}	1.3×10^{-4}	－3.886	2.8	Tb^{3+}	0.100	－1.000	2.8
Ce^{3+}	3.6×10^{-4}	－3.444	1.5	Dy^{3+}	0.280	－0.552	2.2
Pr^{3+}	5.4×10^{-4}	－3.268	1.3	Ho^{3+}	0.62	1.792	3.0
Nd^{3+}	7.0×10^{-4}	－3.155	2.7	Er^{3+}	1.4	0.146	3.5
Pm^{3+}	1.9×10^{-4}	－2.721	3.2	Tm^{3+}	4.9	0.690	3.0

续表 3－5

稀 土	分配比 D	$\lg D$	分离系数 $\beta_{z+1/z}$	稀 土	分配比 D	$\lg D$	分离系数 $\beta_{z+1/z}$
Sm^{3+}	6.9×10^{-4}	-2.230	2.2	Yb^{3+}	14.7	1.167	2.0
Eu^{3+}	0.013	-1.886	1.5	Lu^{3+}	39.4	1.486	2.2

注：底液为 $HClO_4$，以钇的 $D_{Y^{3+}}=1.00$ 作基准。

由表 3－5 可见，镥与镧之间的分离系数 $\beta_{Lu/La}$ 高达 3×10^5，相邻两元素的平均分离系数为 $\beta_{z+1/z}=\sqrt[14]{3\times10^5}=2.46$。$P_{204}$－HCl 体系中 $\beta_{z+1/z}=2.5$，在 $P_{204}-HNO_3$ 体系中 $\beta_{z+1/z}$ 要小一些。

P_{204} 萃取稀土的化学反应可以表示为：

$$RE^{3+}+3\,\overline{H_2A_2}=\!=\!=\overline{RE(HA_2)_3}+3H^+$$

萃取平衡常数为：

$$K=\frac{c_{\overline{RE(HA_2)_3}}c_{H^+}^3}{c_{RE^{3+}}c_{\overline{H_2A_2}}^3}=D\frac{c_{H^+}^3}{c_{\overline{H_2A_2}}^3}$$

所以

$$D=K\frac{c_{\overline{H_2A_2}}^3}{c_{H^+}^3}$$

将该式用对数展开，得：

$$\lg D=\lg K+3\lg c_{\overline{H_2A_2}}-3\lg c_{H^+}=\lg K+3\lg c_{\overline{H_2A_2}}+3\text{pH}$$

由此可见，自由萃取剂浓度与水相 pH 值对 D 的影响很大，$c_{\overline{H_2A_2}}$ 越大则 D 越大，pH 值越大则 D 也越大。但 pH 值升高到一定程度时金属离子将发生水解，因此最大 D 值是在接近金属离子水解的 pH 值处。

由此可知，水相酸度是影响萃取过程分配比及分离系数的关键因素。如果以 $\lg D$ 对 $\lg c_{H^+}$ 作图，则得斜率为 －3 的直线，如图 3－14 所示。

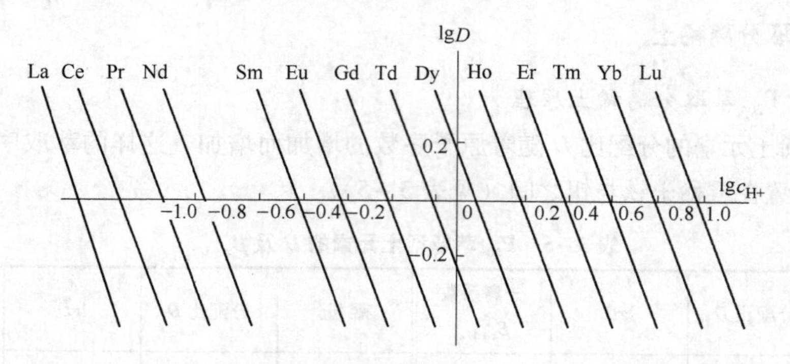

图 3－14 用 P_{204} 萃取稀土离子时 D 与 c_{H^+} 的关系

（实验条件：P_{204}（1mol/L）－甲苯，料液 $RECl_3$ 浓度为 0.05mol/L）

从图 3－14 可以看出，在同一水相酸度下，各稀土元素的分配比 D 差别较大。在图上可以找到各稀土元素分配比 $D=1$ 时的水相酸度，如 $D_{Sm}=1$ 时，$\lg c_{H^+}\approx-0.6$，即 $c_{H^+}\approx 0.25$mol/L。如果选择 $c_{H^+}>0.25$mol/L 盐酸体系进行萃取，则钐及钐以上的重稀土元素将优先萃入有机相，而钐以下的轻稀土元素则留在水相，这样就可以在钐与钕之间分组。如果选择别的酸度，则可在别的相邻稀土元素之间分组。

水相中阴离子尽管不参与萃取反应，但对萃取过程也会产生影响。它们对分配比及分离系数的影响主要通过对金属离子的络合起作用。所以在硝酸体系中萃取稀土元素时，分配比及分离系数与盐酸体系中的并不一样，盐酸体系中的分配比会小一些，但分离系数高一些，且盐酸比硝酸的价格便宜。分组后的轻稀土氯化物可以直接浓缩结晶成为产品，所以工业上采用在盐酸介质中进行稀土分组。

3.4.1.2 P_{204}萃取稀土分组工艺

除去放射性物质后的氯化稀土溶液，含 $RECl_3$ 1.0～1.2mol/L，pH＝4～5，按图3－15所示的流程分组，所用有机相为1mol/L P_{204}－煤油。在萃取段将钐及中、重稀土萃入有机相；在洗涤段以0.8mol/L盐酸（洗液）将进入有机相的轻稀土洗下，流比为 $Q_S:Q_F:Q_W=2.5:1:0.5$；在反萃段用2mol/L盐酸反萃有机相的中稀土，并用1mol/LP_{204}－煤油捞重稀土，流比为 $Q_{捞有}:Q_{料有}:Q_{水}=0.25:2.0:0.25$。由于是在低酸度下萃取，要求稀土料液中杂质 Ti^{4+} 及 Fe^{3+} 的含量要低，否则会影响分相。在有机相中加入少量添加剂TBP或高碳醇，有利于改善分相效果。如果料液中的碱金属、碱土金属含量高，由于它们基本上不被 P_{204}萃取，所以将和轻稀土元素一起留在水相，这会影响浓缩结晶的氯化稀土质量，故可考虑采取先全萃取再反萃的方法将稀土分组。将所得的三组氯化稀土溶液处理成相应产品，或作进一步分离单一稀土元素的原料。重稀土溶液含3.8～4.2mol/L盐酸，用渗析法回收盐酸后再进一步处理。

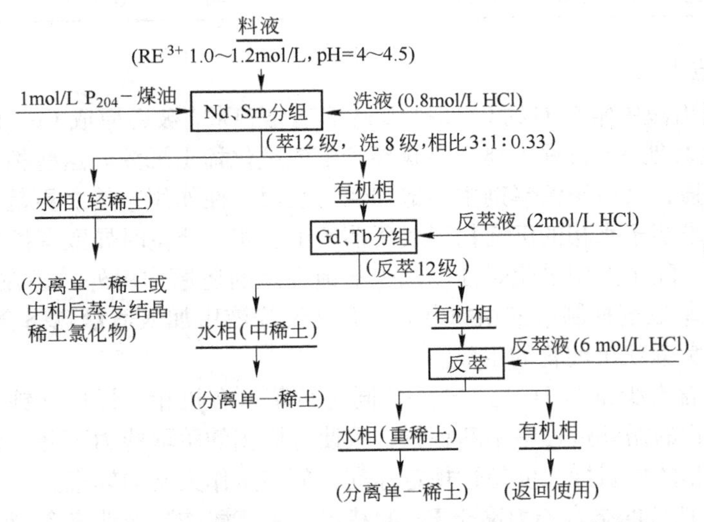

图3－15 P_{204}－煤油－HCl体系萃取分组稀土的工艺流程

3.4.1.3 P_{204}从硫酸介质中提取纯铈

P_{204}萃取剂具有较好的耐酸、碱性能，而且不需皂化也有很高的萃取容量，这使得它在处理氟碳铈矿与独居石混合矿的硫酸浸出液方面具有独特的优越性。目前在硫酸焙烧氟碳铈矿与独居石混合矿工艺中，广泛应用 P_{204}萃取剂进行轻稀土与中、重稀土分组或分离单一轻稀土产品。特别是在纯碱焙烧混合矿－硫酸浸出或氧化焙烧氟碳铈矿－硫酸浸出工艺中，用 P_{204}－TBP－煤油－H_2SO_4 体系可以一步提取纯度高达99.99%以上的铈产品。

A 工艺流程

用 P_{204} – TBP – 煤油 – H_2SO_4 体系提取纯铈的工艺流程如图 3 – 16 所示。表 3 – 6 所示为某工厂焙烧后氟碳铈矿硫酸浸出液的化学成分。

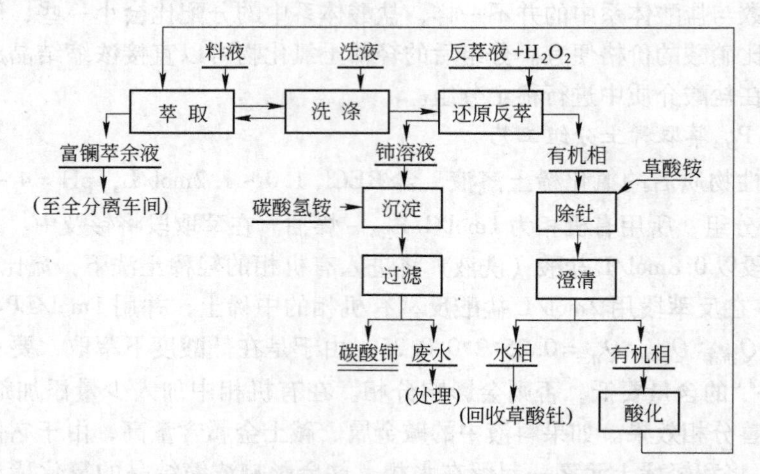

图 3 – 16 P_{204} – TBP – 煤油 – H_2SO_4 体系提取纯铈的工艺流程

表 3 – 6 某工厂焙烧后氟碳铈矿硫酸浸出液的化学成分 (%)

化学成分	REO	CeO_2	ThO_2	Fe_2O_3	F	H_2SO_4	$Ce^{4+}/(Ce^{4+}+Ce^{3+})$
含量	0.29	0.14	4×10^{-4}	0.016	0.46	0.5	>95 (氧化率)

B 工艺特点

(1) 硫酸浸出液中常含有约 0.1mol/L 的 F^-。当 Ce^{4+} 被还原成 Ce^{3+} 时，在萃取段和洗涤段中 Ce^{3+} 及其他 +3 价稀土离子与氟离子生成氟化稀土沉淀。这些稀土沉淀物颗粒细小，表面活性很强，又由于稀释剂中不饱和烃的表面活性作用，使之更趋于稳定。这些既难溶于有机相又难溶于水相的沉淀物形成所谓的第三相，严重时导致有机相乳化。

生产实践中，除了选用磺化煤油以减少不饱和烃的还原作用外，还在 P_{204} 有机相中加入少量中性 TBP 萃取剂抑制第三相的生成，并在洗涤液中加入适量氟络合剂（如硼酸盐、铝酸盐等）以避免絮状沉淀物的生成。

(2) 料液中含有少量的 Th^{4+}，与 Ce^{4+} 同时被萃入有机相。经反萃铈后，钍仍留于有机相中，在有机相的循环过程中不断积累，致使有机相的萃取能力下降。钍积累过高甚至会造成循环有机相的放射性强度超过规定标准，危害操作人员的健康。

利用草酸与 Th^{4+} 的络合能力高于 P_{204} 的特点，用草酸铵溶液洗涤含 Th^{4+} 的有机相，可以从有机相中除去 Th^{4+}。除 Th^{4+} 后的有机相经硫酸酸化，循环使用。将含有草酸钍的洗涤溶液加热至 60 ~ 80℃，使草酸钍结晶析出。过滤此溶液回收草酸钍并妥善保管，防止放射性污染。

(3) 由于 Ce^{4+} 与 P_{204} 在高酸度下的络合能力仍然很强，反萃的酸度非常高。为了减小酸消耗，生产中采用还原反萃的方法，即在反萃液中加入适量的 H_2O_2，将 Ce^{4+} 还原为 Ce^{3+}，这样可以在较低的酸度下使 Ce^{3+} 反萃至水相中。H_2O_2 的加入量与萃入有机相中的 Ce^{4+} 含量、H_2O_2 的利用率有关，应合理控制。否则，若 H_2O_2 的加入量超过消耗量，则会导致循环有机相中夹带 H_2O_2，在萃取段造成 Ce^{4+} 还原，影响 Ce^{4+} 的萃取率；若 H_2O_2 的加入量不足，又会造成 Ce^{4+} 还原反萃不完全，在有机相中积累，使循环有机相的萃取能力降低。

（4）由于有机相中煤油对 Ce^{4+} 的还原，使得萃取过程中 Ce^{4+} 的回收率降低，同时也导致了富镧萃余液中的铈含量升高。为了提高铈的回收率或降低富镧萃余液中的铈含量，可以在料液中和萃取段补加氧化剂 $KMnO_4$ 溶液。

（5）由于萃取过程是在 0.5 ~ 2.0mol/L 的高酸度下进行，富镧萃余液的酸度很高，不能直接用于下一工序的萃取分离。为了符合萃取分离单一轻稀土产品的工艺要求，可以用硫酸复盐沉淀－碱转化－盐酸溶解的方法制备氯化稀土，也可以采用氧化镁中和及 P_{204} 全萃取－盐酸反萃的方法制备氯化稀土溶液。

3.4.2 P_{507} 萃取全分离稀土

3.4.2.1 P_{507} 萃取全分离稀土原理

P_{507} 萃取稀土元素的分配比低于 P_{204}，但是当萃取中、重稀土元素时，所需水相酸度较低，反萃液的酸度也较低，而且分离系数比 P_{204} 大，如 $\beta_{z+1/z}=3.04$（$c_{HCl}=0.05mol/L$）。用 P_{507} 萃取分离镨、钕的效果明显优于 P_{204}，特别是用氨化 P_{507} 萃取分离稀土元素时，可提高萃取容量和分离系数，故其在稀土元素分离中获得广泛应用。P_{507} 萃取剂可在低酸度下萃取和反萃，这一特点弥补了 P_{204} 萃取体系不适用于分离重稀土元素的不足。因此，P_{507} 萃取剂的问世，使得在一种萃取体系中轻、中、重稀土元素的连续萃取分离工艺得以实现。

分馏萃取工艺的料液大多是由三种或三种以上稀土元素组成的混合溶液，在两出口的萃取过程中，每个组分在各级中按一定的规律分布。例如，图 3－17 是用皂化 P_{507} 提取氧化钕生产流程的萃取槽各级组分平衡状态分布图。料液的组成为：Nd_2O_3 18%，Pr_6O_{11} 6%，CeO_2 52%，La_2O_3 24%。在平衡状态下，无论是有机相还是水相，中间组分 Pr_6O_{11} 在第 1 ~31 级间都有一个明显的积累峰，在第 10 级附近峰值达到 40%，远大于料液中的 6%。Pr_6O_{11} 积累峰的出现及其稳定性反映出该工艺流程的平衡状态，生产实践中，操作人员可以通过观察镨色带（镨积累峰的颜色）的位置来判断萃取生产的运行是否正常。

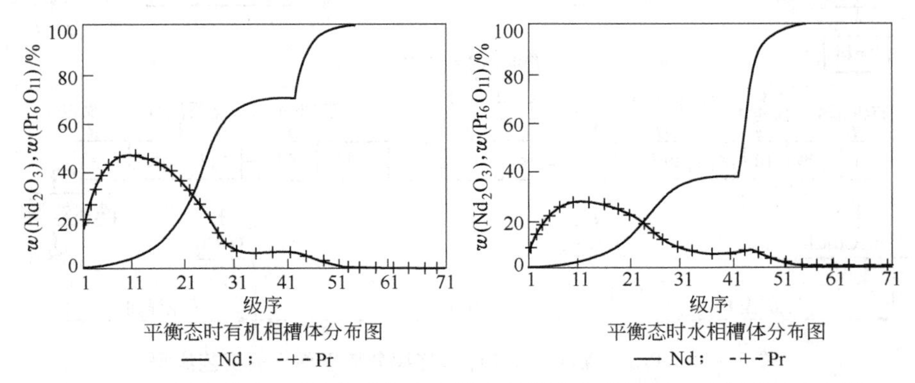

图 3－17 用皂化 P_{507} 提取氧化钕生产流程的萃取槽各级组分平衡状态分布图

萃取生产实践和计算机模拟试验证明，在料液成分一定时，各组分的级分布状态与萃取量 S 和洗涤量 W 有关。当 S 增大时，中间组分的积累峰向有机相出口方向移动；当 W

增大时，中间组分的积累峰向水相出口方向移动。在多组分两出口的萃取过程中，正确控制 S 和 W 有利于中间组分积累峰的稳定，而使萃取过程处于最佳的平衡状态。利用中间组分积累峰的生成规律调整 S 和 W，可以使积累峰增高，提高中间组分的纯度。因此在两出口的分馏萃取工艺中，在中间组分积累峰附近开设一个出口，可以引出一个富集物产品，这样就可以同时获得两种纯产品和一种富集物。由此可见，采用分离系数大的 P_{507} 进行萃取，原则上不需要中间化学处理和重新备料，只需先进行稀土分组，然后对各组依次萃取分离，每组出两个纯产品和一个富集物，再将富集物提纯，最后可获得各种单一稀土产品，此即一步法全分离萃取工艺的基本原理。

3.4.2.2 P_{507} 萃取分离重稀土工艺

A 工艺流程

P_{507} - 煤油 - HCl 体系连续分离重稀土的工艺流程见图 3-18。先经过 Nd、Sm 分组，使 La ~ Nd 留在萃余液中，而中、重稀土萃入有机相。以这种含中、重稀土的有机相作进料，在第 2 个分离段进行萃取，使 Sm、Eu、Gd 进入萃余液中，并在中间某一级引出部分 Gd、Tb、Dy 水相，而部分 Dy 及其他重稀土元素萃入有机相中。然后以 Sm、Eu、Gd 萃余液作进料，在第三个分离段进行分离。

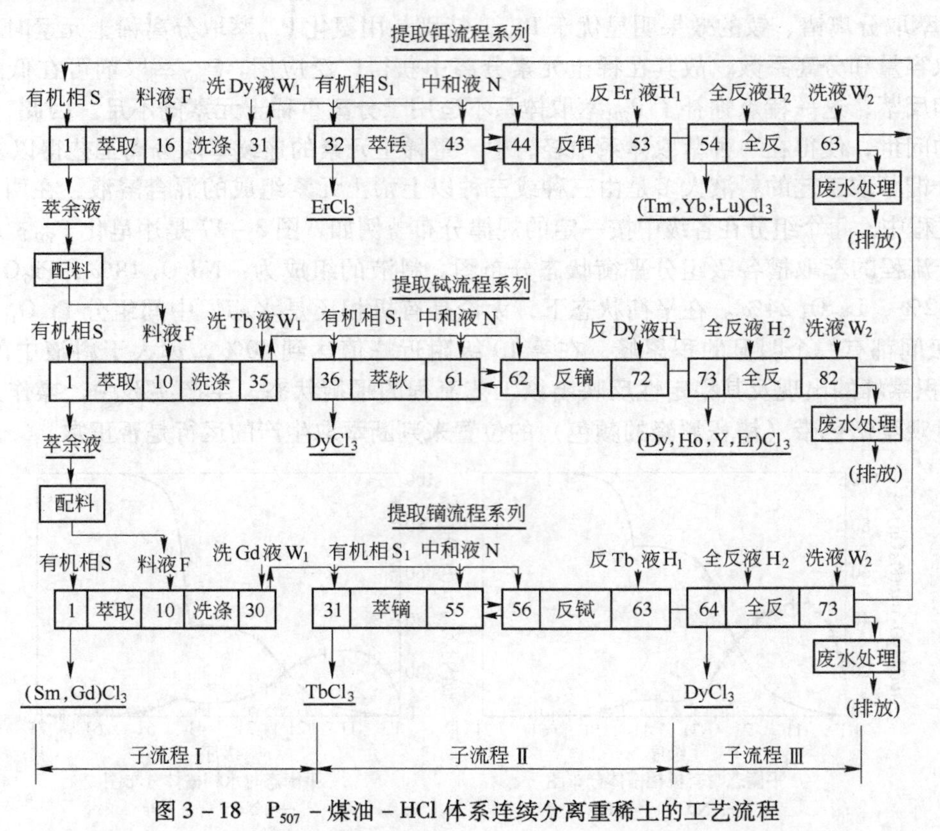

图 3-18 P_{507} - 煤油 - HCl 体系连续分离重稀土的工艺流程

我国某厂以 P_{507} - 煤油 - HCl 体系全萃取连续分离寻乌混合稀土氧化物，经 HCl 溶解所得的 $RECl_3$ 料液通过 14 段、650 级连续萃取分离，生产出纯度为 98% ~ 99.99% 的 15 种单一稀土氧化物产品（分离 Y_2O_3 用环烷酸），稀土回收率为 87%，产品合格率为 96%。

实践表明，多组分多出口的萃取生产工艺具有产品品种多、工艺灵活性强、生产流程简单、化工原料消耗低的优点。这一工艺降低了生产成本，促进了稀土应用的发展。

B 工艺特点

（1）全流程由三个系列组成，按 P_{507} 的正萃取序列，由前至后分别为提取铒流程系列、提取铽流程系列和提取镝流程系列。该流程的特点是：每一系列由水相进料的分馏萃取流程（Ⅰ）、有机相进料的分馏萃取流程（Ⅱ）以及逆流反萃取流程（Ⅲ）三个子流程组成。这三个子流程由负载稀土的有机相串联贯通。其中，子流程Ⅰ的作用是分离待提取稀土元素与原子序数小于它的稀土元素；子流程Ⅱ的作用是分离待提取稀土元素与原子序数大于它的稀土元素。子流程Ⅱ采用有机相进料的优点是：对于传统的以反萃余液作为下一次分离料液的工艺而言，省略了反萃取和料液中和调配过程，降低了酸、碱的消耗。

在这三个系列中，利用子流程Ⅱ的萃取段加强水相单一稀土产品中易萃组分稀土杂质的萃取，提高水相产品的纯度。例如提取铽流程系列中，为了保证水相中铽的纯度，可以提高 S_1 的流量，但是此条件下铽的被萃取量也会增加，使其回收率降低。也正是由于这一原因，此系列提铽后的产品镝只能是富集物。

（2）三个系列之间，上一个系列的萃余液作为下一个系列的料液。为了满足下一个系列萃取条件的要求，萃余液需要调解酸度。本流程中的料液酸度均为 pH = 2.0，其他分离流程应视具体分离条件确定料液的酸度。

（3）在多组分连续分离稀土元素的工艺中，随着易萃稀土元素不断被分离，萃余液中的稀土浓度越来越低。用低浓度的稀土溶液作为料液时，将会使萃取器的容量增大而导致设备投资、槽存有机相和稀土的量、生产运行费用升高，浓度过于低时甚至会影响稀土分离效果和稀土回收率。这是一个值得注意的问题。目前生产中解决该问题的方法有如下两种：

1）蒸发浓缩法。将低浓度的稀土萃余液在蒸发器中加热蒸发，达到萃取条件要求的浓度后放置至室温，供下步萃取使用。

2）难萃组分回流萃取法，也称为稀土皂化法。取部分水相出口的萃余液与皂化有机相接触，一般经 4 ~ 6 级逆流或并流萃取，使难萃组分重新萃入有机相，同时排除这部分萃余的空白水相（$\rho(\mathrm{REO}) < 0.1 \sim 1.0\mathrm{g/L}$）。负载难萃组分的有机相进入萃取段，与水相中的易萃组分相互置换，难萃组分回到水相。经过难萃组分回流萃取的过程，萃余水相的稀土浓度得到了富集，富集的程度与萃余液的回流流量有关。萃余液的回流流量可由下式计算：

$$Q_{回} = Q_F + Q_W - Q_{余}$$

$$Q_{余} = f_B / c_{REO}$$

式中 $Q_{回}$——萃余液的回流流量，L/min；

$Q_{余}$——难萃组分回流后的萃余液流出量，L/min；

c_{REO}——$Q_{余}$ 式中的稀土浓度，mol/L。

（4）全流程连续分离可以同时得到两种高纯度的单一稀土产品及三种普通纯度的富集物产品。其纯度分别为：$w(Tb_4O_7)/\sum w(\mathrm{REO}) > 99.9\%$，$w(Dy_2O_3)/\sum w(\mathrm{REO}) > 99.9\%$，$w(Er_2O_3)/\sum w(\mathrm{REO}) > 95\%$。此外，还可得到 Dy_2O_3（$w(Dy_2O_3)/\sum w(\mathrm{REO}) > 80\%$）、$Gd_2O_3$ 和 Y_2O_3 等中稀土富集物。各单一稀土产品的回收率均为 95% 以上。

C 工艺条件

有机相组成为 1.5mol/L P_{507} - 煤油，皂化率为40%。料液氯化稀土的浓度分别是：提取铒和提取钬流程系列为 1.0mol/L，提取镝流程系列为 0.8mol/L。萃取工艺的溶液浓度见表3-7，各萃取工艺的流比见表3-8。

表3-7 萃取工艺的溶液浓度

溶 液	F（料液）	W_1（洗液）	H_1（反液）	H_2（全反液）	N（氨水）
$HCl/mol \cdot L^{-1}$	0.01	3.3	2.5	5.0	2.0

表3-8 各萃取工艺的流比

流 比	$Q_S:Q_F:Q_{W_1}$	$(Q_S+Q_{S_1}):Q_{H_1}$	$Q_{S_1}:Q_{H_1}:Q_N$	$(Q_S+Q_{S_1}):Q_{H_2}$	$(Q_S+Q_{S_1}):Q_{W_2}$
提取铒流程系列	20:2:3	20:3	5:4:2	5:1	2:1
提取钬流程系列	40:3:5	71:9	31:9:0	71:14	71:24
提取镝流程系列	35:5:6	51:6.5	16:6.5:2	51:10	3:1

3.4.3 环烷酸一步法萃取分离氧化钇

3.4.3.1 环烷酸萃取分离氧化钇原理

环烷酸萃取稀土时，其反应和 P_{204}、P_{507} 等相同，是阳离子交换反应。一般有机相为环烷酸-长链醇-煤油，且萃取前需皂化使之形成环烷酸胺。皂化后萃取+3 价稀土离子的反应为：

$$RE^{3+} + 3\,\overline{NH_4A} = \overline{REA_3} + 3NH_4^+$$

在环烷酸-长链醇-煤油-HCl 体系（pH=4.8~5.1）中，萃取稀土元素的顺序为：

$Sm^{3+} > Nd^{3+} > Pr^{3+} > Dy^{3+} > Yb^{3+} > Lu^{3+} > Tb^{3+} > Ho^{3+} > Tm^{3+} > Gd^{3+} > La^{3+} > Y^{3+}$

由此可见，钇是最难萃取的元素。只要控制一定的萃取条件，使其他稀土元素萃入有机相，而钇留在水相，即可达到一步萃取提取钇的目的。

3.4.3.2 环烷酸一步法萃取分离氧化钇工艺

A 工艺流程

环烷酸-混合醇-$RECl_3$ 体系提取高纯 Y_2O_3 的工艺流程如图3-19所示。

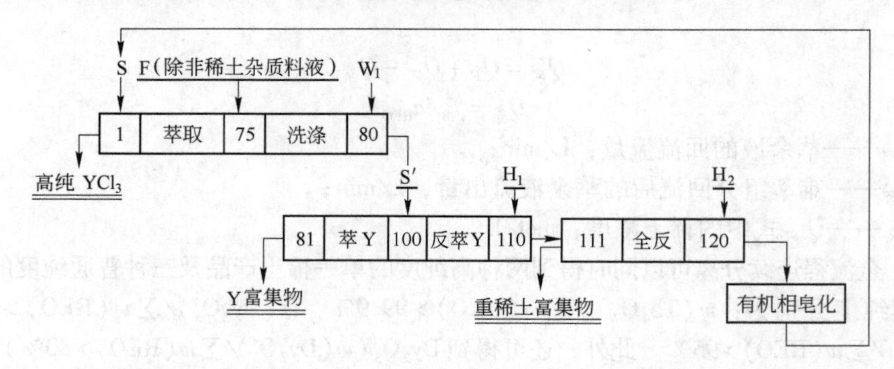

图3-19 环烷酸-混合醇-$RECl_3$ 体系提取高纯 Y_2O_3 的工艺流程

B 工艺特点

（1）环烷酸萃取稀土元素的 pH 值在 4.7 ~ 5.2 范围内，很多非稀土杂质在这个酸度下发生水解反应，生成絮状的氢氧化物，引起有机相乳化，影响萃取生产。因此，料液在萃取前必须除去这些杂质。

稀土溶液中加入硫化钠、硫化铵可以使重金属离子生成硫化物沉淀，从溶液中除去。对于溶液中的铁、铝等杂质，可调节至 pH≥4.5，使其生成氢氧化物沉淀而从溶液中除去。

用上述化学沉淀分离方法可以除去稀土溶液中的大部分杂质，但有时仍不能满足环烷酸萃取的需要。对此可以采用环烷酸单级萃取，使剩余杂质在萃取时以界面物析出，然后再集中处理界面物。也可以采用 N_{235} 萃取体系去除大部分铁、铅、锌等杂质，然后再采用环烷酸单级萃取的方法。

N_{235} 萃取体系除铁、铅、锌的方法，是用组成为 15% N_{235} - 15% 混合醇 - 70% 煤油的有机相，按相比 1:1 萃取稀土氯化物溶液（酸度 c_{HCl} = 2mol/L）中的铁、铅、锌等杂质，有机相用纯水反萃铁、铅、锌后重复使用。

（2）环烷酸使用前也需皂化，但环烷酸的溶水性很强，当用 NaOH 或 NH_4Cl 水溶液皂化时将吸收大量的水，使有机相的体积增大。产生这一现象的原因是环烷酸的钠盐或铵盐以及添加剂混合醇都是表面活性剂，所以在皂化的同时，皂化有机相与水溶液形成油包水状的微小透明液滴（直径为 20 ~ 200nm），使大量的碱溶液被包裹在有机相中，致使有机相的体积增大。实践表明，NaOH 或 NH_4Cl 水溶液的浓度越低，环烷酸溶入水的量越大，因此生产中一般使用高浓度 NaOH 或 NH_4Cl 水溶液皂化。

包裹碱溶液的环烷酸有机相与稀土料液接触时，随萃取过程的进行，环烷酸盐（钠盐或铵盐）转变为环烷酸与稀土的萃合物，环烷酸盐（钠盐或铵盐）失去了表面活性剂的作用，使油包水状的微小透明液滴破裂，碱溶液重新析出，使有机相体积减小，水相体积增加。由于碱液的析出容易导致萃取过程中有机相乳化，生产中稀土料液的酸度（pH = 2）高于环烷酸萃取的最佳酸度（pH = 4.7 ~ 5.2）。在有机相入口（也是萃余水相出口）处更容易出现乳化。为了防止乳化，应严格控制有机相的皂化度和料液的酸度，使其在有机相入口附近几级的酸度达到最佳值。

（3）为了保证 Y_2O_3 的高纯度，在第一段分馏萃取中降低了回收率（约 85%），在第二段分馏萃取中设置了有机相进料以回收这部分 Y_2O_3 和重稀土，并且采用两段反萃方式分别回收 Y_2O_3 和重稀土。

C 工艺条件

有机相皂化值 $c_{NH_4^+} = 0.6$mol/L；料液稀土浓度 $c_{RECl_3} = 0.8$mol/L；pH = 2 ~ 3；洗液和反液（HCl）浓度：$c_{W_1} = 2.6$mol/L，$c_{H_1} = 1.27$mol/L，$c_{H_2} = 3.0$mol/L。

两种钇产品的纯度分别为：高纯氧化钇 $w(Y_2O_3)/\sum w(REO) \geqslant 99.99\%$，钇富集物 $w(Y_2O_3)/\sum w(REO) \geqslant 94\%$（占原料中的 14%）。高纯氧化钇的回收率（包括草酸沉淀、灼烧）为 85%。

3.4.4 N_{1923} 萃取分离钍和稀土

3.4.4.1 N_{1923} 萃取分离钍和稀土原理

在稀土分离工业中应用的阴离子萃取剂主要是含氮的胺类萃取剂，如季铵 N_{263}、伯胺

N_{1923}、叔胺 N_{235} 等。N_{263} 曾广泛用于稀土分离，后来随着 P_{507} 萃取剂的出现而逐渐被取代。N_{235} 由于具有从稀土溶液中去除非稀土杂质的功能，现仍用于生产中。值得重视的是，N_{1923} 在硫酸介质中可以选择性萃取 Th^{4+} 和 Ce^{4+}，这对于开发从硫酸焙烧矿的浸出液中分离和回收放射性元素钍的清洁处理工艺具有重要意义。

胺类萃取剂生成的胺盐能与水相中的阴离子进行交换，交换能力的次序如下：

$$ClO^- > NO_3^- > Cl^- > HSO_4^- > F^-$$

形成胺盐后还能萃取过量的酸，被萃的酸容易被水反萃，因此可用于回收酸。N_{1923} 萃取硫酸的反应为：

$$2\,\overline{RNH_2} + 2H^+ + SO_4^{2-} \Longleftrightarrow \overline{(RNH_3)_2 \cdot SO_4}$$

$$\overline{RNH_2} + H^+ + HSO_4^- \Longleftrightarrow \overline{RNH_3 \cdot HSO_4}$$

实验表明，当水相中 $c_{H_2SO_4} < 0.5mol/L$ 时，萃合物的组成为 $(RNH_3)_2SO_4 \cdot 2.5H_2O$，萃取反应遵循前一反应式；当 $c_{H_2SO_4} > 1.0mol/L$ 时，萃合物的组成为 $RNH_3SO_4 \cdot 2H_2O$，萃取反应遵循后一反应式。

N_{1923} 在一定的浓度范围内以二聚分子存在时，与 RE^{3+} 的萃取反应为：

$$RE^{3+} + \frac{3}{2}SO_4^{2-} + \frac{3}{2}\overline{(RNH_3)_2 \cdot SO_4} \Longleftrightarrow \overline{(RNH_3)_3RE(SO_4)_3}$$

$$RE^{3+} + \frac{3}{2}SO_4^{2-} + 3\,\overline{RNH_3 \cdot HSO_4} \Longleftrightarrow \overline{(RNH_3)_3RE(SO_4)_3} + \frac{3}{2}H_2SO_4$$

在水相酸度较低时，萃取反应为前一反应式；在水相酸度较高时，萃取反应为后一反应式。

N_{1923} 萃取稀土元素的萃取率随水相中 H_2SO_4 浓度的增加而降低，其降低的幅度随稀土元素原子序数的增加而增大；在不同的酸度中，萃取率随原子序数的增加而降低，即倒萃取序列。

N_{1923} 在 H_2SO_4 水溶液中能萃取 Th^{4+}，反应式为：

$$Th^{4+} + 2SO_4^{2-} + 2\,\overline{(RNH_3)_2 \cdot SO_4} \Longleftrightarrow \overline{(RNH_3)_4Th(SO_4)_4}$$

其萃取率随水溶液 pH 值的升高而增加。

N_{1923} 中加入不同溶剂和在不同 H_2SO_4 浓度萃取 Ce^{4+} 时，$\lg D - \lg c_{\overline{(RNH_3)_2 \cdot SO_4}}$ 关系曲线的斜率均等于2，由此可认为其萃取反应为：

$$Ce^{4+} + 2SO_4^{2-} + 2\,\overline{(RNH_3)_2 \cdot SO_4} \Longleftrightarrow \overline{(RNH_3)_4Ce(SO_4)_4}$$

3.4.4.2 N_{1923} 萃取分离钍和稀土工艺

A 工艺流程

氟碳铈矿和独居石混合型稀土精矿经硫酸焙烧后的浸出液组成为：$\sum\rho(REO) = 30 \sim 50g/L$，$\rho(ThO) = 20.2g/L$，$\rho(Fe^{3+}) = 11 \sim 18g/L$，$\rho(PO_4^{3-}) < 10g/L$，$\rho(H_2SO_4)_{残余} = 0.4 \sim 0.6g/L$。以此浸出液作为萃取料液，用 N_{1923} 从混合型稀土精矿中分离钍和提取混合氯化稀土的工艺流程如图 3－20 所示。

B 工艺特点

全流程由三段组成：

（1）第一段采用 1% N_{1923} －1% ROH（混合醇）－煤油体系分离钍。经萃取后得到的钍产品纯度为 $w(ThO_2) > 99.5\%$，ThO_2 回收率大于 99%，萃余液中 $w(ThO_2)/\sum w(REO) <$

$5\times10^{-6}\%$。若进一步用 TBP－煤油－HNO_3 体系提纯钍，可制取高纯度的硝酸钍产品。

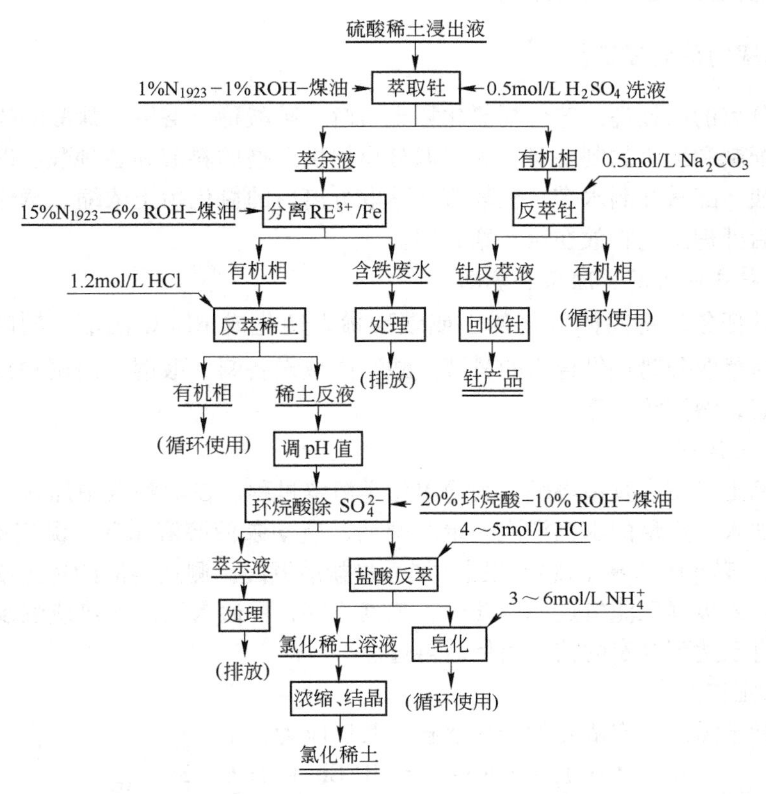

图 3－20 用 N_{1923} 从混合型稀土精矿中分离钍和提取混合氯化稀土的工艺流程

（2）第二段采用 15% N_{1923} －6% ROH－煤油体系，利用 N_{1923} 在低酸度（$c_{H_2SO_4}<0.5mol/L$）下萃取稀土而不萃取+2价铁离子的原理，除去铁等非稀土杂质。反萃采用盐酸，将原硫酸稀土溶液转变为氯化稀土溶液。

料液中的铁离子基本上是以 Fe^{3+} 存在的，萃取前在料液中加入铁屑，先将 Fe^{3+} 还原为 Fe^{2+}，然后再进行萃取。由于+3价铁的还原率一般在98%左右，所以有少量的 Fe^{3+} 与 RE^{3+} 同时萃入有机相，此时可以采取还原洗涤的方法，如在洗液中加入 H_2O_2，将 Fe^{3+} 从有机相中洗去。

研究表明，料液中的 $w(Fe)/w(P_2O_5)$ 值对稀土与铁的分离有影响，其规律是：分离系数 $\beta_{RE/Fe}$ 随 $w(Fe)/w(P_2O_5)$ 值的减小而明显增大。在洗液中加入 H_3PO_4 以减小 $w(Fe)/w(P_2O_5)$ 值，有利于稀土和铁的分离。

（3）第三段采用20%环烷酸－10% ROH－煤油体系去除氯化稀土溶液中的硫酸根。由于 N_{1923} 在硫酸体系萃取稀土的萃合物中含有硫酸，因此在用盐酸反萃稀土的同时，大量的 H_2SO_4 也进入氯化稀土水相中，将影响氯化稀土产品的质量。采用环烷酸从盐酸反萃液中萃取稀土可排除硫酸根，有机相用高浓度的盐酸溶液（4～6mol/L）反萃，可以使萃余液中的稀土得到富集。经环烷酸萃取和高浓度盐酸反萃的溶液中 $\sum\rho(REO)>150g/L$，$w(SO_4^{2-})/\sum w(REO)<0.05$。

3.5 稀土萃取生产过程【案例】

3.5.1 稀土萃取的前处理工艺

稀土萃取分离的前处理工艺包括氯化稀土溶解、碳酸稀土溶解、盐酸除铁、洗液和反液配制、碱液配制和纯水的制备等，为萃取分离提供合格的料液和各种酸、碱溶液。本节介绍酸溶、配酸、配碱和制水带工艺环节，萃取分离后的氯化稀土浓缩、草酸或碳酸稀土沉淀及灼烧等后处理工艺将放在第4章介绍。

3.5.1.1 料液的溶解、除杂和调配

酸溶岗位的任务是将固体氯化稀土或碳酸稀土转化成 $RECl_3$ 溶液，同时除掉 SO_4^{2-}、Fe^{3+} 等杂质，为萃取分离提供合格的料液。酸溶岗位设备料，酸溶，回调除铁、钍，除硫酸根，澄清过滤，溶渣等工序。

A 氯化稀土溶解

固体氯化稀土可用水直接溶解，为简单化学溶解过程。在溶解池中加入一定量的固体氯化稀土，再加入一定量的水，浸泡一定时间后，启动泵使溶液循环。测定溶液的 pH 值在 4 ~ 4.5 之间，若 pH 值高于规定范围，加适量盐酸调配。测定溶液的稀土浓度，如大于 260g/L，即可送入板框压滤机过滤；若稀土浓度不够，可通入蒸汽加热或继续补加固体氯化稀土浸泡，直至达到规定的技术指标后再过滤。

B 碳酸稀土溶解

固体碳酸稀土需用一定浓度的盐酸溶解，其反应为：

$$RE_2(CO_3)_3 + 6HCl \xlongequal{} 2RECl_3 + 3H_2O + 3CO_{2(g)}$$

在溶料罐中加入一定量的盐酸，启动搅拌器搅拌，并加入一定量的混合碳酸稀土。再缓慢加入工业盐酸，加入速度以反应气泡不逸出为宜。当溶液 pH = 2 时，碳酸稀土完全溶解。溶解反应在常温下进行，反应时间为 1 ~ 2h，溶解 pH 值为 1 ~ 2。然后用碳酸稀土回调溶解液的 pH 值至 4 ~ 4.5，再搅拌 20min，至 pH 值不变为止。此时溶液中的 Fe^{3+}、Th^{4+} 水解生成氢氧化物胶体沉淀下来。

盐酸溶解时碳酸稀土中有少量硫酸根进入溶液中，加入氯化钡使其生成难溶的硫酸钡沉淀下来，反应为：

$$BaCl_2 + SO_4^{2-} \xlongequal{} BaSO_{4(s)} + 2Cl^-$$

在碳酸稀土的盐酸溶解液中缓慢加入预先经过加热溶解的氯化钡溶液，氯化钡用量为 $w(SO_4^{2-}):w(BaCl_2) = 1:(0.8 \sim 1.2)$，直到将硫酸根沉淀完全，再搅拌 15min，检测硫酸根和钡离子。除硫酸根后的溶液经板框压滤机过滤，得到氯化稀土清液和滤渣。

C 料液调配

上述溶解工序经澄清、过滤后的清液或者精矿分解后得到的氯化稀土溶液，需经过调配后才能作为萃取料液使用。将以上清液加入调配罐中并搅拌，测定稀土浓度，加水调配至 $\Sigma\rho(REO) = 250 \sim 260g/L$，再加少许盐酸调配至 pH≈2 即可。所得氯化稀土料液为淡粉色、微酸性液体，控制指标为：$\Sigma\rho(REO) \geqslant 250g/L$，$\rho(SO_4^{2-}) < 0.1\ g/L$，pH = 4 ~ 4.5。

D 滤渣处理及除铁

溶料滤渣可转到精矿处理的水浸工序回收稀土，利用水浸液中的余酸将滤渣溶解，铁与磷酸根反应生成磷酸铁，进入水浸渣除去。

也可将滤渣储存到一定量后，用盐酸溶解回收稀土和硫酸钡。在洗涤罐中用工业盐酸溶解滤渣，澄清后将上清液虹吸到溶料罐，回收稀土；底渣经洗涤、过滤，回收硫酸钡产品，要求酸溶渣中$\sum w(REO)<1\%$。

在以上酸溶渣操作中，当Fe^{3+}富集到一定程度时需除铁。将溶液的pH值调配至1.6～1.8、温度控制在85～95℃时，加入硫酸钠，有浅黄色的黄钠铁矾晶体析出，该晶体颗粒粗大，沉淀速度快，容易过滤。

3.5.1.2 盐酸除铁与配酸

盐酸除铁与配酸岗位的任务是将工业盐酸中Fe^{3+}除去，配制一定浓度的盐酸作为萃取分离的洗涤液和反萃液。

A 盐酸除铁

采用阴离子树脂交换的方法将工业盐酸中的铁除去，适用于浓度大于6mol/L的盐酸。反应式为：

树脂除铁 $R—OH + HFeCl_4 =\!=\!= R—FeCl_4 + H_2O$

树脂再生 $R—FeCl_4 + H_2O =\!=\!= R—OH + FeCl_3 + HCl$

新购树脂使用前需进行转型处理，先用水浸泡24h，使树脂充分膨胀。再用5% NaOH溶液浸泡24h并适当加以搅拌，使树脂全部转化为OH^-型，同时除去溶解于碱中的杂质。碱浸后的树脂用水清洗，至清液的pH值约为7为止，即可装柱。

树脂装柱或再生后，向柱中加入工业盐酸除铁。在操作前，应先检查原酸高位槽、除铁酸接收槽、酸回收槽的储液情况及树脂柱的阀门、管道等是否正常。操作时，依次打开原酸高位槽的底阀、树脂柱的出酸阀和进酸阀，调节出酸阀控制好除铁酸的流量，并注意将柱中气体排出。待达到所需的除铁酸量时，先关闭进酸阀，最后关闭出酸阀。在除铁过程中，应经常检查出酸的颜色及铁含量，要求铁含量小于30mg/L。若酸中铁含量升高，则应进行冲洗和树脂再生处理。

树脂再生时，先将柱中盐酸排出，再用纯水洗涤，至流出液pH=2时结束。

B 配酸

配酸是将除铁后的浓盐酸加水稀释到规定的浓度，如（3±0.03）mol/L、（4±0.04）mol/L、（6±0.1）mol/L等，作为萃取分离的洗涤液和反萃液使用。配酸使用纯水或洗涤有机相后的洗水，应注意洗水中含有一定浓度的酸。

根据配酸罐的容积、除铁酸浓度和洗水浓度，计算配制一定浓度的盐酸所需的盐酸体积和洗水或纯水体积。向配酸罐中加入一定体积的水，再加入一定体积的除铁酸，启动泵循环30min，停泵。取样分析配制盐酸的浓度，如果与要求浓度有偏差，计算并补加所需体积的盐酸或水，启动泵循环10min，取样分析。配制的盐酸达到要求范围后，打开通往高位槽的阀门，关闭循环阀门，将酸输送到高位槽中。

3.5.1.3 配碱

目前稀土萃取分离采用氢氧化钠、氨水或碳酸氢铵等皂化剂。在采用流动皂化时，工艺要求皂化液的浓度恒定，故需配制一定浓度的碱液作为皂化液。例如，配制碳酸氢铵碱液是采用农用固体碳酸氢铵，$w(NH_4HCO_3)>97\%$，用水溶解后，调配成碳酸氢铵浓度为(130±3)g/L的皂化液。

根据配碱罐容积、固体碳酸氢铵的有效含量，计算配制一定浓度碳酸氢铵皂化液需加入的固体碳酸氢铵的质量和水的体积。向配碱罐中加入计算量的水，启动搅拌器搅拌，再加入计算量的固体碳酸氢铵。通入蒸汽加热，溶液温度控制在40~50℃之间，待碳酸氢铵全溶后，停止搅拌。取样分析碳酸氢铵浓度，如果与要求浓度有偏差，再启动搅拌器搅拌，计算并补加所需的碳酸氢铵或水，至碳酸氢铵全溶后取样分析。配制的碳酸氢铵溶液达到要求范围后，打开通往高位槽的阀门，输送到高位槽中。

3.5.1.4 纯水的制备

无论是天然水还是自来水，其中都含有数量不等的杂质，大致有阳离子 H^+、Na^+、NH_4^+、K^+、Mg^{2+}、Ca^{2+}、Fe^{3+}、Cu^{2+}、Mn^{2+}、Al^{3+} 及微量的 Zn^{2+} 等，阴离子 Cl^-、SO_4^{2-}、HPO_4^{2-}、HCO_3^-、NO_3^-、NO_2^-、HS^-、OH^-、PO_4^{3-}、SiO_3^{2-}、F^- 等。纯水的制备过程就是采用制水系统去除水中的杂质，为萃取分离工艺提供合格的纯水或高纯水。如不进行这样的处理，则会直接影响高纯稀土产品的质量。纯水又称去离子水或深度脱盐水，是指去除强电解质和去除硅酸和二氧化碳到一定程度的水，要求水中剩余含盐量在1~5mg/L之间，在25℃时电阻率为 $(1\sim10)\times10^6\Omega\cdot cm$。高纯水又称超纯水，是指几乎完全去除强电解质和去除胶体物质、气体及有机物到相当程度的水，水中剩余含盐量在1mg/L以下，在25℃时电阻率达 $10\times10^6\Omega\cdot cm$ 以上。

制水系统可分为预处理系统、反渗透系统和精处理系统三大部分。

A 预处理系统

原水输送到原水箱（带浮球阀控制液位），由增压泵增压后进入多介质过滤器。在增压泵与多介质过滤器之间，由计量泵注入PAC高效絮凝剂，经管道混合后进入多介质过滤器，可使水中的悬浮物及胶体、有机物得以良好地凝聚，便于多介质过滤器过滤去除。多介质过滤器的出水进入活性炭过滤器，如原水中余氯含量较高（大于 1×10^{-6}），则在进入活性炭过滤器之前的管道中，由计量泵注入 $NaHSO_3$ 溶液，目的是还原水中的绝大部分余氯，防止复合膜的氧化，延长活性炭过滤器吸附的周期。一般自来水中余氯含量为 3×10^{-7} 左右，可用活性炭过滤器吸附水中的余氯和有机物。

B 反渗透系统

反渗透系统由精密过滤器、保安过滤器、高压泵、反渗透（RO）膜组件、控制柜及清洗装置等设备组成。膜元件是一种能使RO膜技术付诸于实际应用的最小基本单元，它由反渗透膜、导流布和中心管等制作而成。然后将一根或多根RO膜元件装入耐压壳体，组装成RO膜组件。卷式膜元件与中空纤维和板框式结构相比较，在给水通道抗污染能力、设备空间要求、投资和运行费用以及购置等方面具有优势。

对透过的物质具有选择性的膜为半透膜，一般将只能透过溶剂而不能透过溶质的薄膜称为理想的半透膜。当把相同体积的稀溶液（例如淡水）和浓溶液（例如盐水）分别置于半透膜的两侧时，稀溶液的溶剂将自然穿过半透膜且自发地向浓溶液一侧流动，这一现象称为渗透。当渗透达到平衡时，浓溶液一侧的液面会比稀溶液一侧的液面高出一定高度，即形成一个压差，此压差即为渗透压。当在浓溶液一侧施加一个大于渗透压的压力时，溶剂的流动方向将与原来的渗透方向相反，即从浓溶液一侧向稀溶液一侧流动，这一过程称为反渗透。

反渗透可以除去水中的无机盐、有机物、胶体、微生物等各种杂质，而且具有节能、无环境污染、易于自动控制等优点，在电厂锅炉补给水、电子工业超纯水、制药工业、化妆品工业用纯水，以及近几年来发展迅速的饮用纯水等行业得到了越来越广泛的应用。

C 离子交换

离子交换在水处理领域中有广泛的应用，如水质软化、除盐、高纯水制取、工业废水处理、重金属及贵重金属回收等。水质软化过程在锅炉等方面已得到广泛应用。而离子交换除盐是水处理的终端设备，一般用于电渗析或反渗透等中间除盐设备之后，将剩余的盐类最终去除至达到用水要求，出水电阻率达到 1MΩ · cm 以上。根据不同的水质及使用要求，出水电阻可控制在 1 ~ 18MΩ · cm 之间。

深渗车间的离子交换设备分为有机玻璃和钢衬胶柱体两种，一般有阳柱、阴柱、混合柱配置。一般装填的树脂为凝胶型苯乙烯系强酸、强碱树脂，型号为 001 ×7 和 201 ×7。根据用户需要或水质要求，还有各种其他型号的树脂可供选用。

采用离子交换方法，可以把水中呈离子态的阴、阳离子去除，以氯化钠（NaCl）代表水中无机盐类，水质除盐的基本反应可以用下列反应式表达：

阳离子交换柱（阳床） $R—H + Na^+ = R—Na + H^+$

阴离子交换柱（阴床） $R—OH + Cl^- = R—Cl + OH^-$

阳、阳离子交换柱串联以后称为复床，其总的反应式为：

$$R—H + R—OH + NaCl = R—Na + R—Cl + H_2O$$

由此可看出，水中的 NaCl 已分别被树脂上的 H^+ 和 OH^- 所取代，而反应生成物只有 H_2O，故达到了去除水中盐的作用。

混合离子交换柱（混床）是将阳、阴树脂按一定比例（一般为 1:3，以便阳、阴树脂同时达到交换点而同时再生）装入混合柱，实际上它组合成无数组串联的复床，将阳、阴柱尚未交换的剩余盐类进一步去除。由于通过混合离子交换柱后进入水中的 H^+ 和 OH^- 立即生成电离度很小的水分子，几乎不存在阳柱或阴柱交换时产生的逆交换现象，故交换反应可以进行得十分彻底，混合床的出水水质优于阳、阴柱串联组成的复床所能达到的水质，能制取纯度相当高的成品水。

3.5.2 稀土串级萃取体系的启动方式

通过仿真试验研究串级萃取的动态规律，可将理论设计“一步放大”，不经小试、扩试而直接应用于工业生产。关于串级萃取的动态平衡计算可参阅有关文献，以下仅介绍某些串级萃取体系启动过程的动态计算结果。

3.5.2.1 启动方式与平衡过程的概念

串级萃取体系的充料与启动通常称为开槽。充料是指向萃取器各级槽体中充入料液、有机相、洗涤液等液体。启动是指充料后萃取器开始搅拌，加入各相液体，直至萃取器两端出口物料达到分离指标的动态过程。有时充料与启动在操作顺序上并不能截然分开，如在搅拌下充入某种液体的过程。

目前国内有齐头式、纯料液式和错流式等几种充料及启动方式应用于生产。水相进料两组分体系的物料分布见表 3 -9，取料液量 $M_F = 1mol/min$ 为计算基础，料液中易萃组分 A 和难萃组分 B 的分数满足 $f_A + f_B = 1$，水相和有机相出口分数满足 $f'_B + f'_A = 1$。无论采用何种充料方式，归一化萃取量 S 和洗涤量 W 以及出口物料分数 f'_A、f'_B 等静态参数都是不变化的，变化的参量是启动过程中各级各组分的分配及出口产品的纯度。

表 3-9 水相进料两组分体系的物料分布

	S ↓				$M_F=f_A+f_B$ ↓				W ↓
级序	1	…	i	…	n	…	j	…	$n+m$
$\bar{c}$	S	…	S	…	S	…	S	…	f'_A
c	f'_B	…	$W+M_F$	…	$W+M_F$	…	W	…	W

从启动到稳态的过程实质上是水相及有机相各成分由不平衡趋近于平衡组成的过程，即使各组分迁移至 A 主要集中于洗涤段、B 主要集中于萃取段，仅第 n 级 A、B 的分布接近于料液组成。稳态时，各级中 A、B 在水相和有机相中的分布分别符合该组分分配比的数值。显然，要达到稳态时的级样分布，各组分在启动过程中均需达到一定的积累量。其平衡积累量或为正积累、或为负积累，与料液组成有关。因而，平衡进程（或时间）取决于料液组成及各组分在萃取器中的迁移速度和积累速度。

体系达到平衡的标志是水相和有机相出口产品分别达到纯度指标 $P_{B,1}$、$\overline{P}_{A,n+m}$，此时启动过程即告结束，而转入正常分离操作。启动过程两相出口物料为不合格产品，体系的平衡时间越长，产出的废品就越多。因此，应根据萃取体系的特点和工艺要求，采用适宜的充料及启动方式，以缩短平衡时间、减少废品量、提高生产的经济效益。

3.5.2.2 *齐头式充料回流启动*

齐头式充料是在萃取段各级中充入料液和有机相，在洗涤段各级中充入洗涤液和有机相，在反萃段充入反萃液和有机相。启动后立即于第 1 级、第 $n+m$ 级出分数为 f'_B、f'_A 的物料，称为常规启动。北京大学化学系针对常规启动平衡时间长、废品量大的不足，提出了回流启动模式，并用计算机模拟方法研究了启动方式对平衡过程的影响。

回流启动分为全回流和单回流。全回流在萃取过程中不加料液，萃取器两端不出产品，洗涤量等于萃取量，即 $M_F=0$，$f'_A=f'_B=0$，$S=W$。单回流则在萃取过程中加入一定量料液，萃取器一端以 $f'_A=M_F$ 或 $f'_B=M_F$ 的量出产品，另一端不出产品。若料液 $f_A<f_B$，第 1 级水相出产品（$f'_B=M_F$），第 $n+m$ 级有机相不出产品（$f'_A=0$），称为洗涤单回流；反之，若料液 $f_A>f_B$，第 1 级水相不出产品（$f'_B=0$），第 $n+m$ 级有机相出产品（$f'_A=M_F$），称为萃取单回流。

某两组分串级萃取体系的料液组成、分离指标及主要工艺参数见表 3-10。为了便于比较启动方式对该体系平衡过程的影响，将常规启动操作、洗涤单回流启动后转入正常操作、全回流启动后经洗涤单回流再转入正常操作这三种启动方式动态过程的模拟计算结果示于图 3-21、图 3-22。

表 3-10 模拟体系的工艺条件

料液组成	$f_A=0.08$，$f_B=0.92$
分离指标	$\overline{P}_{A,n+m}=0.9999$，$P_{B,1}=0.999$
分离系数	$\beta_{A/B}=1.70$，$\beta'_{A/B}=1.50$

续表 3-10

两相出口产品分数	$f'_A=0.07909$，$f'_B=0.9209$
萃取量、洗涤量	$S=3.031$，$W=2.452$
级数	$n=18$，$m=33$

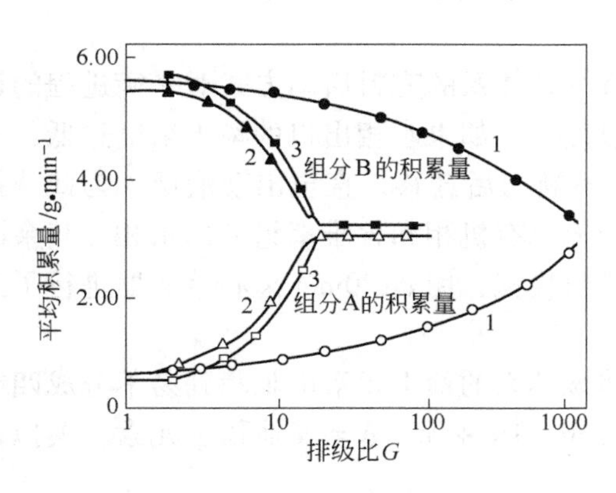

图 3-21 平衡积累量变化的比较

1—常规启动；2—洗涤单回流启动；
3—全回流启动

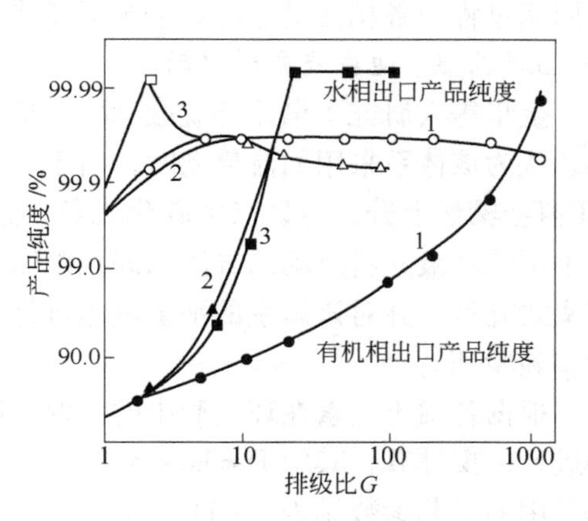

图 3-22 出口产品纯度变化的比较

1—常规启动；2—洗涤单回流启动；
3—全回流启动

在“漏斗法”实验中，用排级比 G 这个量作为衡量体系到达平衡的难易程度，其定义为摇振漏斗排数与萃取级数之比。根据实验中每摇一排漏斗所需的时间或物料在混合澄清槽每级中的停留时间，可以简便地将 G 换算为时间。分析上述模拟实例的数据，可得出如下结论：

（1）回流启动能缩短体系获得合格产品的时间。如该实例中常规启动需 $G=1100$ 才能在两相出口获得合格产品，而采用全回流启动仅需 $G=18.1$，体系可提前约 60 倍时间获得合格产品。

（2）全回流具有最大的分离效果。全回流可加速各组分的迁移速度，其到达自身稳态所需的时间很短，一般仅需 2~5 个排级比。

（3）洗涤单回流是达到稳态积累量的关键。全回流过程虽有最大的分离效果，但不改变萃取器中各组分的积累量。由实例数据可见，只有采用洗涤单回流，才能使占料液组成 8% 的组分 A 在槽体内以最快的速度积累，达到体系有效分离所需的积累量，尽快达到分离指标。

（4）合理可行的回流启动模式应为大回流操作。在体系从回流启动转入正常操作的过程中，往往有一个逐步加大料液（但小于正常值）、减小洗涤液或有机相的过程，该阶段实际上是一种大回流操作。另外，全回流或萃取单回流在实际操作中可能会因第 1、2 级水相中无金属离子而使 pH 值升高，出现乳化现象，此时也可采用大回流操作，使第 1 级水相负载少量金属离子。

所以，合理可行的回流萃取模式应为：全回流启动→洗涤单回流→大回流→正常操作。

若体系在全回流过程中有机相出口产品纯度大于$\overline{P}_{A,n+m}$，而水相出口产品纯度小于$P_{B,1}$，则转入萃取单回流，然后当水相出口产品纯度大于$P_{B,1}$时，体系转入大回流操作；若体系在全回流过程中水相出口产品纯度大于$P_{B,1}$，而有机相出口产品纯度小于$\overline{P}_{A,n+m}$，则转入洗涤单回流，然后当有机相出口产品纯度大于$\overline{P}_{A,n+m}$时，体系转入大回流操作。当大回流过程中各相流量逐步调整至工艺要求值时，体系即进入正常操作状态。

3.5.2.3 纯料液充料启动

金华等人研究了皂化环烷酸萃取分离La、Y/RE体系的充料启动方式对平衡进程的影响，认为该体系采用回流启动时，由于环烷酸黏度大，如果水相出口的稀土浓度过低，其pH值会骤然上升，容易产生乳化现象，且乳化不断向后迁移，直至出现液泛。为此，提出了用纯料液充料启动的方法，即在萃取段各级充以有机相和含难萃组分的水相，其余同齐头式充料；并对该体系的平衡进程进行了计算机模拟，用ϕ120mm离心萃取器进行了工业实验验证。

根据各稀土元素在环烷酸中的萃取顺序，将该体系的稀土元素由难萃到易萃分成四组分进行模拟计算，其中D = La + Y，C = Pr + Nd，B = Ho + Er，A = 其他稀土元素。模拟计算采用的工艺参数见表3 - 11。

表3 - 11 模拟计算采用的工艺参数

料液组成	$f_A = 0.1596$，$f_B = 0.0212$，$f_C = 0.2751$，$f_D = 0.5441$
分离指标	$P_{B,1} > 0.9999$
分离系数	$\beta_{A/B} = 1.5$，$\beta_{B/C} = 1.4$，$\beta_{C/D} = 1.7$
萃取量	$S = 2.0$
洗涤量	$W = 1.5176$
级 数	$n = 50$，$m = 15$

表3 - 12列出了齐头式充料回流启动方式和纯料液充料启动方式水相出口产品纯度随G变化的情况。齐头式充料回流启动方式达到稳态所需的时间很长，$G = 80$时还未达到分离要求。而纯料液充料启动方式至$G = 5$时就趋于稳态，出口产品纯度达到要求；而且在充料时萃取段全部充以99%的La料液，从启动开始水相出口产品纯度始终保持在0.99以上，这就可以把充料时借用的料液还回来而不至于产生废品。

表3 - 12 两种充料方式水相出口产品纯度随G的变化

G	1	5	10	20	50	80
齐头式	0.94872	0.99253	0.99541	0.99607	0.99845	0.99963
纯料液	0.99956	0.99998	0.99999	0.99998	0.99997	0.99997

采用齐头式充料回流启动，各组分在萃取器中的平均积累量如图3 - 23所示，可见，体系的平衡主要是难萃组分C、D的积累过程，D为正积累，C为负积累，$G > 70$时才趋于稳定；易萃组分A、B的积累量则很快达到稳态，$G \geqslant 10$时就已稳定。

采用纯料液充料启动，各组分在萃取段和洗涤段的平均积累量如图 3－24、图 3－25 所示。在萃取段充以高纯 D 料液，满足了难萃组分集中在萃取段的要求，萃取段的初始状态接近于稳态，因而其平均积累量随时间变化不大。在洗涤段以料液充槽，易萃组分尚需一定时间才能达到稳态。

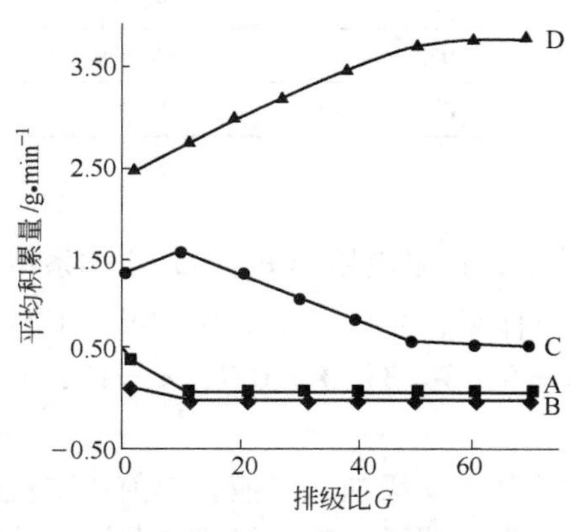

图 3－23　齐头式充料回流启动状态下平均积累量的变化

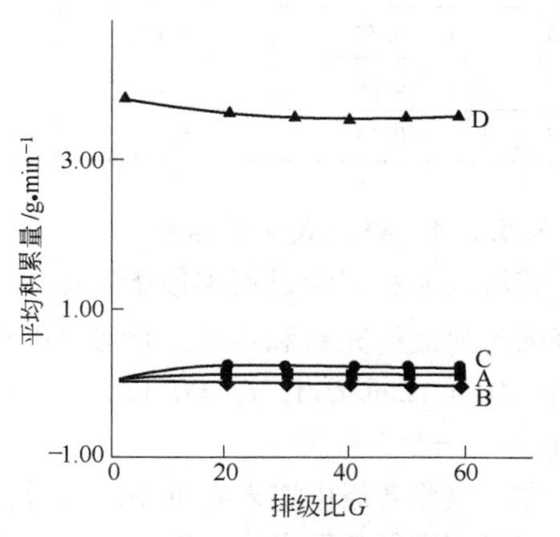

图 3－24　纯料液充料启动状态下萃取段平均积累量的变化

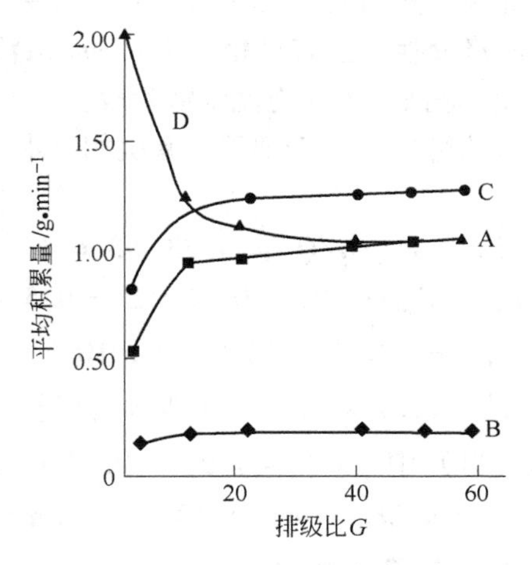

图 3－25　纯料液充料启动状态下洗涤段平均积累量的变化

工业规模实验使用 ϕ120mm 离心萃取器，由于 D 是 La 与 Y 的混合物，考虑到纯 La 价格较便宜，故在萃取段各级充以 99% 的 La 料液，在洗涤段充原料液，充料完毕后各入口进入正常料液运行，监测水相出口处 D 组分的纯度，得到如表 3－13 所示的结果，其中水相出口 Y 浓度小于 0.1mg/L。实验运行近 10 个排级比（约 20h），水相出口仍含微量 Y 元素，表明 Y 从进料级开始积累，逐级向水相出口方向移动。$G>10$ 后，水相出口 Y 浓度开始增加；至 $G>18$ 时，Y 浓度达到 5g/L 以上。可见，从 $G=10$ 后开始收集出口水相，就可以既得到 Y 浓度较高的产品，又保证 Y 的回收率不受损失。

表 3-13 皂化环烷酸萃取分离 La、Y/RE 的工业实验结果

G	水相出口主要稀土杂质的浓度/mg·L^{-1}				水相出口 La、Y 的纯度/%
	Pr_2O_3	Nd_2O_3	Ho_2O_3	Er_2O_3	
1	1.32	3.56	<0.4	<0.4	99.976
2	0.62	1.32	<0.4	<0.2	99.987
3	0.54	1.10	<0.2	<0.2	99.988
4	0.28	1.08	<0.2	<0.2	99.989
5	0.34	1.30	<0.2	<0.2	99.990

3.5.2.4 错流式充料启动

错流式充料启动过程类似于错流萃取和错流洗涤，最早应用于 P_{204} - HCl 体系萃取分组轻稀土料液的充料和启动。例如 Nd/Sm 分组串级体系，令 A = Sm，B = Nd，工艺参数取为：$M_F = 1\text{mol/min}$，$f_A = 0.13$，$f_B = 0.87$，$\beta_{A/B} = 8$，$S = 3$，$W = 0.1$，$n = 12$，$m = 8$，$Q_F : Q_S : Q_W = 1:3:0.33$。

在萃取段各级中充入有机相，然后在搅拌条件下从第 n 级加入料液，向前依次流过各级与有机相进行萃取交换，至水相从第 1 级流出时，即完成了一次 n 级错流萃取。此时从第 1 级加入有机相，进入逆流萃取阶段。

在洗涤段各级中充入洗涤液，然后在搅拌条件下从第 $n+1$ 级加入负载有机相，向后依次流过各级与洗涤液进行洗涤交换，至有机相从第 $n+m$ 级流出时，即完成了一次错流洗涤。此时从第 $n+m$ 级加入洗涤液，进入逆流洗涤阶段。

根据错流萃取的特点，易萃组分 A 可全部萃入有机相，水相出口可得到纯 B。可估算如下：

萃取比 $$E_A = D_{Sm}Q_S/Q_F = 1.33 \times 3 = 4$$

$$E_B = D_{Nd}Q_S/Q_F = 0.16 \times 3 = 0.5$$

萃余分数 $$\varphi_A = 1/(E_A + 1)^{12} = 4 \times 10^{-9}$$

$$\varphi_B = 1/(E_B + 1)^{12} = 7.7 \times 10^{-3}$$ （即 B 的回收率 $Y_B = 0.77\%$）

萃余液（即水相第 1 级出口）中 $$c_{A,1} = f_A\varphi_A = 0.52 \times 10^{-9}\text{mol/min}$$

$$c_{B,1} = f_B\varphi_B = 6.7 \times 10^{-3}\text{mol/min}$$

B 的纯度 $$P_{B,1} = \left(1 - \frac{0.52 \times 10^{-9}}{6.7 \times 10^{-3}}\right) \times 100\% = 99.999992\%$$

同理，错流洗涤可将难萃组分全部洗入水相，有机相出口可得到纯 A。

综合上述分析可以认为，错流式充料启动经过一个排级比的时间，即 n 级错流萃取接 m 级错流洗涤，就可达到全回流萃取的分离效果。然后经过一段时间的全回流调节，达到各组分（本例中尤其是 A 组分）的积累量后，体系趋于稳态操作。

3.5.3 萃取过程操作与控制

3.5.3.1 充槽

混合澄清槽的充槽与动态平衡的建立是萃取操作的主要内容。当萃取槽高位储液槽、

流量计及其他辅助设备安装完毕后，即可开始充槽。无论采用上述何种方式充槽，充槽溶液用量都应按工艺要求的相比来考虑。

当各种溶液正常进料、相界面调整至符合要求后，混合澄清槽可投入正常运转。随着萃取槽的运转，被分离物质在两相间进行萃取和交换，各级的浓度、组成逐渐趋近恒定，即体系达到了动态平衡。此时生产才可以连续进行，接收的流出有机相和萃余液才成为合格产品。达到动态平衡所需的时间与萃取槽的级数、料液浓度和两相的流量等因素有关。级数越多，达到平衡的时间越长；料液浓度越低，有机相和洗涤液的流量越大，物质在萃取中的积累量就越大，平衡时间也就越长。平衡时间的确定最好通过取样分析确定。

3.5.3.2 停槽

正常停槽应先按顺序关闭料液、有机相和洗涤液，再停止搅拌。如停槽检修，可在停止进料后继续进空白料液（包括有机相、皂化液、洗涤液和反萃液），把槽内含金属的料液顶出来予以回收；或用虹吸法将各级溶液抽出，用于下次启动充槽。如非正常停槽，即运转中途因某级搅拌浆脱落或其他设备事故导致停槽时，应按正常停槽顺序操作，但动作要尽量迅速，以减轻由于溶液倒流而破坏槽体平衡的现象。

3.5.3.3 运转

A 液面控制

液面控制是保证产品纯度稳定和回收率指标的重要操作环节。调节各级搅拌器桨叶大小和位置高低，使各级溶液由潜室进入混合室的抽力基本平衡，是保证液面和相界面稳定的主要手段。各级相界面的位置还可通过调节澄清室与转移室之间活动闸板的高低来实现，一般希望有机相出口级界面位置比水相出口级界面位置略低一些，各级相界面位置由水相出口向有机相出口呈阶梯形下降。

在萃取过程中，当溶液的总流量超过设备允许的总通量，造成溶液进口量与出口量不平衡时，就会出现液泛现象。造成液泛的主要原因是：

（1）搅拌强度过大或过小，各级抽力不平衡，影响级间流速和流量，则可能出现液泛或某级水相或有机相流空现象，从而破坏槽体平衡。

（2）由于乳化而使澄清分层缓慢、界面不清或出口管道堵塞等，均影响流速和流量，形成液泛。

因此，操作中要适当控制流量，保持级界面和相界面稳定，要注意乳化产生时的流动情况，保持管道畅通。实际操作中为了准确地控制流量，采用了转子流量计和机械联锁进料装置，进行流量的自动控制与调节。

B 出口浓度及流量控制

在萃取操作中控制两相出口浓度及流量，实际上是对萃取率的控制。萃取率的控制要求是根据料液组分和分离要求而确定的。当两相流量一定时，根据物料平衡可以求出两相出口的适当浓度。

例如，P_{204}萃取分组稀土工艺的料液中轻稀土占87%，中、重稀土占13%。为了保证电解用氯化轻稀土中钐含量小于1%，用1mol/LP_{204}－煤油进行钕、钐分组，应控制萃取率在13%～14%之间，即要求产品轻稀土中中、重稀土含量小于1%，中、重稀土中轻稀土含量小于5%。

已知料液中$\rho(RE^{3+})=160g/L$，$Q_F=10L/min$，$Q_W=3L/min$，$Q_S=30L/min$，两相出

口浓度可计算如下。

设萃余液中稀土浓度为ρ，负载有机相中稀土浓度为$\bar{\rho}$。列物料平衡方程式，由单位时间内轻稀土的物料平衡得：

$$\rho(RE^{3+})Q_F \times 87\% = \rho(Q_F + Q_W) \times 99\% + \bar{\rho}Q_S \times 5\%$$

$$160 \times 10 \times 87\% = \rho(10 + 3) \times 99\% + \bar{\rho} \times 30 \times 5\%$$

得：

$$1392 = 12.87\rho + 1.5\bar{\rho}$$

由单位时间内中、重稀土的物料平衡得：

$$\rho(RE^{3+})Q_F \times 13\% = \rho(Q_F + Q_W) \times 1\% + \bar{\rho}Q_S \times 5\%$$

$$160 \times 10 \times 13\% = \rho(10 + 3) \times 1\% + \bar{\rho} \times 30 \times 95\%$$

得：

$$208 = 0.13\rho + 28.5\bar{\rho}$$

联立两式，解得这个二元一次方程组的解为：

$$\rho = 107.4 g/L$$

$$\bar{\rho} = 6.81 g/L$$

因此，在操作中应将水相出口浓度控制在107.4g/L左右，将有机相出口浓度控制在6.81g/L左右。由于操作不稳定和分析误差，出口浓度不可能恰好在要求的数值上，但长期平均值要接近于要求值，否则就需要通过调整流量来达到此值。例如，若水相出口浓度长期平均值大于107.4g/L，意味着轻稀土中中、重稀土含量增高，此时就应适当增加有机相的流量，以提高萃取段的萃取能力；反之，则意味着萃取能力过强，应适当减少有机相流量，以提高轻稀土的回收率。同理，若有机相出口浓度长期平均值大于6.81g/L，则会使中、重稀土中的轻稀土含量增高，此时应增加洗涤液的流量或酸度，以提高洗涤段的洗涤能力，保证中、重稀土的纯度。

C 取样分析

由上面的分析可知，取样分析两相出口浓度对于维持正常操作是很重要的。因此，正常操作时必须坚持按时取样分析，以便根据样品化验结果随时判断操作控制中存在的问题。目前已有几种成分自动分析仪用于萃取槽出口浓度的在线检测。

在萃取操作中也应定时从各级槽体取样分析，可得到萃取工艺的剖面图。从中可看出分离效果的好坏、级数的分配和流比等工艺条件的选择是否合理，操作是否正常，溶液浓度变化有何异常等，对于指导生产、改进流程都是有帮助的。

D 溶液配制

准确地配制各种溶液也是稳定正常操作的重要一环。由上面的例子可知，当料液浓度提高时，如果级数不变，分离效果要求不变，势必降低料液流量或增加有机相及洗涤液的流量，萃取剂、洗涤剂的浓度变化则会影响萃取能力和洗涤能力。所以生产中希望料液浓度维持相对稳定，各种溶液的浓度力求配制准确。

3.5.4 溶剂萃取过程乳化、泡沫的形成及其消除

3.5.4.1 基本概念

在萃取作业中，两相分离的好坏往往成为过程能否连续进行的关键因素。由于两相有一定密度差，在一般情况下是容易实现分相的。然而在萃取过程中由于物理或（和）化学

的原因，有时会出现乳化或泡沫，严重影响相的分离。

为保证萃取过程中的传质速度，要求两相接触面积足够大，这样势必有一个液相要分散成细小的液滴，当液滴的直径在0.1μm至几十微米之间时，就会形成所谓的乳状液。在正常萃取过程中的混合阶段，生成的乳状液是不稳定的。到了澄清阶段，不稳定的乳状液破坏，即分散的液滴聚结，重新分为有机相和水相两相。因此，萃取过程本身就是乳状液形成和破坏的过程。但是由于各种原因，有时生成的乳状液很稳定，以致在澄清阶段不再分相或分相的时间很长，通常所说的乳化指的就是这种情况。当乳化严重时，乳状液分解，在两相界面上常生成乳酪状的物质，称之为乳块、污物、脏物等，它非常稳定，而且往往越聚越多，严重影响分离效果和操作。

乳状液可以分为水包油型（如果称有机相为“油”）和油包水型两种。如果分散相是油，连续相是水，则称为水包油型（或O/W型）乳状液；如果分散相是水，连续相是油，则称为油包水型（或W/O型）乳状液。一般占据设备整个断面的液相称为连续相，以液滴状态分散于另一液相的称为分散相。

在萃取的混合阶段，气体分散在液体中会形成泡沫。若气体分散在油相中，则形成油包气型的泡沫；若气体分散在水相中，则形成水包气型的泡沫。有的泡沫不稳定，澄清时就会消失；有的则相当稳定，长时间也不消失。有大量稳定的泡沫产生，同样会影响分相和萃取操作。乳状液和泡沫本质上都属于胶体溶液，只不过分散质不同，前者是液体，后者是气体。泡沫产生的原因和消除办法基本上与乳状液是一致的，故可合并在一起讨论。

表面活性物质对乳状液有稳定作用。亲水性表面活性物质的存在可能导致生成水包油型乳状液，亲油性表面活性物质可能导致生成油包水型乳状液。表面活性物质在界面上吸附，使界面张力降低，如果其结构和浓度足以使它们定向排列而形成一层稳定的膜，就会造成乳化，此时的表面活性物质就是一种乳化剂。换言之，表面活性物质的存在是乳化的必要条件，界面膜的强度和紧密程度是乳化的充分条件。

除此之外，胶体微粒带的电荷根据同性相斥原理，也可以使乳状液稳定。

3.5.4.2 萃取过程乳化、泡沫产生的原因

目前对于乳状液的研究还很不成熟，对于萃取过程乳化产生原因及预防措施的研究就更不成熟了。对一种萃取体系适用的结论对另一种萃取体系未必适用，因此只能一般性地讨论一些带共性的问题。

为了实现萃取过程，必须使两相充分混合，然后澄清分相。即既要使一相的液体能高度分散于另一相中形成乳状液，又要使这种乳状液不稳定，静置时能很快分相。究竟哪一相成为分散相、哪一相成为连续相，可具体分析如下：假设液珠是刚性球体，因为尺寸均一的刚性球体紧密堆积时分散相的体积分数（分散相体积与两相总体积之比）不能超过74%，对于一定的萃取体系，若相比小于25%，则有机相为分散相；若相比大于75%，则水相为分散相；若相比在25%～75%之间，则两种可能都存在。此时界面张力的情况应成为决定乳状液类型的主要因素。如果存在乳化剂，且这种乳化剂是亲连续相而疏分散相的，则乳状液稳定，难以分相，形成乳化现象。因此研究萃取过程中乳化及泡沫形成的原因，主要在于寻找萃取体系的各组分中哪种成为乳化剂。

A 有机相中的组分成为乳化剂

有机相中存在的表面活性物质有可能成为乳化剂。有机相中表面活性物质的来源有：

（1）萃取剂本身，它们有亲水的极性基和疏水的非极性基。

（2）萃取剂本身的杂质，以及在循环使用时由于无机酸作用和辐照的影响，使萃取剂降解产生的一些杂质。

（3）稀释剂，例如煤油中的不饱和烃以及在循环使用时由于无机酸作用和辐照的影响所产生的一些杂质。

这些表面活性物质可以是醇、醚、酯、有机羧酸、无机酸脂（如硝酸丁酯、亚硝酸丁酯）以及有机酸的盐和胺盐等。它们在水中的溶解度大小不一，有可能成为乳化剂。如果它们是亲水性的，就有可能形成水包油型乳状液；如果它们是亲油性的，就可能形成油包水型乳状液。

这些表面活性物质是否成为乳化剂，取决于萃取过程中哪一相是分散的，是亲连续相还是亲分散相；能否形成坚固的薄膜和对界面张力的影响，以及它们之间的相互作用和影响。

据研究，许多中性磷（或膦）酸酯萃取剂在长期与酸接触或有辐射作用的条件下，能缓慢降解，产生少量的酸性磷（或膦）酸酯，它们是表面活性剂，能降低界面张力，同时又可能与金属离子生成导致乳化的固体或多聚络合物，提高液滴膜的强度，使乳化液稳定。

也有研究报道，稀释剂煤油降解所得的含氧化合物与铀形成稳定的复合物，这种复合物是用TBP萃取硝酸铀酰时乳化的主要原因，而且用硝酸氧化过的煤油比未用硝酸氧化过的煤油更易引起乳化。

B 固体粉末成为乳化剂

极细的固体微粒也可能成为乳化剂，这与水和油对固体微粒的润湿性有关。根据对水润湿性能的不同，固体也分为疏水和亲水两类。

在萃取过程中，机械带入萃取槽中的尘埃、矿渣、炭粒以及萃取过程中产生的沉淀 $Fe(OH)_3$、$SiO_2 \cdot nH_2O$ 等都可能引起乳化。例如，$Fe(OH)_3$ 是亲水性固体，能降低水相表面张力，是O/W型乳化剂，如图3－26所示，此时固体粉末大部分在连续相（水相）中，而只稍微被分散相（有机相）所润湿；而炭粒是疏水性较强的固体粉末，是W/O型乳化剂，固体粉末大部分也是在连续相（有机相）中，而只稍微被分散相（水相）所润湿。当固体不在界面上而全部在水相或有机相中时，则不产生乳化。

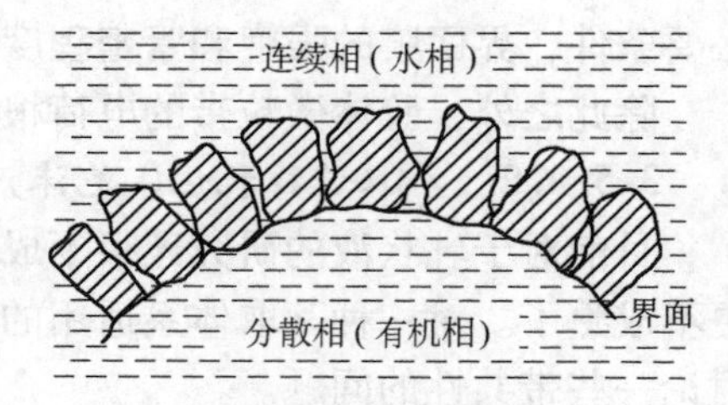

图3－26 亲水性固体形成乳状液示意图

当能润湿固体的一相恰好是分散相而不是连续相时，则不引起乳化。所以萃取体系中如有固体存在，应使能润湿固体的一相成为分散相。这就是在矿浆萃取时，往往控制相比为（3～4)∶1甚至更高的原因。因为矿粒多为亲水性的，采用高的相比，则能润湿固体的水相刚好为分散相，此时小水滴润湿固体矿粒且在颗粒上聚结成大水滴，反而有利于分相。

实验证明，湿固体比干固体的乳化作用大，絮状或高度分散的沉淀比粒状沉淀的乳化作用大。当用酸分解矿石时，表面看起来清澈的滤液中实质上有许多粒度小于1μm的

$Fe(OH)_3$等胶体粒子存在。两相混合时，这部分胶体微粒就在相界面上发生聚沉作用，生成所谓的触变胶体（胶体粒子相互搭接而聚沉，产生凝胶，但不稳定，在搅拌情况下又可分散），它们是水包油型乳化剂，由于界面聚沉而产生的这种触变胶体越多，则乳化现象越严重。

如某厂将含钇稀土草酸盐煅烧成氧化物，然后溶于盐酸，用环烷酸萃取制备纯氧化钇。发现当草酸盐煅烧不完全时会出现乳化现象，这是由于游离炭粒子存在而引起的。此外，用 P_{204}萃取分离稀土、用 P_{350}或 TBP 萃取分离铀、钍、稀土时均发现，由于料液不清，悬浮固体微粒引起乳化，且乳状液破坏后在相界面积累一层污物。

同理，固体粉末可能引起乳化，但并不一定发生乳化，应视萃取条件及固体粉末的性质和数量而定。

C 水相成分和酸度对乳化的影响

萃取时水相中存在着各种电解质，除了被萃取的金属离子外，还有一些其他的金属离子，此外有机相中的一些表面活性物质也或多或少地在水相中有一定溶解，它们的存在都有可能成为产生乳化的原因。

由于电解质可以使两性化合物溶液的界面张力降低，可能造成乳化。实验证明，少量的电解质可以稳定油包水型乳状液。

当水相酸度发生变化时，一些杂质金属离子可能水解成为氢氧化物。如前所述，它们是亲水性的表面活性物质，常常有可能成为水包油型乳状液的稳定剂。其中有些金属离子还可能在水相中生成长链的无机聚合物，使黏度增加，分层困难。

在有脂肪酸存在的情况下，脂肪酸与金属离子生成的盐是很好的乳化剂。如 K、Na、Cs 等 +1 价金属的脂肪酸盐是水包油型乳状液的稳定剂，这些离子的亲水性很强，而且这类盐分子极性基部分的横切面比非极性基部分的横切面大，较大的极性基被拉入水层而将油滴包住，因而形成了油分散于水中的乳状液。与其相反，Ca、Mg、Zn、Al 等 +2 价和 +3 价金属离子的脂肪酸盐都是油包水型乳状液的稳定剂，这些离子的亲水性较弱，其脂肪酸盐分子的非极性基碳链不止一个，因而大于极性基，分子大部分进入油层将水包住，形成水分散于油中的乳状液。因此应用脂肪酸作萃取剂时，更应注意萃取剂引起乳化的问题。

D 料液金属浓度与有机相萃取浓度对乳化的影响

有些萃取剂由于其极性基团之间的氢键作用，可以相互连接成一个大的聚合分子，例如用环烷酸铵作萃取剂时发生由氢键缔合引起的聚合。它们的存在使有机相，进而在混合时使整个分散系的黏度增加，乳状液稳定，难以分层。所以使用这类萃取剂时一定要稀释，萃取剂的浓度不能太高，如果破坏氢键缔合条件，例如用环烷酸的钠盐代替环烷酸的铵盐，则可大大减轻乳化趋势。

同样，若水相料液浓度过高，则使有机相中金属浓度提高，从而使黏度增加，引起乳化。例如用环烷酸萃取稀土时，若水相稀土浓度过高，有机相稀土浓度过高，则容易出现乳化。所以用环烷酸生产氧化钇时，若洗涤段洗水的酸度过高或洗水流量过大，则会将已萃取的稀土洗下过多，从而造成萃取段水相稀土浓度不断积累提高，以致逐步引起乳化。为此，必须控制好料液的稀土浓度、洗水酸度和流量以及环烷酸的浓度等。由于控制环烷酸的浓度方便些，可以允许料液稀土浓度高一些。但若环烷酸浓度过高，则会使有机相黏度增大，同样引起分相困难。

E 其他物理因素的影响

过于激烈地搅拌常使液珠过于分散，强烈的摩擦作用又使液滴带电，难以聚结，可能引起稳定乳状液的生成。因此，在箱式萃取槽的作业中，适当控制各级搅拌桨的转速、选择恰当的桨叶形状、调整搅拌桨的高低都是应当予以注意的。

此外，温度的变化也有影响，因为提高温度会使液体的密度和黏度下降。因此在温度不同时，两相液体的密度差和黏度会发生变化，从而影响分相的速度。如用 P_{350} 萃取时，如温度太低，则有机相发黏，难以分相。

3.5.4.3 乳化与泡沫的预防和消除

乳状液的鉴别分三步进行：首先观察乳状液的状态，其次分析乳状物的组成，最后鉴别乳化物的类型。乳化物类型的鉴别方法，按胶体化学中介绍的稀释法、电导法、染色法、滤纸润湿法等配合进行。在初步判别乳化原因的基础上进行防乳和破乳试验。乳化与泡沫的预防和消除方法可大致归纳如下。

A 料液的预处理

应加强过滤，尽量除去料液中悬浮的固体微粒或“可溶性”硅酸等有害杂质。含有硅酸的溶液极难过滤，加入适量的明胶（0.2～0.3g/L），利用明胶与硅胶带有相反的电荷，可以使硅胶凝聚，改善过滤性能。显而易见，明胶加入过量同样会引起乳化。

对于料液中存在的引起乳化的杂质，可以采取事先除去或抑制它们产生乳化作用的方法。例如，用环烷酸从混合稀土的氯化物溶液中制备纯氧化钇时，往往设有预先水解除铁的作业；用 P_{350} 从盐酸体系中萃取铀、钍时，由于杂质钛引起乳化，采用预先水解除钛法。

B 有机相的预处理和组成的调整

新的有机相或使用过一段时间后的有机相，由于其中有可能引起乳化的表面活性物质的存在，应该在使用前进行预处理。处理的方法一般是用水、酸或碱液洗涤，要求高时也可用蒸馏或分馏的方法。例如用环烷酸提取氧化钇的工艺中，使用新配好的有机相容易产生乳化，如果用稀盐酸洗涤有机相，在两相界面间会产生一种薄膜状乳化物。用 P_{350} 从盐酸溶液中萃取铀、钍时发现，使用循环过多次且存放一年多的有机相产生严重的乳化和泡沫产生现象，界面也有很多乳状物。将此有机相先用5%的 Na_2CO_3 溶液处理，水洗几次之后，再萃取时就没有乳化现象和泡沫产生了。

向有机相中加入一些助溶剂或极性改善剂以改变有机相的组成，也可以防止乳化。例如用 P_{204}－煤油从盐酸或硝酸溶液中萃取稀土时，加入少量的TBP或高碳醇可以预防乳化产生。一般认为其原因是由于改善了有机相的极性，降低了有机相的黏度。有的还认为克服乳化的原因是 P_{204} 和TBP对轻稀土有协萃作用，生成的协合物在有机相中的溶解度增大。用环烷酸萃取制备纯氧化钇时向有机相中添加辛醇或混合高碳醇，是利用助溶剂破乳的典型例子之一。例如，向24%环烷酸－非极性溶剂煤油溶液中加入等当量的浓氨水，使其转化成环烷酸铵盐，有机相即呈胶冻状，流动性很差。这说明环烷酸铵盐在非极性溶液中是高度聚合的，它可能通过氢键缔合形成多聚分子，用这样的有机相去萃取硝酸稀土溶液就会造成乳化，引起分相困难。如果往环烷酸－煤油溶液中添加一定量的辛醇，由于极性溶剂辛醇与环烷酸的铵根一端和羰基一端都能生成氢键，使高分子中断，因而使有机相的黏度显著下降、流动性能增强，分相效果明显改善。

C 转相破乳法

转相就是使水包油型乳状液转变为油包水型乳状液，或者使后者转变为前者。因为乳化的本质原因是有成为乳化剂的表面活性物质的存在，如表面活性物质所亲的一相刚好为分散相，则这样的乳状液不稳定。如果体系中含有亲水性的乳化剂，为了避免形成稳定的水包油型乳状液，则需加大有机相的比例，使有机相成为连续相，这样可能达到破乳的目的。例如，当料液中含有较多的胶态硅酸或矿浆萃取中含有较多亲水固体微粒时，加大有机相的比例就可能克服乳化。在用 P_{350} 从盐酸体系中萃取分离铀、钍和稀土时，增大有机相的比例成功地解决了乳化问题，利用的就是这一方法。

D 化学破乳法

加入某些化学试剂来除去或抑制某些导致乳化的有害物质的方法，称为化学破乳法。

（1）加入络合剂抑制杂质离子的乳化作用。例如，为了消除硅或锆的影响，可考虑在水相中加入氟离子，使之生成氟络离子的方法。而在萃铀工艺中，F^- 往往又是有害的乳化剂，此时可加入 H_3BO_3，使之生成 BF_4^-，从而消除它的乳化作用。但需要注意，加入的络合剂不应与被萃取元素发生络合作用，以免影响萃取效果。

（2）加入表面活性剂破乳。表面活性物质可以成为乳化剂，但在一定的条件下又可能成为破乳剂。如为了破乳，有时加入戊醇等极性稀释剂可起到反相破乳作用。因戊醇是亲水性表面活性物质，当乳状液是 W/O 型时，加入戊醇可使乳状液在变型时得以破坏。此外，因戊醇有更大的表面活性，所以可将原先的乳化剂顶替出来，但它又不形成坚固的保护膜，故使分散液滴易于聚集，达到破坏乳状液的目的，这种情况又称为顶替法。

（3）其他化学破乳剂。例如加入铁屑使 Fe^{3+} 还原成 Fe^{2+}，从而防止 Fe^{3+} 水解引起的乳化作用，此时铁屑则为一种破乳剂。在 TBP－HCl＋HNO_3 体系中萃取分离锆、铪时，加入 Ti^{4+} 可以抑制磷引起的乳化作用。这里与 P_{350}－HCl 体系萃取铀、钍的情况相反，Ti^{4+} 成为一种化学破乳剂。

E 控制工艺条件破乳

如前所述，控制相比可以利用乳状液的转型达到破乳的目的。除此之外，还可以控制一些工艺条件来预防和消除乳化。

溶液 pH 值升高时某些金属离子会水解，生成氢氧化物沉淀。如前所述，新鲜的氢氧化物沉淀是良好的乳化剂，所以萃取过程中酸度的控制是重要的。必要时，在不影响萃取作业正常进行的前提下还可加酸破乳。

提高操作温度可降低黏度，从而有利于破乳。但是温度过高会增大有机相的挥发损失，引起设备制造方面的困难，大多数情况下还会降低分离系数。所以，除了在冬季采取必要的保温措施来预防乳化外，一般不希望采用提高作业温度的办法来防止乳化。

过激的搅拌会造成乳化，为了预防由这种原因造成的乳化，应该适当降低搅拌桨转速。但转速太低导致混合不均匀，这时可以采取低转速、大桨叶的办法加以解决。

复习思考题

3－1 简述萃取工艺过程的主要阶段和各阶段的组成。

3－2 简述稀土分离常用萃取剂的性质和萃取特点。

3-3 P_{204}、P_{507}、环烷酸为何要皂化，皂化后萃取稀土过程有何特点？

3-4 稀土萃取分离体系常用煤油作稀释剂，为何及如何对煤油进行磺化处理？

3-5 在0.1mol/L HNO_3 介质溶液中，用 P_{350} 分离混合稀土中的镧。镧在料液中的浓度为0.5mol/L，取10mL料液、25mL有机相，萃取平衡后水相中镧的浓度为0.227mol/L，试计算萃取体系的分配比、萃取率、萃余分数和萃取比。

3-6 在4~5mol/L HNO_3 介质溶液中，用30% TBP-煤油萃取分离铀、钍、稀土元素时，实验测定 $D_U=20$，$D_{Th}=2.5$，$D_{RE}=2\times10^{-2}$，试计算各元素间的分离系数。

3-7 在萃取分离钍和稀土元素时，已知有原始料液100L，其中含Th 48g/L，$D_{Th}=1.5$，要求萃余水相中 $\rho(Th)<0.04g/L$。试问：(1) 若用1000L有机溶剂进行单级萃取，能否达到上述要求？(2) 采用单级萃取时，若要达到上述要求需使用多少有机萃取剂？

3-8 试述萃取平衡等温线及其用途。

3-9 简述萃取体系、萃取方式、萃取设备的分类、应用和选择方法。

3-10 试计算容积为1000L的箱式混合澄清槽的有关数据。

3-11 试设计一流量为10~20L/min的浮子流量计。

3-12 氯化稀土料液经过镨、钕分离后，反萃液中稀土浓度为1.4mol/L，其中各稀土元素的摩尔分数为：Nd_2O_3 89.3%，Sm_2O_3 7.0%，Eu_2O_3 1.0%，Gd_2O_3+重稀土2.7%。现用酸性磷型萃取剂提取 Nd_2O_3，并要求其纯度 $P_{B,1}\geqslant99.99\%$，回收率 $Y_B\geqslant99.5\%$。已知 $\beta_{Sm/Nd}=\beta'_{Sm/Nd}=8.0$，试计算分馏萃取的优化工艺参数。

3-13 简述酸性萃取体系萃取稀土元素的基本原理及影响分配比和分离系数的主要因素。

3-14 简述 P_{204} 分组稀土和提铈、P_{507} 全分离稀土、环烷酸提钇和 N_{1923} 提钍等分离工艺流程的特点。

3-15 简述稀土萃取生产前处理过程的主要内容和各工序的操作要点。

3-16 稀土串级萃取体系的启动方式有哪几种，各有何特点？

3-17 简述稀土萃取过程的主要操作与控制方法。如何控制两相出口浓度与流量？

3-18 简述溶剂萃取过程中形成乳化和泡沫的主要原因。如何消除乳化？

4 稀土化合物制备

【教学目标】了解氧化还原法提取铈和铕、各种稀土化合物及稀土抛光粉、稀土发光材料等的制备原理、工艺和操作方法；能够选择稀土化学反应器及固液分离设备，完成稀土化合物制备工作任务。

4.1 变价稀土化合物的制备【拓展】

4.1.1 选择性氧化还原与电位－pH 图

稀土元素处于正常的＋3 价状态时，各元素的化学性质极其相近。但是，处于＋4 价状态的铈、镨、铽和处于＋2 价状态的钐、铕、镱的化学性质，与＋3 价稀土元素差异较大。将变价稀土元素氧化或还原，利用这种不同价态化学性质的差异分离稀土元素的方法称为选择性氧化还原法。

在稀土湿法提取工艺中，常用氧化法分离提取铈，用还原法分离提取铕。由前述稀土精矿分解工艺可知，稀土精矿碱分解产物中的铈易被氧化；氟碳铈矿氧化焙烧分解和混合型稀土精矿加纯碱焙烧分解时，其中的铈也被空气中的氧氧化；也可在稀土化合物转型过程中用氧化剂将＋3 价铈氧化。而在铈的提取分离过程中又往往需要将＋4 价铈还原。铕的提取分离则需将溶液中的＋3 价铕还原为＋2 价，＋2 价铕的化学性质与碱土金属相似，利用这一性质可使之与其他＋3 价稀土元素分离。因此，必然存在着氧化剂、还原剂的选择和氧化还原条件的控制问题。表 4－1 所示为变价稀土元素与有关反应的标准氧化还原电位。

表 4－1 变价稀土元素与有关反应的标准氧化还原电位 $E^{\ominus}$

电 极 反 应	$E^{\ominus}$/V	电 极 反 应	$E^{\ominus}$/V
$H_2O_2 + 2H^+ + 2e = 2H_2O$	+1.77	$H_2O_2 + 2e = 2OH^-$	+0.88
$Ce^{4+} + e = Ce^{3+}$	+1.61	$Fe^{3+} + e = Fe^{2+}$	+0.77
$Pr^{4+} + e = Pr^{3+}$	+1.60	$Eu^{3+} + e = Eu^{2+}$	-0.35
$MnO_4^- + 8H^+ + 5e = Mn^{2+} + 4H_2O$	+1.51	$Zn^{2+} + 2e = Zn$	-0.76
$O_2 + 4H^+ + 4e = 2H_2O$	+1.23	$Yb^{3+} + e = Yb^{2+}$	-1.15

铈的标准氧化还原电位 $E^{\ominus}_{Ce^{4+}/Ce^{3+}}$ 相当高，并与酸性介质的种类和浓度有关。如在 c_{H^+} =1mol/L 的酸度条件下，在 $HClO_4$、HNO_3、H_2SO_4 和 HCl 介质中，铈的标准氧化还原电位分别为 1.74V、1.61V、1.44V 和 1.28V。铈在不同酸度条件下氧化还原电位的变化可用 E－pH 图（即电位－pH 图）描述，如图 4－1 所示。

根据 E－pH 图，可判断不同氧化剂或还原剂在同一条件下对元素氧化还原的可能性，或者对同一种氧化剂或还原剂在不同条件下对元素的氧化还原能力进行直观分析。图4－1中虚线 *a* 和 *b* 分别表示氢电极和氧电极反应体系达到平衡时，其电位与 pH 值之间的关系。*a*、*b* 两线间的区域为水的热力学稳定区。电位处于该区域内的体系可与水处于平衡；当氧化剂的电位高于 *b* 线时，会使水分解而析出氧气；当还原剂的电位低于 *a* 线时，会使水分解而析出氢气。由图4－1可知，铈的氧化还原电位与体系的酸碱度有关。在酸性条件下，Ce^{4+} 是强氧化剂，其氧化能力大于氧气、氯气、双氧水等，因此这些氧化剂只能在弱酸性或碱性条件下将 Ce^{3+} 或 $Ce(OH)_3$ 氧化为 $Ce(OH)_4$。高锰酸钾、高氯酸的氧化能力强于 Ce^{4+}，在酸性条件下也可将 Ce^{3+} 氧化为 Ce^{4+}。此外，采用电能的方法，当外电源电位高于铈的电极电位时也可使铈氧化。当用酸溶解 $Ce(OH)_4$ 时，必须在高酸度下进行，如果加入还原剂，还原剂分解提供电子也可使 $Ce(OH)_4$ 还原为 Ce^{3+}。

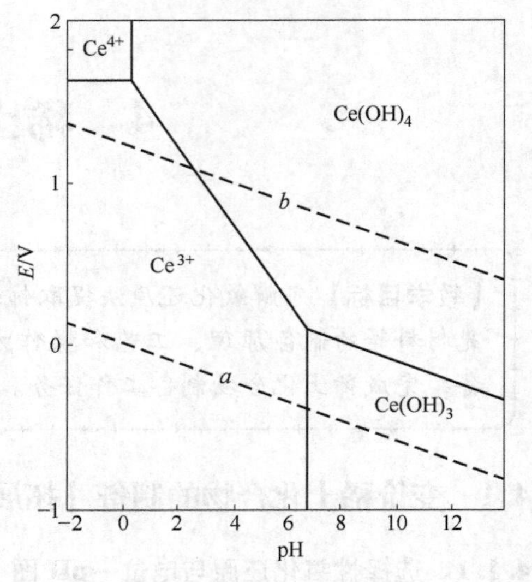

图4－1 $Ce-H_2O$ 系 E－pH 图

($T=298K$，$a_{Ce^{3+}}=1$)

+4价铈的碱性弱于+3价稀土元素，在溶液 pH＝0.7～1.0 的条件下可水解，呈氢氧化铈形态沉淀出来。基于此原理，生产中将+3价铈氧化为+4价，然后控制酸溶液的 pH 值低于+3价稀土的水解条件，使+4价铈与+3价稀土分离。在高酸度（$c_{H^+}>1mol/L$）稀土溶液中，酸性磷型萃取剂对+3价稀土元素已失去萃取能力，但对+4价铈仍有较高的萃取率。利用这一性质可以从氧化焙烧或加纯碱焙烧稀土精矿的浸出液中，经 P_{204} 萃取分离出纯度大于99.99%的氧化铈。

比较表4－1中的标准氧化还原电位值可知，在含有 Eu^{3+} 的酸性水溶液中，用锌或电解还原方法可将其还原为 Eu^{2+}。经还原所得的 Eu^{2+} 溶液可根据其类似于碱土金属化学性质的特点，选用适当的沉淀剂进行沉淀分离，或用溶剂萃取法或离子交换法提取高纯度的氧化铕。

4.1.2 铈的氧化分离

铈的氧化方法很多，按照氧化方式的不同可以分为气体氧化、化学试剂氧化和电解氧化。生产中选用哪种氧化方法、何种氧化剂，应根据原料的性质和二氧化铈产品的质量要求而定。

4.1.2.1 气体氧化法

气体氧化法所用的氧化剂有氧气（空气）、氯气、臭氧。氯气和臭氧对铈的氧化率高，分离效果好，但因对设备的防腐蚀性和密封性要求很高，在生产中很少应用。以空气代替纯氧的空气氧化法在生产中得到广泛应用，这种方法的原理是利用空气中的氧作氧化剂，将+3价铈氧化成+4价铈，其反应为：

$$2Ce(OH)_3+\frac{1}{2}O_2+H_2O=\!=\!=2Ce(OH)_4$$

空气氧化法根据原料和操作方法的不同又分为以下三种。

A 湿法空气氧化

湿法空气氧化法是将经过除铀、钍后的稀土氢氧化物调成浆液，或将萃取分离钐、铕、钆后的轻稀土氯化物溶液加 NaOH 调成碱性，加热到 85℃，通入压缩空气进行氧化，然后洗涤、过滤，再用硝酸或盐酸优溶 +3 价稀土，得到铈含量为 80% ~85% 的铈富集物，工艺流程如图 4 -2 所示。

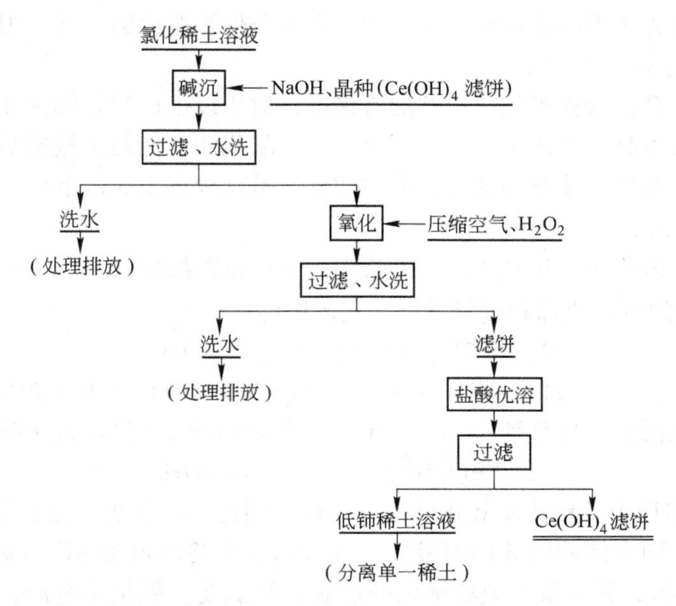

图 4 -2 由包头氯化稀土溶液制取氢氧化铈的工艺流程

在湿法空气氧化工艺中，影响铈氧化率的主要因素有：

(1) 固液比。浆液中稀土氢氧化物质量与溶液体积之比小，有利于将溶液搅拌均匀，增加空气与氢氧化物的有效接触，从而加快氧化过程。但这一比例过小将影响设备的利用率，减小产量。经实验确定，固液比控制在 1∶(2 ~3) 比较合适。

(2) 碱度。铈的氧化在 0.15 ~0.20mol/L NaOH 的介质中进行。如碱度过低，则不利于 $Ce(OH)_4$ 的生成，使铈的氧化率降低；如碱度过高，将减小氧在溶液中的溶解度，也使铈的氧化率降低。

(3) 温度。铈的氧化反应过程属于多相反应，受动力学因素的影响较大。实验证明，提高温度可以加快氧化反应速度。如在 70℃条件下氧化 30h，铈的氧化率为 85%；而在 85℃条件下，达到 88% 的氧化率只需 5h。但温度过高时铈的氧化过程进行得较快，生成的 $Ce(OH)_4$ 颗粒细小，洗涤时难以沉降。因此，温度宜控制在 85℃。

(4) 时间。铈的氧化时间与温度有关。在一定的温度条件下，随时间的延长，铈的氧化率增加。实践表明，10h 以上氧化率可达到 90%，通常控制氧化时间在 14h 左右。

B 加压空气氧化

湿法空气氧化法操作简单、成本低、劳动条件较好，但铈的回收率和产品 CeO_2 的纯度（约 80%）较低。如果体系中通入压缩空气进行加压氧化，可缩短氧化时间，提高铈的氧化率，如在 0.49MPa 压力下，铈的氧化率可达到 96.5%。另有报道，当直接用稀土硫酸复盐为原料，在碱转化的同时进行加压氧化，压力为0.392MPa，温度为95~100℃，经45min反应可使铈的氧化率达到95%以上。

C 干法空气氧化

生产实践证明，稀土氢氧化物滤饼置于空气中，在室温下 $Ce(OH)_3$ 可以氧化为 $Ce(OH)_4$。如在100~120℃温度下使其暴露于空气中干燥16~24h，或在140℃下干燥4~6h，铈的氧化率可达99%，混合稀土氧化物由灰色变为黄色。干法空气氧化法曾用于生产，由于在干燥过程中需经常翻动、粉尘大、操作条件差等原因，现已很少采用。

4.1.2.2 化学试剂氧化法

由于双氧水、高锰酸钾等化学试剂的价格高，对于以生产氧化铈为主产品的工艺过程而言，因其生产成本高，工艺中很少采用化学试剂氧化法。但对于提铈后含有少量铈的混合稀土溶液，用此方法可使非铈稀土产品中的铈含量减少到1/3以下。

A 双氧水氧化法

双氧水又称过氧化氢（H_2O_2），可在碱性、中性和弱酸性（pH=5~6）介质中将+3价铈氧化为+4价的氢氧化铈和过氧化铈，其反应为：

$$2Ce(OH)_3 + H_2O_2 = 2Ce(OH)_4$$

$$2Ce(OH)_3 + 3H_2O_2 = 2Ce(OH)_3OOH + 2H_2O$$

过氧化铈呈红褐色，加热到85℃以上时转化为黄色的+4价氢氧化铈：

$$2Ce(OH)_3OOH = 2Ce(OH)_4 + O_{2(g)}$$

双氧水在85℃以上分解为氧和水的速度很快，因此用双氧水氧化法分离铈是在室温下将双氧水计量加入到含铈的弱酸性溶液中，并加入氨水将溶液的pH值调至5~6，则+3价铈被氧化成+4价，并水解生成红褐色的过氧化铈沉淀。氧化完全后，将溶液和沉淀物加热到90℃，直到红褐色沉淀物完全转变为淡黄色的氢氧化铈为止。经过较长时间澄清过滤后，将铈与其他+3价稀土分离。此法除铈比较完全，且不带入任何有害杂质，过量的 H_2O_2 加热后也完全分解，故生产上常用于进一步除去少量和微量铈。

B 高锰酸钾氧化法

高锰酸钾是强氧化剂，在弱酸性稀土硫酸盐、硝酸盐和氯化物的溶液中，可将+3价铈氧化成+4价铈。在不同溶液中的反应依次为：

$$\frac{3}{2}Ce_2(SO_4)_3 + KMnO_4 + 9H_2O = 3Ce(OH)_{4(s)} + \frac{1}{2}K_2SO_4 + MnSO_4 + 3H_2SO_4 + O^{2-}$$

$$3Ce(NO_3)_3 + KMnO_4 + 10H_2O = 3Ce(OH)_{4(s)} + KNO_3 + MnO_2 + 8HNO_3$$

$$CeCl_3 + KMnO_4 + 2NH_4HCO_3 + H_2O = Ce(OH)_{4(s)} + MnO_{2(s)} + KCl + 2NH_4Cl + 2CO_2 + O^{2-}$$

上述硫酸和硝酸两个体系的反应中均有酸生成，使溶液的酸度升高，这显然影响 Ce^{4+} 形成 $Ce(OH)_4$ 水解反应的进行。所以在反应过程中需不断加入适量的碳酸氢铵或碳酸钠，使溶液的酸度保持在pH=3~4，此条件下可以得到 $w(CeO_2)/w(REO) \geqslant 95\% \sim 99\%$ 的二氧化铈。在盐酸体系中，则先将 $KMnO_4$ 和 NH_4HCO_3 或 Na_2CO_3 按摩尔比1:8或1:4混合的溶液加入氯化稀土溶液中，保持pH=4，可以防止氯离子被氧化为氯气而使操作环境变差。

该工艺的操作方法是将浓度为20%（质量分数）的高锰酸钾溶液，在不断搅拌条件下缓慢加入到加热至沸腾的弱酸性稀土溶液中，同时不断加入碳酸氢铵以保持pH值不变，直至溶液出现红色且不变为止。此法可以较快速有效地除去少量或微量铈，操作简单，试剂消耗也少。但所得铈沉淀物中有 MnO_2 存在，影响产品的纯度和颜色，因而还需要进一步采取其他方法从铈中除锰。

在硫酸稀土的酸性溶液中加入高锰酸钾溶液，可以将 +3 价铈氧化为 +4 价，反应为：

$$\frac{3}{2}Ce_2(SO_4)_3 + KMnO_4 + 3H_2SO_4 = 3Ce(SO_4)_2 + \frac{1}{2}K_2SO_4 + MnSO_4 + 3H_2O + \frac{1}{2}O_2$$

铈氧化为 +4 价后，采用 P_{204} - TBP 萃取剂可分离出 $w(CeO_2)/w(REO) \geqslant 99.99\%$ 的高纯度二氧化铈。

4.1.2.3 电解氧化法

电解含有铈的酸性水溶液，在阳极上将发生 Ce^{3+} 氧化为 Ce^{4+} 的电化学反应。现在用于生产的方法主要是电解氧化 - 萃取提取铈联合法（见图4 - 3），此方法既体现了电解氧化不用化学试剂的特点，又保持了萃取方法提取纯度和回收率均很高的优势。在电解氧化 - 萃取联合法基础上开展的铈电解氧化萃取 - 电解还原反萃取工艺研究，对进一步降低生产成本及简化生产工艺流程更有意义。

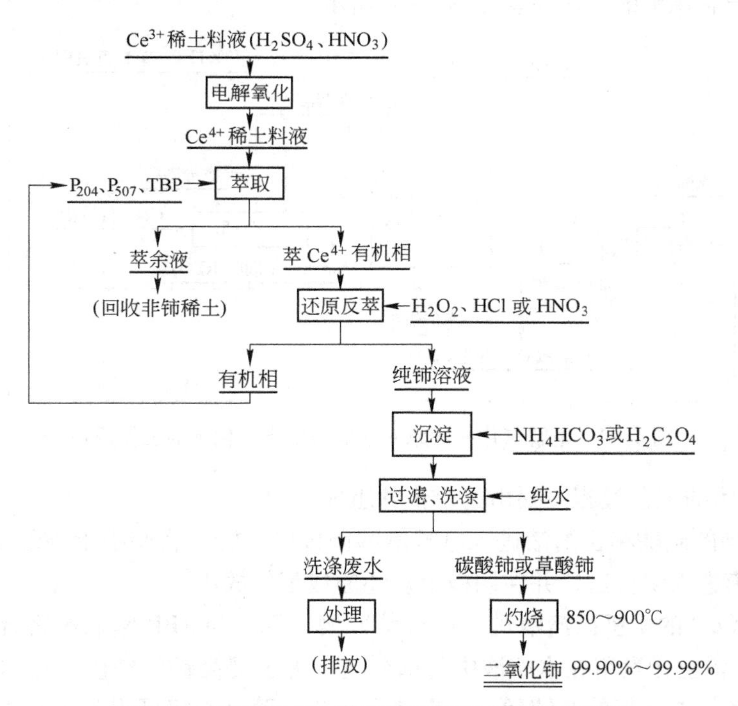

图4 - 3 电解氧化 - 萃取提取铈联合法工艺流程

电解氧化 - 萃取提取铈联合法仅限于硫酸和硝酸体系。这是因为在盐酸体系中 Ce^{4+} 的氧化性高于 Cl^-，而且随电解的进行，溶液中 Ce^{4+} 的浓度逐渐升高，Ce^{4+} 对 Cl^- 的氧化能力增大，产生氯气的反应加剧，导致铈的氧化率不高。虽然在低酸度下，+3 价铈氧化成 +4 价的同时生成 $Ce(OH)_4$ 沉淀，这可以减少 Ce^{4+} 与 Cl^- 接触的机会，提高铈的氧化率，但是由于沉淀物的分离不好对电解过程影响很大，甚至使操作难以进行，因而在盐酸体系中电解氧化铈难以应用于生产。相比之下，硝酸体系和硫酸体系电解氧化分离铈的方法更容易在工业中实现。

A 硝酸体系

在由铂阳极和钛阴极构成的电解槽中电解含铈硝酸稀土溶液，阳极和阴极将发生下列反应：

阳极反应 $$Ce^{3+} = Ce^{4+} + e$$

$$2NO_3^- = 2NO_{2(g)} + O_{2(g)} + 2e$$

阴极反应 $$2H^+ + 2e = H_{2(g)}$$

$$Ce^{4+} + e = Ce^{3+}$$

$$NO_3^- + 4H^+ + 3e = NO_{(g)} + 2H_2O$$

$$NO_3^- + 2H^+ + e = NO_{2(g)} + H_2O$$

当在阳极上氧化的 Ce^{4+} 随电解质流动到阴极表面时，在阴极上将被还原为 Ce^{3+}。这种铈的氧化还原反应在阳极和阴极可以循环进行，其结果是空耗了电流，降低了电流效率。用离子交换膜将电解槽分割成阳极室和阴极室，可防止 Ce^{4+} 与阴极接触，使铈的氧化达到95%以上，电流效率由无隔膜电解槽的30%左右提高到60%以上。用电解氧化-还原-萃取法生产氧化铈的工作原理如图4-4所示。

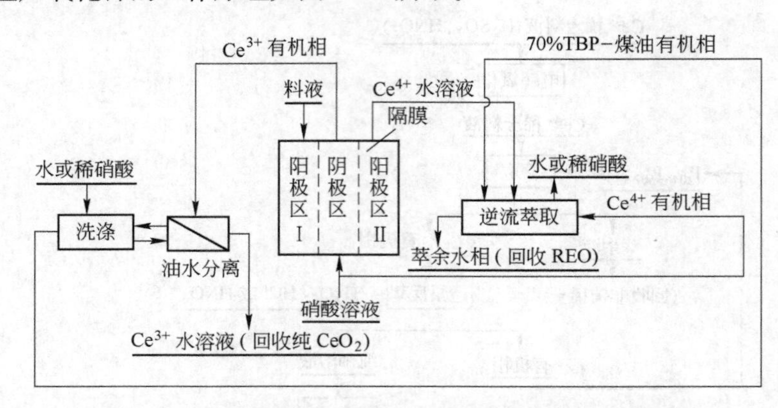

图4-4 电解氧化-还原-萃取法生产氧化铈的工作原理

图4-4所示的工艺过程主要由五个步骤组成：

（1）含有铈的硝酸稀土溶液进入电解槽的阳极区，Ce^{3+} 在阳极上被氧化为 Ce^{4+}。H^+ 经过离子交换膜进入阴极区，并在阴极上被还原成氢气放出。

（2）含有 Ce^{4+} 的阳极区溶液进入逆流萃取槽，Ce^{4+} 与TBP萃取剂络合而被萃入有机相，其他+3价稀土元素留在水溶液中与铈分离。为了提高铈的纯度，用水或稀硝酸溶液洗涤有机相，将其中夹带的非铈稀土元素洗回水相。萃余水相可用于进一步分离其他稀土元素。

（3）萃取了 Ce^{4+} 的有机相与硝酸溶液混合进入阴极区，在阴极表面 Ce^{4+} 被还原为 Ce^{3+}。在阴极区产生的NO或 NO_2 也参与了 Ce^{4+} 的还原反应。有机相中的 Ce^{3+} 被硝酸反萃取至水溶液中。

（4）来自阴极区的有机相和水相的混合液进入油水分离器，使有机相与水相分离。为了完全回收有机相中的铈，用水或稀硝酸溶液洗涤有机相。

（5）经反萃取后的有机相返回萃取槽循环使用，反萃液用草酸或碳酸氢铵沉淀析出相应化合物，再经灼烧即得到高纯度的二氧化铈。

法国罗纳·普朗克稀土厂采用电解氧化－还原－萃取法从硝酸稀土溶液中生产二氧化铈，其生产规模为95～150t/a，产品纯度为$w(CeO_2)/w(REO)=99.50\%\sim99.99\%$，二氧化铈的回收率大于80%。生产采用的工艺条件如下：

料液中稀土浓度 $\rho(REO)=200\sim300g/L$，$w(CeO_2)/w(REO)=45\%$；

料液酸度 $c_{H^+}=1.7mol/L$；

阴极区硝酸溶液浓度 $c_{H^+}=5.0mol/L$；

阳极Ⅰ区 电流密度$20A/dm^2$，槽电压3.0V；

阳极Ⅱ区 电流密度$7.8A/dm^2$，槽电压2.2V；

铈氧化率 99%；

电流效率 95%；

阳极产率 $CeO_2$200～330kg/(m^2·d)；

电耗 0.8～1.5kW·h/kg；

有机相组成 70%TBP+30%磺化煤油；

阳极材料 钛板镀铂；

阴极材料 钛板；

隔膜材料 全氟磺酸增强型阳离子交换膜。

B 硫酸体系

硫酸体系中稀土元素的溶解度一般为30～40g/L，这样低浓度的料液电解时电流效率只有30%左右，阳极产率比硝酸体系电解低80%～90%。生产过程中的电流效率、电耗、阳极产率等工艺指标显然不如硝酸体系好。但是我国稀土矿物资源约90%为氟碳铈矿和独居石混合型矿物，其分解方法主要以硫酸焙烧为主，用此工艺中产出的硫酸稀土浸出液为料液进行电解氧化－萃取提取氧化铈，无论是在降低生产成本还是在工艺流程的衔接方面都具有一定的优势。

硫酸稀土溶液中插入铂阳极和钛阴极进行电解，将分别发生如下反应：

阳极反应

$$Ce^{3+} = Ce^{4+} + e$$

$$2SO_4^{2-} = 2SO_3 + O_{2(g)} + 4e$$

$$SO_3 + H_2O = H_2SO_4$$

阴极反应

$$2H^+ + 2e = H_{2(g)}$$

$$Ce^{4+} = Ce^{3+} - e$$

硫酸体系电解氧化提取氧化铈的试验研究结果说明，各工艺条件对Ce^{3+}氧化的影响规律与硝酸体系中基本相同，得到的最佳操作条件如下：

料液中稀土浓度 $\rho(REO)=30\sim40g/L$，$w(CeO_2)/w(REO)\approx50\%$，$c_{H_2SO_4}=0.35\sim0.5mol/L$；

阳极电流密度 8～10A/dm^2；

阳极产率 $CeO_2$50kg/(m^2·d)；

电流效率 34%；

铈氧化率 80%～90%；

电耗 2.4kW·h/kg；

阳极材料 钛板镀铂；

阴极材料 钛板；

隔膜材料 全氟磺酸增强型阳离子交换膜。

随电解时间的延长，电解质中 Ce^{3+} 浓度不断降低，电流效率也随之下降。特别是电解后期 Ce^{3+} 浓度只有约2g/L时，电流效率仅为5%～6%。为了提高电流效率，降低电耗，应采用多级电解槽串联的方法，使各电极的电流密度与阳极液的 Ce^{3+} 浓度相匹配，即随 Ce^{3+} 浓度的不断降低，相应降低阳极电流密度。

阳极区产出的 Ce^{4+} 溶液用 P_{204} 或 P_{507} 有机溶剂萃取，与非铈稀土元素分离，可提取高纯度的二氧化铈产品。

4.1.3 铕的还原分离

在含有+3价铕的酸性水溶液中用锌或电解还原法可以将其还原为+2价。用光照射含有+3价铕的氯化稀土溶液或乙醇及异丙醇稀土溶液，还可以发生光致还原反应。目前，工业上广泛使用锌还原法，电解还原法已进入工业试验阶段，光致还原法还处于实验室研究阶段。经还原得到的 Eu^{2+} 溶液可根据类似于碱土金属化学性质的特点，选用硫酸亚铕与硫酸钡共沉淀法、氢氧化铵沉淀+3价稀土碱度法、树脂离子交换法和溶剂萃取法等方法提取高纯度的氧化铕。

4.1.3.1 锌粉还原－硫酸亚铕与硫酸钡共沉淀法

铕在稀土矿物中的含量很低，轻稀土配分型的矿物中 $w(Eu_2O_3)/w(REO) \leq 0.2\%$，我国江西富铕型的矿物中 $w(Eu_2O_3)/w(REO)$ 也不超过0.93%。锌粉还原－硫酸亚铕与硫酸钡共沉淀法是从铕含量较低的氯化稀土溶液中富集铕的方法之一。经过一次沉淀操作，铕可以富集几十倍以上，铕的回收率大于98%。其工艺过程主要由锌粉还原、硫酸亚铕与硫酸钡共沉淀、硝酸分解硫酸亚铕、氢氧化铕沉淀等工序组成，如图4－5所示。

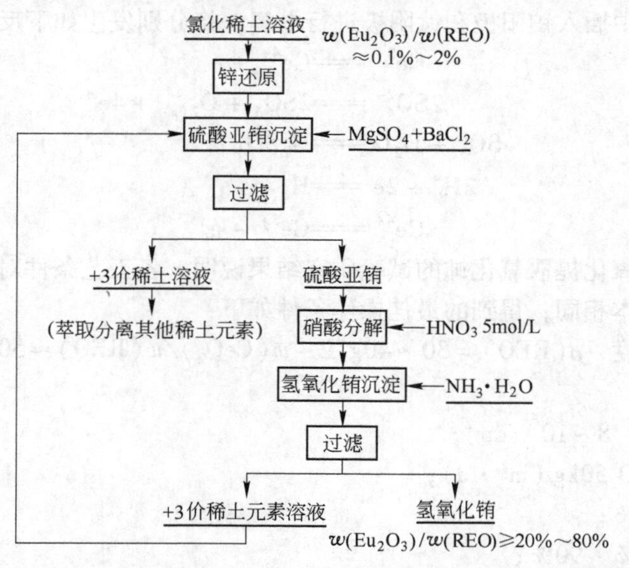

图4－5 锌粉还原－硫酸亚铕与硫酸钡共沉淀法生产氧化铕的工艺流程

图4－5所示的工艺流程中，各工序的操作过程影响因素分析如下。

A 锌粉还原

从表4－1可知，在氯化稀土溶液中锌能够将Eu^{3+}还原为Eu^{2+}，其反应式为：

$$Zn + 2EuCl_3 = ZnCl_2 + 2EuCl_2$$

+2价铕离子在还原过程中容易被氢离子氧化，影响铕的还原率：

$$Eu^{2+} + H^+ = Eu^{3+} + \frac{1}{2}H_2$$

$$Eu^{2+} + H^+ + \frac{1}{4}O_2 = Eu^{3+} + \frac{1}{2}H_2O$$

为避免以上反应的发生，可以采用如下措施：

（1）降低稀土溶液的酸度，将其控制在pH＝3.0～4.0的范围内，以减少氢离子对+2价铕离子的氧化作用；

（2）还原过程在惰性气氛或密闭容器等隔离空气的条件下进行，防止氧参与+2价铕离子的氧化反应；

（3）还原液过滤时需用煤油、二甲苯等惰性溶剂保护，以隔绝空气。

B 硫酸亚铕沉淀

+2价铕离子具有碱土金属的性质，在酸性溶液中，其硫酸盐为难溶物质。根据这一性质，在含有一定SO_4^{2-}浓度的料液中加入锌粉，在Eu^{3+}还原的同时Eu^{2+}与SO_4^{2-}作用生成硫酸亚铕沉淀。SO_4^{2-}的引入可以采取两种方式：

（1）以稀土氧化物为原料时，按原料中Eu_2O_3的含量计算硫酸的需要量，并与盐酸配成混合酸溶液，溶解稀土氧化物制备溶液；

（2）原料是萃取过程产出的溶液时，为了使溶液的酸度稳定，按原料中Eu_2O_3的含量加入硫酸镁或硫酸铵。

溶液中Eu^{2+}浓度高时，$EuSO_4$沉淀速度快；Eu^{2+}浓度低时，$EuSO_4$沉淀速度很慢，而且沉淀不完全。因此，将硫酸亚铕沉淀分为两个阶段进行：第一阶段是溶液中的Eu^{2+}在高浓度时发生硫酸亚铕自沉淀过程；第二阶段，在补加锌粉的同时加入氯化钡，利用Ba^{2+}与溶液中SO_4^{2-}形成的难溶$BaSO_4$，以其作为晶核使$EuSO_4$结晶速度加快，两者以类质同晶共沉淀析出，Eu_2O_3的回收率可以达到99%。另外，在料液中预先加入3g/L醋酸可以提高沉淀物的氧化铕品位。

有硫酸镁参加的硫酸亚铕与硫酸钡共沉淀反应可由下列反应式表示：

$$MgSO_4 + BaCl_2 = BaSO_4 + MgCl_2$$

$$EuCl_2 + MgSO_4 = EuSO_4 + MgCl_2$$

$$EuCl_2 + BaSO_4 = EuCl_2 \cdot BaSO_{4(s)}$$

C 硫酸亚铕沉淀物的处理

硫酸亚铕沉淀物中含有$BaSO_4$、残留的$MgSO_4$以及非铕稀土元素，处理方法是：先用5mol/L浓度的硝酸在高于80℃条件下溶解，过滤除去$BaSO_4$等不溶物；Eu^{3+}溶液（硝酸溶解时Eu^{2+}被氧化）用氨水调节至pH≥11，使之形成$Eu(OH)_3$沉淀；用水洗涤$Eu(OH)_3$，再以盐酸溶解、草酸沉淀，灼烧分解草酸铕，最终得到$w(Eu_2O_3)/w(REO) \geq$ 20%～80%的初级产品。

4.1.3.2 锌粉还原－碱度法

经锌粉还原得到的+2价铕的溶液中加入氨水，将溶液调节成碱性，+3价稀土则生成难溶的氢氧化物从溶液中沉淀出来，+2价铕由于化学性质与碱土元素相似，且碱性高于+3价稀土，所以仍留于溶液中。+3价稀土氢氧化物的溶度积仅为$1\times10^{-24}\sim1\times10^{-19}$，从溶液中沉淀得十分完全，可以得到纯度很高的氧化铕产品。锌粉还原－碱度法也因此而得名。

稀土的氢氧化物沉淀颗粒细，带有胶体性质，过滤较困难。而且氢氧化物生成量越大，过滤时间越长，氧化铕的回收率越低。为了减轻过滤负担，锌粉还原－碱度法通常只用$w(Eu_2O_3)/w(REO)\geqslant50\%$的原料，因此，由锌粉还原－硫酸亚铕与硫酸钡共沉淀和锌粉还原－+3价稀土沉淀两种方法才能构成比较合理的生产工艺。图4－6所示为以$w(Eu_2O_3)/w(REO)\geqslant50\%$的氯化物溶液为原料，采用锌粉还原－碱度法提取高纯氧化铕的工艺流程。

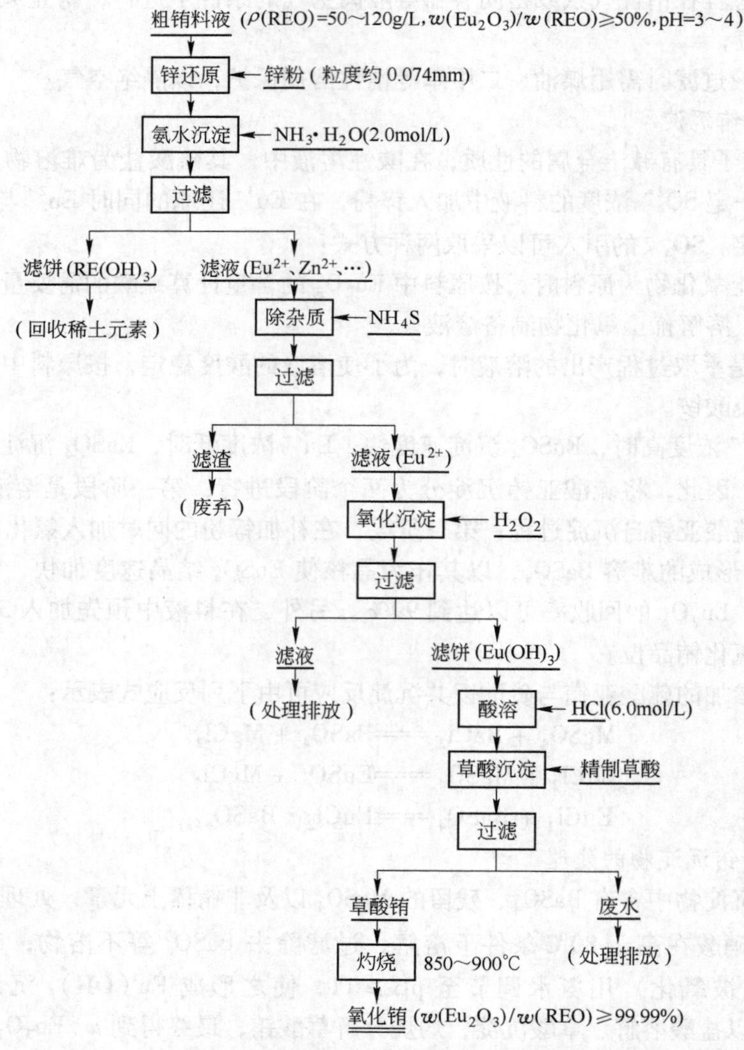

图4－6 锌粉还原－碱度法提取高纯度氧化铕的工艺流程

+2 价铕溶液的处理过程主要由如下四个工序组成。

A　氨水沉淀分离 +3 价稀土元素

用于碱度法的料液浓度不宜过高，一般以 $\rho(REO) = 50 \sim 120g/L$、$w(Eu_2O_3)/w(REO) \geqslant 50\%$ 为宜。在料液中加氨水沉淀 +3 价稀土的同时，溶液中将产生 NH_4Cl。NH_4Cl 与 $Eu(OH)_2$ 生成络合物，能稳定地存在于碱性溶液中。有时为了防止少量的 $Eu(OH)_2$和 $RE(OH)_3$ 同时沉淀而降低氧化铕的回收率，可在加入氨水之前先向料液中加入 80 ~ 100g/L 的精制氯化铵。具体反应如下：

$$RECl_3 + 3NH_3 \cdot H_2O = RE(OH)_{3(s)} + 3NH_4Cl$$

$$EuCl_2 + 2NH_3 \cdot H_2O = Eu(OH)_{2(s)} + 2NH_4Cl$$

$$Eu(OH)_2 + 2NH_4Cl = [Eu(NH_3)_2 \cdot 2H_2O]Cl_2$$

料液中除稀土元素外，还有少量的 Cu^{2+}、Zn^{2+}、Ni^{2+}、Pb^{2+}、Ca^{2+} 等杂质。Cu^{2+}、Zn^{2+}、Ni^{2+} 与 NH_3 形成络合物，其稳定常数如表 4-2 所示，络合反应可以表示为：

$$Me^{m+} + nNH_3 = [Me(NH_3)_n]^{m+}$$

表 4-2　一些离子络合物的稳定常数

络合离子	稳定常数 K	络合离子	稳定常数 K
$[Cu(NH_3)_2]^{2+}$	$10^{10.86}$	$[Ni(NH_3)_4]^{2+}$	$10^{7.96}$
$[Cu(NH_3)_4]^{2+}$	$10^{13.32}$	$[Ni(NH_3)_6]^{2+}$	$10^{8.74}$
$[Cd(NH_3)_4]^{2+}$	$10^{7.12}$	$[Co(NH_3)_6]^{2+}$	$10^{5.11}$
$[Zn(NH_3)_4]^{2+}$	$10^{9.46}$	$[Co(NH_3)_6]^{3+}$	$10^{35.2}$
$[Ag(NH_3)_2]^{+}$	$10^{7.05}$	$[Cu(OH)_4]^{2-}$	$10^{18.5}$
$[Cr(OH)_4]^{4-}$	$10^{29.9}$		

溶液中的离子络合实际上是分步进行的，溶液中的 NH_3 浓度越高，杂质 Cu^{2+}、Zn^{2+}、Ni^{2+} 的络合物稳定性越强，在氨水沉淀 $RE(OH)_3$ 时随 Eu^{2+} 共同存在于溶液中的含量也越高。

B　硫化铵沉淀法除重金属杂质

氧化铕主要用于制备发光材料，要求杂质的含量很低，特别是对发光有猝灭作用的重金属元素 Co、Ni 等，一般限制其含量在 1×10^{-5} 以下。仅依靠铵络合物的溶解性质来去除这些杂质是不能达到要求的，因此可以在过氧化氢氧化形成 $Eu(OH)_3$ 沉淀之前，用硫化铵沉淀法去除重金属杂质，净化的 Eu^{2+} 溶液用过氧化氢氧化生成 $Eu(OH)_3$ 沉淀。$Eu(OH)_3$沉淀重新用盐酸溶解，再用草酸沉淀，进一步排除包括铁在内的非稀土元素杂质。表 4-3 所示为经硫化铵沉淀法除重金属杂质的铕溶液化学成分。

表 4-3　经硫化铵沉淀法除重金属杂质的铕溶液化学成分

试样名称	纯度 $w(Eu_2O_3)/w(REO)/\%$	非稀土杂质/$\mu g \cdot g^{-1}$					
		Fe_2O_3	CaO	NiO	PbO_2	CuO	ZnO
除杂质前 1	99.99	3.4	25.0	4.6	12.0	6.0	500
除杂质前 2	99.99	4.8	21.0	—	15.6	12.6	630

续表 4－3

试样名称	纯度 $w(Eu_2O_3)/w(REO)$/%	非稀土杂质/μg·g^{-1}					
		Fe_2O_3	CaO	NiO	PbO_2	CuO	ZnO
除杂质前3	99.99	—	32.0	4.2	14.1	6.4	850
除杂质前4	99.99	—	50.0	4.8	11.6	6.7	140
除杂质后（4次平均）	99.99	<5.0	<10.0	<4.0	<8.0	<6.0	<20

C 过氧化氢沉淀氧化铕

在加氨水调节成碱性的＋2价铕溶液中加入过氧化氢，使铕氧化为＋3价，同时 Eu^{3+} 水解沉淀，其化学反应式为：

$$EuCl_2 + 2NH_3 \cdot H_2O + \frac{1}{2}H_2O_2 = Eu(OH)_{3(s)} + 2NH_4Cl$$

取氢氧化铕沉淀物分析，如果纯度没有达到 $w(Eu_2O_3)/w(REO) \geq 99.99\%$ 的要求，可以重复锌粉还原－碱度法分离过程，直至其纯度达到要求为止。

D 草酸沉淀

用于制备荧光材料的氧化铕的粒度一般为2～10μm，直接用氢氧化铕灼烧得到的氧化铕难以符合要求，因此达到纯度要求的氢氧化铕沉淀物还需经过盐酸溶解、草酸沉淀生成草酸铕，再灼烧成氧化铕。在草酸沉淀的过程中，非稀土杂质可以得到进一步的净化。

4.2 稀土酸式盐和稀土氧化物的制备【案例】

稀土化合物产品在稀土材料生产中占有极其重要的位置。在稀土精矿分解和稀土元素分离生产中，通过稀土化合物的转型使稀土元素得以富集和纯化。在稀土金属和合金以及各种稀土新材料的生产中，则是以纯化后的稀土化合物为原料，而且大部分稀土应用材料本身就是化合物状态的产品。在稀土湿法工艺中广泛应用的稀土化合物产品有稀土的草酸盐、碳酸盐、硝酸盐和氧化物。

4.2.1 稀土草酸盐的制备

草酸是净化稀土元素最普遍采用的沉淀剂。草酸稀土由于在酸性介质中具有难溶性以及受热分解为氧化物，被用于分离非稀土离子及生产稀土氧化物。

很多金属离子与草酸作用均能生成难溶于水的草酸盐，它们的溶度积见表4－4。在一定酸度条件下，轻稀土草酸盐可以定量地从溶液中沉淀出来。重稀土草酸盐的溶解度明显增加，因为生成了草酸盐的配合物 $RE(C_2O_4)_n^{3-2n}$（n＝1、2、3）。非稀土草酸盐在酸性溶液中的溶解度较大，因而在沉淀草酸稀土时能与之分离。

表4－4 各种草酸盐的溶度积

草酸盐	溶度积	草酸盐	溶度积	草酸盐	溶度积
$Bi_2(C_2O_4)_3$	4.0×10^{-36}	$Hg_2C_2O_4$	2.0×10^{-13}	CuC_2O_4	2.3×10^{-8}
$Y_2(C_2O_4)_3$	5.3×10^{-29}	NiC_2O_4	4.0×10^{-10}	ZnC_2O_4	2.7×10^{-8}
$La_2(C_2O_4)_3$	2.5×10^{-27}	PbC_2O_4	4.8×10^{-10}	BaC_2O_4	1.6×10^{-7}
$Th(C_2O_4)_2$	1.0×10^{-22}	CaC_2O_4	4.0×10^{-9}	$FeC_2O_4\cdot2H_2O$	3.2×10^{-7}
$MnC_2O_4\cdot2H_2O$	1.1×10^{-15}	$MgC_2O_4\cdot2H_2O$	1.0×10^{-8}		

利用草酸法沉淀稀土元素是目前工业上生产各种单一稀土氧化物最普遍采用的工艺，其工艺流程如图4－7所示。该法主要是利用草酸稀土粒度粗、沉淀完全、在酸性溶液中沉淀能与大多数非稀土元素分离、有较好的净化作用等特点。

生产实践中沉淀草酸稀土的条件为：将含 REO 20～80g/L的氯化稀土溶液用碱调节酸度至0.1mol/L，加热到80～90℃，在搅拌条件下加入固体草酸进行沉淀。草酸用量为理论量的1.15～1.25倍，沉淀30min后，经过滤、洗涤制得草酸稀土。沉淀条件的改变对草酸稀土的物理性能有很大的影响。如溶液酸度低，沉淀温度低，沉淀出的草酸稀土则粒度细、不致密，且过滤慢；反之，如沉淀酸度高，沉淀温度高，沉淀出的草酸稀土则粒度粗而致密。如果将草酸稀土长时间（20～30h）地在母液中加热，则草酸稀土的粒度变粗，形成致密而均匀的颗粒。草酸稀土如需再溶解，可先用碱溶液将其转化为氢氧化物沉淀，然后将沉淀溶解在盐酸中。

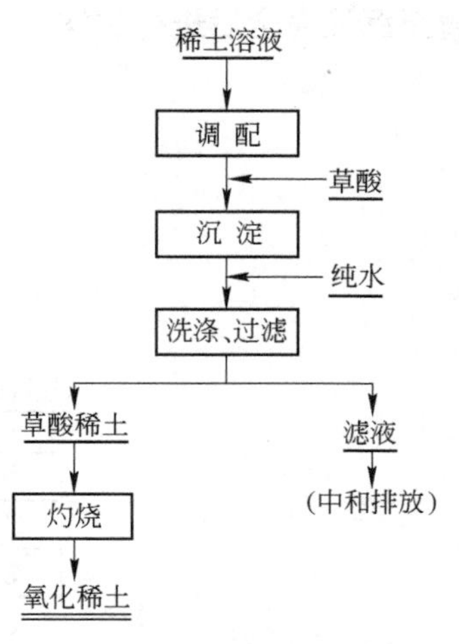

图4－7 沉淀草酸稀土的工艺流程

制得的水合草酸稀土受热时在40～60℃开始脱水，至300℃左右结晶水完全脱出。$RE_2(C_2O_4)_3 \cdot 10H_2O$的热稳定性随稀土离子半径的减小而降低，而含2、5、6个水分子的草酸盐的热稳定性则相反。无水草酸稀土在约400℃时开始分解，到800℃时形成氧化物。其中草酸镧会生成碳酸盐，为保证得到的氧化物中不含碳酸盐，生产上常控制分解温度在850～900℃下，灼烧1.5～2.0h。

4.2.2 稀土碳酸盐的制备

稀土碳酸盐主要用于各种体系的转型，也用于生产稀土氧化物，或直接用于氟化合物体系电解法生产稀土金属或合金的原料。

4.2.2.1 从稀土氯化物料液中沉淀碳酸稀土

由于碳酸氢铵比草酸便宜且易得到，用它与稀土盐溶液生成碳酸稀土沉淀，然后加热得到氧化物，是目前生产稀土氧化物的方法之一。

从稀土氯化物溶液中沉淀碳酸稀土可采用正加入或者反加入的加料方法，也可采用两次分步沉淀法。把碳酸氢铵加入稀土盐溶液中称为正加入；反之，把稀土盐溶液加入碳酸氢铵溶液中则称为反加入。两次分步沉淀法的工艺流程见图4－8。

按照沉淀反应式，沉淀时碳酸氢铵的加入量应为溶液中REO物质的量的3倍。换算成质量比，碳酸氢铵加入量为REO质量的1.445倍。因为农用的湿碳酸氢铵一等品含水3.5%，合格品含水5.0%（GB 3359—2001），并考虑适当的过量数，生产中通常取碳酸氢铵与稀土氧化物的质量比为（1.6～1.7）∶1。两次分步沉淀时，一次沉淀按1∶1加入碳酸氢铵，沉淀后pH＝5～6；二次沉淀按0.7∶1加入碳酸氢铵，沉淀后pH＝7。废液中$\rho(REO) < 0.003$mol/L，沉淀温度为40～50℃。

沉淀操作过程是：先在沉淀槽中加水至搅拌叶片之上，将水加热至80℃左右。根据料液浓度和体积计算出一次沉淀时碳酸氢铵的需用量，将固体碳酸氢铵加入沉淀槽中并进行搅拌。待碳酸氢铵溶解后，缓慢加入料液，加完后搅拌10min，静置1h后过滤。采用真空过滤机过滤时，真空度为50kPa，铺两层滤布，在室温下过滤，滤饼用热水淋洗3～5次。滤液进入二次沉淀槽，在搅拌条件下按计算量缓慢加入碳酸氢铵，加完后继续搅拌10min，直至沉淀完全后进行过滤，二次滤液排放或浓缩回收氯化铵。

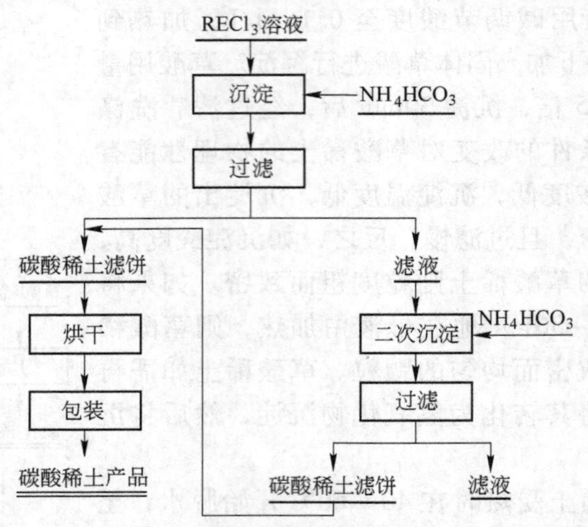

图4－8 两次分步沉淀法制取碳酸稀土的工艺流程

固液分离后的湿碳酸稀土送入烘干炉，在400～500℃温度下烘干3h，脱去碳酸稀土中的自由水和大部分结晶水，以达到产品所规定的稀土氧化物含量标准。其化学反应式如下：

$$RE_2(CO_3)_3 \cdot xH_2O = RE_2(CO_3)_3 + xH_2O_{(g)}$$

$$(NH_4)_2CO_3 \cdot xH_2O = 2NH_{3(g)} + CO_{2(g)} + (x+1)H_2O$$

$$NH_4Cl = NH_{3(g)} + HCl$$

将烘干后的料冷却、混合均匀，然后分批包装。包装袋用塑料编织袋内衬塑料袋，每袋净重35kg。

4.2.2.2 从硫酸稀土浸液中沉淀碳酸稀土

国内外市场一度对碳酸稀土的需求很大，包钢稀土研究院和包钢稀土三厂共同研制了从浓硫酸焙烧混合稀土矿水浸液中制取碳酸稀土工艺，并于1995年建成了年产2000t碳酸稀土的生产线。

硫酸稀土与碳酸氢铵的反应如下：

$$RE_2(SO_4)_3 + 6NH_4HCO_3 + xH_2O = RE_2(CO_3)_3 \cdot xH_2O_{(s)} + 3(NH_4)_2SO_4 + 3CO_{2(g)} + 3H_2O$$

过量碳酸氢铵会与稀土生成碳酸稀土复盐沉淀：

$$8NH_4HCO_3 + RE_2(SO_4)_3 + yH_2O = RE_2(CO_3)_3 \cdot (NH_4)_2CO_3 \cdot yH_2O_{(s)} + 3(NH_4)_2SO_4 + 4CO_{2(g)} + 4H_2O$$

由于体系中存在大量SO_4^{2-}和NH_4^+，可能会有形成稀土硫酸复盐的反应发生：

$$2RE^{3+} + 2NH_4^+ + 4SO_4^{2-} + 8H_2O = RE_2(SO_4)_3 \cdot (NH_4)_2SO_4 \cdot 8H_2O_{(s)}$$

研究认为，控制碳酸氢铵的加入量即可控制沉淀的化学组成，同时也直接影响稀土回收率。为了避免碳酸氢铵过量，实验中确定沉淀反应的最终 pH 值为 7。实验表明，要保证稀土回收率为99%，碳酸氢铵（化学纯）与稀土的质量比应为 1.6 左右。不同温度下沉淀稀土的实验结果见表 4－5，数据表明，温度高于 40℃时稀土回收率降低，沉淀中 SO_4^{2-} 含量增高。这可能是由于温度升高，碳酸氢铵易发生分解，使参加反应的碳酸氢铵量低于实际加入的量。另外，升高温度使稀土硫酸盐的溶解度降低，稀土硫酸复盐的溶解度也降低，沉淀中 SO_4^{2-} 含量必然增加。综合各项指标认为，温度在 40℃左右时有利于形成合格的稀土碳酸盐。实验表明，采用把硫酸稀土溶液反加入沉淀剂碳酸氢铵溶液的加料顺序，产物吸附的 SO_4^{2-} 量少，稀土回收率高；而且反加入操作易得到颗粒粗大的沉淀，较好操作。制得的碳酸稀土的全分析结果见表 4－6。

表 4－5　温度对沉淀稀土的影响

沉淀温度/℃	20	30	40	50	60
REO/%	35.1	37.5	48.0	46.5	48.0
SO_4^{2-}/%	1.07	0.92	0.77	1.22	1.43
水分/%	45.2	42.1	30.7	32.3	30.3
稀土回收率/%	99.0	98.3	98.9	98.7	97.8

表 4－6　碳酸稀土的全分析结果　（%）

REO	Fe_2O_3	SO_4^{2-}	CaO	Na_2O	Cl^-	NH_4^+	H_2O
54.1	0.054	0.62	0.08	0.0061	0.026	0.96	30

根据文献所述工艺，硫酸稀土浸液中 $\rho(REO)=25\sim40g/L$，$\rho(SO_4^{2-})\approx51g/L$，$\rho(MgO)\approx10g/L$，pH＝4～4.5，沉淀剂为农用碳酸氢铵。实验控制一定的条件，水浸液直接与固体碳酸氢铵搅拌混合，不加表面活性剂或凝聚剂，沉淀经过陈化、洗涤、真空过滤或离心机甩干，得到碳酸稀土产品。工业实验的稀土沉淀率大于98%，碳酸稀土的稀土元素配分与水浸液基本相同。

经红外分光光度法测定，确认该工艺制得的碳酸稀土是以 Ce、La 为主的混合稀土碳酸盐水合物结晶体。由碳酸稀土电镜照片可以清楚地看出，该工艺制得的碳酸稀土为树枝状晶体。这种晶体在三维空间中是由若干层主干和二次结晶轴重叠而成的。晶体主干长度为 75μm，二次结晶轴长度为 35μm，晶体厚度为 16.6μm。该工艺制得的碳酸稀土晶粒大小均匀一致，界面棱角分明，晶粒的各界面夹角均为 90°，但长、宽、高不等，说明结晶状态良好，晶体特征明显，粗大松散的晶粒更易洗涤、过滤脱水。

4.2.3　稀土硝酸盐的制备

目前硝酸稀土应用材料主要有稀土微肥和用作液晶显示器专用蚀刻剂的硝酸铈铵，这两种产品已成为稀土企业的重要产品。

硝酸稀土产品主要作为稀土微肥用于农作物，同时还应用于畜牧业、养殖业和医疗卫生行业；其次，作为提取单一稀土氧化物的原料。农用硝酸稀土的质量标准见表 4－7。

表 4-7 农用硝酸稀土的质量标准（GB 9968—1996） （%）

产品牌号	化学成分					
	REO 含量(≥)	杂质含量(≤)				
		As	Cd	Pb	Cl^-	水不溶物
$RE(NO_3)_3$-GN	38	0.005	0.001	0.005	1	0.5
$RE(NO_3)_3$-YN	380	0.005	0.01	0.05	10	5

注：G 表示固态，Y 表示液态，N 表示农用。

硝酸稀土的生产方法主要有化学法和萃取法。萃取法以萃取 Sm、Eu、Gd 后的萃余液或提取铈后的富镧液等作原料，用铵皂化后的脂肪酸-煤油体系萃取，经水洗涤、硝酸反萃取，得到硝酸稀土反萃取液。萃取条件为：有机相皂化度 30% ~40%，有机相与料液比 1:1，萃取 1 级，洗涤 4 级，反萃取 1 级。反萃取液以 NH_4HCO_3 中和至 pH =4 ~5.5，经过真空过滤机过滤，滤液通过减压浓缩至 REO 含量达到 37% 时，冷却结晶得到水合硝酸稀土产品。用硝酸溶解氧化铈后，浓缩并加硝酸铵结晶，即得到硝酸铈铵产品，其工艺流程如图 4-9 所示。

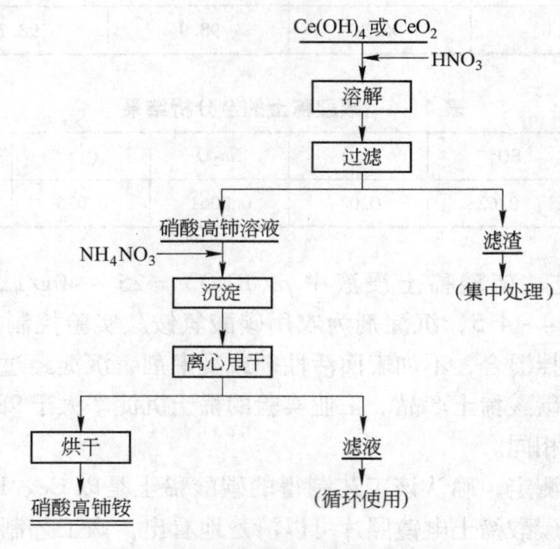

图 4-9 硝酸铈铵制备的工艺流程

由于氧化铈难以用硝酸溶解，常用低温（300℃）灼烧的纯度大于 99.9% 的氧化铈，用硝酸溶解时加少量氢氟酸作为助溶剂，在加热和搅拌条件下溶解。铈全部溶解后，在搅拌条件下计量加入硝酸铵，得到硝酸铈铵结晶，用离心机过滤甩干、烘干后得到产品。制备过程的主要反应为：

$$CeO_2 + 4HNO_3 \xlongequal{\quad} Ce(NO_3)_4 + 2H_2O$$

$$Ce(NO_3)_4 + 2NH_4NO_3 \xlongequal{\quad} (NH_4)_2Ce(NO_3)_6$$

4.2.4 稀土氧化物的制备

稀土氧化物是化学性质最稳定的稀土化合物。用萃取法分离和提纯稀土元素后，通常用草酸盐沉淀法或碳酸盐沉淀法制取高纯单一稀土氧化物，以其作为制备各种稀土新材料的原料。稀土氧化物和其他金属氧化物在一定条件下可以相互作用生成混合氧化物，从而开发出一系列具有特殊功能的稀土新材料。

4.2.4.1 沉淀法制备超细稀土氧化物

超细稀土氧化物有着更为广泛的用途，如超导材料、功能陶瓷材料、催化剂、传感材料、抛光材料、发光材料、精密电镀以及高熔点、高强度合金等，都需要稀土超细粉体。稀土超细粉体的制备方法按物质的聚集状态分为固相法、液相法和气相法。目前实验室和工厂广泛采用液相法制备稀土氧化物超细粉体。液相法主要有沉淀法、溶胶－凝胶法、水热法、微乳液法、醇盐水解法和模板法等，其中最适合工业化生产的是沉淀法。

沉淀法是把沉淀剂加入金属盐溶液中进行沉淀，然后经过滤、洗涤、干燥、热分解得到粉体材料。在前述的普通沉淀方法中，灼烧沉淀物稀土氢氧化物以及含挥发性酸根的稀土盐类就可得到稀土氧化物，但其粒度一般为 3~5μm，比表面积小于 $10m^2/g$，不具有特殊的物理化学性状。近年得到发展的碳铵沉淀法和草酸盐沉淀法制备稀土超细粉体的工艺，是在改变普通沉淀方法工艺条件后形成的。实验表明，稀土浓度、沉淀温度、沉淀剂浓度是影响稀土超细粉体粒径和形态的主要因素。

在碳铵沉淀法中，稀土浓度是能否形成均匀分散超细粉体的关键。在沉淀 Y^{3+} 的实验中，当稀土质量浓度为 20~30g/L（以 Y_2O_3 计）时，沉淀过程顺利，碳酸盐沉淀经烘干、灼烧得到氧化钇超细粉体，经透射电镜分析，其粒度小、均匀、分散性好。在化学反应中，温度是一个起决定性作用的因素。当反应温度为 60~70℃时，沉淀速度较缓慢，这时过滤较快，颗粒松散且均匀，基本呈球状。碳铵浓度也影响氧化钇的粒径，当碳铵浓度小于 1mol/L 时，得到的氧化钇粒径很小且均匀；当碳铵浓度大于 1mol/L 时，会出现局部沉淀，造成团聚，得到的氧化钇粒径较大。在适宜的条件下，得到了粒径为 0.01~0.5μm 的氧化钇超细粉体。

在草酸沉淀法中，在滴加草酸溶液的同时滴加氨水溶液，恒定反应过程的 pH 值，最后得到粒径小于 1μm 的 Y_2O_3 粉体。先用氨水沉淀硝酸钇溶液得到氢氧化钇胶体，再加草酸溶液转化，可制得粒径小于 1μm 的 Y_2O_3 粉体。将 EDTA 加入到 Y^{3+} 浓度为 0.5~0.25mol/L 的 $Y(NO_3)_3$ 溶液中，用稀氨水调至 pH=9，再加入草酸铵，在 50℃时以 1~8mL/min 的速度滴加到 3mol/L 的 HNO_3 溶液中，至 pH=2 时沉淀完全，可得到粒径为 0.04~0.1μm 的粉体。

4.2.4.2 共沉淀法制备大比表面积稀土复合氧化物

CeO_2-ZrO_2 复合氧化物固溶体具有高的储氧能力和良好的热稳定性，用作汽车尾气净化三效催化剂，受到了广泛关注。由于催化反应一般在表面进行，在催化反应与吸附过程中，大比表面积的 CeO_2-ZrO_2 通常因其本身具有更多活性组分，从而表现出更高的催化与吸附活性，所以要求制备大比表面积的 CeO_2-ZrO_2 复合氧化物。

共沉淀法是制备铈锆固溶体较为常用的方法。用碳铵－氨水混合沉淀剂沉淀金属离子，并保持沉淀过程中溶液的 pH 值在 4.5~4.8 之间，沉淀结束后加入一定量的表面活性物质，制备出 $Ce_{0.5}Zr_{0.5}O_2$ 固溶体。在 400℃下灼烧 2h，其比表面积为 $155.06m^2/g$；在 1000℃下灼烧 2h，其比表面积为 $25.5m^2/g$。

在200～1000℃下热分解含肼（或肼盐）的铈锆前驱体化合物，可得到大比表面积的纳米铈锆复合氧化物，该复合氧化物在高温下长时间灼烧仍保持单相。将微波加热技术用于铈锆混合离子的共沉淀反应，可得到比表面积为125m^2/g、粒度分布均匀的立方相大比表面积 $Ce_{0.75}Zr_{0.25}O_2$ 复合氧化物。

4.3 稀土氯化物和稀土氟化物的制备【案例】

稀土氯化物和稀土氟化物是从稀土矿物中提取稀土的中间产品，也是制备石油裂化催化剂、熔盐电解法和金属热还原法生产稀土金属和合金等稀土工业的重要原料。

4.3.1 水合稀土氯化物的制备

稀土氯化物溶液经过蒸发结晶制取水合稀土氯化物产品，是稀土精矿分解及稀土元素分离工艺中常用的制取固体氯化稀土方法，根据需要可以用稀土的盐酸优溶液生产混合氯化稀土或用稀土分组后的萃余液生产分组氯化稀土。浓缩结晶是一种物理过程，利用氯化稀土与水沸点的差异，对氯化稀土溶液加热去水而得到结晶氯化稀土。常压下，氯化稀土溶液的沸点为150℃。浓缩通常在小于60kPa的真空度下进行，温度为110℃，蒸发至溶液中 w(REO) >45% 时放出料液，经过冷却结晶生成固体氯化稀土 $RECl_3 \cdot nH_2O$。

浓缩罐采用化工生产通用的搪瓷反应罐。反应罐罐体为圆筒形，用10～14mm厚的普通钢板焊接成夹层式，夹层内可通入加热蒸汽。反应罐底部呈圆弧状，出料管穿过罐底部的夹层直通罐内。罐体的内表面涂敷3mm厚的耐蚀搪瓷层。反应罐顶盖用10～14mm厚的普通钢板压制而成，其内表面涂敷耐蚀搪瓷层。罐顶盖与罐体采用螺栓紧密连接。盖顶端留有观察孔、加料孔、照明孔、测温孔、放空口及真空接口。观察孔和照明孔用20mm厚的耐高温玻璃封闭。真空用水喷射泵产生，由循环水泵、储水槽、水喷射泵及真空管道等组成真空系统。由于浓缩过程中蒸发的气体呈酸性，真空系统需防腐，循环水泵用普通清水泵，水喷射泵用玻璃钢制成或者衬玻璃钢防腐。

浓缩时，加 $RECl_3$ 溶液至达到浓缩罐容积的80%，开启蒸汽阀门加热溶液。升温至100℃时，开启清水泵抽真空，使罐内真空度达到并保持小于60kPa。应经常观察料液沸腾情况，调整供汽量，以避免料液被抽出。视液体蒸发情况，每隔1～2h补加一次 $RECl_3$ 溶液。如有效容积为3m^3 的浓缩罐，应使每罐最终产品产量达到5t。浓缩足够时间后，取样快速分析，当REO含量达到45.5%～46.5%时即可出料。一般浓缩24h可出一批料，出料时关闭真空系统，打开放空阀，并关闭清水泵、蒸汽阀，打开罐底部阀门，将浓缩料放出至位于罐下方的不锈钢制结晶盘内，料层厚10cm。自然冷却8h，凝固后破碎、称量和装袋，并编号和取样分析，合格者即为产品。为了防止浓缩所得的 $RECl_3 \cdot nH_2O$ 在电解工序脱水过程中生成不溶性的氯氧化物，稀土氯化物溶液在浓缩前加入占REO质量3%～5%的氯化铵，可使生成的氯氧化物又转变成氯化物。

混合氯化稀土产品为浅粉红色或灰白色固体，用作分离单一稀土的原料或熔盐电解法制取混合稀土金属的原料，也可用作制取石油裂解催化剂的原料，其质量标准见表4-8。

表 4-8 混合稀土氯化物的化学成分（GB/T 4148—2003）

数字牌号			191545A	191545B	191516	191545C	191545D	191545E
字符牌号			$RECl_3 \cdot 6H_2O$-T	$RECl_3 \cdot 6H_2O$-S	$RECl_3 \cdot xH_2O$-S	$RECl_3 \cdot 6H_2O$-D	Ce-$RECl_3 \cdot 6H_2O$-D	La-$RECl_3 \cdot 6H_2O$-D
化学成分（质量分数）/%	REO（≥）		45	45	160g/L	45	45	45
	主要稀土（≥）	La_2O_3/REO	—	23	23	—	—	40
		CeO_2/REO	45	45	45	45	45	—
		Eu_2O_3/REO	0.1	—	—	—	—	—
		Nd_2O_3/REO	—	—	—	—	12	20
	稀土杂质（≤）	Sm_2O/REO	—	—	—	0.3	0.1	0.1
	非稀土杂质（≤）	Fe_2O_3	0.06	0.05	0.2g/L	0.05	0.05	0.05
		BaO	0.8	0.80	2g/L	0.8	0.50	0.50
		CaO	合量3.0	合量2.5	合量6g/L	3.0	1.50	1.50
		MgO					0.03	0.03
		ZnO	—	—	—	—	0.05	0.05
		Na_2O	0.50	0.50	2g/L	—	0.50	0.50
		ThO_2	—	0.03	0.1g/L	—	0.003	0.003
		SO_4^{2-}	0.1	0.10	0.3g/L	0.03	0.03	0.03
		PO_4^{3-}	0.01	0.01	0.04g/L	0.01	0.01	0.01
		水不溶物	0.3	0.30	—	0.3	0.30	0.30
		NH_4Cl	—	4	—	1.5~4.0	4	4
pH值					1.5~2.0			

注：字符牌号中的T、S、D分别表示通用、催化剂用及电解用。

4.3.2 水合稀土氯化物的真空脱水

水合稀土氯化物中的结晶水可用加热方法除去。在加热脱水过程中，结晶水是分阶段脱掉的，先逐步生成含水分子的中间水合物，最后转化成不含水分子的无水氯化物。例如，水合氯化镧的脱水步骤为：

$$LaCl_3 \cdot 7H_2O \rightarrow H_2O_{(g)} + LaCl_3 \cdot 6H_2O \rightarrow 3H_2O_{(g)} + LaCl_3 \cdot 3H_2O \rightarrow 2H_2O_{(g)} + LaCl_3 \cdot H_2O \rightarrow H_2O_{(g)} + LaCl_3$$

各种水合稀土氯化物的完全脱水温度大多在200℃左右。

水合氯化物在热分解时总伴随有水解反应：

$$RECl_3 \cdot nH_2O = REOCl + 2HCl + (n-1)H_2O$$

这一反应从150℃开始进行，高于230℃时生成的REOCl量逐渐增加，直到500℃完全变成氧化物。由于$RECl_3$是可溶于水的，而REOCl及RE_2O_3都不溶于水，将它们通称为水不溶物。这种水不溶物熔点高，在制取稀土金属的过程中会造成金属损失和氧、氯污染金属。因此，在加热脱水时应采取有效措施，使其中水不溶物含量小于1.5%，水分含量小于0.5%。

为了抑制脱水过程中氯化物发生水解，工业上生产无水稀土氯化物采用在有氯化铵存在条件下的真空加热脱水方法。加氯化铵的目的在于，使脱水过程中产生的水解产物REOCl重新转变为氯化物：

$$REOCl + 2NH_4Cl = RECl_3 + 2NH_{3(g)} + H_2O_{(g)}$$

工业上脱水在卧式脱水窑内进行，在窑的底部加热，如图4-10所示。氯化铵的加入量为结晶料的30%，可在制备水合氯化物时加入，或将固体氯化铵与水合氯化物混合均匀后装入衬搪瓷的盘内。将盘置于料车的框架上，将料车推入窑内，然后关闭窑门。用真空泵抽气，窑内压力达到约80kPa时开始加热，逐步升温至400℃。在脱水过程中应始终保持在80kPa以下的压力，脱水周期约为36h。最终产物还不能达到完全脱水程度，但能满足一般熔盐电解制取稀土金属的要求。

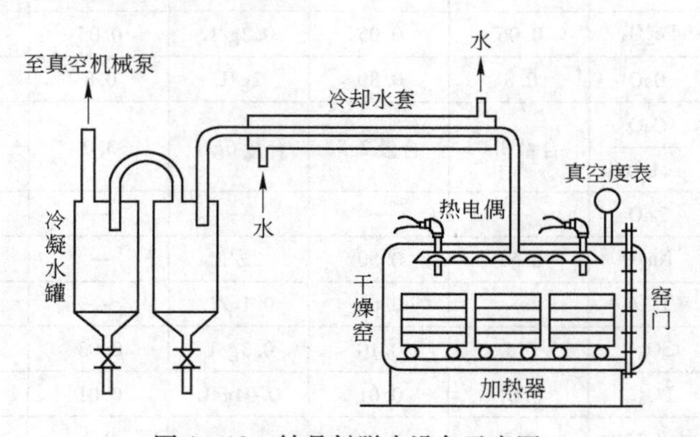

图4-10 结晶料脱水设备示意图

熔融脱水是国内近年来采用的一种新工艺，其方法是将稀土氯化物结晶料加入含碳的高温熔盐中，使之瞬间脱水，同时用氯气作氯化剂，熔盐中生成的水解产物通过氯化反应转变成稀土氯化物：

$$RECl_3 \cdot nH_2O = REOCl + (n-1)H_2O_{(g)} + 2HCl$$

$$2REOCl + C + 3Cl_2 = 2RECl_3 + CO_{2(g)}$$

采用熔融脱水氯化工艺不仅能制得无水和水不溶物含量低的无水稀土氯化物，而且由于大多数非稀土杂质的氯化物在熔融脱水温度下容易挥发，从而对电解原料起到进一步除杂提纯的作用。同时，由于熔融氯化物可直接进电解槽，这对于维持正常电解条件、降低电耗、节约能源和实现电解生产连续化都是很有益的。

4.3.3 稀土氧化物的氯化

用CCl_4、HCl、NH_4Cl、S_2Cl_4、PCl_5或Cl_2（有碳存在条件下）等氯化剂与稀土氧化物作用，均可直接制取无水氯化物。这种氯化法效率高，其中的多数氯化剂用来制取试剂用途的氯化物。工业上大批量生产无水稀土氯化物的常用方法是氯化铵氯化法和有碳存在条件下的氯气高温氯化法。

氯化铵氯化法能得到较纯净的无水稀土氯化物，其反应为：

$$RE_2O_3 + 6NH_4Cl_3 \xlongequal{} 2RECl_3 + 6NH_{3(g)} + 3H_2O_{(g)}$$

在该法中，将稀土氧化物与为理论计算量2～3倍的NH_4Cl相混合，在惰性气体保护下，于200～300℃反应，直至反应产物能全部溶于水为止，氯化率达100%，回收率达90%以上。氯化时间与氯化物料的装入量以及反应器的结构有关。氯化温度过高和氯化时间过长都会降低氯化率。然后在300～320℃、0.067～0.27kPa真空条件下加热氯化物，除去过剩的NH_4Cl，以免稀土氯化物含氮而被污染。

用四氯化碳氯化时，当加热至600～700℃时发生反应：

$$2RE_2O_3 + 3CCl_4 \xlongequal{} 4RECl_3 + 3CO_{2(g)}\text{（或部分 CO 和 COCl}_2\text{ 气体）}$$

用这种方法制得的产物中只含少量的碳杂质。

用氯气氯化稀土氧化物是在有碳存在的条件下进行，于600～700℃发生反应：

$$2RE_2O_3 + 3C + 6Cl_2 \xlongequal{} 4RECl_3 + 3CO_{2(g)}\text{（或 CO）}$$

用上述各种方法制得的无水稀土氯化物常有少量氧、碳等杂质，一般能满足熔盐电解法生产稀土金属的要求。有时为了制取高纯氯化物，往往采用真空蒸馏法，将含杂质的稀土氯化物置于真空蒸馏设备中进行蒸馏。在真空度为（0.53～5.4）$\times 10^{-3}$kPa、温度为850～950℃的条件下蒸馏时，稀土氯化物被蒸发进入上部冷凝器中凝结，而氧（以REOCl、RE_2O_3存在）和碳等杂质则留在残余物中。

4.3.4 稀土氟化物的制备

氟化稀土较早用作电弧灯用碳电极棒的增光剂以及钢铁与非铁合金冶炼的添加剂，氟化稀土的多晶体及单晶体在光学方面也有重要的用途。近年来，氟化稀土作为氟化物体系电解法和金属热还原法生产稀土金属的原料，产量迅速增加。无水稀土氟化物的制备，工业生产中一般采用氢氟酸沉淀－真空脱水氟化法、氟化氢铵干法氟化法和氟化氢气体氟化法等。进行氟化的原料一般都是氧化物。

4.3.4.1 氢氟酸沉淀－真空脱水氟化法

将稀土氧化物用水调成浆，溶解于盐酸中，过滤后将$RECl_3$溶液稀释到100～150g/L，加热到70～80℃，加入浓度为48%的氢氟酸使之产生$REF_3 \cdot nH_2O$（$n=0.5\sim1$）沉淀。将沉淀物澄清过滤后，用80～90℃的水洗去Cl^-。将含水料在100～150℃条件下烘干，然后在20kPa以下，以20℃/h的速度缓慢升温至450～500℃，保温6～8h进行脱水。这种方法得到的氟化物含有少量的REOF。反应式为：

$$RECl_3 \cdot 6H_2O + 3HF \xlongequal{70\sim80℃} REF_3 \cdot nH_2O + 3HCl + (6-n)H_2O \quad (n = 0.5\sim1)$$

$$REF_3 \cdot nH_2O \xlongequal{450\sim500℃} REF_3 + nH_2O$$

氟化过程所用的容器应能耐受氟的腐蚀。在烘干和真空干燥时，采用钼、镍或镍合金制成的容器。该法成本低、批量大；但效率低、流程长，对于高纯稀土氟化物的制备，污染机会也多。

4.3.4.2 氟化氢铵干法氟化法

将稀土氧化物与氟化氢铵混合均匀，在20kPa左右的压力下升温至200℃左右并保温一定时间，可得到无水稀土氟化物。剩余的氟化氢铵和氟化铵可在600℃以下加热除去。氟化反应为：

$$RE_2O_3 + 6NH_4HF_2 = 2REF_3 + 6NH_4F + 3H_2O$$

稀土氧化物与氟化氢铵的配料质量比一般取1:（1.2～1.5），可根据氟化时批量的多少、料层的厚薄、原料含水量的高低进行适当调整。将配料后的混合物装入钼或镍合金容器，在加热炉内进行氟化，如图4－11所示。各种稀土氧化物的氟化温度以及氟化时间都大致相同。例如每批加料3kgRE_2O_3时，可在10～20kPa、200℃条件下保温3h进行氟化，在80kPa、500℃条件下保温4～5h脱铵（NH_4F）。该法得到的氟化稀土氧含量较低，氟化率达到97%以上。

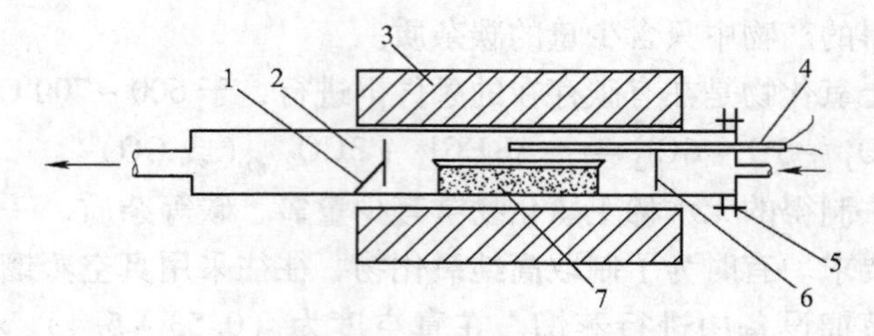

图4－11 干法氟化炉示意图

1—镍挡板；2—镍管；3—电阻炉；4—热电偶；5—青铜法兰；6—挡板；7—炉料

干法氟化法具有流程短、操作简便、氟化效率高、产品质量较好和回收率高等特点。其不足之处是氟化成本较高，处理量较少，要求排除和回收NH_4F气体。

4.3.4.3 氟化氢气体氟化法

用干燥的氟化氢气体与稀土氧化物直接接触反应，可得到无水稀土氟化物：

$$RE_2O_3 + 6HF = REF_3 + 3H_2O$$

在550～575℃条件下，反应能迅速进行。氟化在镍制的管式炉中进行，用镍舟盛放氧化物料。将炉子快速升温至300℃，通入HF气体，在2.5～3h内继续升温至650℃以排除原料中的水分，然后在650～700℃条件下保温4～5h进行氟化。从炉中排出的剩余HF气体用苏打溶液吸收，或通过干冰冷凝器除去水分后返回使用。氟化结束后，将炉子冷却至300℃左右时停止通HF气体，继续冷却至100℃时出料。

气体氟化法产品质量好，流程短，操作简便，氟化效率高，产品的回收率高。其缺点是反应温度高，操作危险性高，尾气回收困难。稀土氟化物与氯化物不同，其吸水性很弱，但却能吸收空气中的气体，所以应将其保存在惰性气体中。

4.4 稀土抛光粉的制备【案例】

4.4.1 稀土抛光粉概述

抛光是光学零件冷加工的主要工序。近年来化学机械抛光已成为众多高新技术（如平面显示、大规模集成电路及超高精度机械加工）中不可缺少的工业化生产过程，而且这一技术可以与许多相关技术结合，将在未来高技术产业中发挥越来越重要的作用。

玻璃抛光分为光学玻璃抛光和普通玻璃抛光两大类。光学玻璃分为无色、有色、耐辐射、光学石英和微晶玻璃五类。普通玻璃主要有平板玻璃和瓶玻璃等。最早用于玻璃抛光的是氧化铁（即铁丹），在16世纪前后就有应用，它的抛光速度慢，而且铁锈色的污染无法消除。从1933年开始，氧化铈作为玻璃抛光粉得到应用，在20世纪50年代后期还开发出了以氧化锆为基质的抛光粉。事实上，能抛光玻璃的化合物多为+3价和+4价金属，如铁、铝、钛、锆、钍和铬等的氧化物。但能作为基质的主要是氧化铁、氧化铈和氧化锆，其中以氧化铈最好，氧化锆居中，氧化铁最差。特别是在光学玻璃的抛光上，稀土抛光粉由于具有抛光质量好、抛光效率高、寿命长等优点而得到广泛应用。

我国从1958年开始研制氧化铈抛光粉，在以混合稀土氧化物、氟碳铈矿和纯氧化铈为原料生产各种规格的抛光粉方面取得了进展。到20世纪70年代又开发了添加氟、硅等元素的产品，如739、771型等牌号的产品。近年来，为适应光学玻璃聚氨酯高速抛光技术的发展要求，加快了高档次宽口径稀土抛光粉的研制进程，如南昌大学开发的NCU2000系列超细稀土抛光粉的应用性能指标已达到国际先进水平。目前，我国已有三大品级、共11种牌号的铈系稀土抛光粉，其有关性能见表4－9。

表4－9 我国稀土抛光粉的品种及有关性能

品级	牌 号	主要化学组成/%			平均粒度/μm	真密度/g·cm^{-3}
		REO	CeO_2/REO	F		
低铈	771型	85	48		1～3	6～6.3
	795型	90	50			5.8～6.4
	797型	88	48	4～7	0.5～1.5	5.5～6.4
	817型	90	45	3～6		5.8～6.4
	877型	84	48	6～8	0.5～2.0	6.5～7.0
	C－1型	85	45	4～7		6.5～7.0
	H－500型	95	50			5.6～6.4
中铈	739型	90	80	3～6	0.4～1.3	6.4～6.7
高铈	A－8型	98	99		3～10	6.5～7.5
	TCE型	95	97	0.2	0.8～2.5	6.5～7.5
	NCU2000型		99		0.66	6.5～7.5

低铈稀土抛光粉中，771型适用于光学眼镜片及金属制品的高速抛光，797型和C－1型适用于电视机显像管、眼镜片和平板玻璃等的抛光，H－500型和877型适用于电视机显像管的抛光。这类抛光粉成本低，初始抛光能力与高铈稀土抛光粉相当，但使用寿命较低。目前国内生产低铈稀土抛光粉的量最多，占总产量的90%以上，除部分出口外，约占国内总用量的85%以上。

中铈稀土抛光粉主要为739型抛光粉，适用于高精度光学镜头、凹凸曲面和照相机镜头等的抛光。与高铈稀土抛光粉相比，该抛光粉可使抛光液的浓度降低11%，抛光速度提高35%，制品的光洁度提高一级，抛光粉的使用寿命提高30%。目前在一些光学玻璃的高性能抛光中，国内多数企业采用进口抛光粉，为了降低生产成本，也掺用一些国产或进口的739型抛光粉。

高铈稀土抛光粉最早代替了古典抛光的氧化铁粉，主要适用于精密光学镜头的高速抛光。该抛光粉的性能优良，抛光效果好，但由于价格较高，目前国内使用量较少。

抛光体系就抛光工艺而言，通常由四部分组成，即被抛光的玻璃部件、抛光液、一个能保持抛光液与玻璃直接接触的抛光平台、一个能使抛光平台相对于玻璃表面运动的抛光机。在这一系统中发生一系列化学和机械作用。抛光粉的种类和制备方法对抛光性能影响很大，但有关其抛光机理还不清楚，目前有微量抛除、玻璃流动和化学作用论等说法。日本学者通过对抛光层的偏光分析认为，抛光机理是微量抛除和化学作用的综合。国内学者首次将抛光粉和玻璃表面的电性相互作用作为抛光过程中的主要因素来考虑，提出了抛光粉在抛光模型及水力场中的运动形式，并与抛光粉的外观形貌相关联，提供了抛光粉设计和质量控制的理论依据。但抛光仍然是一个高度经验化的加工过程，还有待于针对各种抛光对象，结合现代分析测试技术对抛光技术和抛光机理进行深入研究，研制新型抛光粉，实现抛光粉应用的系列化和产业化。

抛光粉是抛光加工过程中的关键工艺材料，其主要指标有化学成分及其稳定性，内部结构，表面稳定性，平整度，耐酸、水、盐等介质的能力，粒度，硬度，密度，悬浮性，加工工艺条件等。抛光粉的粒度和粒度分布对抛光性能影响很大，对于成分和制备工艺相同的抛光粉，粒度越大，切削速度越快，但玻璃表面的平均粗糙度越高。因此，各类玻璃的抛光对抛光粉粒度的要求有一定差异性。如平板玻璃和彩电玻壳的表面光洁度要求不高，所用抛光粉的粒度可以大一些，1 ~ 4μm 即可；而光学玻璃抛光所需抛光粉的粒度要求就要严格一些，若用聚氨酯高速抛光，则对粒度和悬浮性要求更严，如平均粒度为 0.5μm 左右，而且要求粒度分布集中。稀土抛光粉根据其物理化学性质，一般用于玻璃抛光的最后工序进行精磨，其粒度分布在 1 ~ 10μm 之间。粒度大于 10μm 的抛光粉大多用在玻璃加工初期的粗抛光；小于 1μm 的亚微米级稀土抛光粉，由于在液晶显示器与电脑光盘领域中的应用逐渐受到重视，产量逐年提高；纳米级稀土抛光粉目前也已经问世，但还处于研发阶段。所以，选择抛光粉的种类要从多方面考虑，如玻璃种类、抛光质量要求、抛光设备类型、抛光平台类型、抛光浆液类型等。目前在世界范围内可供选择的抛光粉种类有 100 种以上，绝大多数是有针对性的，能普遍适用的抛光粉很少。因此，抛光粉研制的重点在于针对应用目标进行物性控制，其难点在于推出能普遍适用的抛光粉产品。

近年来，我国光学玻璃与信息光电材料的发展迅速，在液晶显示屏、硬盘玻璃和半导体抛光方面有很大的发展。为了满足这一需要，国内光学加工企业迫切需求能够取代进口抛光粉的国产产品，以降低生产成本，提高生产效益。我国具有丰富的铈资源，为今后持续发展稀土抛光粉奠定了坚实的基础，必将成为世界稀土抛光粉的生产和供应大国。

4.4.2 沉淀法制备低铈抛光粉

目前常用的低铈抛光粉源于以铈为主的混合稀土，辅之以氟化物、石英、钙、钡、铁和少量其他杂质。其制备工艺是使稀土原料在固态发生化学变化，从而转化成机械和化学性能均稳定的化合物。其中稀土氧化物含量为 40% ~70%，铈含量为稀土含量的 50% 左右或低于 50%，其余由 La_2O_3、Nd_2O_3、Pr_6O_{11} 等组成，粒度为 1 ~ 4μm。这种抛光粉价格相对便宜、切削率高、应用较广，主要用于阴极射线管、平板玻璃和镜片的抛光。

沉淀法制备低铈抛光粉的生产工艺分为合成、焙烧、分级三个工序，原料可以是混合氯化稀土、氢氧化稀土或高品位稀土精矿。与同类稀土化合物产品的要求不同，就抛光粉而言，虽然对化学纯度也有要求，但不是决定因素，而决定因素是其物理性质。所以，稀土抛光粉的制备是在具有一定化学含量的基础上赋予其应有的物理特性，如粒度及其均匀性、晶体性质、硬度、密度等，这些性质必须在制备过程中加以调控。首先是产生抛光粉的母体化合物及其沉淀加工过程，因为它们决定产品的粒度特征和晶体特性，氢氧化铈、碳酸铈和草酸铈的煅烧产品无论是在粒度还是抛光性能方面都有较大的差别。除制备工艺外，抛光粉的调配对于提高抛光粉性能起了很大作用。研究发现，许多化合物能显著提高抛光效果，因而得到了广泛应用，氢氧化铈、硝酸铈铵、锌盐、锆盐、稀土盐、磷酸盐、硼酸盐以及一些表面活性剂等均是稀土抛光粉的优良添加剂。因此，合成方法有多种途径，如合成的中间体有氟碳酸盐、碳酸盐、氢氧化物、草酸盐、硫酸铵复盐等，然后灼烧中间体并分级得到抛光粉产品。

以混合氯化稀土为原料生产低铈抛光粉的工艺过程为：溶液经过除杂处理后，加硫酸铵沉淀硫酸稀土和硫酸铵复盐，再加氢氧化钠转化成氢氧化稀土，加氟硅酸氟化，将沉淀放入高温炉内进行灼烧，生成氧化稀土和氟氧化稀土的混合物。将此混合物经淬火、烘干、破碎后，得到成品抛光粉。该工艺过程的主要化学反应如下：

氯化稀土料液去除钡：

$$Ba^{2+} + SO_4^{2-} = BaSO_{4(s)}$$

复盐沉淀：

$$2RECl_3 + 4(NH_4)_2SO_4 + 2H_2O = RE_2(SO_4)_3 \cdot (NH_4)_2SO_4 \cdot 2H_2O_{(s)} + 6NH_4Cl$$

碱转化复盐：

$$RE_2(SO_4)_3 \cdot (NH_4)_2SO_4 \cdot 2H_2O + 6NaOH = 2RE(OH)_{3(s)} + (NH_4)_2SO_4 + 3Na_2SO_4 + 2H_2O$$

氢氧化稀土氟化：

$$6RE(OH)_3 + H_2SiF_6 = 6REF(OH)_2 + H_2SiO_3 + 3H_2O$$

混合物灼烧：

$$REF(OH)_2 = REOF + H_2O_{(g)}$$

$$2RE(OH)_3 = RE_2O_3 + 3H_2O_{(g)}$$

$$Ce_2O_3 + \frac{1}{2}O_2 = 2CeO_2$$

以混合氯化稀土为原料生产低铈抛光粉的工艺流程见图4-12，主要工艺过程和条件为：

（1）沉淀。预先将硫酸铵溶解，配成一定浓度的溶液待用。取一定体积经过除钡处理的氯化稀土溶液，在加热与搅拌条件下缓慢加入硫酸铵沉淀剂，投加比例为 $w((NH_4)_2SO_4):w(REO)=2.5:1$。待沉淀结束后，取样过滤，分析残液中稀土含量，工艺要求小于3.5g/L。

（2）碱转化。将沉淀得到的复盐过滤，调成浆，放入转化桶。在搅拌条件下加入NaOH溶液，投加比例为 $w(NaOH):w(REO)=4.8:1$，在加热条件下转化约6h。碱转化后取固体样分析，若用4mol/L盐酸溶解，发现溶液浑浊，说明转化不完全，应继续加碱或加热转化。

（3）清洗、氟化。将转化完全的氢氧化稀土转入清洗桶，用约50℃的热水清洗多次至

pH =7。吸去上清液，冷却至室温，按照 w(F)∶w(REO) =4% ~7% 的比例缓慢加入 H_2SiF_6 溶液，并继续搅拌 1h，以确保氟化完全。氟化结束后过滤，并转入离心过滤机甩干。

（4）灼烧、淬火。将稀土化合物装入坩埚，送入电炉灼烧。注意升温时不要将炉门关紧，加热 1 ~2h，待水分蒸发后再关紧炉门，升温到 850℃时保温 3h 左右。然后切断电源，打开炉门自然冷却。炉温降到 300℃左右时，将稀土化合物倒入装有冷水的淬火桶内进行淬火处理。

（5）后处理。将淬火后的料浆用泵送入高位槽，在搅拌条件下缓慢加至 100 目（0.15mm）、200 目（0.074mm）振动筛进行过滤和分级。分级得到不同粒度的产品，分别在搪瓷玻璃反应锅内加水煮沸清洗数次。过滤后，将固体物料装入铝制容器并送入烘箱烘干，烘干温度为 200℃，烘干时间通常为 24h。将烘干后的物料破碎，取样分析成分、粒度、密度、抛蚀量等性能，合格后包装入库。

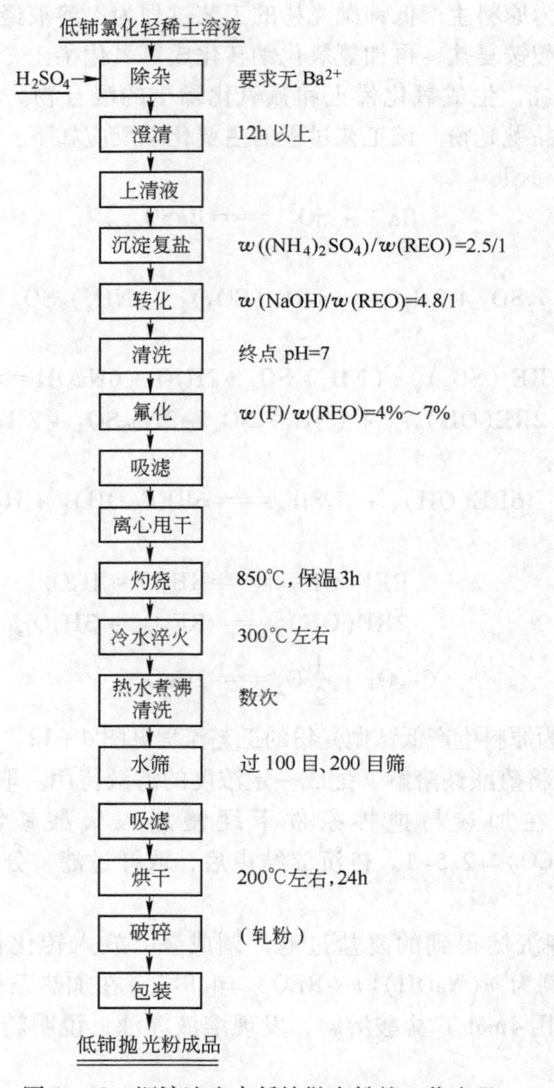

图 4－12 沉淀法生产低铈抛光粉的工艺流程

以该法生产的稀土抛光粉平均粒径在1.5μm左右，产品中$w(REO)=85\% \sim 90\%$，$w(CeO_2)/w(REO)=48\% \sim 50\%$，$w(F)=4\% \sim 7\%$。稀土回收率大于75%，产品合格率大于85%。主要原材料单耗为：硫酸铵3.42kg/kg，30%氟硅酸0.41kg/kg，30%液碱5.11kg/kg。这种工艺较难控制，产品质量不太稳定，杂质含量较高，抛光效果较差。该类产品适用于光学仪器的中等精度中、小球面镜头的高速抛光。

4.4.3 固相反应法制备低铈抛光粉

由稀土精矿直接制备抛光粉可省掉繁杂的化学提取过程，使生产成本大大降低，精矿中的氟和硅对于保证产品的抛光效果起着重要作用。以高品位稀土精矿（$w(REO)\geqslant 60\%$、$w(CeO_2)/w(REO)\geqslant 48\%$），如混合型稀土精矿、氟碳铈矿精矿等为原料，直接用化学和物理的方法加工处理，经过磨粉、煅烧及筛分等作业，可直接生产低铈稀土抛光粉产品。其主要工艺过程为：原料→干法细磨→配料→混合→焙烧→细磨筛分→低铈稀土抛光粉产品。主要设备有球磨机、混料机、焙烧炉、筛分机等。主要指标为：产品中$w(REO)>95\%$，$w(CeO_2)\geqslant 50\%$；稀土回收率不小于95%；产品粒度1.5～2.5μm。这种方法工艺简单，生产成本低，产品中杂质含量高，放射性剂量高于国家标准。该产品适合于眼镜片、电视机显像管的高速抛光。

近年来有关企业以碳酸稀土为原料，研究了焙烧、分级等工艺环节对低铈抛光粉质量的影响。随着焙烧温度的提高，抛光粉的研削能力增加，在1050～1100℃时抛光能力达到最大值。这是因为焙烧温度过低时，抛光粉粒子过软，极易破碎，致使机械研磨作用下降；另外，在抛光单位时间内同时产生过多的具有活性的颗粒新鲜破裂面，只有一小部分能与玻璃表面接触，其余部分没有得到利用就被抛光浆饱和了，限制了抛光速度。而焙烧温度过高则致使抛光粉粒子过硬，研磨中不易破碎，不易暴露颗粒新鲜表面，晶格缺陷减少，抛光粉活性下降，只能对玻璃表面起机械的磨削作用，所以影响抛光速度。此外，烧得过硬的抛光粉粒子或是外来的机械杂质，都会在玻璃表面形成划痕而影响抛光效果。因此在工艺控制中，要避免过度烧结，同时要避免设备带入金属粒子和将机械夹杂带入产品，杂质含量应控制在3×10^{-6}以下。研究表明，碳酸稀土在1050～1100℃条件下，焙烧3h，为得到较好研削能力的最佳工艺条件。焙烧产物经粉碎、分级得到产品，粒度分布为0.4～6μm，平均粒径在2μm左右。该法制得的抛光粉能适用于光学高档领域的抛光。

4.4.4 高铈抛光粉的制备

以氧化铈为主的高铈抛光粉采用化学沉淀法生产，所得稀土沉淀经过煅烧成为稳定的氧化物，再研磨成细粉。其常含稀土氧化物70%～100%，稀土中氧化铈含量为40%～100%。如以混合稀土分离后的氧化铈、碳酸铈等为原料，以物理化学方法加工成硬度大、粒度均匀且细小、具有面心立方晶体结构的粉末产品。高铈抛光粉的优点是成分均一、颗粒的尺寸和形状一致性好，但价格较高。其主要用于光学玻璃、光掩膜、液晶显示屏和精密光学镜头的高速抛光。

A－8型稀土抛光粉是一类常用的高铈稀土抛光粉。以硝酸铈溶液为原料、碳酸氢铵为沉淀剂，制取碳酸铈盐。碳酸铈经高温灼烧、淬火、分级、烘干等处理过程，得到不同粒度规格的成品抛光粉。

沉淀碳酸铈盐的化学反应为：

$$Ce(NO_3)_3 + 3NH_4HCO_3 = Ce(HCO_3)_{3(s)} + 3NH_4NO_3$$

碳酸铈盐灼烧的反应为：

$$2Ce(HCO_3)_3 = Ce_2(CO_3)_3 + 3H_2O + 3CO_{2(g)}$$

$$Ce(CO_3)_3 + \frac{1}{2}O_2 = 2CeO_2 + 3CO_2$$

A－8型高铈抛光粉的生产工艺流程见图4－13，主要工艺过程和条件如下：

（1）沉淀。在搪瓷锅内加自来水，在搅拌条件下加入固体碳酸氢铵，溶解后过滤溶液，并导入高位槽备用。硝酸铈溶液同样经过滤后备用。沉淀在不锈钢桶内进行，先将硝酸铈溶液放入沉淀桶内，在搅拌条件下缓慢加入碳酸氢铵溶液。当沉淀残液的pH值达到8～9时，停止加碳酸氢铵。取溶液样品，用7%～10%草酸溶液检测稀土是否沉淀完全，若溶液浑浊则要补加碳酸氢铵，直至残液清亮、无稀土为止。在沉淀过程中发现沉淀物颜色发黄或发红时，要停止沉淀操作。其原因主要是原料去除杂质不彻底，也可能是碳酸氢铵中Fe^{3+}含量偏高。处理方法是重新加热原料液进行除杂，更换碳酸氢铵或者降低其他原因引起的Fe^{3+}含量。

（2）清洗甩干。虹吸沉淀上清洗，在搅拌条件下加自来水洗涤6次，再用去离子水清洗4次，至pH＝7～8。每次清洗加完水后继续搅拌10～15min。将清洗后的碳酸铈放入过滤器进行固液分离，然后转入离心机内脱水。甩干的碳酸铈取样，分析其灼减量。

（3）灼烧、淬火。将碳酸铈装入坩埚，送入电炉灼烧。在电炉中加热1～2h，待大部分水分蒸发后关紧炉门，升温到850℃，保温3h。然后切断电源，打开炉门，降温至300℃左右时出炉，将料倒入装有去离子水的淬火桶内淬火。

（4）后处理。将淬火后的料浆转入搪瓷玻璃反应锅内，煮沸清洗2～3次。然后转入振动筛，用100目（0.15mm）、200目（0.074mm）、300目（0.046mm）、400目（0.038mm）筛分级，分别进行过滤。将分级过滤产品转入电烘箱烘干，烘箱温度为200℃，烘干时间为24h。烘干后取样进行粒度、密度、化学成分、抛蚀量等分析测定，合格后包装入库。

以该法生产的A－8型稀土抛光粉按平均粒径分为10μm、7μm、5μm、3μm四种规格，$w(REO) \geqslant 98\%$，$w(CeO_2)/w(REO) \geqslant 99\%$。稀土回收率不小于85%，产品合格率不小于90%。原材料单耗为：CeO_2 1.176kg/kg，98%碳酸氢铵1.85kg/kg。

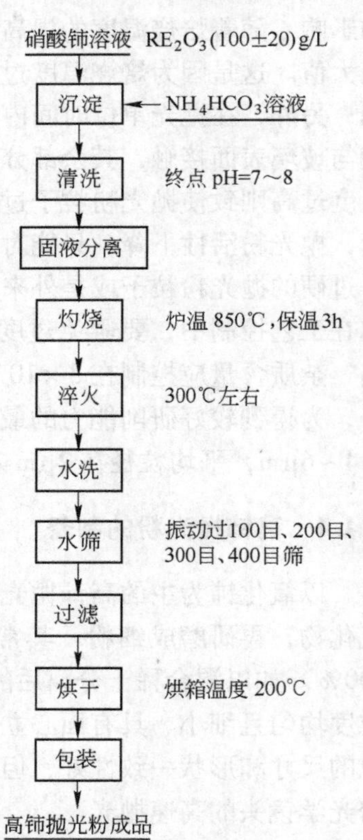

图4－13 A－8型高铈抛光粉的生产工艺流程

某企业以碳酸铈为原料，采用固相反应法制备TCE高性能稀土抛光粉。按照一定的比例加水将碳酸铈调浆，用球磨机细磨9h，其粒度达到2μm后基本上不再减小。将矿浆干燥后进行灼烧，碳酸铈受热分解产生 CO_2 气体，同时作为主要成分的 CeO_2 结晶生长，形成研磨剂的基本性能。若灼烧过度，会使结晶体过度长大或者晶体颗粒间产生烧结，引起半熔融，将导致研磨体表面被划伤，特别是反应的 CO_2 气体急剧产生会破坏物料的稳定性和一致性。因此，控制持续稳定的温度才可获得稳定的产品。实验表明，在恒定温度 850℃条件下焙烧 3h，当结晶半径在 50～60nm 范围内时，所制得的抛光粉研磨性能良好。X 射线衍射图谱和 SEM 分析表明，此时抛光粉为立方晶 CeO_2，颗粒粒度细且均匀，圆球形边缘呈锯齿状，整体呈葡萄串状，外观为黄白色。焙烧好的物料经过干法粉碎、闭式气流分级，细粉经过分析检测而得到产品。

4.5 稀土发光材料的制备【案例】

4.5.1 稀土发光材料概述

发光是物体内部以某种方式吸收的能量不经过热阶段，直接转化为非平衡辐射的现象。若材料接受能量后立刻引起发光，中断能量供给后几乎立即停止发光（10～100ns），这种发光称为荧光；若材料不仅在接受能量时发光，而且在中断能量供给后的一段时间内仍能发光，这种发光称为磷光。由于很多稀土离子具有丰富的能级，且它们的 4f 层电子具有跃迁特性，使稀土元素成为巨大的发光宝库，为高新技术提供了很多性能优越的发光材料和激光材料。

发光是物质中能量吸收、存储、传递和转换的结果。当稀土离子吸收光子或 X 射线等能量以后，4f 层电子可从低能级跃迁至高能级；当 4f 层电子从高的能级以辐射弛豫的方式跃迁至低能级时，发出不同波长的光。两个能级之间的能量差别越大，发射的波长越短。在 +3 价稀土离子中，从 Ce^{3+} 的 $4f^1$ 层开始逐一填充电子，依次递增至 Yb^{3+} 的 $4f^{12}$ 层，它们的电子组态都含有未成对的 4f 层电子。利用这些 4f 层电子的跃迁可产生激光和发光，因此它们很适合作为激光和发光材料的激活离子。由于受到外壳层（$5s^25p^6$）电子的屏蔽，+3 价稀土离子受外界环境影响很小，因此形成许多不连续的能级，它们近似于自由离子能级。其中 Ce^{3+} 和 Eu^{3+} 等离子的发光光谱是宽谱带或宽谱带叠加锐线谱，而其他 +3 价稀土离子是锐线谱。没有 4f 层电子的 Yb^{3+} 和 $La^{3+}(4f^0)$ 及电子半充满的 $Gd^{3+}(4f^7)$ 和全充满的 $Lu^{3+}(4f^{14})$ 都具有密闭的壳层，俘获电子的几率为零，因此它们都是无色的离子，具有光学惰性，很适合作为发光和激光材料的基质。稀土发光材料通常由两种或多种元素合成一种化合物，在这种化合物中以一种纯物质为基质，掺进少量杂质为激活剂。当激活剂引入基质时，就在发光材料中形成了发光中心。基质接受能量并传递给发光中心供其激发，同时在基质晶格场的作用下，可以改变激活剂能级，使它分裂，从而增强了跃迁几率。

稀土发光材料具有许多优点，如吸收能量的能力强，转换效率高；可发射从紫外光到红外光的光谱，特别是在可见光区有很强的发射能力；荧光寿命从纳秒到毫秒跨越 6 个数量级；它们的物理化学性能稳定，能承受大功率的电子束、高能射线和强紫外光的作用。

稀土发光材料的种类很多，但常见的分类法是根据外界激发方式的不同，将发光区分为阴极射线发光、光致发光、电致发光、放射线发光和 X 射线发光等。

用电子束激发发光的材料称为阴极射线发光材料。这类材料广泛应用于彩电荧光屏、彩色电视投影屏、终端显示器、雷达定位、示波器、夜视仪。这些实际应用都是通过阴极射线管（CRT）中涂敷发光材料的荧光屏，把电讯号转变为人眼可视的光讯号，以达到显示图像的目的。

光致发光材料是指在光激发下发光的材料，如彩色电视用稀土荧光粉。这类材料还广泛应用在照明上，如日光灯和紧凑型灯用三基色荧光粉、高压汞灯等用荧光粉。光致发光还包括高效长余辉发光、红外发光及其他光源材料。

电致发光（EL）材料是电能直接转换为光能的一类发光材料。与稀土发光材料相关的是薄膜交流电致发光（CTFEL）和粉末直流电致发光（DCEL）。它们的特点是：工作电压低，功耗小，体积小，重量轻，工作范围宽，响应速度快，可制成全固体化的器件，用于微机终端显示。

X射线发光材料是当X射线穿过物体时形成X射线图像，通过荧光屏或增感屏上的荧光粉可转变成光学图像。这个图像可用眼直接观察，也可用胶片照相或用探测器接收处理。

其他稀土发光材料还有稀土闪烁体、稀土上转换发光及热释发光材料等。稀土激光材料则是另一种类型的发光。激发态的原子或分子（简称为粒子）无规则地放出一个光子而转变到正常态，称为自发发射。当激发态的粒子受到一个能量等于两能级间差值（$h\nu = E_1 - E_2$）的光子作用时，在使粒子转变到正常态的同时产生第二个光子，称为受激发射，这样产生的光就称为激光（laser）。

今天，稀土发光材料已广泛应用于显像、新光源、X射线增感屏、核物理和辐射场的探测和记录、医学放射学图像等各种摄影技术中，并向其他高技术领域扩展。

4.5.2 稀土发光材料对原料的要求

稀土发光材料的化学组成和晶格结构对发光性能影响很大，某些杂质即使含量极小也会使材料的发光性能有明显变化，因此要求原料有很高的纯度。按照杂质在基质中的作用不同，除组成发光中心的激活剂外，其他杂质分为猝灭剂、敏化剂和惰性杂质等。

激活剂单独存在时不能激发，与基质组成发光中心后才能激发。含有未成对4f层电子的稀土元素都可作为激活剂，但由于Eu、Tb、Tm有良好的激活性能，实际材料中常用这几个元素作激活剂。例如，彩电显像管普遍使用Eu激活的硫氧化钇（Y_2O_2S:Eu）红色荧光体，以Y_2O_2S为基质、Eu为激活剂。一种材料可以含有两种激活剂，还有一些杂质与激活剂起协同激活作用，如通过电荷补偿作用使激活离子容易进入基质等，将其称为共激活剂。

猝灭剂是指损害材料发光性能或使材料发光亮度降低的杂质，也称为毒化剂。在高效Y_2O_3:Eu材料中，微量的其他稀土杂质和非稀土杂质可起到猝灭剂作用。例如，当铈的含量为1×10^{-6}时，其亮度猝灭作用就很明显；一些电荷分布与铈相似的元素（如Ti、Zr、Hf和Th）在同样含量时，荧光体的亮度也会猝灭。而碱金属杂质在浓度低于0.01%时一般对亮度无害处，但影响颗粒的生长和分布。

敏化剂是有助于激发剂发光、使发光亮度增加的一类杂质。例如，在Y_2O_3S中加入痕量Tb^{3+}或Pr^{3+}后，对Eu^{3+}、Sm^{3+}和Yb^{3+}离子的阴极射线发光产生高效的增强效果，使它们的发光效率成倍增加。其原理是通过敏化剂离子吸收激发能，把能量传给激活剂离子，产生了较高能量的发光。

惰性杂质是指对材料的发光性能影响较小、对发光亮度和颜色没有直接作用的杂质，如碱金属、碱土金属、硫酸盐和卤素等。因其分离比较复杂，对其含量的限制不必如猝灭剂那样严格。

同一杂质对不同的发光材料可以有完全不同的作用，如铈是超短余辉材料的激活剂，但却是红光材料的猝灭剂。此外，各种杂质具有一定的含量时才能起作用，含量极微的猝灭剂可视为惰性杂质，而过量的激活剂即成为猝灭剂（浓度猝灭）。一般来说，制备发光材料的稀土原料要经过提纯处理，如生产荧光级氧化钇、氧化铕等产品，要求铁、钴、镍、钙等非稀土杂质含量均在5×10^{-6}左右，铈、钕、镨和钐等稀土杂质含量均要求小于5×10^{-6}。

稀土发光材料的组成除了基质和激活剂外还有助熔剂，有时还添加还原剂等。助熔剂在发光体形成过程中起触媒作用，使激活剂容易进入基质，并促进基质形成微细晶体。常用的助熔剂材料有卤化物、碱金属和碱土金属的盐类，用量为基质的5%～25%。助熔剂的种类、含量及其纯度都对材料的发光性能有直接影响。

4.5.3 稀土发光材料的制备方法

稀土发光材料有多种制备方法，但制备过程及其原理有共同的规律。制备工艺可大致分为原料的准备、配料合成、灼烧、后处理等环节。稀土发光材料的配料合成方法一般有高温固相反应法、软化学法和物理合成法。

4.5.3.1 高温固相反应法

高温固相反应法是合成发光材料的传统方法。其主要过程是：按一定化学配比配料，进行研磨并充分混合后装入坩埚中，然后放入高温炉并在某种气氛中进行一定时间的烧结，取出冷却，最后进行粉碎和筛分得到产品。

烧结的作用是充分进行固相反应，以形成基质晶体，使激活剂处于晶体晶格的间隙或置换晶格原子。决定固相反应性的两个重要因素是成核速度和扩散速度。如果产物和反应物之间存在结构类似性，则成核容易进行。扩散与固相内部的缺陷、界面形貌、原子或离子的大小及其扩散系数有关。固相反应是通过颗粒界面进行的，反应的充要条件是反应物必须相互接触。反应物颗粒越细，其比表面积越大，反应物颗粒之间的接触面积也就越大，越有利于固相反应的进行。另外，一些外部因素，如温度、压力、添加剂、反应气氛、射线的辐射等，也是影响固相反应的重要条件。

例如制备Y_2O_2S: Eu红色荧光粉时，将Y_2O_3和适量的Eu_2O_3混合，通常Eu_2O_3的加入量为6%。将稀土氧化物、碳酸钠、硫黄与磷酸钾按照100:30:30:5的质量比配料，经过球磨混合均匀，放在氧化铝坩埚中压紧并覆盖适量的硫黄和废料，加盖盖严。在空气中于1150～1250℃条件下加热反应1～2h，高温出炉，冷却至室温。在紫外线下选粉，用水或2～4mol/L盐酸浸泡后再用热水洗至中性，经真空过滤、烘干、过筛即得外观呈白色Y_2O_2S: Eu红色荧光粉。

反应过程中，加入K_3PO_4作为助熔剂。反应温度约为300℃时，碳酸钠与硫黄反应生成多硫化钠（Na_2S_x），多硫化钠进一步与稀土化合物反应生成稀土硫氧化物：

$$Na_2CO_3 + S = Na_2S + Na_2S_x + CO_2$$

$$(1-x)Y_2O_3 + xEu_2O_3 + Na_2S_x + Na_2S = (Y_{1-x}Eu_x)_2O_2S + Na_2O$$

所有稀土硫氧化物（RE_2O_2S）都具有六方晶体结构，非常稳定，不溶于水；熔点都在2000～2200℃，La_2O_2S 在空气中加热到 500℃以上时才发生氧化。RE_2O_2S（RE = Y，La，Gd 和 Lu）都是高效稀土发光材料的基质，它们的体色都是白色的。

利用高温固相法合成稀土发光材料的主要优点是：微晶的晶体质量优良，表面缺陷少，余辉效率高，利于工业化生产。其缺点是：在1400～1600℃高温下烧结，对设备要求较高；粒子易团聚，需经过球磨减小粒径，使得粒径分布不均匀，发光体的晶体受到破坏，发光性能下降。

4.5.3.2 软化学法

A 溶胶－凝胶法

使金属醇盐或无机盐经过水解，或解凝形成溶胶，使溶胶的溶质聚合凝胶化，再将其干燥、焙烧除去有机成分，最后得到无机材料。这种方法可以获得更细的粒径，无需研磨，且合成温度比传统的合成方法要低，是合成纳米发光材料的方法之一。

关于新型稀土铝酸锶蓄光材料的各种制备方法都曾有过报道。溶胶－凝胶法是按化学计量比将锶、铝、铕、镝的硝酸盐溶液混合，加入一定量的非离子表面活性剂，在60℃左右和剧烈搅拌条件下逐滴滴入氨水溶液形成溶胶，将溶胶缓慢蒸发脱水获得凝胶，初产品以活性炭覆盖，在高温炉中于1150℃灼烧3～4h，得到产物。

B 低温燃烧合成法

在燃烧合成反应中，反应物达到放热反应的点火温度时以某种方式点燃，随后反应由放出的热量维持，燃烧产物即为所需材料。该方法具有安全、省时、节能等优点，是很有应用前景的方法之一。

燃烧法合成稀土铝酸锶蓄光材料是按锶、铝、铕、镝的物质的量之比为1∶2∶0.02∶0.02，分别称取锶、铝硝酸盐和尿素固体，放入石英坩埚中，加入一定量的溶于硝酸的稀土氧化物溶液，在电磁搅拌条件下于60℃缓慢蒸发脱水，获得凝胶状物质。然后迅速将其移入已预热到600℃的炉中，在特定温度下维持几分钟，经剧烈的氧化还原反应逸出大量气体，进而燃烧，几十秒后即得泡沫状材料。初级产物还需经活性炭覆盖，在高温炉中于800℃还原1～2h，最终获得纯白色产物。

C 水热合成法

水热合成法是在高温高压下的水溶液或水蒸气等流体中进行有关化学反应来合成超细微粉的一种方法。其也是合成发光材料的新方法之一。

D 缓冲溶液沉淀法

把缓冲溶液作为一种沉淀介质，将金属盐溶液与之混合生成沉淀，通过洗涤、干燥，然后在一定温度和一定气氛下焙烧，冷却后得到产品。

例如，投影电视 CRT 用的蓝色稀土荧光粉 ZnS：Ag 的制备方法是：取一定量的荧光纯 ZnS，计量加入 $AgNO_3$ 或 AgCl 溶液，并加入 MgCl、NaCl 各1%左右，用少量去离子水调匀，在红外灯下烘干。然后将其与3.8%的硫黄球磨混合均匀，装入石英坩埚压紧，覆盖3%的硫黄和废料后加盖，于900～950℃条件下烧结30～60min，出炉后自然冷却。在紫外线下选粉，再用10%的硫代硫酸钠浸泡1h，用去离子水洗净，经真空过滤、烘干后，过250目（0.061mm）筛子得到产品。

软化学方法合成发光材料的共同优点是：反应各组分的混合是在分子、原子级别上进行的，反应能够达到分子水平上的高度均匀性；掺杂范围广，便于准确控制掺杂量，适于制备多组分体系；合成温度大大降低，产物相纯度高，可获得较小颗粒；设备简单，易于操作。但其与高温固相合成法相比，合成材料的发光效率低、余辉性能差、结晶质量差、晶粒形状难以控制，不易实现工业化生产。

4.5.3.3 物理合成法

A 微波辐射合成法

微波是指频率在 0.3～300GHz 之间的电磁波。依赖于被作用物质的不同，微波可以被传播、吸收或反射。其合成方法是将按化学计量配比的反应物在微波加热条件下进行固相反应。微波电场作用在反应物上，由于分子本身的热运动和相邻分子之间的相互作用，分子随电场变化的运动规则受到阻碍和干扰，使一部分能量转化为分子杂乱运动的能量，从而使反应物的温度迅速升高。与传统加热方法不同，微波加热是从材料内部产生热，被加热物质的温度梯度和热流与传统加热方法相反。因此，被加热物体不受大小及形状的限制，加热速度快，节能，产物纯度高，晶体发育好。溶胶－凝胶法与微波技术相结合已成为合成发光材料的一种先进技术。但微波加热具有选择性，大多数发光材料采用的原料为极少吸收微波的氧化物，必须在原料外覆盖微波吸收介质才能有效地加热。

B CO_2 激光加热气相沉积合成法

采用 CO_2 激光加热气相沉积手段可以获得更小粒径的稀土纳米发光材料，也可以通过控制蒸发室的气压来调整纳米微粒粒径的大小（4～18nm）。但在合成 Y_2O_3:Eu^{3+} 纳米发光材料时，若微粒中 Eu 的含量超过 0.7%，则会出现单独的 Eu_2O_3 相，而这种现象在化学法中不曾出现。

C 发光薄膜制备方法

真空蒸发法可利用电子束加热，能避免热源污染薄膜；高频溅射法是将发光材料压成靶，再在惰性气氛下将其溅射到衬底上。

4.5.4 合成材料的处理

合成材料的处理也称为后处理，包括高温固相烧结材料的研磨以及各种合成方法所得粉末的洗涤、筛选、覆膜等处理，这些环节往往直接影响发光材料的二次特性，如涂敷性能、老化性能等。

洗涤方法有水洗、酸洗、碱洗等，目的是去除助熔剂、过量的激活剂和其他杂质。因为助熔剂都是碱金属或碱土金属的盐类，会使材料发黑变质、寿命缩短。据报道，有的发光材料经洗涤后可使亮度提高 0.2～1 倍。

对于微米级颗粒，常用筛分法选出粒度比较集中的粉末颗粒，然后测定其粒度分布，要求平均粒径必须符合规定的产品要求。

某些发光材料要求对粉末颗粒进行覆膜处理。例如，为了提高彩电显像管的对比度和抗环境干扰能力，红色和蓝色磷光体表面应分别涂敷红色和蓝色颜料，一般为 $\alpha-Fe_2O_3$ 和钴蓝，以牺牲荧光体的亮度来换取荧光屏对比度的提高。

4.6 稀土湿法工艺中反应器的选用【案例】

稀土化合物的制备过程，主要涉及溶解、结晶、浓缩、过滤、干燥、灼烧等化学和物理工艺方法及设备。

机械搅拌槽式反应器在稀土湿法提取和化合物产品制备过程中的应用极为广泛。反应器的功能是使物料在该设备中进行化学反应。加热往往能提高化学反应常数，加热和搅拌能加速反应物和反应产物的扩散传递，所以生产中大多采用带加热器和搅拌桨的反应器。本节介绍常压机械搅拌槽的结构和选用原则，以及与之相关的搅拌功率和固体颗粒悬浮计算。

4.6.1 机械搅拌槽的结构及选用原则

机械搅拌槽通常为圆桶形，采用锥形底或锅形底，如图4－14所示。壳体用普通钢板焊制，接触酸的反应器内表面衬有橡胶、搪瓷、软塑料或玻璃钢以防腐。结构尺寸（即反应器的容积）取决于完成化学反应所需的时间和反应的批量。在稀土湿法工艺中，根据使用要求的不同，反应器的结构尺寸差别很大，尺寸范围为 ϕ1000mm × 1200mm ~ ϕ2200mm × 2500mm，有效容积从 0.5m^3 到 8m^3 均有使用。

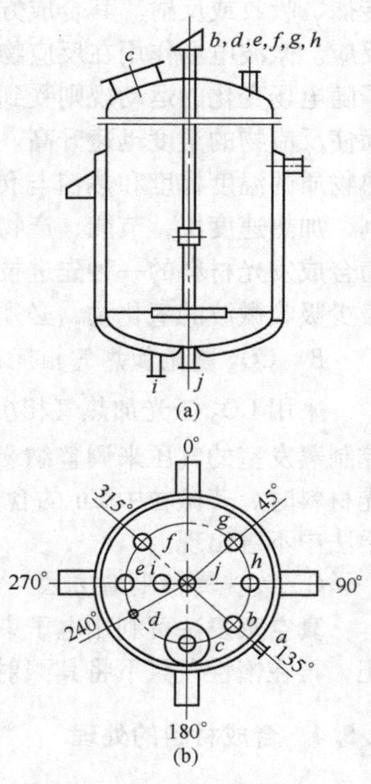

图4－14 机械搅拌槽的结构

为了加速反应，机械搅拌槽一般均设置加热装置，用热载体（蒸汽、热水、热油等）进行间接加热，如在搅拌槽外装夹层或在反应器内装蛇形管。夹层式搅拌槽结构简单、便于操作，但传热面积有限。由于稀土湿法工艺反应温度不高（一般不高于100℃），同时搅拌可提高传热效率，故采用夹层式加热一般能满足工艺要求。在浓碱液电加热分解工艺中，则通入交流电直接对物料加热。

搅拌桨的主要类型如图4－15所示。用于低黏度液体的搅拌桨主要有三叶螺旋桨、六叶透平桨（涡轮）和平板桨。当处理高黏度液体（例如高分子絮凝剂溶液）或易沉降的稠矿浆时，则需使用锚式桨、螺带桨，它们的搅拌转速比较低，但直径较大，旋转时可以不在槽内留存死角。

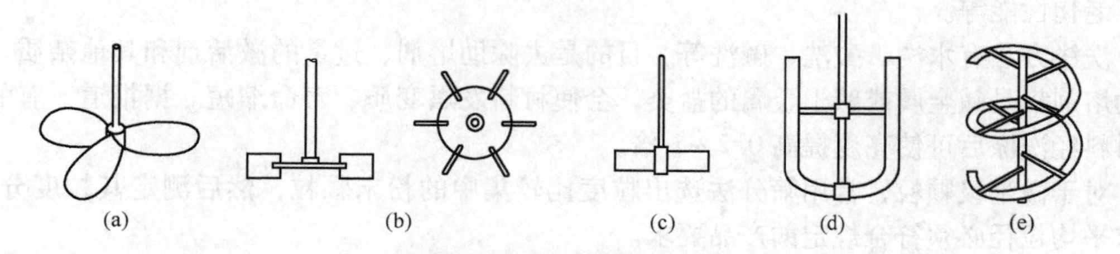

图4－15 搅拌桨的主要类型

（a）三叶螺旋桨；（b）六叶透平桨；（c）平板桨；（d）锚式桨；（e）螺带桨

在稀土湿法工艺中，对于不同操作需选择不同的搅拌桨，其选择原则如下：

（1）调和。凡是两种或两种以上低黏度、互溶液体的混合均称为调和，如配制酸溶液即为调和。该过程的控制因素是容积循环，可选用平板桨和三叶螺旋桨。

（2）分散。分散是指两种低黏度、不互溶液体的均匀混合，如稀土的液－液萃取、皂化等。对搅拌的要求是把一相分散成微小颗粒并使其均匀地分散在连续相中。这类操作对搅拌桨的容积循环及剪切作用都要求较高，宜选用开式平直涡轮搅拌桨。

（3）存在固相的反应体系。稀土生产厂中属于此类操作的有稀土精矿的浸出以及稀土复盐、碳酸盐、草酸盐的沉淀等。这类操作主要要求容积循环好，而对剪切作用的要求居次要地位，建议选用三叶螺旋桨或平直涡轮搅拌桨。

4.6.2 搅拌功率的计算

由流体力学可知，搅拌桨的搅拌功率为：

$$N = Ad^{5-2m}n^{3-m}\rho^{1-m}\mu^{m}/(102g)$$

式中 N——搅拌桨的搅拌功率，kW；

d——搅拌桨直径，m；

n——搅拌桨转速，r/s；

ρ——液体密度，kg/cm^3；

μ——液体的动力黏度，Pa·s；

g——重力加速度，m/s^2；

A，m——各种形式搅拌桨的几何特性和实验常数，已被许多研究者求出，可查阅有关手册。

已知搅拌桨的大小，可由上式计算其搅拌功率；反之，已知功率，也可用上式来计算搅拌桨的直径或转数。

4.6.3 固体颗粒的悬浮

对于存在固相的反应体系，如在稀土浸出或沉淀操作中，保持颗粒悬浮体的分散具有重要意义。颗粒悬浮体的充分分散有利于增大固－液两相的反应界面和传质推动力。

任何密度大于 $1\times10^3kg/m^3$ 的颗粒在水中都受重力作用而沉降。在斯托克斯（Stokes）阻力范围内，其自由沉降的末速度为：

$$v_0 = \frac{(\rho_s - \rho_0)d^2}{18\mu}g$$

式中 v_0——颗粒自由沉降的末速度，m/s；

d——颗粒粒度，m；

ρ_s——固体粒子的密度，kg/m^3；

ρ_0——介质的密度，kg/m^3；

μ——介质的黏度，Pa·s；

g——重力加速度，m/s^2。

在25℃水中，$v_0 = 54.50(\rho_s - 1)d^2$。

然而对于微米级颗粒，介质分子热运动对它的作用逐渐显著，引起了它们在介质中的无序扩散运动，即所谓的布朗运动。图4－16示出了不同粒度颗粒因重力作用（或离心力作用）和布朗运动而引起的单位时间位移的对比值。由图可见，当粒度 $d=1.2\mu m$ 时，单位时间的重力沉降距离与扩散位移相等。因此，对于粒度为1μm以下的颗粒，在水介质中主要受介质分子热运动的作用而做无序的扩散运动，重力的作用对它们显得较为次要，颗粒不再表现出明显的重力沉降运动。对于亚微米级以及纳米级颗粒，重力沉降作用衰退到可以完全忽略不计的程度。这种超细粉体在适当条件下本来可以稳定地分散、悬浮在水介质之中，但事实上它们往往受分子作用力等吸引力的影响而团聚沉降。

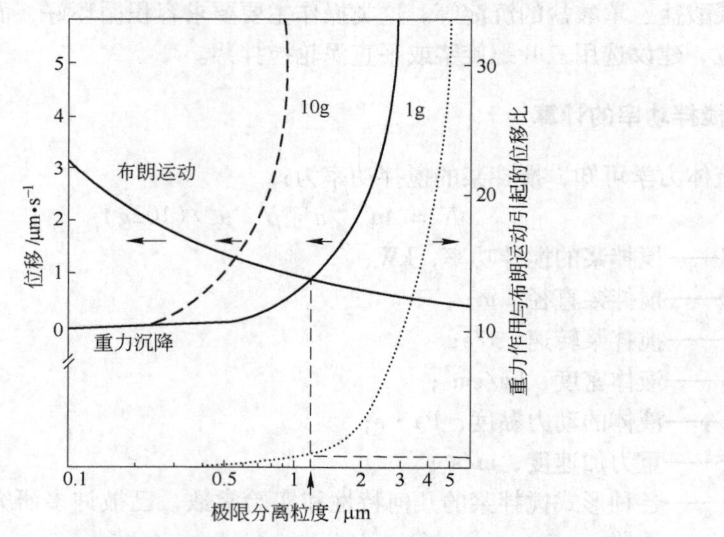

图 4－16　重力作用与布朗运动引起的单位时间位移的对比值
（颗粒密度 2000kg/m³，液体密度 1000kg/m³，液体黏度 8.91Pa·s；温度 25℃）

从理论上来讲，只要创造一定速率的流体上升运动，就可以使具有相应沉降速度的颗粒悬浮。当固体浓度大于 3% 时，可用比自由沉降速度小的干涉沉降速度代替。

在搅拌槽中可以通过适当的搅拌使颗粒悬浮体处于强湍流之中，从而保证其适当的悬浮状态。下面给出一些搅拌槽的典型能量消耗水平及与之相对应的颗粒悬浮状态：

低功率（0.2kW/m³）——轻质固体悬浮，低黏度液体混合；

中等功率（0.6kW/m³）——中等密度固体悬浮，液－液相接触；

高功率（2kW/m³）——重质固体悬浮，乳化；

极高功率（4kW/m³）——捏塑体、糊状物等的混合。

当所有的颗粒均处于运动状态，且没有任何颗粒在反应器底的停留时间超过 1～2s 时，颗粒体系完全悬浮。保证完全悬浮的最低搅拌速度可以通过有关公式计算。实践表明，桨叶式搅拌桨的直径 d 与回转速度 n 成反比关系：

$$nd = k$$

式中　k——常数，一般 k 值取 2.6～3.2m/s 时混合效果较佳。

根据已知桨叶的直径，按此关系可以确定转速的大小。

4.7　固液分离

固液分离是利用某些分离方法或技术将液体悬浮液的液相和固相分开的过程。实现固液分离的方法很多，选择固液分离方法和设备的基本依据是所处理悬浮液中固体颗粒的粒度和固体含量（即浓度），可参照图 4－17。稀土湿法工艺中常用的固液分离方法多为间歇操作的重力沉降、离心沉降、真空过滤、压滤和离心过滤等。

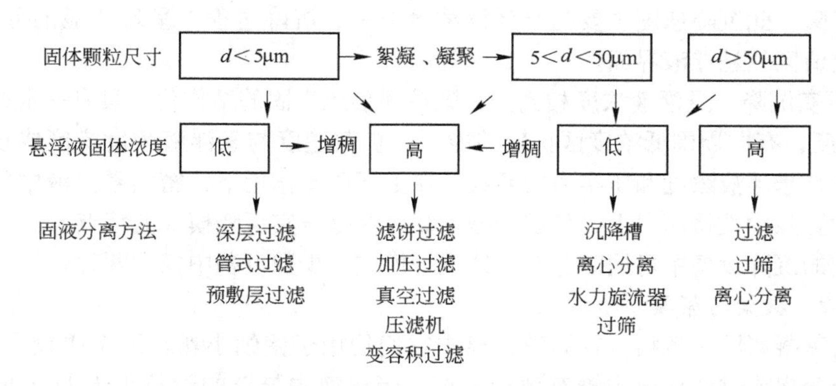

图 4－17　根据固体颗粒粒度和悬浮液固体浓度选用的固液分离方法

4.7.1　重力沉降分离

4.7.1.1　重力沉降

重力沉降通常是悬浮液固液分离的第一步，在稀土搅拌槽中往往是停止搅拌后靠重力沉降进行预分离。若是以获得澄清液为主要目的，则称之为澄清。由于沉降后不能实现固、液相的绝对分开，故得不到无固相的澄清液。

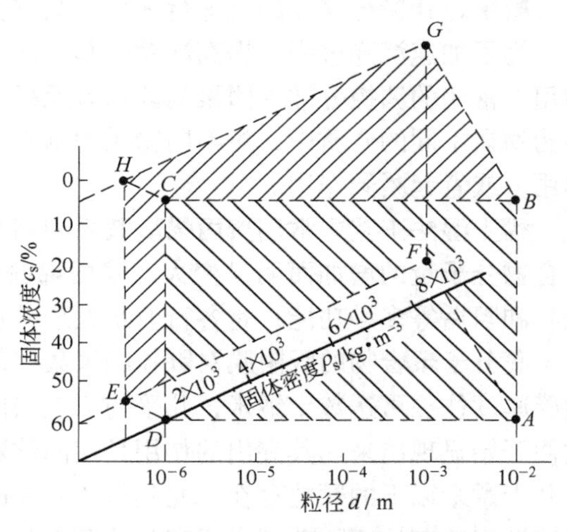

图 4－18　重力沉降分离中固体的状态空间

重力沉降是稀薄悬浮液通过固体颗粒在液相中的沉降分离，脱除部分澄清液而变浓的过程。影响沉降分离的主要因素是固、液间的重力场差，其中包括固体与液体的密度差以及颗粒的大小。从图 4－18 中可以看出，在沉降分离过程中，固体是处在浓度、密度和粒度的三维空间上，其可操作范围只能在图示阴影的空间范围内变化。当其接近原点时，处于浓度最高、粒度最小、密度最低，即最不利于分离的条件；当粒度小至 1μm 时，受布朗运动的影响，沉降分离已不可能。但因受其他因素（如化学反应等要求）的影响，粒度也不宜太大，大致在 1cm 以下。

重力沉降处理的是各种微细（通常小于 100μm，大多小于 50μm）固体颗粒的悬浮液，它们的各种界面现象均会影响其沉降过程。倘若颗粒间的范德华引力比其间的静电斥力强或给予搅拌，颗粒便会在相互碰撞时自然凝聚。很显然，悬浮液的浓度更直接影响颗粒的沉降行为。固相沉降有如下三种模式：

（1）澄清。悬浮液浓度很小，绝大部分颗粒相互之间距离大，呈自由沉降；但也有互相碰撞，碰撞后或凝聚、或不凝聚。试验中可观察到粒子沉降速度不同，沉降速度小的粒子跟在沉降速度大的粒子后面沉降，逐渐地在底部聚集成浓浆，上部澄清液经长时间放置仍有粒子慢慢下落。

（2）区带沉降。悬浮液浓度较大，颗粒凝聚程度高，呈现一定的结构化，基本上以相同的速度沉降。此沉降速度主要与悬浮液浓度有关，沉降过程中呈现明显的分区、分带，有明显的澄清区－悬浮液界面。

（3）压实沉降。悬浮液浓度相当大，颗粒间形成牢固的结构化，具有一定的物理力学（抗压）强度，有向周围低浓度区扩散的能力，扩散速度与悬浮液浓度梯度成正比。悬浮液沉降速度是悬浮液浓度和压实力的函数。在上下压差作用下，密实悬浮液中的液体从固体颗粒间的孔隙中被挤压向上，呈现沟槽现象，这是压实沉降模式的特点。

在不同的沉降设备中可同时存在上述三种模式，少数设备中仅有两种。

4.7.1.2 凝聚与絮凝

凝聚与絮凝属同一范畴，在固液分离中它们均用于使细小颗粒团聚成较大的颗粒群，以便在沉降分离或过滤作业中被有效地分离。当溶液中悬浮的颗粒小于 1μm 时，其被称为胶体。胶体粒子在溶液中做布朗运动，重力场对它的作用已微不足道，过滤、重力沉降都已无能为力，目前最有效的方法是凝聚与絮凝。凝聚是借助外加的粒子使细粒子呈电中性，以消除粒子间的排斥力而使之能互相接近；而絮凝则是使用大分子物质使胶体粒子团聚。凝聚、絮凝悬浮液的沉降行为也与其浓度密切相关。

为了加速沉降过程，提高浓缩效率，向悬浮液中添加凝聚剂、絮凝剂的技术已被普遍使用。常用的调控分散－团聚的药物有无机电解质、表面活性剂和有机高聚物三种。同一种药物在不同的介质中，对不同物质的颗粒，在一定的 pH 值或电位条件下，或者起分散作用，或者起凝聚作用。

稀土湿法工艺中常用聚丙烯酰胺系列高聚物作絮凝剂。聚丙烯酰胺溶于水，其黏度随聚合物分子量的增加而明显变大。聚丙烯酰胺具有絮凝、增稠、减阻、黏结、稳定胶体、成膜和阻垢等多种功能，是各行业水处理的重要化学品。

高分子聚合物的吸附膜对颗粒的聚集状态有非常明显且强烈的作用。这是因为它的吸附膜厚度往往可达数十纳米，几乎与双电层的厚度相当。因此，它的作用在颗粒相距较远时便开始显现出来。其突出的作用是使固体颗粒粒度增大，而粒度分布范围缩小，极少再有几十微米以下的颗粒存在；尤其是团絮体的粒度达百微米以上，但密度很小。而且，悬浮液沉降速度比不加药剂时提高几倍乃至几十倍。

4.7.1.3 浅层沉降与倾斜板装置

在稀土萃取器的澄清槽中常安装倾斜板，以增大对两种液相分离的处理能力。在图 4－19所示的沉降槽中，悬浮液中的固体颗粒或液－液萃取体系中密度大的液相颗粒，若能在 L 距离内沉降至槽底，就能达到两相分离。若将 H 减至 $H/2$，则水平速度可增至 $2v_p$，沉降槽的处理能力即可提高一倍。H 缩小几倍，相当于 BL 面积的处理能力提高几倍，这就是浅层沉降原理，它是小间距多层板沉降装置的理论依据。

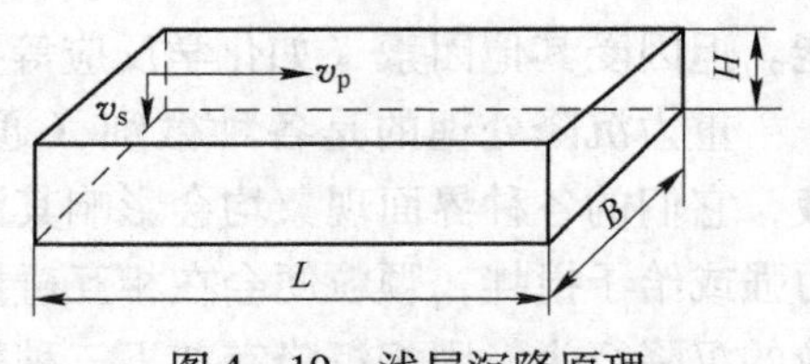

图 4－19 浅层沉降原理

为了便于沉积物排出，将多层平行板倾斜安装，倾角 θ 一般为 45°～60°，则倾斜板装置的总沉降面积 F 为：

$$F = nBL\cos\theta$$

式中 n——倾斜板的个数。

可按悬浮液在倾斜板装置中的流动方式，将其分为上向流、下向流和横向流三种。如图4-20所示，当进入倾斜板装置的流量为Q时，板间的上向流速$v_{上}$(m/h)为：

$$v_{上} = \frac{Q}{BL\sin\theta}$$

颗粒在倾斜板空间中的沉降速度v，可分解为垂直和平行于倾斜板两个方向的分速度$v\cos\theta$和$v\sin\theta$。颗粒能沉降在板面的条件是：它沉降cb'距离所需的时间t_1小于或等于它随悬浮液从a移至c的时间t_2。按此原则可导出倾斜板装置的处理量为：

$$Q = Bv(L + E\cos\theta)$$

式中 B，L，E——结构因素；

v——允许溢流出的最大粒子的Stokes速度。

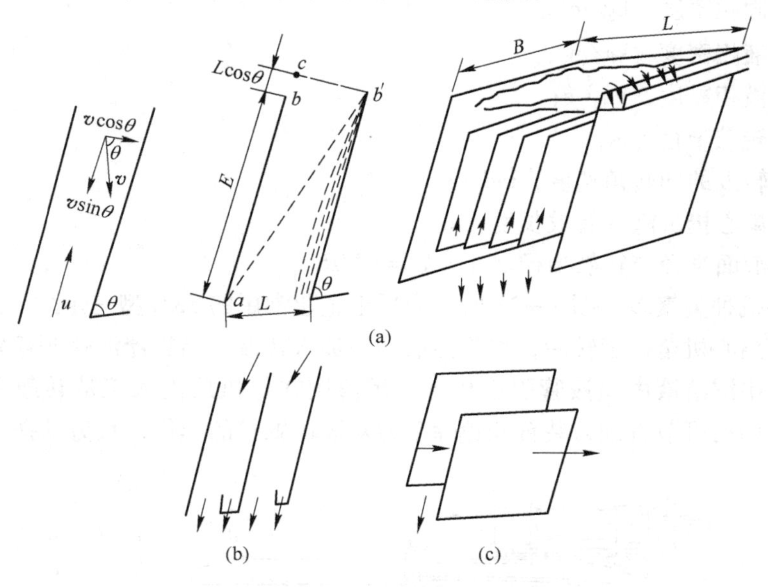

图4-20 倾斜板装置示意图

(a) 上向流倾斜板；(b) 下向流倾斜板；(c) 横向流倾斜板

4.7.2 离心沉降分离

以颗粒的惯性离心力取代其重力，可使其沉降速度增加$R\omega^2/g$倍。这对微细颗粒物料尤为重要。

悬浮液在沉降式离心机转鼓内的运动情况如图4-21所示，常用"活塞式"理论来描述流体在沉降离心机转鼓内的流动特性，即认为流体在离心机转鼓内如活塞般整体向前流动。环状流体在整个截面上的流速是均匀的，新进入转鼓内的流体将置换原有流体。按此理论，悬浮液进入离心机转鼓后，固体颗粒在惯性离心力的作用下在径向向鼓壁"沉降"，同时还随流体沿轴向运动。假设它们从液面R_0处沉降至鼓壁R上的时间为

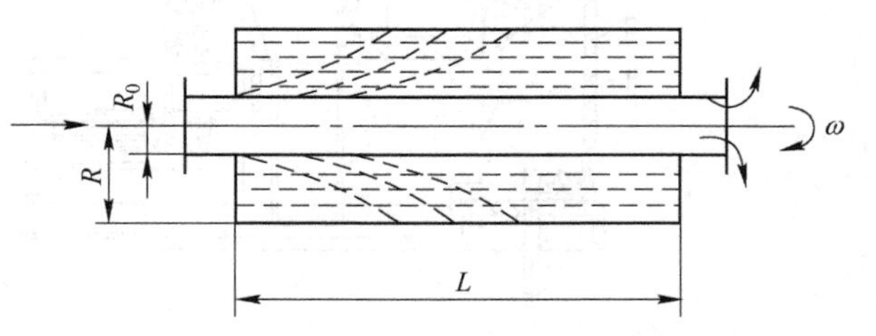

图4-21 悬浮液在沉降式离心机转鼓内的运动

t_1，随流体自入口进入至出口流出的时间为 t_2，则为使固体颗粒能沉降至鼓壁，必须使 $t_1 \leqslant t_2$。

为达到固液分离的目的，应使最微细的固体颗粒能沉降在转鼓内。根据上述假设及要求，可导出沉降离心机的体积处理能力为：

$$q_V = \frac{d_{\min}(\rho_s - \rho)g}{18\mu} \cdot \frac{\pi R^2 \omega^2 L(1 + 2k_0 + k_0^2)}{2g}$$

式中 q_V——沉降离心机的体积处理能力，m^3/s；

$d_{\min}$——能在离心机中沉降的最小的固体颗粒粒度，视沉降离心机的类型、物料的性质和操作条件而定，m；

ρ_s——固相密度，kg/m^3；

ρ——液相密度，kg/m^3；

μ——液相黏度，Pa · s；

R——转鼓半径，m；

ω——转鼓的回转角速度，rad/s；

L——离心机沉降区有效长度，m；

k_0——液面半径与转鼓半径之比，$k_0 = R_0/R$。

沉降离心机种类繁多，图 4 - 22 所示为稀土企业常用的 SXC 型三足式人工下部卸料沉降离心机。在离心机全速运转后，将悬浮液均匀加入转鼓，当悬浮液达到额定容积时停止加料。在运转中澄清液由撇液管引出机外，沉渣则在停机后由人工从转鼓下部排渣孔卸出。人工下部卸料可节省刮刀装置和免除刮刀对固体颗粒的损伤，且劳动强度较小。

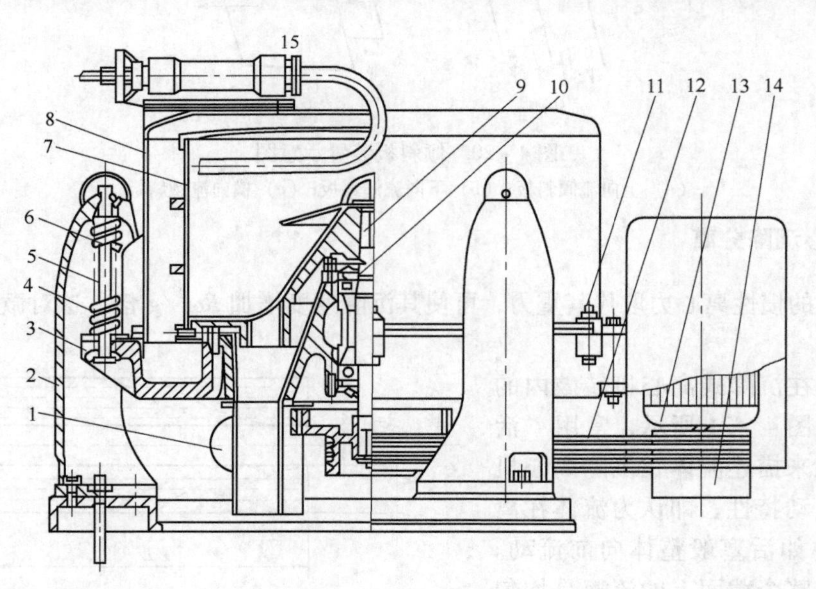

图 4 - 22 三足式人工下部卸料沉降离心机

1—出液管；2—柱足；3—底盘；4—轴承座；5—吊杆；6—弹簧；7—转鼓；8—外壳；9—主轴；10—轴承；11—卡紧螺栓；12—V 形带；13—电动机；14—离心离合器；15—撇液装置

4.7.3 过滤

过滤是使悬浮液通过能截留固体颗粒并具有渗透性的多孔介质（过滤介质），实现固液分离的过程。工业生产应用成饼过滤（相对于深层过滤）。按过滤推动力方式不同，成饼过滤可分为真空过滤、压滤、离心过滤。近年发展的延迟成饼过滤是一种新的高效动态过滤模式。

过滤介质有粒状物料、烧结多孔介质和纤维状物质三大类，最常用的过滤介质是纤维织物，如表4－10所示。它们的过滤性能随着滤布纤维丝直径、纱线类型和编织方法等的不同而差异极大，如孔隙率为14%～60%、渗透性为20～2750L/(m^3·s)（在20mm水柱压力下测得）的滤布，截留的最小颗粒为10μm左右。丙纶的相对耐酸性为最高，常用于稀土产品过滤。

表4－10　常用滤布物化性能的对比

滤布材料	抗拉强度	耐磨性	耐酸性	耐碱性	耐热性	吸湿性
棉布	5	5	6	5	2	2
聚酰胺纤维（锦纶尼龙）	2	1	5	1	3	4
聚酯纤维（涤纶）	4	3	2	6	4	5
聚丙烯纤维（丙纶）	3	2	1	2	5	6
聚氯乙烯纤维（氯纶）	6	4	3	3	6	3
玻璃纤维	1	6	4	4	1	1

注：各性能由1到6逐步下降。

成饼过滤包括两个基本过程，即成饼和后处理，后者又包括滤饼洗涤、压榨和脱水等。按形成的滤饼不同，其又分为不可压缩性和可压缩性两大类过滤状态。现已建立两种过滤状态的基本方程，将其应用于实际的过滤操作时，又可分为在恒压、恒速、变压、变速等条件下进行。通过小型真空过滤或压滤实验，可测得该悬浮液的滤饼比阻和所用过滤介质的阻力，那么就可以参照专门的过滤机参考资料来选择过滤机和计算所需的过滤机面积。

在后处理过程中，大多数情况下滤饼洗涤是直接在过滤机上进行置换洗涤；对于糊状滤饼，也可采用洗液制浆和过滤的洗涤方法。洗涤的目的是提高有用滤液的回收率或进一步清除残留于滤饼中的溶解物。

压榨是用压缩法从固－液混合物中分离液体的方法。对过滤而言，是在过滤机内部用弹性元件压缩滤饼，降低其孔隙率，将存于孔隙中的液体挤压出去。实践表明，抽真空或利用空气吹过滤饼而带走滤饼内的液体，是降低滤饼含液量的有效措施。通常抽真空的压力小于80kPa，吹气的压力则可人为增大。实践表明，高分子絮凝剂一般能较大幅度地提高过滤速率，但其不仅不能降低滤饼水分含量，反而会使滤饼水分含量升高。絮凝剂分子量越大，用量越多，形成的絮团越大，这种现象就越严重。成饼终了时，滤饼孔隙率为35%～70%。

各种过滤机在稀土湿法工艺中都有应用，但真空过滤机多为简易平面台式，现在广泛应用压滤机和过滤离心机。

压滤机如图4－23所示，其又分为板框式和厢式两种。两者的主要区别是：板框式压滤机有滤板和滤框，滤布夹在两者之间，滤饼形成于滤框内；厢式压滤机仅有呈凹形的滤板，相邻两滤板构成一滤室。

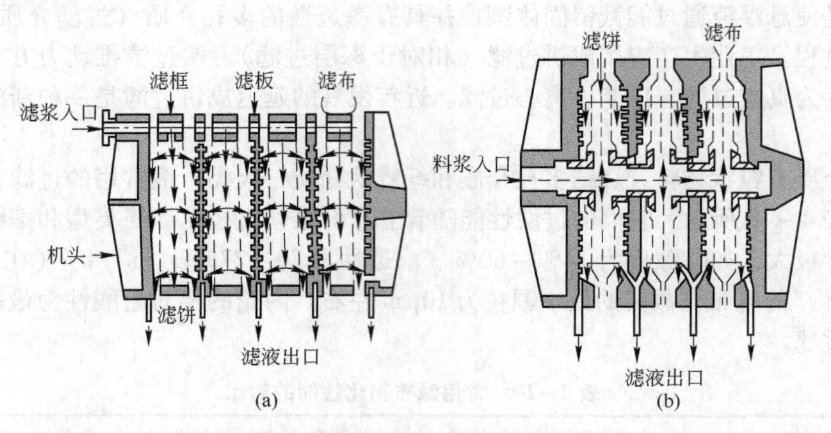

图 4-23 板框式和厢式压滤机

（a）板框式压滤机；（b）厢式压滤机

稀土企业多用厢式压滤机，这种压滤机由滤板、固定尾板、可动头板、主梁等部件构成，如图 4-24 所示。滤板的块数由所需过滤面积确定，过滤开始前由移动装置将多块滤板沿其支撑主梁收拢于尾板及头板间。头板由液压缸驱动，在液压作用下使各滤板紧密接触，形成不泄漏气、水的多个滤室。悬浮液用泵压入，经尾板上的进料口进入压滤机滤室内，一般压力为 0.2 ~ 0.7MPa，滤液在压力作用下透过滤布，沿滤板上的泄水沟排出。当滤室内充满滤饼、滤液不再流出时，成饼阶段结束。如果滤饼需要洗涤，可由进料口进入洗涤液进行清洗。卸料时，液压缸驱动头板退回原来位置，便可逐块地拉开滤板，滤饼借自重脱落，然后清洗滤布并重新装好，开始下一个循环。

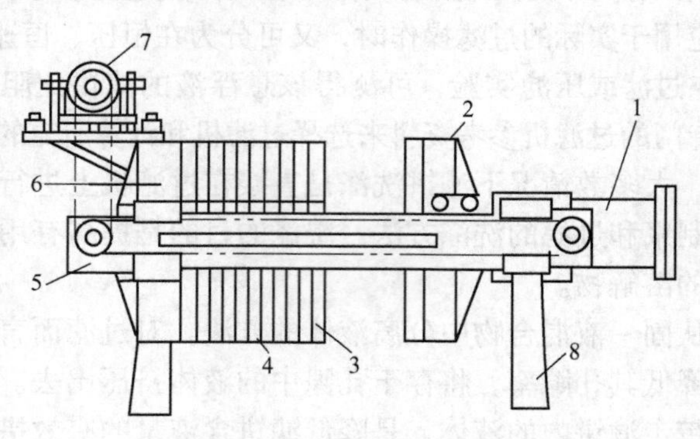

图 4-24 厢式压滤机

1—压紧装置；2—头板；3—滤板；4—滤布；5—主梁；
6—尾板；7—分板装置；8—支架

实际应用的还有一种带软橡胶隔膜压榨和可变滤室的压滤机，在隔膜压榨后，为进一步降低滤饼水分含量和排除管道中的水，可向滤饼中吹入压缩空气，实现吹气脱水。压滤机的优点是：对悬浮液特性的适应性强，结构简单、易操作，过滤压差大，滤饼水分含量低，过滤面积选择范围宽，单位过滤面积的占地面积小。

过滤离心机是以惯性离心力为推动力的过滤机，类型众多。图 4 - 25 是 SG 系列刮刀下部卸料三足过滤离心机的工作示意图。这种离心机的转鼓直径可达 1250mm，$L/D \leqslant 0.5$，离心力强度为 300 ~ 500（$R\omega^2/g$），适宜处理含中、细粒固体或短纤维状的悬浮液；采用刮刀低速（如 18r/min）卸料，振动小，不损伤物料晶粒。这种过滤机为间歇式操作，具有结构简单、价格低、操作和维修方便等优点，尤其是引入了计算机控制技术，更易于实现过程优化。

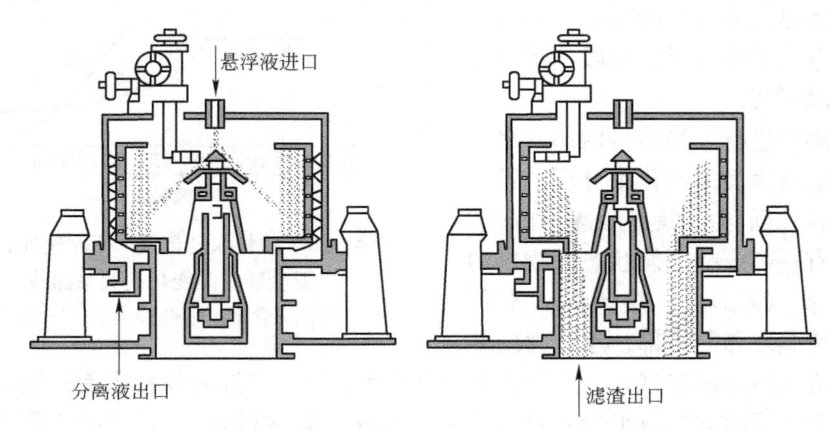

图 4 - 25　SG 系列刮刀下部卸料三足过滤离心机的工作示意图

4.7.4　干燥

干燥是采用某种方式将热量传给含水物料，将此热量作为潜热使水分蒸发并分离出去的过程。因为这是一个高耗能作业，所以干燥中最重要的是使热量最有效地传给含水物料，这在实践中是很难达到的。

干燥本质上是一个传热、传质的热工过程。对流、传导和辐射三种传热方式在干燥中相互伴随、同时存在。干燥过程得以进行的条件是：含水物料表面的水蒸气分压超过热气体（以下或称干燥介质）中的水蒸气分压，含水物料表面的水汽在压差作用下向干燥介质中扩散，然后含水物料内部的水继续向表面扩散，再被汽化。

含水物料中水分向表面的扩散速率和表面水分的汽化速率决定了物料的干燥速率。干燥速率取决于干燥介质的性质、干燥的条件和操作以及物料含水的特性。当含水物料与具有一定温度和湿度的干燥介质接触时，势必会放出或吸收水分。当干燥介质的状态（温度、湿度等）不变时，物料中的水分含量便会维持一定值，称此值为物料在一定干燥介质状态下的平衡水分含量。它也是该状态下物料干燥的限度，在此干燥介质状态下，只有物料中超出平衡水分含量的那部分水才可能脱除。由于四周环境的空气均有一定的温度和湿度，物料只能干燥到与周围空气相应的平衡水分含量。

由图 4 - 26 可见，整个干燥过程分为预热、恒速、减速三个阶段。在预热阶段，温度很低的含水物料与热气体开始接触后，物料和水分温度升到水分汽化温度。预热阶段的时间很短，继而进入恒速阶段。

在恒速阶段，若热气体的性质（温度、湿度、水蒸气分压等）不变，它传给含水物料的热量相当于物料表面水分汽化所需要的热量，则物料表面温度将恒定（B_3C_3）；只要物料表面有充足的水分，汽化速度就恒定；只要物料内部有足够的水分向外扩散，干燥速率也必然恒定（B_2C_2）；而物料水分含量则迅速等速下降（B_1C_1）。当热气体和含水物料表面的温度为定值时，传热速率为恒定值，干燥速率也恒定。提高热气体的温度和传热能力以及降低其中的水蒸气含量，均有助于提高恒速阶段的干燥速率和缩短干燥时间。

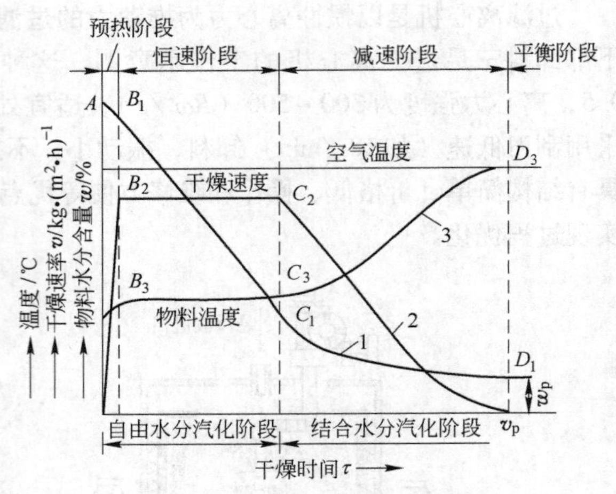

图 4－26　物料水分含量、干燥速度、物料温度随时间变化的关系曲线

1—物料水分含量；2—干燥速度；3—物料温度

随着干燥的进行，当物料内部的水分不足以补充物料表面的汽化水分后，进入减速阶段。在该阶段干燥速度逐渐降低，物料表面将有一部分呈干燥状态，物料的温度逐渐升高（C_3D_3），热量向内部传递，很可能使蒸发移向内部，水汽由内部向外流动，流动阻力越来越大，故干燥速率降低得很快，潮湿的物料表面逐渐减少。将表面刚出现干燥状态时的物料水分含量称为第一临界水分含量 w_{k1}，将表面全部呈干燥状态时的水分含量称为第二临界水分含量 w_{k2}。实际上恒速阶段一结束就达到第一临界水分含量，此值与物料的性质密切相关，通常称为临界水分含量。当物料水分含量达到该干燥条件下的平衡水分含量时，干燥过程终止。

由于待干燥的物料性质迥异，对干燥的要求不同，生产规模有小有大，所以实用的干燥设备十分繁杂，表 4－11 所示为干燥器的一种分类参考。通常选用干燥器的方法是：根据物料的性质及干燥要求选定干燥器的类型，然后由热工计算要求，确定热干燥介质及其产生方法、干燥器的汽化强度和干燥类似物料的汽化强度等数据，选择和计算燃烧炉、加热器、集尘器、风机等。具体的选择与计算方法可参阅有关资料和手册。

表 4－11　干燥器的类型

通风型	物料静止型	间歇箱式	输送型	喷雾式
		喷嘴喷射式		气流式
	输送型	通风带式（隧道式）	传导型	多圆筒式
		通风立式		圆筒式
搅拌型		回转式及通风回转式	其他	冷冻式
		真空式		过热蒸汽式
		流化床式		远红外式
		槽式及圆筒式		微波式

4.7.5　稀土氧化物的烧成设备

稀土氧化物的烧成是在特定窑炉内进行的，先进而合理的窑炉结构是提高产量和质量的可靠保证。窑炉的种类很多，按操作方法分为间歇式和连续式两大类，按加热方式分为电加热和各种燃料燃烧加热等多种类型。

间歇式操作窑炉根据内部火焰行进的方向，可分为直焰窑、平焰窑和倒焰窑三种。图4－27为倒焰窑示意图，其可燃烧煤、重油、煤气、天然气等燃料，燃烧室的燃烧气体经过挡火墙喷火口进入窑顶，然后自上而下流经制品而传热，烟气经过窑底部的吸气口进入均衡烟道，再由主烟道导向烟囱。用于稀土化合物的烘干和灼烧时，把含水料装入由高铝质耐火材料制成的坩埚内，把坩埚逐个叠起摆放在窑内，关闭或用耐火砖封堵窑口。然后在燃烧室内燃烧燃料，用高温烟气加热坩埚和物料。倒焰窑的优点是：比另外两种窑炉的温度分布均匀，且结构简单，设备投资低。但由于物料进窑和出窑操作的劳动强度大，作业周期长，其仅适合小规模生产。

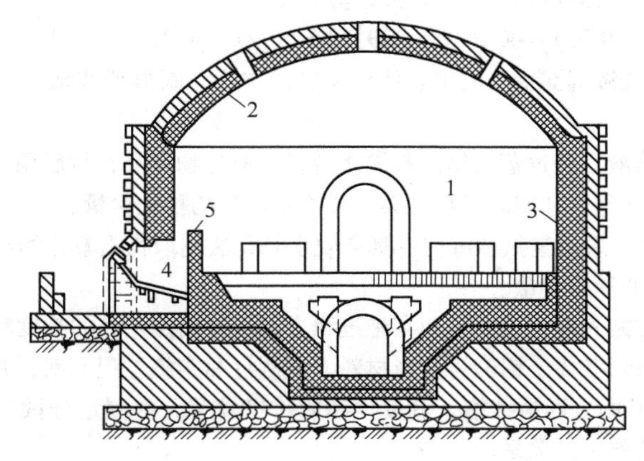

图4－27 倒焰窑示意图

1—窑膛；2—窑顶；3—窑墙；4—燃烧室；5—挡火墙

连续式烧成设备是一条长直线形隧道，其四周用耐火砖砌筑，外侧有保温层和固定的炉壁。图4－28所示为一种电加热的工业炉，其外形尺寸为1300mm×800mm×800mm。用安装在隧道中部顶面的硅碳棒作发热元件，通入交流电可产生高温，构成了固定的高温带。隧道底部铺设轨道，由轨道上可推移的底板构成活动的炉底面。液压推杆按照一定的时间间隔推移底板，装在底板上的盛有物料的坩埚依次通过炉内的预热带、烧成带和冷却带，使物料得到烘干或灼烧。与间歇式操作窑炉相比，其优点是：温度相对稳定，热利用率高，烧成品的质量易保证；生产连续化，周期短，产量大；改善了劳动条件，减轻了劳动强度。

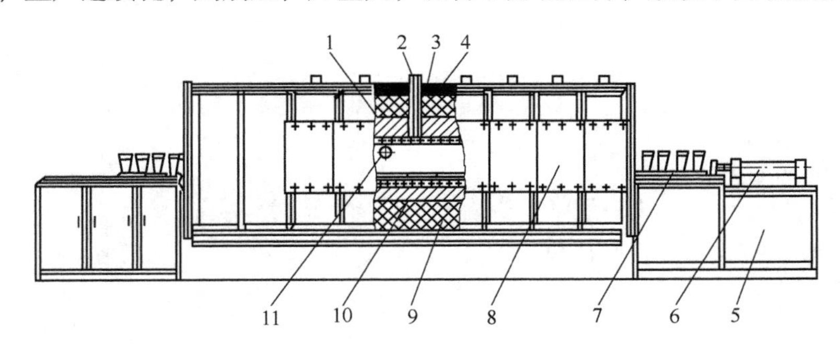

图4－28 连续式电阻炉

1—硅碳棒；2—排气孔；3—保温层；4—底板；5—支架；6—液压推杆；
7—坩埚；8—保护板；9—保温砖；10—高铝砖；11—热电偶

复习思考题

4-1 简述氧化法分离铈的原理和湿法氧化提取铈的工艺。

4-2 简述锌粉还原铕的原理和工艺。

4-3 简述稀土草酸盐、碳酸盐、硝酸盐和超细稀土氧化物的制备工艺和操作方法。

4-4 简述稀土氯化物和稀土氟化物的制备工艺和操作方法。

4-5 简述稀土抛光粉、稀土发光材料的制备工艺和操作方法。

4-6 在80g/LRECl溶液中，酸度为0.1mol/L。取1L料液，试设计草酸沉淀其稀土的工艺数据和操作方法。制得草酸稀土后测定稀土含量，并计算沉淀率。

4-7 硫酸稀土浸液中，$\rho(REO)\approx40g/L$，$\rho(SO_4^{2-})\approx50g/L$，$\rho(MgO)\approx10g/L$，pH=4~4.5。取1L料液，试设计用碳酸氢铵沉淀稀土的工艺数据和操作方法。制得碳酸稀土后测定稀土含量，并计算沉淀率。

4-8 取1L稀土氯化物溶液，经过蒸发结晶制取水合稀土氯化物产品，然后用真空脱水的方法制备无水稀土氯化物产品。试制订和实施过程方案，并测定产品的稀土含量。

4-9 取100g稀土氧化物，采用氢氟酸沉淀-真空脱水氟化法制取稀土氟化物产品。试制订和实施过程方案，并测定产品的稀土含量。

4-10 用沉淀法制备高铈抛光粉，试制订和实施过程方案，并测定产品的粒度和稀土含量。

4-11 用低温燃烧合成法制备稀土铝酸锶蓄光材料，试制订和实施过程方案，并观察产品的发光时间。

4-12 对于宽度为400mm的方形搅拌槽，试设计和制作搅拌桨，并测定分散油、水介质时搅拌桨转速与液滴直径及分散效果的关系。

5　熔盐电解法制备稀土金属和合金

【教学目标】稀土熔盐的电化学是稀土熔盐电解法的理论基础，应熟知电极电位、分解电压、电化学当量、电流效率等概念和技术经济指标；了解稀土电解槽的类型和发展趋势，学会进行10kA钕电解槽的设计；能够进行稀土氟化物－氧化物系电解生产操作和控制。

熔盐电解可用于工业上大批量生产混合稀土金属（以下用REM表示）、单一轻稀土金属（除钐外）和某些稀土合金。与金属热还原法相比，它比较经济方便，金属回收率高，又可连续生产。

5.1　稀土熔盐电解的电化学基础

5.1.1　稀土熔盐电解的概念

熔盐或称熔融盐，是盐的熔融态液体。形成熔融态的无机盐在固态时大部分为离子晶体，在高温下熔化后形成离子熔盐。稀土熔盐电解是在电解槽内直流电场的作用下，稀土熔融盐中的稀土离子向阴极迁移获得电子，从而将其还原成稀土金属的生产方法。按照稀土熔盐体系的不同，稀土熔盐电解分为稀土氯化物熔盐体系的电解和稀土氧化物在氟化物熔盐体系中的电解。由于稀土氯化物熔盐电解的氯气回收问题难以解决，近年来工业生产中主要应用氟化物熔盐体系电解生产稀土金属。

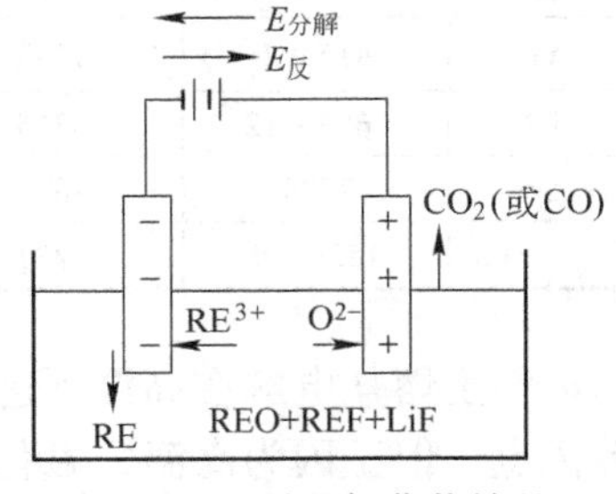

图5－1　稀土氟化物熔盐电解过程示意图

稀土氟化物熔盐电解（见图5－1）是将稀土氧化物溶解在碱金属氟化物熔盐中，以石墨为阳极、钨或钼为阴极进行电解，在阴极上析出稀土金属，在阳极处析出氧，氧进一步与石墨作用生成CO或CO_2，总反应为：

$$RE_2O_3 + 3C \xlongequal{} 2RE + 3CO(或\ CO_2)$$

电解过程中消耗的是电能和稀土氧化物，只要不断地补充稀土氧化物，电解就能连续进行。

稀土熔盐电解之所以采用氟化物体系熔盐电解质，取决于稀土金属及稀土氧化物和卤化物的热化学性质。这些性质从本质上决定了稀土熔盐电解的电化学特性，是决定稀土熔盐电解各项技术经济指标的内因。在制订熔盐电解生产稀土金属或稀土合金的产品结构方案时，除了依据产品需要外，首先要了解稀土金属的熔点（见表5－1）和稀土合金的相图，以判断熔盐电解法的可行性；然后参照稀土氧化物、氟化物及各种混合盐的熔点、沸点等性质，决定采用哪类稀土熔盐。由表5－1中数据可知，La、Ce、Pr、Nd等稀土金属的熔点不高，混合稀土金属的熔点为800℃，而它们的卤化物熔点和沸点较高，故普遍采用熔盐电解法生产这组金属；Sm、Eu、Yb、Tm的沸点低并能形成二价化合物，常用La、Ce或REM等金属还原其氧化物的方法来制备；而其余重稀土金属的熔点高，常用金属钙还原其氧化物的方法来生产。

表5-1 稀土金属的热性质

金属	熔点/℃	沸点/℃	熔化热/kJ·mol^{-1}	升华热/kJ·mol^{-1}	热容/kJ·(mol·℃)$^{-1}$
La	920±1	3454	6.201	430.9±2.0	26.2
Ce	798±3	3257	5.180	466.9	27.1
Pr	931±5	3212	6.912	372.7	27.0
Nd	1016±5	3127	7.134	370.6±4.2	27.4
Pm	1080±10	2460	8.117	267.8	27.2
Sm	1073±1	1778	8.623	206.3±2.9	28.5
Eu	822±5	1597	9.213	177.8±2.5	27.1
Gd	1312±2	3233	10.054	400.6±2.1	27.4
Tb	1353±6	3041	10.807	393.1	28.5
Dy	1409	2335	11.213	297.9±1.4	27.5
Ho	1470	2720	12.175	299.9±12.1	27.2
Er	1522	2510	19.916	311.7±31.8	28.1
Tm	1545±15	1727	16.820	293.9±3.3	27.0
Yb	816±2	1193	7.657	159.8±7.9	25.8
Lu	1663±12	3315	19.037	427.4	27.0
Sc	1539	2832	14.096	380.7±4.2	25.5
Y	1526±5	3337	11.431	416.7±5.0	26.5

稀土熔盐电解在高温下进行，因而具有电导率高、浓差极化小、能以高电流密度电解等优点。但正因为高温，氟化物盐的腐蚀性大，电解所产生的气体（如CO_2）反应强烈，因而设备材料方面出现的问题较多。稀土熔盐电解槽的设计难度较大，要对电极形状、电极插入深度、电流密度、电解质循环速度等参数进行充分考虑，使电解金属容易聚积，并使电解气体又快又容易地从阳极逸出。稀土金属在高温熔化时几乎能与所有元素作用，因此电解槽、电极、金属或稀土合金盛器材料的选择很困难。此外，稀土熔盐电解还存在电解质成分容易挥发、氧化、燃烧以及耗电量大等缺点。就电解产品性质而言，稀土金属和铝、镁等金属有差异，它的活性很强，在含稀土的熔盐中其溶解度和溶解速度大，某些稀土离子呈现多价态等特性，均不利于熔盐电解生产。

5.1.2 稀土金属的电极电位和分解电压

金属插入熔盐中，在金属和熔盐的界面产生一定的电位差，称为电极电位。

在水溶液中经常用标准氢电极作为参比电极，测量待测电极与氢电极之间的电位差。在熔融盐中常用Cl_2/Cl^-电极、Ag/Ag^+电极和Pt/Pt^{2+}电极作为参比电极，这类参比电极的电位值可以互换。由于实验上的困难，稀土及其他金属的电极电位主要是根据热力学函

数计算的理论分解电压来编制的。

理论分解电压是使一定电解质分解所需的最小理论电压。由物理化学原理可知，在没有极化和去极化作用且电流效率等于100%时，可以对熔融盐的分解电压理论值进行计算。这个数值等于电极上析出的两种物质所组成的可逆电池的电动势。因此，化合物的理论分解电压可由该化合物的标准生成吉布斯自由能变化 ΔG 计算出来，即：

$$\Delta G = -nEF$$

或

$$E = -\Delta G/(nF)$$

某些金属氧化物和氟化物的理论分解电压值分别见表5－2、表5－3。

表5－2 部分固体或熔融氧化物的理论分解电压 (V)

金属离子	500℃	1000℃	1500℃	2000℃	金属离子	500℃	1000℃	1500℃	2000℃
Mn^{2+}	1.705	1.515	1.305	1.103①	Mg^{2+}	2.686	2.366	1.905	1.370
Ca^{2+}	2.881	2.626	2.354	1.882	Li^{+}	2.147	1.489	1.689	0.932
La^{3+}	2.840	2.550	2.317	2.901①	Sr^{2+}	2.659	2.409	2.105	1.642
Ac^{3+}	2.882	2.687	2.503	2.350①	Y^{3+}	2.677	2.459	2.250	2.036
Pr^{3+}	2.838	2.608	2.770	2.139	Sc^{3+}	2.602	2.367	2.127	1.878
Nd^{3+}	2.836	2.642	2.334	2.095	Ce^{4+}	2.171	1.954	1.734	1.519
Ce^{3+}	2.772	2.526	2.280	2.066①	Ba^{2+}	2.508	2.224	2.021	1.673
Cr^{3+}	1.383	1.019	0.651		Al^{3+}	2.468	2.188	1.909	1.637
Sm^{3+}	2.738	2.507	2.260	2.021	Fe^{3+}	1.066	0.855	0.645	

①熔融氧化物的理论分解电压，其余为固体氧化物的理论分解电压。

表5－3 固体或熔融氟化物的理论分解电压 (V)

金属离子	500℃	800℃	1000℃	1500℃	金属离子	500℃	800℃	1000℃	1500℃
Eu^{2+}	5.834	5.602	5.457	5.101	Tm^{3+}	5.010	4.789	4.648	4.320
Ca^{2+}	5.603	5.350	5.182	4.785	K^{+}	5.017	4.674	4.355	3.630
Sm^{2+}	5.617	5.385	5.236	4.884	Yb^{3+}	4.793	4.573	4.431	4.104
Sr^{2+}	5.602	5.364	5.203	4.768	Sc^{3+}	4.701	4.495	4.363	4.076
Li^{+}	5.564	5.256	5.071	4.495	Th^{4+}	4.565	4.355	4.220	3.962
Ba^{2+}	5.547	5.310	5.154	4.083	Zr^{3+}	4.458	4.225	4.133	3.785
La^{3+}	5.408	5.174	5.020	4.648	Be^{2+}	4.407	4.247	4.073	4.058
Ce^{3+}	5.335	5.097	4.938	4.555	Zr^{4+}	4.242	4.045	3.964	—
Pr^{3+}	5.329	5.109	4.965	4.621	U^{4+}	4.217	4.015	3.881	3.626
Nd^{3+}	5.245	5.004	4.843	4.458	Hf^{4+}	4.134	3.939	3.860	—
Sm^{3+}	5.213	4.992	4.850	4.517	Ti^{3+}	4.009	3.828	3.712	3.499
Gd^{3+}	5.198	4.977	4.836	4.504	$(Al^{3+})_2$	3.867	3.629	3.471	3.275
Tb^{3+}	5.140	4.920	4.778	4.447	V^{3+}	3.577	3.398	3.284	3.087
Dy^{3+}	5.111	4.891	4.749	4.419	Cr^{2+}	3.400	3.227	3.115	2.883
Y^{3+}	5.097	4.876	4.735	4.407	Cr^{3+}	3.267	3.076	2.954	2.954

续表 5－3

金属离子	500℃	800℃	1000℃	1500℃	金属离子	500℃	800℃	1000℃	1500℃
Ho^{3+}	5.068	4.847	4.706	4.376	Zn^{2+}	3.265	3.068	2.912	2.439
Na^{+}	5.119	4.818	4.529	3.781	Ga^{3+}	3.055	2.923	—	—
Mg^{2+}	5.013	4.746	4.567	3.994	Fe^{2+}	3.094	2.905	2.780	2.529
Lu^{3+}	5.025	4.804	4.662	4.336	Ni^{2+}	2.890	2.697	2.573	2.338
Er^{3+}	5.025	4.804	4.662	4.333	Pb^{2+}	2.865	2.654	2.525	2.350
Eu^{3+}	5.010	4.790	4.648	4.316	Fe^{3+}	2.832	2.640	2.513	2.354

对于熔盐分解电压的大量测定结果说明，熔盐的分解电压与下列因素有关：

（1）温度。随着温度的升高，分解电压降低。这是由于化合物的标准生成吉布斯自由能 ΔG 一般均随着温度的升高而增加，而 E 与 $-\Delta G$ 成正比。

（2）熔盐阳离子半径。在同一温度下，分解电压随着熔盐阳离子半径的变化而有规律地改变。稀土氧化物、氟化物的分解电压随其阳离子半径的减小而减小；碱金属氟化物的分解电压则由氟化锂到氟化钾，随阳离子半径的增加而减小。

析出电位与分解电压不同，它仅指熔融盐中某一离子或离子簇在不同电极材料上析出时的电位值。各种金属离子在熔融盐中的析出电位（即电极电位），按照其分解电压与参比电极电位的差值进行排列，以 Cl_2/Cl^- 电极为参比电极计算得到的金属离子析出电位均为负值。根据析出电位的大小，可判断各种离子的放电次序（即电化序）。在水溶液中，各种离子的电化序是根据标准电压值排列而成的，熔盐中的电化序则是以分解电压值为基础建立起来的。熔盐本身阴离子的性质以及作为“溶剂”的熔融介质的性质，都会对电化序中各金属的相对位置产生影响，故在不同的熔盐中电化序是不同的。

5.1.3 熔盐电解的电极过程

5.1.3.1 电化学装置的可逆性

电解过程是在外电场的作用下，电解槽中存在电位差，物质在电极上发生电化学反应的过程。它是原电池的逆反应，原电池充电时实际上进行的就是电解反应。电化学装置可逆性的概念，是指电池的工作状态处在平衡状态时才是可逆的。虽然电池在平衡时做最大功，电解时所需电能也最小，但是对于一个实际工作的电池或一个实际生产的电解槽却不能处在平衡状态，有时甚至远离平衡态，因为人们更需要的是反应速度。当有一定大小的电流通过电化学装置时，其两极的电位将不同程度地偏离平衡电位，所以，对一个实际工作的电化学装置，它总是工作在不可逆的工作状态中。

在一个实际的电化学装置中，除了总有一定的电流流过电极之外，阴极和阳极之间还有一定的距离，甚至两极有时还要隔离。因此，当电流通过电解质时，在电解质上将产生一定的电位降。对于电池来说，将使工作电压变小，即 $V_e = |E| - IR$；而对电解槽来说，这种作用将使电解时所消耗的能量增加，即 $V_e = |E| + IR$。

由此可见，当有较大电流通过电化学装置时，由于有欧姆电位降存在，整个电化学装置所进行的过程是不可逆的。

5.1.3.2 电极的极化

当有明显的电流通过电极时，阴极电位总是比平衡电位更低，而阳极电位总是比平衡电位更高。这种电极电位偏离平衡电位的现象称为极化。对于阴极，称为阴极极化；对于阳极，则称为阳极极化。而电极电位偏离平衡电位的数值称为超电压或过电位。无论是阴极还是阳极，人们总是习惯把超电压表示为正值。所以：

对于阳极 $\eta_a = E - E^{\ominus} = \Delta E > 0$

对于阴极 $\eta_c = E^{\ominus} - E = \Delta E > 0$

式中 η_a, η_c——分别为阳极极化和阴极极化过电位，V；

$E^{\ominus}$——平衡时的电极电位，V。

对于电极反应 $RE^{n+} + ne = RE$，其反应速度也像其他化学反应速度一样，以单位时间内发生反应的物质的量来表示：

$$v = dn/d\tau$$

式中 v——反应速度，mol/s；

n——电极上发生反应的物质的量，mol；

τ——反应时间，s。

在电解过程中，电极产物变化的量正比于电荷变化量，而单位时间内通过的电量就是电流，即 $I = dQ/d\tau$。由法拉第定律可知：

$$Q/(zF) = n$$

因此 $$v = I/(zF)$$

式中 Q——通入的电量，C；

z——电子得失数；

F——法拉第常数，96500C/mol。

由于电极反应只发生在电极 - 电解质溶液界面上，故反应速度与界面面积有关，即：

$$v = I/(zFA) = i/(zF)$$

式中 i——电流密度，A/cm^2；

A——界面面积，cm^2；

v——反应速度，$mol/(s \cdot cm^2)$。

由于 zF 为常数，所以电流密度 i 与反应速度 v 成正比。在电化学中，经常测量的物理量是通过电极的电流，故常以电流密度的大小来表示反应速度的快慢。

通过电极的电流是通过改变电极电位来控制的，所以电流密度与电位的关系曲线是十分重要的。通常把它们之间的关系曲线称为极化曲线，图 5-2 示出了典型极化曲线的形式。对于阴极极化曲线来说，随着电流密度的增加，电极电位向负的方向变化，而阳极极化曲线则与此相反。

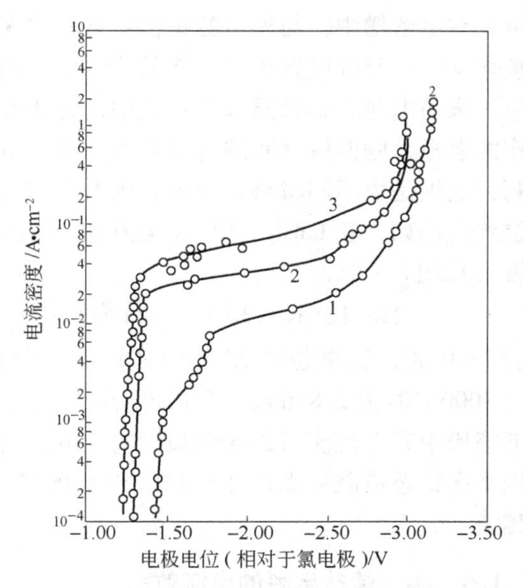

图 5-2 900℃时不同熔体中钼阴极的极化曲线（$CeCl_3$ - NaCl - KCl）

1—$w(CeCl_3) = 1.1\%$；2—$w(CeCl_3) = 3.93\%$；3—$w(CeCl_3) = 6.14\%$

在图5－2所示极化曲线－3V位置处电位相差0.25～0.3V的极化区域内，阴极上析出Ce，显然同时有大量的Na^+还原到低价。这是因为在达到较大电流密度时，钼阴极电位有平稳的变化。在含有$CeCl_3$的NaCl－KCl共晶熔体里，铈和钠的析出电位仅差0.25V，当达到由熔体中析出Ce的电位时，低价Na_2^+的浓度在热力学上已达到能被阴极上析出的金属铈还原为金属钠的条件，故在电解过程中有金属钠析出。因而可以认为，电解稀土氯化物时电解质不宜采用NaCl。

由电化学理论可知，极化作用的类型分为活化极化、浓差极化和电阻极化等多种类型，各种极化的超电压大小分别与电极过程的最高活化能、电极－熔盐界面上离子的浓度梯度和电极表面的气体吸附层有关，即与电极材料及电极表面状态、熔盐组成、温度等有关。因为超电压都是在有显著电流通过电极时产生的，所以在电解时，在电极上观察到的超电压往往不是单纯的某一种，通常是几种超电压的总和。

5.1.3.3 熔盐电解的槽电压

在电解槽中，当有一定电流通过时，槽电压表示为：

$$V = E^{\ominus} + \eta_a + \eta_c + IR + \eta_b$$

式中 V——槽电压，V；

$E^{\ominus}$——平衡时电极电位或理论分解电压，V；

η_a——阳极超电压，V；

η_c——阴极超电压，V；

IR——电解质上的电位降，V；

η_b——去极化电位，V。

电解槽的槽电压与极化曲线的关系如图5－3所示。在电解槽中，与外电源正极相连的是阳极，进行氧化反应；与外电源负极相连的为阴极，进行还原反应。未通电时，如果插入电解质中的是由相同材料制作的电极，则两极之间的电位差近于零；如果插入的两根电极是由不同材料组成的，则其间将有一定的电位差。例如，在$LaCl_3$－KCl熔盐中插入钼电极和氯电极（见图5－1）：

$$\mathrm{Mo}\,|\,\mathrm{LaCl_3 + KCl}\,|\quad 石墨(\mathrm{Cl_2})$$

当$I=0$时，其电位差$E^{\ominus}$为$LaCl_3$的理论分解电压，在1000℃时为2.876V。当外加电压大于此电动势时，

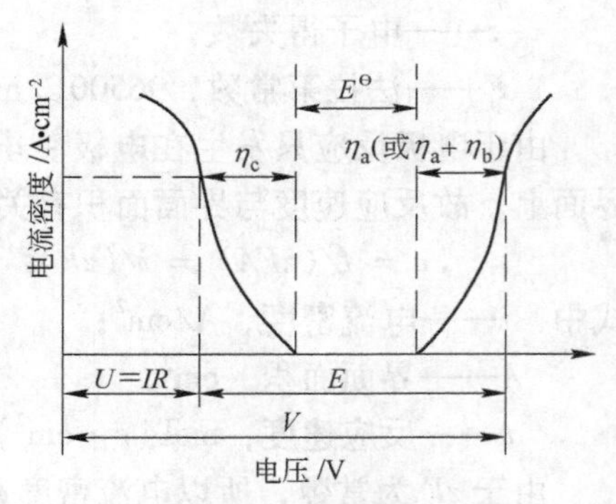

图5－3 槽电压与极化曲线的关系示意图

电解槽中有电流流过，导致阳极电极电位向正方向移动，阴极电极电位向负方向移动，电极平衡状态被破坏而产生电解。外加的槽电压越高，则流过电极的电流越大，反应速度越快。

5.1.4 稀土熔盐电解的电流效率

5.1.4.1 稀土金属的电化学当量

电化学当量是指电解时理论上每安培小时所能析出的金属质量，表示为：

$$C = M/(zF)$$

式中 C——电化学当量，g/(A·h)；

M——1mol 元素原子的质量，g/mol，其值等于元素的相对原子质量；

z——元素的原子价数；

F——法拉第常数，C/mol，$F = N_A e = 9.648456(27) \times 10^4$。

因此，稀土元素的电化当量计算公式为：

$$C = M/(3600 N_A e)$$

依据此方程计算的稀土的电化学当量见表5-4。计算大电流电解槽的电流效率时应依据表5-4的数据。在近似计算时，对于+3价离子稀土，$C = M/80.4$。混合稀土金属的电化学当量值为1.757g/(A·h)。

表5-4 稀土元素的电化学当量

稀土元素	价 数	相对原子质量	电化学当量 /g·(A·h)$^{-1}$	稀土元素	价 数	相对原子质量	电化学当量 /g·(A·h)$^{-1}$
Sc	3	44.955910 (9)	0.5591	Gd	3	157.25 (3)	1.9557
Y	3	88.90585 (2)	1.1057	Tb	3	158.92534 (3)	1.9766
La	3	1389055 (2)	1.7276	Tb	4	158.92534 (3)	1.4824
Ce	3	140.115 (4)	1.7426	Dy	3	162.50 (3)	2.0210
Ce	4	140.115 (4)	1.3070	Ho	3	164.93032 (3)	2.0213
Pr	3	140.90765 (3)	1.7525	Er	3	167.26 (3)	2.0802
Nd	3	144.24 (3)	1.7939	Tm	3	168.93421 (3)	2.1011
Sm	3	150.36 (3)	1.8706	Yb	3	173.04 (3)	2.1521
Eu	3	151.965 (9)	1.8900	Lu	3	174.967 (1)	2.1761

注：括号内数字表示相对原子质量的末位数精确至该值的“±”范围内。

5.1.4.2 电流效率

根据法拉第定律，直流电解时，电极上析出的物质质量与电流、电流通过电解槽的时间及电化学当量成正比：

$$m = CI\tau$$

式中 m——电极上析出的物质质量，g；

C——电化学当量，g/(A·h)；

I——电流，A；

τ——电解时间，h。

在电解过程中伴有二次反应和副反应，因此在电极上析出的金属量比理论量少。通入一定的电量，在电极上实际析出的金属量 Q 与依据法拉第定律计算出的理论析出量 G 之比称为电流效率：

$$\eta = \frac{Q}{CI\tau} \times 100\%$$

电流效率是电解生产一项重要的技术经济指标，熔盐电解的电流效率一般在30%～90%范围内。在生产实际中，电解得到的稀土金属量比理论量少得多，即电流效率比较低，主要有以下两方面的原因：

(1) 电解电流没有全部用来产生稀土金属，主要是由于不完全放电（如发生反复的

氧化还原反应 $Sm^{3+}+e=Sm^{2+}$)、非稀土元素析出、电子导电(如 Ce-$CeCl_3$、La-$LaCl_3$ 等熔盐具有电子导电特点)、电解槽漏电等。

(2)电解过程中沉积的金属发生化学反应或二次物理作用损失，主要有稀土金属溶解，稀土金属和熔盐发生置换反应，稀土金属与电解槽炉衬材料、石墨电极、空气等发生相互作用。

稀土金属电解电流效率低的主要原因是由于它自身的活性和变价特点所致。

5.1.4.3 电能效率

熔盐电解过程中除要求有较高的电流效率外，还有许多其他指标，如要求生产率高、电能消耗低、金属回收率高和质量高等。这些指标是互相关联的，某些因素既影响电流效率，又影响其他指标。因此，在控制电解条件提高电流效率时，还应充分考虑对其他指标的影响。

熔盐电解电能消耗的高低常用电能效率来评价，有时称为电耗率。通常用生产 1kg 产物所需的功率来表示电能效率，其单位是 kW·h/kg。氯化物体系电解生产稀土金属的电能效率在 12~40kW·h/kg 之间波动，氟化物体系电解生产稀土金属的电能效率为 12kW·h/kg 左右，但同时消耗阳极碳。铝精炼作业的电能效率为 20kW·h/kg，铜精炼作业的电能效率近似为 0.2kW·h/kg。

有时电能效率可表示为：

$$\eta_{电}=(\eta E/V)\times 100\%$$

据此可研究电能效率与电流效率的关系。如果所加电压保持不变，则电流效率提高，电能效率随之增大，即用于电解的有用功率占所需功率的份额增加。若电流效率保持恒定，改变所加电压，情况就比较复杂了。提高电压，功率输入增加了，但所加电压必须有一部分用于克服电解槽中极化效应和电阻效应的增加，而这个份额显著增大；降低电压，可以减少输入功率，但是有一最低电压值，低于此值时电解无法以有意义的速度进行。所以，实际上是依靠电流效率与电能效率之间的平衡来达到最佳条件。

稀土电解生产的电能效率较低，不仅电解要消耗能量，而且为保持电解质熔融而加大了电解质电阻以提供热量，这也消耗了大部分能量。此时改进电能效率的办法是尽可能采用大容量设备。另外，应研究其他低能量流程。总之，电解时最重要的变数是输入电流，因为它决定了电解槽的产量。

5.2 稀土电解槽【案例】

5.2.1 稀土电解槽的结构类型

迄今为止，国内外报道的稀土电解槽结构类型有近 20 种，如果按照电解槽的电极配置形式和电极形状大致分类，其可分为以下四种基本类型。

5.2.1.1 平面平行电极水平布置

这类电极配置类似于铝电解槽，早期的稀土电解槽多属于这种类型。如澳大利亚 Treibacher 化学工厂的 1kA 氯化物系电解槽(见图 5-4)，用耐火砖砌筑内衬，圆形槽膛底部以聚沉的混合稀土金属作阴极，金属上方用圆柱形石墨棒的端面作阳极。日本 20kA 氟化物-氧化物系电解槽则采用金属钼、钨或铁质内衬，生产稀土铁合金。这类电解槽随着容量的增大而增加阳极数目，如 Promothus 氯化物系电解槽（见图 5－5）在圆形槽膛内配置 3 根石墨阳极；前苏联建立的 24kA 氟化物－氧化物系电解槽在长方形槽中布置了 8 根石墨阳极。德国建立的 45kA 电解槽也属于这种类型。这类电解槽仅能生产稀土铁合金或冶金级混合稀土金属，如前苏联电解槽电解的金属纯度为 95%～98%，电流效率最高达到 75%，电耗为 16kW·h/kg。

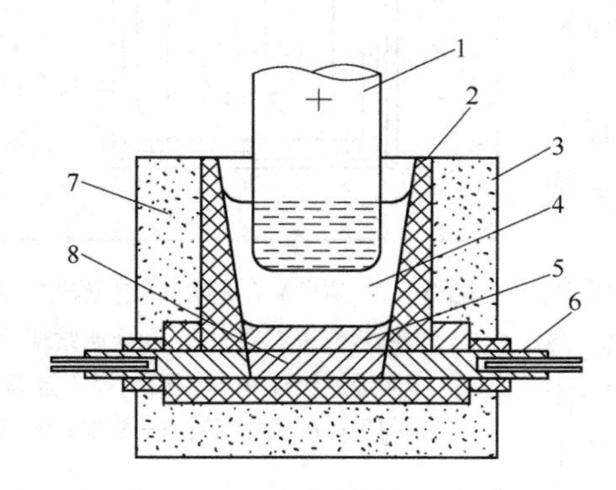

图 5－4　1kA 氯化物系电解槽

1—石墨阳极；2—砖砌内衬；3—铁外壳；4—电解质；5—混合稀土金属；6—冷却水管；7—砂填充物；8—铁阴极

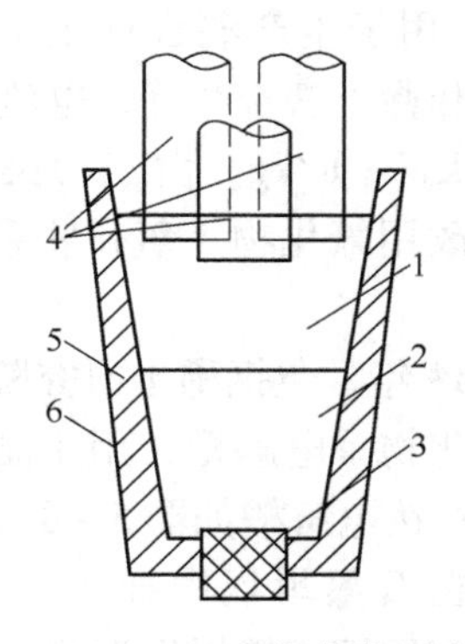

图 5－5　Promothus 氯化物系电解槽

1—电解质；2—稀土金属；3—铁阴极；4—石墨阳极；5—耐火内衬；6—钢壳

5.2.1.2　平面平行电极垂直布置

这类电极配置类似于镁电解槽，如在 3kA 圆形槽（见图 5－6）中悬挂平面平行的铁阴极和石墨阳极，电解制备钕铁合金。电流效率分别为：氯化物系 35%，氟化物系 85%，氟化物－氧化物系 75%。实验表明，平面电极平行布置与棒状电极平行布置相比，可提高产量 1.3 倍，电流效率由 65% 提高至 85%；电极配置采用阳极/阴极/阳极与采用阳极/阴极相比，可提高产量 2 倍以上。

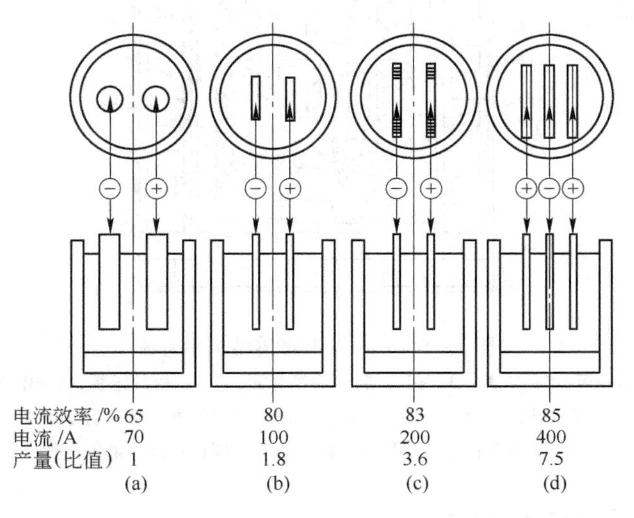

图 5－6　3kA 圆形槽平面平行电极垂直布置

（a）棒状电极平行布置；（b）平面电极平行布置；（c）平面电极平行布置，电极面积为（b）的 2 倍；（d）平面电极平行布置，为三电极平行配置

5.2.1.3 柱面平行电极垂直布置

过去国内普遍应用800A氯化物系石墨坩埚电解槽（见图5－7），以圆桶形石墨坩埚作阳极，坩埚轴线上配置钼或钨棒作阴极，底部用瓷坩埚汇集金属。采用3kA整流器后，槽容量扩大到2.3kA，用于生产混合稀土金属，镧、铈等轻稀土金属和稀土铁合金等，电流效率约为60%，电耗为20kW·h/kg。由于污染环境，现在已有不少企业改用氟化物－氧化物系电解槽生产混合稀土金属。

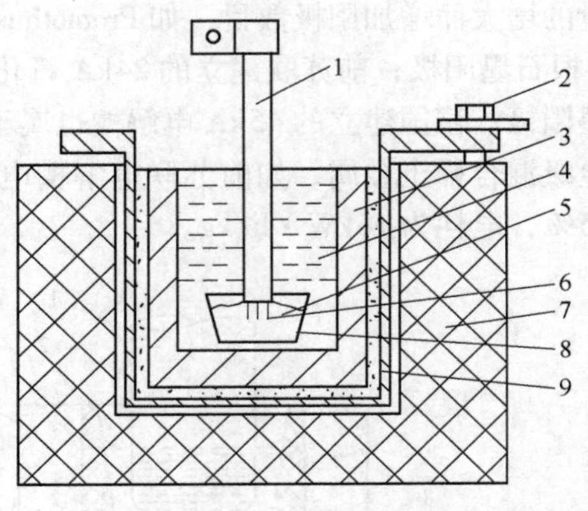

图5－7 800A石墨坩埚电解槽结构图
1—阴极陶瓷套管；2—阳极压紧螺母；3—石墨坩埚；4—电解质；5—金属；6—钼阴极；7—耐火砖；8—瓷皿；9—铁壳

1984年，包钢稀土研究院开发成功3kA氟化物－氧化物系电解槽，用于制备金属钕和钕铁合金。3kA钕电解槽如图5－8所示，以钼或钨棒作阴极，在石墨坩埚中插入一个石墨圆筒充当阳极，底部用钼或钨坩埚汇集金属。近年来这类电解槽的容量增大到6kA，并用几个圆弧形石墨块取代石墨圆筒，用于生产金属钕、镨、镧、铈以及镨钕、钕铁、镝铁、钆铁、钬铁、铒铁、钇铁等合金。该院近年开发的10kA氟化物－氧化物系电解槽，相当于将3个石墨圆筒电极机构并列布置于一个由石墨块砌筑的槽膛内，电流效率达80.13%，电耗（Nd）为10.5kW·h/kg，并于2006年通过首届全国杰出专利工程评审，获得内蒙古自治区优秀专利奖。

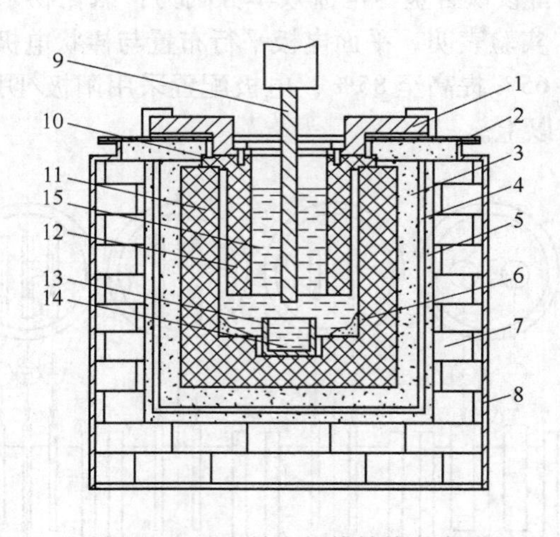

图5－8 3kA钕电解槽结构示意图
1—阳极导线板；2—炉盖；3—保温层；4—铁套筒；5—石棉纤维板；6—电解质结壳；7—保温砖；8—炉壳；9—钨阴极；10—刚玉垫圈；11—石墨坩埚；12—石墨阳极；13—钼坩埚；14—液态金属钕；15—液态电解质

5.2.1.4 集群式电极垂直布置

最早出现的这类电解槽是美国矿务局雷诺冶金中心研制的氟化物－氧化物系电解槽。铈电解槽由9根钼或钨棒构成阴极群，围绕一个中空石墨阳极筒组成电极机构。而镧电解槽则由8根石墨棒构成阳极群，围绕一根钼制中心阴极棒组成电极机构。两者均从槽壁侧面接出一根钼管，可间断放出金属。国内早期出现的10kA氯化物系陶瓷型电解槽（见图5-9）也属这种类型。江西省赣州科力稀土新材料有限公司开发的10kA氟化物-氧化物系电解槽，阳极为双层，其内层为圆柱状，外层为圆环形，多根阴极呈环状均布于双层阳极的环状中间，电流效率为75.62%、电耗为9.07kW·h/kg，获江西省2002年度科技进步奖一等奖和江西省赣州市2002年度科技进步奖一等奖。

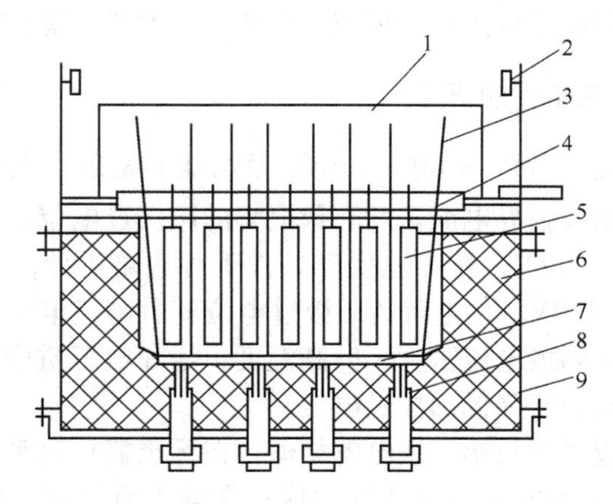

图5-9　10kA氯化物系陶瓷型电解槽结构示意图

1—风罩；2—阳极升降架；3—阴极棒；4—阳极框；5—石墨阳极；
6—高铝砖；7—金属室；8—阴极导电棒；9—电解质

毋庸置疑，我国的稀土电解技术已取得了长足的进步，在生产金属和合金的种类、金属纯度和回收率以及电流效率、电耗等技术经济指标方面均居于世界领先地位，在熔盐电解生产设备实现大型化以及生产技术和工艺水平方面达到了国际先进水平。

5.2.2 稀土电解槽的数值模拟和热平衡计算

通过有限差分方法对3kA钕电解槽的电场进行计算机模拟，得到的各点电位分布情况为：阴极区附近等电位线最为密集，电位梯度最大；阳极区附近等电位线也较为密集，但比阴极区附近的电位梯度小；电解槽下部金属接收器附近的区域可近似视为等电位区。

对3kA钕电解槽磁场进行数值模拟的结果表明，电解槽磁场只存在圆周方向分量，轴向和径向分量均为零；磁场主要由电极电流产生，熔体电流的作用不大。电解槽电极之间的磁感应强度最大；电极以外的区域由于阳极筒的屏蔽作用，磁感应强度接近于零，这说明在周围小磁场强度下，不考虑铁磁物质（槽壳）对磁场的影响是可行的。电解槽中的电磁力主要分布在电极之间的区域。

对3kA钕电解槽内部流场进行数值模拟的结果如图5-10所示，在电磁力和气泡的共同作用下，在阳极和阴极之间的区域上部有一个较大的旋涡，下部有一小的旋涡。这主要是因为在阳极表面上部含气泡区域大，气泡的作用明显，加上电磁力的作用，形成上部较大的旋涡；在阳极下

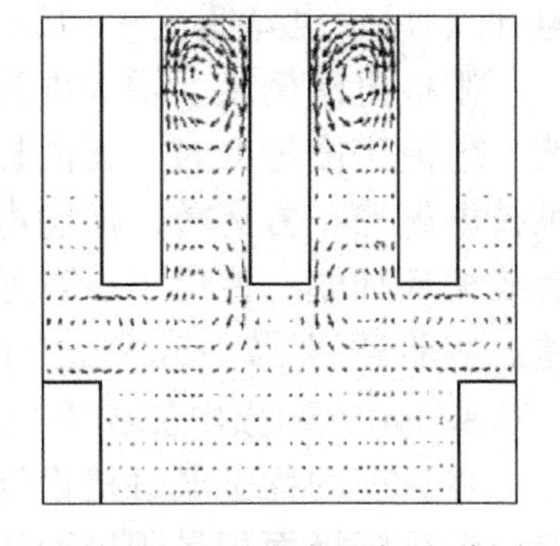

图5-10　电磁力和气泡共同作用下电解槽纵剖面的流场

部，气泡搅动和电磁力推动电解质向阴极流动，从而形成了下部的旋涡。阳极与电解槽坩埚之间的电解质基本不参与流动，金属接收器的电解质或金属则参与了流动。

对3kA钕电解槽进行温度场和热平衡计算的结果表明，活性石墨阳极电解槽的热收入项中，电能占92.13%，化学热占12.87%；热支出项中，电解反应和物料吸热仅占28%左右，电解槽体系散热占71%，其中电解质辐射热损失为40%，槽壁热损失为15.6%，槽上盖热损失为10%，槽底热损失为4.2%，气体带走热为1.4%。对10kA圆形钕电解槽热平衡进行测试的结果与温度场的数值模拟结果相符，槽口电解质辐射热占44.5%。

5.2.3 稀土熔盐电解工艺条件的研究

近年来人们系统研究了 $NdF_3-LiF-Nd_2O_3$ 系熔盐的密度、表面张力、相关物质的理论分解电压、钕电解的阳极临界电流密度和钕电解的阳极过电位。稀土熔盐电解中阴极过电位非常小，仅有0.01~0.1V，在工业生产条件下可忽略不计；而活性阳极上的过电位却较高，一般达到0.2~1.0V。钕电解的阳极过电位随着阳极电流密度的增加而增大，满足塔菲尔方程。适当控制阳极电流密度、升高温度、增加电解质中LiF和 Nd_2O_3 的含量并尽可能减小极间距，均有利于降低阳极过电位。

稀土电解的阳极反应过程与铝、镁电解相似，在稀土氯化物系中，当阳极电流密度超过临界值（如1.5A/cm²）时就会发生阳极效应；在稀土氟化物-氧化物系中，当稀土氧化物浓度不足时也会发生阳极效应。此外，由石墨阳极的导电性质所决定，当电流密度过大时石墨阳极易过热发红而加快烧损。因此，稀土电解槽的阳极电流密度通常控制在小于1.5A/cm²。

稀土电解槽的阴极电流密度对电极配置和槽型结构影响很大。早期的研究表明，氟化物-氧化物系电解槽的阴极电流密度为7~10A/cm² 时电流效率较高。因此，我国早期稀土电解槽的设计基本参照这一参数，而当时的电解电压为11~12V，电耗高达12~13kW·h/kg。原来的电解槽电解电流小，高的阴极电流密度有利于为电解槽提供足够的热量以维持热平衡；另外，稀土金属在熔盐中有一定的溶解度，采用较高的阴极电流密度可使金属溶解损失的相对量减少，从而提高电流效率。随着生产技术水平的不断提高以及节能的需要，近年来大型稀土电解槽得到开发和推广，由于单位散热面积变小，为了解决电解槽散热问题，普遍采用降低阴极电流密度的设计。目前生产中的10kA电解槽的阴极电流密度已降低至5~6A/cm²，而电流效率比早期提高了10%左右，达到75%~80%，电耗（Nd）也降低至9~10kW·h/kg。

阳极电流密度、阴极电流密度以及体积电流密度，对钕电解槽的运行效果有较大影响。电流密度过低时，无法提供足够的热量来维持电解槽热平衡；电流密度足够大时，可维持电解槽正常运转，但随电流密度的增大，阴极表面发热量增加，电解质温度升高，电解质循环加剧，促进了一次反应的进行，致使电能效率、电耗及金属碳含量指标逐渐变差。实验证明，2~3kA工业电解槽电流密度的适宜取值范围为：阳极电流密度 $J_a=1.0\sim1.25A/cm^2$，阴极电流密度 $J_c=5\sim6.5A/cm^2$，体积电流密度 $J_b=0.1\sim0.8A/cm^3$。

在目前的稀土电解槽设计中，仍要求阴极电流密度为阳极电流密度的数倍，其电极配置必然是阳极面积是阴极面积的数倍，因此在生产中柱面平行电极得到了发展。这类电极机构极距均匀，电力线分布均匀，电解质循环合理，利于电解气体排出。但是这类电解槽的槽电压依然较高，大型电解槽为 8～10V，电能效率仍然很低。

有人研究了在低阴极、阳极电流密度条件下电解制备金属钕的情况。在电解温度为1070～1080℃的条件下，电流效率与阴极电流密度的关系见图 5－11。试验结果表明，在低电流密度条件下可减少金属钕在熔盐中的溶解和抑制金属雾的产生，并可获得极高的电流效率。在阴极电流密度为 1.39A/cm²、阳极电流密度为 0.28A/cm² 时，平均电流效率达到 87%，且电解电压仅为 4.8V，据此提出类似于铝电解槽的下埋阴极的设想。该试验数据是在柱面平行电极和外部加热条件下得到，在该类稀土电解槽设计中具有重要参考价值。

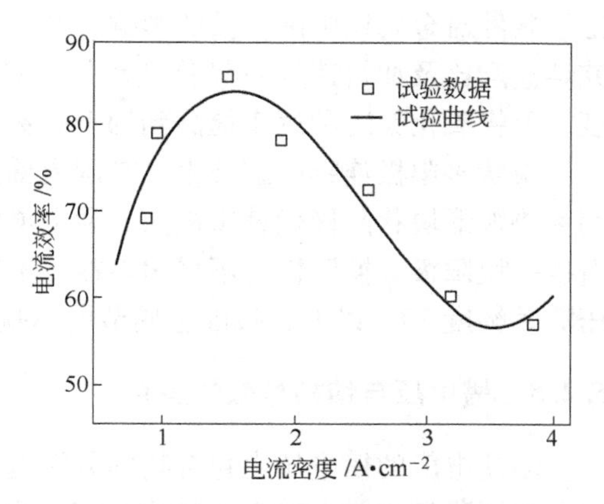

图 5－11　电流效率与阴极电流密度的关系

含稀土熔盐的电导率高，在相应的电解温度下，$RECl_3$－KCl 系为 1.2～1.6S/cm，REF_3－LiF 系为 5～6S/cm。对 Nd_2O_3－NdF_3－LiF 熔盐体系中电导率及钕溶解度的研究表明，升高温度、提高 LiF 浓度以及降低 Nd_2O_3 浓度可以提高熔盐体系的电导率，而降低温度、降低 LiF 浓度以及提高 Nd_2O_3 浓度可以减少钕在熔盐中的溶解度。与铝、镁电解质的电导率相比，冰晶石为 2.8S/cm，$MgCl_2$－KCl 系为 1～2S/cm。

用 Orsat 气体分析器和色谱－质谱联用仪研究正常电解和发生阳极效应时钕电解的阳极气体成分，结果表明，正常电解时钕电解的阳极气体主要成分为 CO，有少量 CO_2，气体组成与铝电解有所不同。电解温度升高，CO 的相对含量增多；电流密度增加，CO 的相对含量减少。发生阳极效应时，检测出阳极气体中所含的氟碳化合物为 CF_4。

5.2.4 电解槽材料及电解操作方面的研究

针对熔盐电解金属钕过程中存在的一系列问题，研制了一种新型的稀土熔盐电解用惰性阳极材料。该材料是以 Nd_2O_3 为基，分别添加不同的氧化物，通过粉末烧结法制备的陶瓷材料。电解实验表明，该材料有较好的耐蚀性，但其未经过工业生产检验。

对钕电解生产过程中炉底的结瘤物进行分析后发现，结瘤物由氟氧化钕、氟化钕及少量金属钕组成，氟氧化钕含量占 90% 以上，氟化钕含量小于 10%，金属钕含量约为 1%。结瘤物的熔点在 1580～1620℃之间，密度在 6～7g/cm³ 之间。研究认为，保持合适的加料速度、避免温度的过大波动是控制结瘤物形成的先决条件，及时清理炉底和台阶上的积料可以控制结瘤物的增长速度。

新近研制的一种抗氟盐侵蚀、高温抗氧化性好、对稀土金属产品无污染的内衬材料，是以氧化钕、氟化钕及钕电解槽炉底的结瘤物为主要原料。将氧化钕和氟化钕及炉底结瘤物按一定比例混合，通过压制成块和烧成来制备熟料，再将熟料粉碎、配料成型和最后烧成，制备出以氟氧化钕为主要组成的新型耐火材料。实际应用表明，该材料具有一定的抗氟盐侵蚀能力和高温下的抗氧化能力，将其应用于大型稀土电解槽可以保证槽体运行的稳定性和良好的技术经济指标。

通过研究电解制取金属钕过程中，电解槽结构、电解质组成、电解温度、加料速度等工艺条件对金属钕中碳含量的影响，调整了工艺参数后，可使金属中碳含量得到控制。研究熔盐配比及加料速度对氧化钕利用率的影响可知，通过控制适宜的熔盐配比和加料速度，可将氧化钕的利用率提高到约100%，产品一次合格率达到97.2%以上。

块状多阳极连续电解技术已在国内稀土金属生产行业中得到推广应用。3kA电解槽采用4块弧形块状阳极代替阳极筒，通电电解20h左右开始换第一块阳极，以后每隔20h左右换一块阳极。换阳极时不舀出熔盐，不起弧升温，电解连续进行，可减少电解过程槽电压波动幅度70%以上，每吨金属节电1000kW·h以上，大幅提高了产品合格率。

5.2.5 槽电压与结构参数的关系

熔盐电解的槽电压由化合物的分解电压、电极过电压、熔盐压降、母线压降和阳极效应分摊压降等组成。对3kA钕电解槽的电场计算表明，在2200A工作电流、1030℃电解温度条件下，熔盐压降为3~4.5V，占总槽电压的40%~50%；Nd_2O_3 的实际分解电压与阳极电流密度的关系为：$E = 1.71 + 0.32\ln J_a$；母线和电极导电部分压降基本是固定的，实际测量为2.9V。

熔盐压降为：

$$U = IR = IK/\kappa$$

式中 K——电阻常数；

κ——熔盐电导率。

电解槽的电阻常数与其结构参数之间的依存关系非常重要，因为这是设计电解槽和进行电解操作控制的主要依据。本书作者采用KCl水溶液模拟法测定稀土电解槽的电阻常数，确定了电阻常数与结构参数之间的关系。当 $L \geqslant D$ 时，电阻常数的理论计算值为：

$$K = \frac{1}{2\pi L}\ln\frac{D}{d} = \frac{1}{2\pi L}\ln\frac{J_c}{J_a}$$

式中 K——电解槽的电阻常数，1/cm；

D——电解槽阳极直径，cm；

d——电解槽阴极直径，cm；

L——阴极在电解质中的插入深度，cm；

J_a——阳极电流密度，A/cm^2；

J_c——阴极电流密度，A/cm^2。

生产实践证明，稀土电解槽增大容量后不仅提高了产量，在提高金属的一致性、保证产品质量和降低电能消耗方面也取得了明显效果。但对于大容量电解槽的设计，应重新配置电极的结构参数，进一步降低槽电压以节约电能消耗。在给定槽容量条件下，当电解工艺条件一定时，熔盐压降正比于 K 值，因此结构参数的选择应以 K 值最小为最优化设计的目标函数，约束条件有：

$$L \geqslant D$$

$$D \geqslant (J_c/J_a)d$$

$$D - d \geqslant c$$

$$\pi DLJ_a \leqslant I$$

式中 c——阳极与阴极表面之间的间距，cm。

可从中选择限制条件，用拉格朗日乘数法求解方程组，得到电解槽结构参数的优化配置。

目前多根据电解槽的电压和输入电流确定输入功率。电解槽能耗由电解能耗和散热两项构成，其能量平衡的基本关系式为：

$$IV = A + Q$$

式中 I——输入电流，kA；

V——槽电压，V；

A——电解能耗，kW·h/h；

Q——电解槽散热量，kW·h/h。

对于氟化物－氧化物系电解金属钕，取电解温度为1323K，熔盐的电导率$\kappa=5.5\text{S/cm}$，阳极电流密度$J_a \leqslant 1\text{A/cm}^2$。如果取$I=10\text{kA}$，$L=80\text{cm}$，$c=14\text{cm}$，则得：$D=40\text{cm}$，$d=26\text{cm}$，$K=8.57\times10^{-4}/\text{cm}$，$U=1.558\text{V}$，$J_c=1.53\text{A/cm}^2$。如果取分解电压为1.7V，电极压降为2.9V，则槽电压为$V=6.16\text{V}$，故有：

$$Q=IV-A=6.16I-2.976I=3.18\times10=31.8\text{kW}\cdot\text{h/h}$$

即电解槽输入功率$IV=61.6\text{kW}\cdot\text{h/h}$。在电解槽能量分配中，电解耗能$A=29.76\text{kW}\cdot\text{h/h}$，占48.3%；熔盐电阻耗能$IU=15.58\text{kW}\cdot\text{h/h}$，占25.3%；电极电阻耗能$Q-IU=16.2\text{kW}\cdot\text{h/h}$，占26.3%。如果取电流效率为80%，则电解槽产率$G=CI\eta=1.7939\times10\times0.8=14.35\text{kg/h}$，金属电耗率为$(IV)/G=61.6/14.35=4.29\text{kW}\cdot\text{h/kg}$，比目前最好指标9.07kW·h/kg节电约53%。

综合上述研究成果的数据，稀土电解槽的设计应着重考虑以下几个问题：

（1）在以上电解槽结构参数配置中，取$L=80\text{cm}$仅参考了镁电解槽电极深度数据$L=0.8\sim1.0\text{m}$，有条件的企业应经过稀土电解工业实验检验。L增大后，阳极和阴极表面间距取$c=14\text{cm}$，其对于电解质循环、气体排出和电流效率等的影响应重新进行数值模拟研究。

（2）目前的敞口式电解槽结构，电解质辐射散热量占总散热量的40%～45%，是稀土电解节能降耗应解决的首要问题，应尽快研制槽口封闭式槽型结构。

（3）目前的电极导电连接方式不便于电解槽槽口封闭，而且结构压降过大，如3kA工业槽的电极压降为2.9V，占槽电压的1/3，造成电能的无功消耗。应尽快研制新型电极导电连接方式，并与槽口封闭技术结合在一起考虑。

（4）如果柱面平行电极机构在阳极电流密度$J_a \leqslant 1\text{A/cm}^2$、阴极电流密度$J_c \leqslant 1.5\text{A/cm}^2$的工艺条件下电解稀土金属具有较高的电流效率得到工业验证，开发下埋阴极式平面平行稀土电解槽就具备了可能性。

5.3 稀土氧化物在氟化物熔盐体系中的电解【案例】

5.3.1 电解质的组成和性质

5.3.1.1 稀土氟化物熔盐相图

选择电解质时应考虑前述对电解质性质的要求，对氧化物电解来说，首先要考虑氧化物在氟化物熔盐中的溶解度。由于稀土氧化物在氯化物体系中溶解度很小，而在稀土氟化物中溶解度大，故选择稀土氟化物为电解质的重要组分。但稀土氟化物熔点高，因此需加入低熔点氟化物作为助熔剂。要求助熔剂的分解电压比稀土氟化物高，导电性好，高温下稳定，蒸气压低。据有关资料，只有锶、钙、锂氟化物的分解电压比稀土氟化物高。钾、钠氟化物的分解电压与稀土氟化物接近，不宜选作电解质组分。目前常用的电解质体系为 REF_3-LiF，加入 LiF 能使体系的熔点降低（见图 5－12）、导电性增加。由于 LiF 的蒸气压较高且价格昂贵，有时还加入 BaF_2 以减少 LiF 的用量。

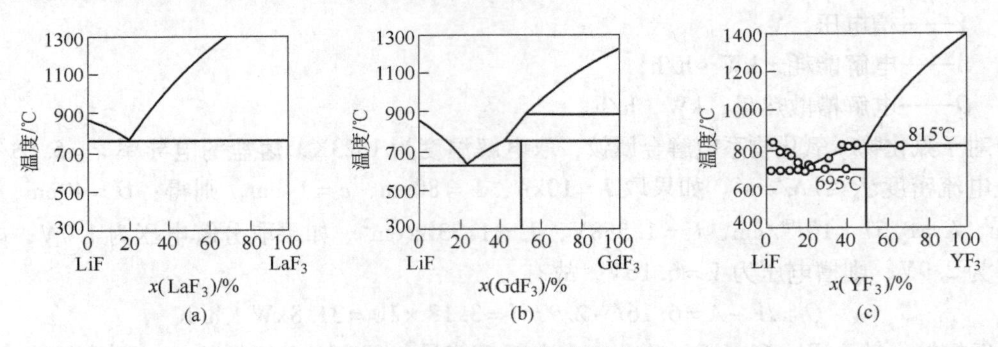

图 5－12 LiF－REF_3 体系相图

（a）LiF－LaF_3 体系；（b）LiF－GdF_3 体系；（c）LiF－YF_3 体系

某些含 REF_3 的二元和三元熔盐的组成及初晶温度见表 5－5。由表可以看出，它们的初晶温度都在 700℃以上，比氯化物体系的相应温度高约 200℃。显然，这些熔盐适用于电解制备熔点较高的稀土金属及合金。

表 5－5 电解质的组成及初晶温度

熔盐组成/%	初晶温度/℃	熔盐组成/%	初晶温度/℃
35LiF－65CeF_3	745	27LiF－73SmF_3	690
32LiF－68PrF_3	733	15LiF－85YF_3	825
35LiF－65LaF_3	768	27LiF－73DdF_3	625
37LiF－63NdF_3	721	11LiF－89DyF_3	701
20LiF－35BaF_2－45(Pr，Nd)F_3	715	60LaF_3－27LiF－13BaF_2	750
34.5LiF－65.5RE(Ce)F_3	735	25LiF－75RE(Y) F_3	678

稀土氧化物在 $NaAlF_6-Al_2O_3$ 系中的溶解度，如 La_2O_3 在 1100℃冰晶石中的溶解度，随 $n(NaF)/n(AlF_3)$ 的降低而增大。当 $n(NaF)/n(AlF_3)$ 的值由 5 减为 2 时，La_2O_3 的溶解度由 16.99% 增大至 25.54%。混合稀土氧化物和 CeO_2 在冰晶石中的溶解度分别为 2.4%～2.8%（980～1150℃）和 2.4%～2.6%（980～1150℃）。所有 +3 价铈族稀土氧化物在该体系中的溶解度都在 12%～14.9% 范围内，而 CeO_2 的溶解度只有 Ce_2O_3 的 1/10，REO（包括 +4 价稀土氧化物）的溶解度只有 RE_2O_3 的 1/5。

5.3.1.2 密度

LaF_3－LiF 系熔盐的密度见表 5－6，对 NdF_3－LiF－BaF_2 系熔盐密度的测定结果见图 5－13。

表 5－6 LaF_3-LiF 系熔盐的密度

温度/K	LaF_3-LiF 系熔盐的密度/$g\cdot cm^{-3}$					
	$x(LiF)=100\%$	$x(LiF)=95\%$	$x(LiF)=90\%$	$x(LiF)=85\%$	$x(LiF)=80\%$	$x(LiF)=75\%$
1140	1.695	2.075		2.741	2.998	3.171
1180	1.682	2.061	2.431	2.714	2.972	3.149
1220	1.669	2.046	2.419	2.688	2.946	3.127
1260	1.656	2.031	2.406	2.661	2.920	3.105

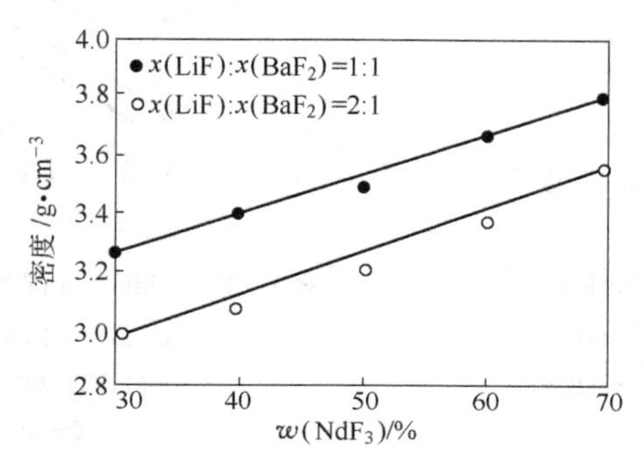

图 5－13 $NdF_3-LiF-BaF_2$ 系熔盐密度与组成的关系（990℃）

5.3.1.3 电导率

$LaF_3-LiF-BaF_2-LaOF$ 熔体电导率与 La_2O_3 含量及温度的关系如图 5－14、图 5－15 所示，随 La_2O_3 含量的增加，其电导率减小；随温度的增加，其电导率增大。

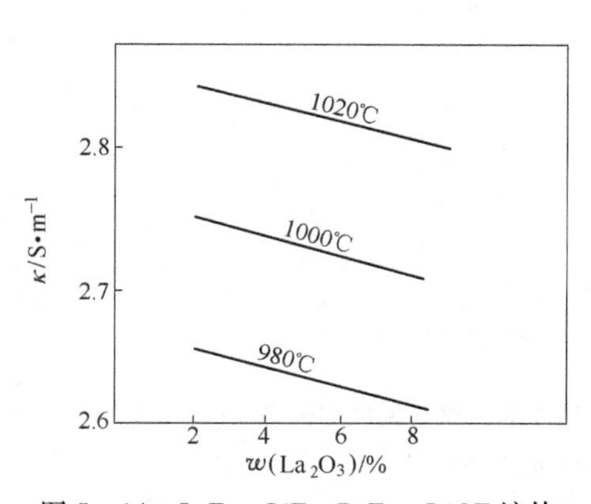

图 5－14 $LaF_3-LiF-BaF_2-LaOF$ 熔体电导率与 La_2O_3 含量的关系（$w(Al_2O_3)=2\%$）

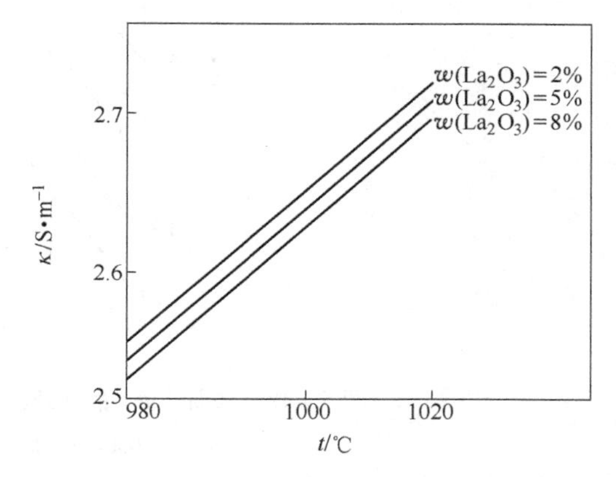

图 5－15 $LaF_3-LiF-BaF_2-LaOF$ 熔体电导率与温度的关系（$w(Al_2O_3)=4\%$）

NdF_3-LiF 熔体的电导率与 LiF 含量和温度的关系如图 5－16、图 5－17 所示。随 LiF 含量的增加，电导率增大，这可能是由于 LiF 本身电导率大。另外，温度增加使化合物离解加剧，所以电导率增大。添加 BaF_2 进入上述熔体，电导率下降（见图 5－18）。其中，LiF 含量的改变对电导率影响较大。

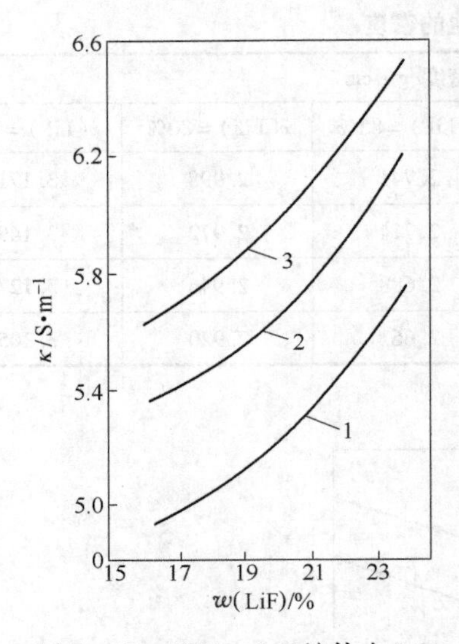

图 5－16 NdF_3－LiF 熔体中 LiF 含量对电导率的影响

1—1000℃；2—1040℃；3—1080℃

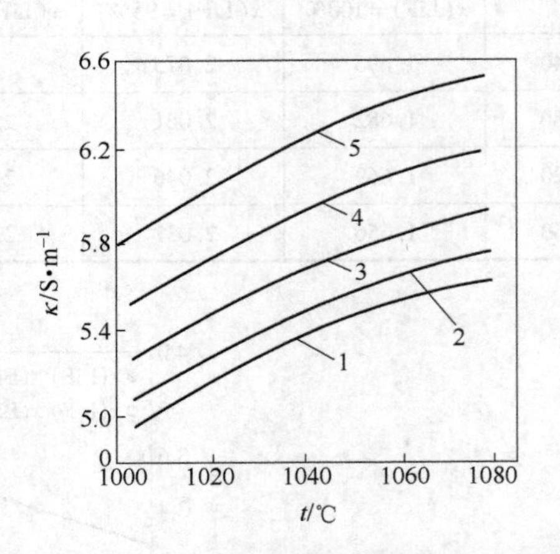

图 5－17 NdF_3－LiF 熔体中温度对电导率的影响

1—w(LiF)＝16%；2—w(LiF)＝18%；3—w(LiF)＝20%；4—w(LiF)＝22%；5—w(LiF)＝24%

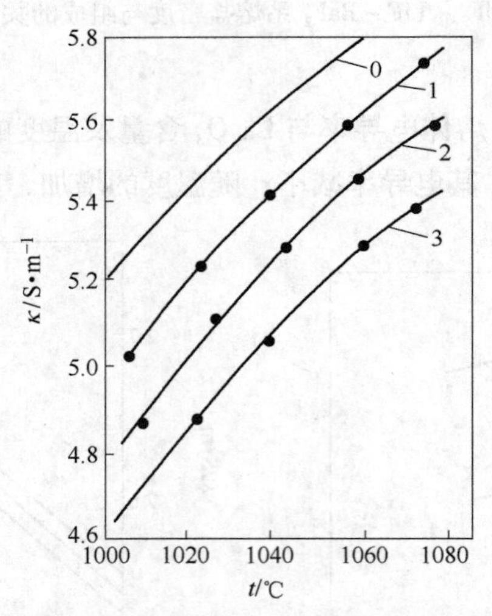

图 5－18 添加 BaF_2 的 NdF_3－LiF 熔体电导率与温度的关系

0—w(BaF_2)＝0%；1—w(BaF_2)＝5%；2—w(BaF_2)＝10%；3—w(BaF_2)＝15%

近年来，人们还测定了 $Na_3AlF_6-Al_2O_3-La_2O_3$、$Na_3AlF_6-Al_2O_3-RE_2O_3$（富铈）和 $NaAlF_6-Al_2O_3-RE_2O_3$（富钇）等体系的电导率。实验结果表明，Al_2O_3 和 RE_2O_3 均使体系电导率降低，但 Al_2O_3 的影响程度是 RE_2O_3 的 6～8 倍。以一小部分 RE_2O_3（无论是富铈还是富钇）代替 Al_2O_3 加入熔盐中，显然有提高电导率的效果。

5.3.1.4 黏度

$NdF_3-LiF-BaF_2$ 熔盐体系的黏度见表 5－7。将熔盐中 LiF 与 BaF_2 的摩尔分数比固定为1:1或2:1，测得混合熔盐黏度（990℃）与NdF_3含量的关系如图5-19所示。由图可见，随NdF_3含量的增加，熔盐黏度升高；随LiF含量的增加，熔盐黏度与组成的关系曲线下降。

表5-7 $NdF_3-LiF-BaF_2$熔盐体系的黏度

熔盐成分/%			黏度/mPa·s	熔盐成分/%			黏度/mPa·s
NdF_3	LiF	BaF_2		NdF_3	LiF	BaF_2	
50	45	5	2.676	50	27.5	22.5	3.217
50	10	40	4.308	67.5	27.5	5	3.223
85	10	5	3.824	67.5	10	22.5	4.601

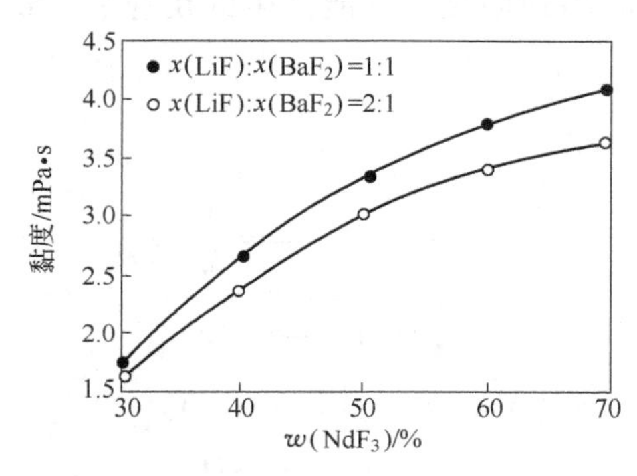

图5-19 $NdF_3-LiF-BaF_2$熔盐体系黏度与组成的关系（990℃）

5.3.2 电极过程及影响因素

稀土氧化物在氟化物熔盐中电解制备稀土金属的电极过程，与电解铝的电极过程基本相似。一般情况下，整个电解过程可作如下描述。

5.3.2.1 溶解反应

在氟化物熔盐中稀土氧化物呈离子状态存在，除具有变价的稀土元素外，其他的稀土离子均呈+3价。以具有Ce^{3+}和Ce^{4+}两种形态的铈离子为代表，它们在氟化物中的溶解反应可能存在如下三种形式：

（1）简单的离解：

$$Ce_2O_3 = 2Ce^{3+} + 3O^{2-}$$

$$CeO_2 = Ce^{4+} + 2O^{2-}$$

（2）在有碳存在的条件下，与碳发生化学反应：

$$2CeO_2 + C = 2Ce^{3+} + 3O^{2-} + CO_{(g)}$$

（3）CeO_2与氟化物熔盐中的同名离子盐发生化学反应：

$$CeO_2 + 3CeF_4 = 4CeF_3 + O_{2(g)}$$

这个反应能促进CeO_2进入电解质内，有利于弥补氧化铈在氟化物熔盐中溶解度低和溶解速度慢的缺点。

稀土氧化物在氟化物熔盐中离解后生成的稀土阳离子和氧阴离子，在电场的作用下分别向阴极和阳极迁移，在两极表面放电，发生阴极过程和阳极过程。

5.3.2.2 阴极过程

稀土氧化物在熔融电解质中离解出的+3价正离子，在电场作用下向阴极移动，按反应：

$$RE^{3+}+3e \xlongequal{} RE$$

在阴极上析出金属。在轻稀土金属中，钐是变价离子，在一般电解情况下，它在阴极上可能不是以金属形态析出，而是被还原成低价离子：

$$Sm^{3+}+e \xlongequal{} Sm^{2+}$$

5.3.2.3 阳极过程

稀土氧化物电解使用石墨作阳极，可能发生的反应有一次电化学反应和二次化学反应。

A 一次电化学反应

一次电化学反应有：

$$O^{2-}-2e \xlongequal{} \frac{1}{2}O_{2(g)}$$

$$\frac{1}{2}O_2+C \xlongequal{} CO_{(g)}$$

$$2O^{2-}+C-4e \xlongequal{} CO_{2(g)}$$

$$2O^{2-}-4e \xlongequal{} O_{2(g)}$$

这四个反应可能同时发生。在电解温度低于857℃或高电流密度条件下，阳极主要产物是CO_2；但在较高（900℃以上）温度下，生成CO的反应在热力学上占优势。鉴于实际生产中电解槽操作条件多变，石墨阳极上析出的一次气体可能是以CO和CO_2为主要组成的混合物。

B 二次化学反应

阳极生成的一次气体通过熔融电解质从界面逸出，熔盐界面上方的灼热气体与石墨阳极作用，发生下列反应：

$$CO_2+C \xlongequal{} 2CO_{(g)}$$

$$O_2+C \xlongequal{} CO_{2(g)}$$

$$O_2+2C \xlongequal{} 2CO_{(g)}$$

温度高于1010℃时，最后一个反应得到充分发展，其平衡成分相当于含CO 99.5%。阳极气体除与石墨阳极发生上述三个反应外，还与溶解在电解质中的金属发生下列反应：

$$RE+\frac{3}{2}CO_2 \xlongequal{} \frac{1}{2}RE_2O_3+\frac{3}{2}CO_{(g)}$$

$$RE+\frac{3}{2}CO \xlongequal{} \frac{1}{2}RE_2O_3+\frac{3}{2}C$$

上述这两个反应都会使阴极产生的金属重新发生氧化。

C 阳极气体组成

从电解槽排出的气体中，发现有少量的氟化物和氟碳化合物。它们的产生估计有两种情况：一是由于电解时加入电解槽中的氧化物或电解质等物料是潮湿的，带入熔盐中的水分与氟离子作用：

$$2F^- + H_2O = O^{2-} + 2HF_{(g)}$$

$$3F^- + H_2O = OF^{3-} + 2HF_{(g)}$$

二是当阳极表面氧离子不足时，出现氟离子在碳阳极上放电，发生反应 $nF^- + mC - ne = C_mF_n$，通常认为在阳极效应时发生如下反应：

$$4F^- + C - 4e = CF_{4(g)}$$

主要气体之间哪种占优势，取决于电解操作温度。例如，在 870 ~ 900℃下电解 CeO_2 时，气体组成为 CO_2 95.2%、CO 4.4%、O_2 0.4%；在1000℃以上的高温电解槽中，阳极气体的主要成分为 CO。

5.3.2.4 阳极效应

稀土氧化物电解操作中产生的阳极效应与电解铝相似，同样与电解质中氧化物浓度的降低或不足有关。有关实验表明，当氧化物在电解过程中消耗殆尽时，出现槽电压不稳、阳极上显现火花放电、熔盐液面不活跃并呈血红色的现象。虽然电解仍在进行，但阳极不产生气体，阴极不析出金属，电解质熔盐中产出大量的 Ce^{4+} 离子。随着电解过程的延续，Ce^{4+} 离子浓度增加。推测此时在阳极上可能发生了氧化反应 $Ce^{3+} + e = Ce^{4+}$，在阴极上发生了还原反应 $Ce^{4+} + e = Ce^{3+}$，两个反应呈稳定状态。另一个现象就是在阳极上有 CF_4 气体产生。据此认为，阳极效应是由于阳极上生成氟碳化合物（即 CF_n 型或 COF_n 型中间化合物）造成的阳极钝化所致。

综合上述，稀土氧化物在氟化物熔盐中电解制备稀土金属的总反应式为：

$$RE_2O_{3(s)} + C_{(s)} = 2RE_{(l)} + \frac{3}{2}CO_{2(g)}$$

整个反应消耗的物质是稀土氧化物和阳极碳，反应产物之一是气体。从动力学角度来看，阳极过程控制着稀土电解槽中的反应速度和反应途径。

5.3.3 电解工艺和产品

稀土氧化物在氟化物熔盐中的电解工艺是以粉末状稀土氧化物为溶质，以同种稀土元素的氟化物为主要溶剂，以氟化锂、氟化钡为混合熔盐的添加成分。氟化锂的作用在于提高电解质的导电性，降低熔盐的初晶温度和电解质的密度；但在电解条件下它对稀土金属有溶解作用，特别是对金属钇表现尤为明显。氟化钡能降低混合熔盐的熔点，抑制氟化锂的挥发，它在电解时不会与金属作用，能起到稳定电解质的作用。通常，电解轻稀土金属（例如镧、铈）时采用三元系电解质，而电解重稀土金属时多采用二元系电解质。目前使用的混合氟化物熔盐的缺点是，氧化物在电解质中的溶解度很小，只有 2% ~5%。

氟化物熔盐在高温下具有很强的腐蚀性，传统的工业耐火材料都难以用做稀土氧化物电解槽槽体材料。在生产规模不大的情况下，均用石墨坩埚作电解槽。阴极通常选用金属钼或钨型材。阳极材质是石墨，但形式多样。由于金属呈液态聚集，电解质温度比金属熔点高，这就使电解槽槽体材料和电极材料在选择上受到限制。对于上万安培规模的大型工业槽，需要采用某些难熔金属作槽体材料，或者采用电解质凝壳技术收集金属。到目前为止，稀土氧化物 - 氟化物熔盐电解工艺只应用于生产熔点在 1100℃以下的混合稀土金属及镧、铈和钕等轻稀土金属，对于生产重稀土金属和金属钇还停留在实验室阶段。不过，可利用氧化物电解工艺来大规模生产重稀土金属或钇与铁和有色金属的中间合金，例如铽铁、镝铁、钇镁和钇铝等。

5.3.3.1 氧化物电解制备轻稀土金属

美国矿务局雷诺冶金研究中心对氧化物电解制备镧、铈、镨、钕和混合稀土金属的电解槽进行过多种形式的设计，其中具有代表性和规模较大的电解槽是生产金属铈和镧的电解槽，电解槽和浇注室都放在一个真空室内，电解操作在惰性气氛中进行。

生产金属铈的最佳电解质组成（质量分数）为63% CeF_3 - 21% LiF - 16% BaF_2，其熔化温度为715℃，CeO_2 在其中的最大溶解度为5%。电解温度为850℃，电解电流为785A，槽电压为8.5V。析出的金属铈中 $w(\mathrm{Mo}) = 0.067\%$ 或 $w(\mathrm{W}) = 0.002\%$。

制备金属镧的电解质组成（质量分数）为48% LaF_3 - 25% LiF - 27% BaF_2，该体系在操作温度（950 ~ 1000℃）范围内能溶解 2% ~ 3% 的 La_2O_3。金属产品中碳含量小于0.12%。

在实验室小型电解槽中还研究了用氧化物电解法制备镨、钕和镨钕合金。由于规模小、电解电流只有50 ~ 60A，电解时需要通入交流电额外补充能量，以维持电解所需的温度。电解时间为1 ~ 2h 的实验操作参数见表5 - 8。

表5-8 电解制备 Pr、Nd 和 Pr-Nd 合金的实验操作参数

金属或合金	REF_3 - LiF/%	电解温度/℃	阴极电流密度/A·cm^{-2}	电流效率/%
Pr	50 - 50	1030	6.0	88
Nd	89 - 11	1098	6.9	77
Pr - Nd	50 - 50	1115	9.6	55

5.3.3.2 电解制备金属钕

1983 年钕铁硼永磁合金问世，需要有大量而又价廉的金属钕作为原料，这就大大促进了氧化物电解法生产金属钕的发展。包头稀土研究院首先开发了3kA 的钕电解槽（见图5 - 8）。在石墨坩埚的上部插入一个石墨圆筒充当阳极，在阳极中心放置一根钼或钨棒作阴极，钼阴极下面放置一个钼质金属接受器收集金属钕。氧化钕粉料沿阳极与阴极的空隙处加入。电解质为 NdF_3 - LiF 体系，其中 LiF 含量在11% ~ 17%之间波动。电解温度完全靠直流电提供的能量维持，无需额外补充热量，电解在无保护气氛下连续操作。为了便于更换石墨阳极，电解槽是敞口的，因而辐射热损失较大。近年来包头稀土研究院又开发成功10kA 钕电解槽，电解槽形式相当于将三个3kA 槽放置于一个槽容器中，不同的是用石墨块组合阳极取代了石墨圆筒。

利用同类电解槽还可进行镧、铈和镨的工业生产。表5 - 9 和表5 - 10 分别列出了镧、铈、镨、钕电解操作参数及金属中杂质的分析结果。金属产品的纯度在99% ~ 99.9% 范围内。杂质来源较复杂，稀土氧化物原料可能带入铝、钙、碳、铈、镁和硅，电解槽结构材料、操作工具和铸造模等还有可能增加铁的污染，碳主要来自石墨阳极，钼和钨主要来自阴极材料，氟和氧大多来自电解质夹杂。与钙热还原法制备的稀土金属相比，氧化物电解法制得的稀土金属中氧含量要低得多。

表 5-9 La、Ce、Pr、Nd 电解操作参数

操作参数	La	Ce	Pr	Nd
电流/A	955	1280	1028	2200
电压/V	10	10	10	10
起始阴极电流密度/A · cm^{-2}	7.5	8.5	7.0	7.0
起始阳极电流密度/A · cm^{-2}	0.7	1.3	0.9	1.0
电解质温度/℃	950 ±20	900 ±20	970 ±20	1050 ±20
电能消耗/kW · h · kg^{-1}	11	11.2	12	8.6
稀土氧化物利用率/%	98.7	97.18	98.28	97
平均电流效率/%	80	78	70.87	60

表 5-10 La、Ce、Pr、Nd 金属中杂质的分析结果 (%)

杂质元素	保护气氛下的电解产品				无保护气氛下的电解产品			
	La	Ce	Pr	Nd	La	Ce	Pr	Nd
Al	0.03	0.04	0.01	0.002	0.1	0.1	0.14	0.02
Ca			0.005	0.005	0.005	0.05	0.005	0.03
C	0.033	0.01	0.01	0.014				0.05
F			0.03	0.04		0.002	0.002	
Fe	0.027	0.007	0.012	0.012	0.15	0.05	0.22	0.2
Li				0.013	0.01			
Mg			0.003	0.005	0.005	0.05	0.05	
Mo	0.028	0.076						0.05
N			0.002	0.001				
O	0.016	0.016	0.018	0.015	0.04			0.05
Si	0.055	0.008	0.003	0.005	0.002	0.005	0.03	0.02
W		0.002	0.02	0.02				

5.3.3.3 氟碳铈矿精矿直接电解制备混合稀土金属

美国矿务局开发了将高品位氟碳铈矿精矿直接溶解在 REF_3 - LiF - BaF_2 系熔盐中，电解制备铈族混合稀土金属的工艺。加入电解槽的氟碳铈矿精矿必须经过预处理。先用稀盐酸浸出品位（REO 含量）为 63% 的浮选产品，除去 $CaCO_3$ 和 $SrCO_3$ 等矿物；再在 700℃下进行碳酸钠焙烧，把 $BaSO_4$ 矿物转化成 $BaCO_3$；接着在 800℃热分解去除 CO_2，随后用水洗去 Na_2SO_4；最终产物在 400℃下烘干，得到品位为 85% ~90% 的精矿。其化学成分分析结果见表 5-11。

表 5-11 处理过的氟碳铈矿精矿的化学成分分析结果 (%)

元 素	含 量	元 素	含 量	元 素	含 量
Ce	42.3	Eu	—	Si	1.0
La	23.9	Gd	0.01	S	0.07

续表 5-11

元 素	含 量	元 素	含 量	元 素	含 量
Pr	3.2	Y	0.2	F	2.0
Nd	9.8	Ca	4.7		
Sm	0.6	Fe	0.7		

扩大试验用的电解槽类似于镧电解槽，不同的是收集金属用的容器用钼坩埚取代了钨坩埚。电解槽的额定电流为1000A，石墨槽内可容纳45kg电解质，电解质最佳组成为50% REF_3 - 20% BaF_2 - 30% LiF。在850~950℃条件下，精矿在电解质中的溶解度为2%~2.3%。氟化锂和氟化钡的纯度分别为99.6%和98.6%，使用前将其在300℃下干燥24h。电解槽电压为8.5V，电流为980A，电解温度为950℃，连续电解10h。稀土氧化物的利用率达100%，但电流效率较低，按+3价稀土离子的电化学当量计算只有37%。产出的混合稀土金属的化学成分分析结果见表5-12。

表5-12 混合稀土金属的化学成分分析结果 (%)

元 素	含 量	元 素	含 量	元 素	含 量
Ce	60.0	Gd	—	Mo	0.38
La	18.4	Y	—	O	0.02
Nd	15.2	Al	0.17	Si	0.20
Pr	6.0	C	0.15	S	0.005
Sm	—	Fe	0.56	Th	—

5.3.4 影响氧化物电解过程的因素

影响氧化物电解过程的主要操作因素是电解温度、电流密度和加料速度。

5.3.4.1 电解温度

电解操作温度取决于稀土金属的熔点、电解质的性质、金属和熔盐分离的程度及电流效率。控制操作温度的原则是尽量在较低温度下操作，因为温度越高，金属的二次作用越强烈，一方面引起金属在电解质中的溶解度增大，导致电流效率降低（见图5-20）；另一方面加剧了熔盐对槽体和电极的侵蚀，增加了材料带入杂质的污染。但温度过低将使稀土氧化物在电解质中的溶解度和溶解速度下降，影响电解正常进行，还可能出现造渣现象。

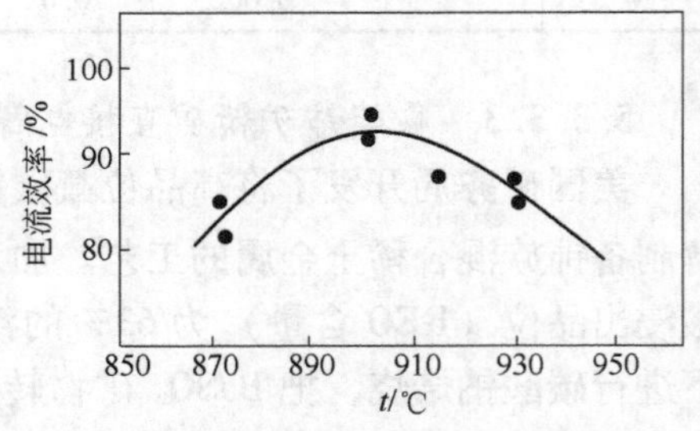

图5-20 电流效率与电解温度的关系
($w(LiF):w(BaF_2):w(NdF_3)$ = 15:12:73，$J = 10A/cm^2$)

5.3.4.2 电流密度

电解电流的大小取决于电极表面积，特别是阳极表面积和阳极几何形状。阳极形状的设计，要求在某一电流密度下产生的氧化碳气体能迅速排出。另外，由于电解电压与电流密度成正比，采用高电流密度则导致高电压操作，这就意味着电解能量消耗的增加。在稀土氧化物电解操作中要维持电解槽正常运转和争取最佳操作参数，起始阳极电流密度应不大于 1A/cm^2。

电解时，随着阴极电流密度的增大，电流效率相应提高。在实际操作中，通过电解槽的总电流通常是恒定的，固态阴极的插入深度基本固定，所以阴极电流密度也大体保持不变。但在长周期的持续电解中，阴极电流密度总是趋于升高。这是由于阴极表面被电解质侵蚀而趋于减小，电解质液面因蒸发而不断下降，导致阴极插入深度变浅。阴极电流密度在电解过程中的逐渐升高会造成电解质过热，电解质蒸发损失加剧。氧化物电解生产镧、铈、镨、钕和铈族混合稀土金属时，选定的阴极电流密度都在 7A/cm^2 以上。电解高熔点的重稀土金属时，选择的阴极电流密度就更高，例如电解制备金属钆，阴极电流密度达到 31.4A/cm^2。

5.3.4.3 加料速度

加料速度的大小除取决于电流外，还取决于稀土氧化物在氟化物熔盐中的溶解度。有人曾对氧化镧和氧化钕在某些常用氟化物熔盐中的溶解度做过研究，其实验结果见表 5-13。由表可以看出，稀土氧化物在氟化物熔盐中的溶解度是很低的。而 Al_2O_3 在冰晶石中的溶解度可达 10%～15%。所以稀土电解槽的加料方式不能像铝电解那样，而是要求严格控制加料速度。理论上，氧化物加入速度应与阳极反应相适应，但实际操作中只能根据电解电流的大小来掌握。若氧化物加入量过多或过快，未及时溶解的氧化物随即沉降，在槽底部形成泥渣，增大了熔盐黏度，这不仅妨碍了下降的金属滴凝聚，造成金属夹杂，并且降低了氧化物利用率；若氧化物加入不足或过缓，则造成电解质中氧化物浓度下降，氧离子供不上阳极反应的消耗，容易引起阳极效应。

表 5-13 La_2O_3 和 Nd_2O_3 在熔融氟化物中的溶解度 （%）

溶 剂	LiF		NaF		KF	
	La_2O_3	Nd_2O_3	La_2O_3	Nd_2O_3	La_2O_3	Nd_2O_3
1000℃	0.64	0.32			1.97	1.77
1050℃	0.89	0.46				
1100℃	1.21	0.69	0.90	0.70	2.54	2.20
1150℃	1.29	0.94	1.23	0.86	2.66	2.38
1200℃			1.71	1.11	3.70	2.72

5.3.4.4 电解操作控制

在电解槽的电流密度、电解温度、电解质组成等工艺条件不变时，可通过调节阴极插入深度 L 使电解槽的电阻常数 K 保持不变，实现恒电阻（$R=K/\kappa$）控制。设电解过程中阳极的消耗速度为 x cm/h，在时间 τ 时阳极直径为 $D+x\tau$，若忽略阴极消耗，则需增加阴极插入深度 y cm/h 以保持电阻常数 K 不变，即：

$$\frac{1}{2\pi(L+y\tau)}\ln\frac{D+x\tau}{d}=\frac{1}{2\pi L}\ln\frac{D}{d}$$

从而有

$$\frac{y\tau}{L}=\ln\left(1+\frac{x\tau}{D}\right)\Big/\ln\frac{D}{d}$$

例如，某电解槽 $D=L=20\text{cm}$，$d=4\text{cm}$，电解 12h 阳极消耗 4cm，即 $x=0.33\text{cm/h}$，计算得到 $y=0.1888\text{cm/h}$，则电解 12h 时阴极的插入深度 $L=22.26\text{cm}$。因此，稀土熔盐电解槽的恒电阻操作可通过调节阴极插入深度而方便地实现。

5.4 熔盐电解法制备稀土合金【拓展】

熔盐电解法是制备稀土合金普遍采用的方法，根据阴极上电化学行为的不同，其可分为液态阴极法、自耗固态阴极法和共析出法等。与金属热还原法和熔配法相比，该法具有合金不偏析、产品质量好、易实现连续化、可大规模生产等优点。

5.4.1 液态阴极电解制备稀土合金

5.4.1.1 基本原理

液态阴极电解制备稀土合金是以合金组元之一为阴极，使稀土在其上析出，并与作为阴极的组元合金化，生成低熔点合金。因此，该法可在低于稀土金属熔点的温度下进行电解，采用低熔点电解质与低熔点合金匹配。

以合金组元为阴极进行电解，在直流电场作用下，电解质中的稀土离子 RE^{3+} 向阴极迁移、扩散，并在阴极上进行电化学还原，其速度都很快。在阴极上析出的稀土金属与阴极组元进行合金化，生成低熔点合金或金属间化合物，整个过程的控制步骤是稀土向阴极本体扩散这个较慢的环节。当稀土沉积速度超过它向阴极体内扩散的速度时，阴极表面便形成富稀土的高熔点合金硬壳，妨碍电解正常进行；来不及向阴极体内扩散的稀土有时从阴极上游离出来，合金的电流效率随之降低。

利用非稀土液态金属作阴极制备稀土合金，具有明显的去极化作用。由碱金属氯化物熔盐中 Nd^{3+} 和 Y^{3+} 在各种液态阴极上的析出电位与其在固态钼阴极上的析出电位之差，可求出在各种液态阴极上 Nd^{3+} 和 Y^{3+} 还原的去极化值，结果见表 5－14。

表 5－14　在某些液态阴极上 Nd^{3+} 和 Y^{3+} 还原的去极化值

阴极金属		Sb	Bi	Ga	Sn	Al	Zn	Pb	In
去极化值/V	Nd^{3+}	1.23	1.07	1.05	1.03		0.98	0.88	0.86
	Y^{3+}	1.13	1.02		0.91	0.88	0.66	0.72	0.72

镧和混合稀土金属在液态铝阴极上的去极化值为 1.0V 左右。

在液态阴极上形成的稀土合金的去极化作用，与稀土在液态阴极中活度低有关。通过对电沉积的合金样品进行 X 射线衍射分析可知，稀土与液态阴极形成多种金属间化合物，说明稀土与液态阴极的合金化作用是稀土在液态阴极上析出电位向正方向偏移（即产生去极化作用）的重要原因。

由于稀土在非同名液态阴极上的析出电位向正方向偏移，采用液态阴极电解熔融稀土氯化物时，稀土离子易在阴极上析出，有利于提高电流效率、降低槽电压、降低电能消耗，并可在较低温度下电解，提高电解的技术经济指标。稀土在非同名液态阴极上形成合金时，由于沉积的稀土原子向阴极金属本体内扩散往往成为过程的控制步骤，因此搅拌液态阴极是提高合金中稀土含量、加快电化学沉积速度的有效措施。

5.4.1.2 氯化物熔盐体系

在氯化物熔盐中，用液态阴极电解可制备稀土铝、稀土镁、稀土锌铝、稀土锡等一系列合金。由于液态阴极和熔盐电解质密度的差别，有上部液态阴极和底部液态阴极两种形式。电解槽与电解制备稀土金属所用的圆形石墨槽基本相同。

以 $RECl_3-KCl-NaCl(x(KCl):x(NaCl)=1:1)$ 作电解质，用液态铝阴极制备稀土合金，可作为底部液态阴极电解的例子。$RECl_3$ 含量为 30% 左右，也可加入 0~20% 的 $CaCl_2$，在 690~750℃的较低温度下电解。根据电解槽的容量加入一定数量的金属铝，放入底部的合金接受器中作为阴极，阴极电流密度小于 $2.5A/cm^2$。采用机械搅拌可加快稀土向合金内部扩散，提高合金化速度，搅拌速度为 20~30 次/min。不用机械搅拌时，向熔盐中添加 1%~2% 的氟化物，可防止或减少电解渣和阴极枝状物的生成。根据阴极金属铝的质量确定通过的电解电量，控制合金的稀土含量在 10% 左右（合金低共熔点附近）。该工艺电流效率达 80% 以上（有时高于 95%），稀土回收率近于 100%，总回收率在 90% 以上。与以往在高温下电解制备稀土铝合金相比，显著降低了材料消耗和能耗。

用液态金属镁作为阴极电解钕镁合金时，由于金属镁的密度小，浮在电解质表面，故称上部液态阴极。以 $NdCl_3-KCl-NaCl$ 为电解质，$NdCl_3$ 含量为 20%，电解温度为 (820±20)℃，阴极电流密度为 $1.5A/cm^2$。电解初期，液态镁阴极浮在电解质上部，电解过程中金属钕析出，并与液态镁阴极形成合金，阴极合金的密度随着钕含量的增加而增大。当其大于电解质的密度时，合金阴极开始下沉，落入底部接受器中。此时阴极导电钼棒也随之下落，以保持与合金的接触。在电解过程中不断搅拌合金，钕原子向合金内部扩散，强化了合金化过程，消除了合金浓度梯度，电流效率和钕回收率均能显著提高，钕镁合金的钕含量可达 30% 左右。该工艺电流效率为 65%~70%，钕回收率达 80%~90%。

同样，可用上部液态镁阴极电解制备钇镁合金。为减少合金与空气、阳极气体的作用，采用 10% 富钇稀土镁合金作底部阴极，在 750℃下电解富 $YCl_3-KCl-NaCl$ 熔盐，制备富钇镁中间合金，电流效率大于 70%，合金中约含 25% 稀土。

5.4.1.3 氟化物熔盐体系

稀土氧化物在氟化物熔盐中首先溶解、离解，然后在两极上发生电化学反应。阴极过程有两步：第一步是稀土离子被还原，析出稀土金属，即：

$$RE^{3+}+3e = RE$$

第二步是稀土金属与阴极金属合金化，形成稀土合金。

采用液态铝、镁阴极电解稀土合金与氯化物熔盐体系相同，稀土在阴极上的电化学沉积速度受析出的稀土金属向液态阴极内部扩散速度的限制。搅拌液态阴极和提高温度是加速合金化速度、提高合金中稀土含量的有效措施。

电解槽结构与氯化物熔盐体系制备稀土合金相似。以石墨作阳极，以合金组元之一作阴极。利用上部液态镁、铝作为阴极，在 YF_3-LiF 熔盐中电解被溶解的 Y_2O_3，在 760℃下电解制得含钇 48.8% 的 Y-Mg 合金和含钇 22.6% 的 Y-Al 合金。在 $Y_AF_3-LiF-BaF_2$ 熔盐中用铝作为阴极，于 850~900℃电解被溶解的 $Y_{A2}O_3$ 制备 Y_A-Al 合金，试验结果见表 5-15。

表 5-15 上部液态铝阴极电解制备 Y_A-Al 合金的试验结果

熔盐的组成/%	熔盐中 $Y_{A2}O_3$ 含量/%	电解加入 $Y_{A2}O_3$ 量/g	合金中稀土含量/%	电流效率/%
$65Y_AF_3-15LiF-20BaF_2$	7.6	254	30.9	88.2
$65Y_AF_3-10LiF-25BaF_2$	7.2	253	32.9	90.3
	7.6	253	30.4	80.1

注：Y_A 代表富钇稀土。

5.4.2 自耗固态阴极电解制备稀土合金

5.4.2.1 基本原理

以合金组元作为阴极，当阴极金属的熔点过高时就不能用液态阴极进行电解。在此情况下，若稀土与阴极形成的合金熔点较低，则可采用可溶性固态自耗阴极电解，如铁、钴、镍、铜、铬、锰等都可作为阴极，电解温度控制在阴极金属的熔点以下、形成的稀土合金的熔点以上。通过采取缩小阴极面积、增大阴极电流密度的办法使其局部过热，达到如下要求：

(1) 使析出的金属立即与阴极合金化；

(2) 阴极表面温度高于合金熔点，使合金呈液态从阴极表面滴落下来，收集在接受器中或聚积在凝固熔盐层上。这样，固态阴极不断消耗。

5.4.2.2 氯化物熔盐体系

在氯化物熔盐中用铁自耗阴极电解制备钕铁合金时，第一个还原峰在 -2.84V，反应为：

$$Nd^{3+}+3e+2Fe = Fe_2Nd$$

在700℃下 $NdCl_3$ 浓度（摩尔分数）为2.51%的熔盐中，$E_{Nd^{3+}/Nd}$ 的计算值为 -2.94V，可知第二个还原峰的反应为：

$$Nd^{3+}+3e = Nd$$

以制备钕铁合金为例，采用 $NdCl_3-KCl$ 或 $NdCl_3-KCl-NaCl$ 混合熔盐作电解质，以铁作自耗阴极，电解槽与电解稀土金属所用的圆形石墨槽基本相同。随着阴极析出的稀土与固态铁阴极合金化，当达到合金的熔点时，其便呈液态滴落下降，以保持电流密度的稳定，保证电解正常进行。

从 Nd-Fe 合金相图可知，钕和铁在650℃左右可形成钕含量约为85%的 Nd-Fe 合金，因此控制电解温度为720～870℃是适宜的。一般控制电流密度为7～10A/cm^2，氯化钕浓度为20%～30%。采用以上条件在800A 电解槽中电解 Nd-Fe 合金，电流效率约为35%，钕回收率达80%以上。电解所得合金再经真空炉熔炼，可获得组成均匀一致的 Nd-Fe 合金，钕含量在85%以上。所得合金用于制备钕铁硼永磁材料，磁体的最大磁能积为278～295kJ/m^3（35～37MGOe），与采用金属钕制备的钕铁硼磁体性能相同。

在氯化物熔盐中以合金中某一组元为阴极进行电解，可制备多种稀土合金。稀土合金的电解结果列于表5-16。

表 5－16 稀土合金的电解结果

合金种类	电解温度/℃	耗电量/A·h	产量/g	电流效率/%	合金中稀土含量/%	稀土回收率/%
Al－Ce	750		4780	82	11.15	93
Al－富 Ce	750	315	4600	～100	12.17	～100
Al－La	750	315	4970	～100	11.85	～100
Al－Y	800	363	4590	86	9.25	93
Al－富 Y	800	375	4970	84	7.05	76
Mg－Y	850～900					
Zn－Al－RE	680			80	10.0	～100

5.4.2.3 氟化物熔盐体系

在 83% NdF_3－17% LiF 氟化物混合熔盐或 NdF_3－LiF－BaF_2 三元系混合熔盐中加入 Nd_2O_3，用纯铁棒作阴极、石墨作阳极，Nd^{3+} 在阴极上获得电子而析出金属，并与铁阴极合金化，形成钕合金液滴，落在槽底部的钼制合金接受器中。电解温度影响 Nd_2O_3 在熔盐中的溶解度和溶解速度，也直接影响 Nd^{3+} 在阴极上的析出状态以及阴极析出的钕与铁阴极的合金化进程。如图 5－21 所示，在 980℃ 左右电流效率较高。

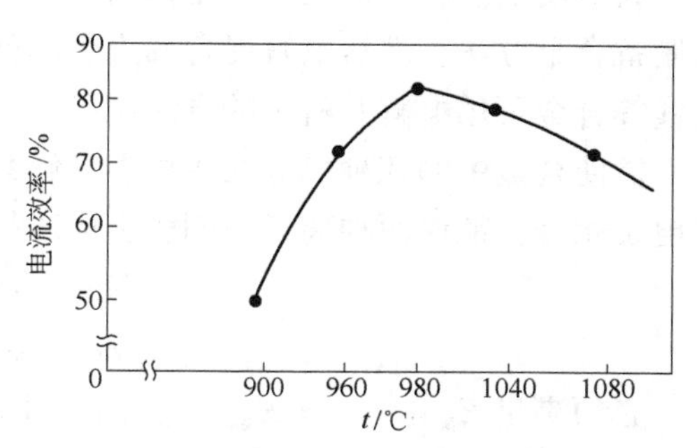

图 5－21 电解温度对 Nd－Fe 合金电流效率的影响（$w(NdF_3):w(LiF)=83:17$）

电解时应根据铁阴极的消耗速度来确定下降阴极深度，将阴极电流密度控制在 7～15A/cm² 范围内，可获得较高的电流效率。阳极电流密度宜控制在 0.6A/cm² 左右，以防止阳极效应的发生。氧化钕在熔盐中的溶解度有限（一般为 2%～4%），必须严格控制它的加入速度。采用连续加料，熔盐中的 Nd_2O_3 含量以维持在 2%～3% 为宜。电流效率随原料品位而变化，Nd_2O_3 品位越高（钐和中、重稀土含量低），则钕铁合金的电解电流效率越高。采用含钐和中、重稀土元素的氧化钕为原料进行电解，由于钐的不完全放电和高熔点稀土合金的生成，使电流效率降低。钕铁合金的铁含量与电解温度和电流密度有关。根据 Nd－Fe 合金相图可知，温度升高，则合金中铁含量增加，铁含量也随阴极电流密度的增大而增加。

综上所述，采用上述条件进行电解可以得到含铁 11%～15% 的钕铁合金，电流效率可达 60% 以上。日本采用 Nd_2O_3－NdF_3－LiF 熔盐电解生产钕铁合金已达到工业化规模。我国采用 Nd_2O_3－NdF_3－LiF－BaF_2 体系制备钕铁合金也达到 3kA 的生产规模。

近年来出现了电解 NdF_3－LiF 或 NdF_3－LiF－BaF_2 熔盐的报道。由于消耗的原料是 NdF_3（不加 Nd_2O_3），有利于降低钕铁合金和金属钕产品中氧和碳的含量。

用自耗固态镍阴极沉积钇制备 Y－Ni 合金的电解工艺条件及结果如表 5－17 所示。

表 5-17 用自耗固态镍阴极沉积钇制备 Y-Ni 合金的电解工艺条件及结果

项 目	电解工艺条件及结果	项 目	电解工艺条件及结果
电解熔剂组成/%	$65Y_AF_3-10LiF-25BaF_2$	电解温度/℃	900~1000
电解电流/A	150~180	电解时间/h	3
槽电压/V	8~10	电流效率/%	>50
阴极电流密度/$A\cdot cm^{-2}$	10~30	稀土回收率/%	>80
阳极电流密度/$A\cdot cm^{-2}$	<0.6		

5.4.3 共析出电解制备稀土合金

5.4.3.1 基本原理

共析出电解制备稀土合金是指两种或两种以上的金属离子在阴极上共同析出和合金化的制备合金方法。熔盐电解混合稀土金属就是多种稀土元素共析出的典型实例。钇镁、富钇镁等合金可用电解共析出的方法制备。

欲使合金中的几种成分在阴极上电解共析出，最基本的条件是合金组分的几种离子析出电位相等。欲使两种离子在阴极上同时析出，即：

$$Me_1^{n_1+}+n_1e = Me_1$$

$$Me_2^{n_2+}+n_2e = Me_2$$

必须满足 $E_{Me_1^{n_1+}/Me_1}=E_{Me_2^{n_2+}/Me_2}$ 的条件。实际上合金沉积是非平衡过程，考虑到极化与去极化作用，析出电位等于平衡电位、极化电位与去极化电位的代数和，则析出电位有如下关系式：

$$E_1^{\ominus}+\frac{RT}{n_1F}\ln\frac{a_{Me_1^{n_1+}}}{a_{Me_1}}+\Delta E_1=E_2^{\ominus}+\frac{RT}{n_2F}\ln\frac{a_{Me_2^{n_2+}}}{a_{Me_2}}+\Delta E_2$$

当 $E_1^{\ominus}$ 和 $E_2^{\ominus}$ 差别较大时，若两种金属 Me_1 和 Me_2 在阴极上不发生相互作用，为使两种金属共析出，需改变离子活度 $a_{Me_1^{n_1+}}$ 和 $a_{Me_2^{n_2+}}$，即减小电位较正离子的活度，使其析出电位向负方向移动；相应地，使电位较负离子的活度增大，使其析出电位向正方向移动，抑制电位较正的金属析出。加入适当的添加剂（络合剂），使电位较正的金属离子形成较稳定的络合物，降低该金属的活度，可使其析出电位变负。

分析电极过程中的速度，可估算共析出合金中各组分的含量。当金属共析出受扩散过程控制、有大量支持电解质存在时，分析结果表明，合金中较易析出金属与较难析出金属的物质的量之比大于它们在电解质中的物质的量之比。提高电流密度，增加导电性盐的含量，均可使易沉积金属在合金中的含量降低；而提高温度，加强搅拌，增大金属离子浓度，均可使其含量增加。

5.4.3.2 电解制备钇镁合金

对于钇镁共析出的电解过程，依据上式，设 $a_Y=1$，$a_{Mg}=1$，得出钇、镁同时在阴极上析出时两种离子的活度关系，可求出不同温度下平衡活度的关系式，结果见表 5-18。

表 5－18 钇、镁共析出时的平衡活度关系

电位/V	温度/℃		
	800	900	1000
$E_{Y}^{\ominus}$	－2.643	－2.596	－2.548
$E_{Mg}^{\ominus}$	－2.460	－2.403	－2.346
关系式	$a_{Y^{3+}}=379a_{Mg^{2+}}^{3/2}$	$a_{Y^{3+}}=307a_{Mg^{2+}}^{3/2}$	$a_{Y^{3+}}=251a_{Mg^{2+}}^{3/2}$

由表 5－18 可见，$E_{Mg}^{\ominus}$比 $E_{Y}^{\ominus}$ 更正，若近似认为浓度等于活度，则钇、镁共析出时 Y^{3+} 的浓度要比 Mg^{2+} 大数百倍。提高温度虽能缩小两者的电位差，但效果不大。而提高电流密度，增加阴极极化，造成阴极区 Mg^{2+} 贫乏，使 Y^{3+} 浓度相对提高，在浓差极化作用下可导致 Y^{3+}、Mg^{2+} 共同放电析出。同时，由于钇和镁的合金化，镁的析出对 Y^{3+} 的析出产生去极化作用，缩小了钇、镁析出电位之差，有利于两者共析出。在浓差极化条件下，生成的固体沉积物呈海绵状或树枝状；而为获得良好的电解结果，必须使合金呈液态析出。根据钇镁合金相图认为，钇镁合金共析出的电解温度以 850℃左右为宜。

采用小型石墨电解槽，在含有氯化钇和富钇氯化物的熔盐中共析出电解制备钇镁和富钇镁合金，其主要工艺条件、合金产品及技术指标如表 5－19 所示。

表 5－19 共析出制备 Y－Mg 及富 Y－Mg 合金的主要工艺条件、合金产品及技术指标

主要工艺条件及技术指标	Y－Mg	富 Y－Mg
阳 极	石墨坩埚	石墨坩埚
阴 极	钼 棒	钼 棒
电解电流/A	30	30
阴极电流密度/A·cm^{-2}	20～30	约 25
温度/℃	850～860	850
熔盐组成/%	KCl－YCl_3(25～35)－$MgCl_2$(4～6)	KCl－富钇氯化物(30～45)－$MgCl_2$(4～10)
合金中稀土含量/%	55～62	55～56
阴极电流效率/%	65～80	>70
稀土回收率/%	70～80	70～80

在 YF_3－F 熔盐中添加 Y_2O_3－Al_2O_3，于 1005℃左右使钇和铝在阴极上共析出，电流效率约为 60%，金属回收率在 80% 左右。为使电解正常进行，应选择合适的 $w(Y_2O_3)/w(Al_2O_3)$。

在 YF_3－LiF－BaF_2－MgF_2 熔盐中加入 Y_2O_3－MgO（$w(Y_2O_3)/w(MgO)=1.5$），在 950℃下用 110A 电流电解 2h，可得到含钇 73% 的 Y－Mg 合金。

5.4.3.3 电解制备稀土铝合金

在冰晶石熔盐中添加稀土化合物和氧化铝，采用共析出法直接制备稀土铝合金，已在

我国工业铝电解槽中广泛应用。

为确定在铝电解槽中添加稀土化合物直接制备稀土铝合金的可行性，对熔盐的物理化学性质、RE^{3+}和Al^{3+}在液态铝阴极上的析出电位开展了一系列研究。通过对含RE_2O_3冰晶石初晶温度的研究确认，在冰晶石熔盐中添加RE_2O_3可使其初晶温度降低，添加8%的La_2O_3可使冰晶石的熔点降低25℃。对$Na_3AlF_6-Al_2O_3-La_2O_3$熔盐电导率的研究表明，增加$Al_2O_3$含量可使熔盐电导率明显降低，而添加$La_2O_3$对电导率影响很小，$Al_2O_3$对熔盐电导率的影响为$La_2O_3$的7倍。

在冰晶石-氧化铝熔盐中添加稀土化合物和氧化铝，则离解出RE^{3+}和Al^{3+}，欲使这两种离子在阴极上共析出，必须使它们的析出电位相等。而稀土氧化物的理论分解电压比氧化铝大0.3V，通常稀土和铝这两种离子在惰性电极上是不能共同析出的，即使改变两者的浓度比例也难以实现。但在液态铝阴极上，由于电沉积的稀土与液态铝阴极合金化，使稀土的活度大大降低，同时伴有热效应，发生去极化作用，导致稀土的析出电位向正方向偏移，使得RE^{3+}和Al^{3+}在阴极上共析出。

在冰晶石熔盐中，当La_2O_3与Al_2O_3的浓度相同时，La^{3+}在液态铝阴极上的析出电位与Al^{3+}相近。La^{3+}、Al^{3+}的析出电位均随La_2O_3、Al_2O_3浓度的增加而向正方向偏移。析出电位与氧化物的浓度具有线性关系，当La_2O_3和Al_2O_3的摩尔分数各为100%时，1000℃下La^{3+}的析出电位比Al^{3+}的偏正0.13V。

在现行工业铝电解槽中添加稀土化合物（稀土氧化物、稀土碳酸盐、氧氯化稀土等），既可制备中间合金（含稀土6%~10%），也可制备应用合金（一般含稀土0.2%~0.4%）。

向工业铝电解槽中添加稀土化合物的过程是：先把电解质壳面打破，推入一层热料，其上撒上稀土化合物，上面再覆盖一层Al_2O_3，下一次加料时稀土化合物即进入电解质中。为制备Al-RE应用合金，电解质中的稀土含量控制在0.06%~0.08%，可使RE^{3+}与Al^{3+}共析出，电解制得的稀土合金中稀土含量达到0.2%~0.4%。按电解槽容量，严格按计算量分期、分批地向电解槽中加入稀土化合物，三天之内即可达到平衡稳定操作。正常操作时，每天加入一次稀土化合物。该工艺与正常铝电解相比，电解工艺条件基本相同，而电流效率可提高1%~2%，稀土回收率达92%以上，产品质量稳定。以往电工铝规定硅含量不得高于0.09%，而在电解铝中加入稀土以后，可允许硅含量为0.14%，这为解决我国铝资源硅含量偏高、电解铝大多达不到电工铝要求的困难开辟出一个新途径，具有很大的社会效益和经济效益。

制备稀土铝中间合金的操作方法与上述应用合金基本相同。当然，向铝电解槽中添加稀土化合物的数量要相应增加，若制备含稀土8.5%左右的中间合金，则电解质中稀土含量应保持在2.4%左右；添加稀土化合物的次数也要增加，通常每3h加一次料，旨在维持电解质和电解铝液中的稀土含量均匀而稳定。

在向铝电解槽中添加稀土化合物的同时加入某些其他化合物，可以制备铝稀土三元或多元合金。例如，加入氧化硅、氧化锰或氧化钛，则可分别电解共析出Al-Si-RE、Al-Mn-RE或Al-Ti-RE合金；在炉外配镁，可制得Al-Mg-Si-RE等四元合金。

综上所述，采用熔盐电解法已制备了多种稀土合金，分别用于导电材料、磁性材料、耐蚀材料或改善某些材料的性能。探索具有特殊性能的稀土合金材料（含稀土合金镀层），是熔盐电解制备稀土合金的一个重要研究领域。

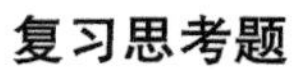

复习思考题

5-1　稀土熔盐电解有几种体系，各有何特点？可制备哪些稀土金属，为什么？

5-2　什么是熔盐电解的电极电位，其与熔盐的分解电压有何关系？影响稀土熔盐电位序的因素有哪些？

5-3　稀土电解槽的槽电压由哪几部分构成，各有何意义？

5-4　稀土金属的电化学当量如何计算，电解的电流效率如何计算？影响稀土熔盐电解电流效率的因素有哪些？

5-5　什么是熔盐电解的电能效率，如何计算？电能效率与电流效率有何关系？

5-6　简述稀土电解槽的结构类型。它们各有何特点，适用于制备何种产品？

5-7　试设计10kA氟化物-氧化物系钕电解槽的结构参数。设计一低电阻电极导电机构，并估算电解槽的槽电压和能耗分配。

5-8　简述氟化物-氧化物熔盐体系的性质和电极过程，按照电解金属钕的工业条件和结果，试估算10kA氟化物电解槽的槽电压组成和电能分配。

5-9　简述氟化物-氧化物系电解钕的工艺条件和操作方法，分析影响电流效率的主要因素。

5-10　简述熔盐电解稀土合金的几种主要方法、生产效果和主要产品。

6 金属热还原法制备稀土金属和合金

> 【教学目标】用金属热还原法制备稀土金属和合金，主要采用氟化物或氯化物的钙热还原法、氧化物的镧或铈热还原－蒸馏法和氟化物的钙热还原－中间合金法。在了解各种制备工艺基本原理的基础上，学会选择金属热还原法制备稀土金属和合金的原料、还原剂、坩埚材料等；能够使用各种工艺应用的真空炉设备、制订工艺条件和进行还原操作；了解稀土金属的各种提纯方法及其适用的金属和杂质。

利用活性较强的金属作还原剂，在高温下还原另一种金属化合物以制备其金属或合金的过程，一般为放热反应，称为金属热还原。由于稀土金属与氧、氮、氢的亲和力强及稀土卤化物易水解，稀土金属的热还原过程多在保护气氛或真空中进行。当对稀土金属的纯度要求较高时，还需对金属热还原法制备的稀土金属进行多种方法的提纯处理。

6.1 钙热还原法生产稀土金属【案例】

6.1.1 基本原理

钙热还原法一般采用稀土氟化物或氯化物为原料，以金属钙为还原剂进行热还原。还原的反应式是：

$$REX_3 + \frac{3}{2}Ca = RE + \frac{3}{2}CaX_2$$

反应的标准吉布斯自由能变化为：

$$\Delta G^{\ominus} = \frac{3}{2}\Delta G^{\ominus}_{CaX_2} - \Delta G^{\ominus}_{REX_3}$$

由热力学原理可知，反应的 $\Delta G^{\ominus}$ 值越负，反应越容易进行，因此钙热还原的热力学条件是 $\Delta G^{\ominus}_{CaX_2} < \Delta G^{\ominus}_{REX_3}$。

稀土及常用还原剂的氯化物、氟化物的生成焓和标准生成自由能见表6－1，还原剂与钇化合物反应的难易程度示于图6－1。可见，与氧化物相比，卤化物，特别是氟化物更易还原。同时还可看出，作为还原剂，钙比镁、锂更适宜。

表6－1 稀土及常用还原剂的氯化物、氟化物的生成焓和标准生成自由能 (kJ/mol)

元素		氯化物			氟化物		
		$-\Delta H^{\ominus}_{298K}$	$-\Delta G^{\ominus}_{298K}$	$-\Delta G^{\ominus}_{1000K}$	$-\Delta H^{\ominus}_{298K}$	$-\Delta G^{\ominus}_{298K}$	$-\Delta G^{\ominus}_{1000K}$
稀土	La	368.4	344.5	291.8	586.7	560.3	501.7
	Ce	363.0	339.1	287.6	580.0	553.2	494.5
	Pr	360.1	336.2	285.9	561.6	549.0	492.0

续表 6-1

元素		氯化物			氟化物		
		$-\Delta H^{\ominus}_{298K}$	$-\Delta G^{\ominus}_{298K}$	$-\Delta G^{\ominus}_{1000K}$	$-\Delta H^{\ominus}_{298K}$	$-\Delta G^{\ominus}_{298K}$	$-\Delta G^{\ominus}_{1000K}$
稀土	Nd	354.6	330.7	280.5	571.7	544.9	486.2
	Pm	351.3	327.5	278.9	568.8	542.4	483.8
	Sm	346.2	323.6	275.1	564.5	638.1	479.5
	Eu	325.2	302.6	255.4	544.9	523.7	461.1
	Gd	342.0	319.4	272.1	563.3	538.1	479.5
	Tb	294.3	272.1	226.0	557.4	532.3	473.6
	Dy	329.4	306.8	259.6	554.9	529.8	471.1
	Ho	325.2	302.6	252.5	550.7	525.6	468.2
	Er	323.6	301.4	251.2	546.5	521.4	464.0
	Tm	319.4	297.2	245.7	544.9	519.7	464.0
	Yb	298.4	276.3	224.8	523.9	498.7	443.1
	Lu	317.1	294.3	271.1	546.5	521.4	465.2
	Y	314.4	310.9	278.9	572.8	561.9	536.2
还原剂	Al	232.8	213.5	198.8	450.2	426.4	475.5
	Ca	399.0	376.8	327.3	606.7	581.7	521.8
	Mg	320.7	295.1	241.1	549.9	526.8	471.5
	Li	408.8	—	—	609.2	—	—
	Na	411.3	385.2	321.1	568.8	539.4	470.7

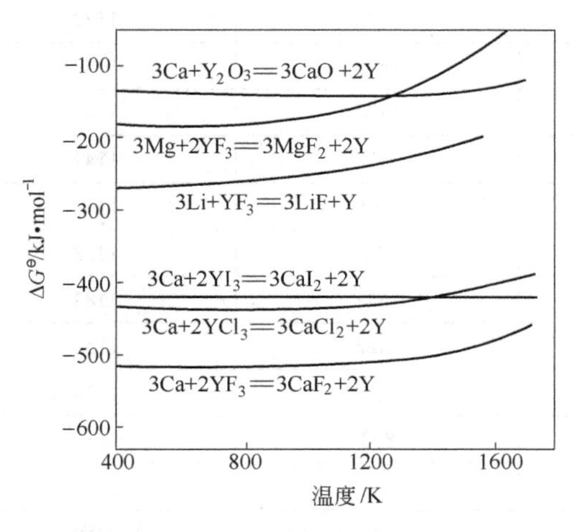

图 6-1 还原剂与钇化合物反应的自由能变化与温度的关系

钙热还原法生产稀土金属的基本要求是，还原作业必须在高于稀土金属和还原渣熔点的温度条件下进行，以保持金属与渣都处于熔融状态，利于还原反应充分进行和金属与渣良好分离。并且在此前提条件下尽量采用较低的还原温度，以提高金属回收率，减少杂质对金属的污染，延长坩埚使用寿命，降低能量消耗。

表6－2列出了各种稀土、还原剂金属及其氟化物和氯化物的熔点。对于制备熔点较低的铈组稀土金属而言，用钙还原其氯化物的工艺是有效的，因为生成的 $CaCl_2$ 渣熔点低，还原过程可在略高于金属熔点的较低温度下进行。该法与电解法相比，具有回收率高、杂质少等优点，但设备较复杂且过程不宜连续，成本较高，因此未被应用到工业生产中。一般制备较纯的金属镨、钕，此法是可行的。对于制备熔点高的钇组稀土金属（钆、铽、镝、钬、铒、铥、镥、钇）而言，钙还原氯化物的效果并不令人满意，因为稀土氯化物和还原产物 $CaCl_2$ 在上述金属熔点以上的温度时蒸气压高，挥发损失大，导致还原效果差；如在金属熔点以下的温度进行还原，则获得稀土金属粉末，其混杂于熔渣中不易分开。因此，以上重稀土金属的生产一般是用其氟化物进行钙热还原，优点是：还原产物 CaF_2 与金属的熔点相近，在还原温度下 CaF_2 蒸气压低，还原过程平稳，热量不易散失；CaF_2 渣流动性好，易与金属分离，金属容易聚集且易于观察操作；稀土氟化物与氯化物相比，不易水解，便于操作。

表6－2 稀土、还原剂金属及其氟化物和氯化物的熔点 （℃）

元素		金属熔点	氟化物熔点	氯化物熔点
稀土	La	918	1504	852
	Ce	798	1432	802
	Pr	931	1399	786
	Nd	1021	1373	835
	Sm	1074	1304	678
	Eu	822	1276	774
	Gd	1313	1229	609
	Tb	1356	1172	588
	Dy	1412	1153	654
	Ho	1474	1142	720
	Er	1529	1141	776
	Tm	1545	1158	821
	Yb	819	1158	854
	Lu	1633	1182	892
	Y	1522	1152	
还原剂	Al	660	1270	181（升华）
	Ca	850	1418	782
	Mg	650		714
	Li	98	995	614
	Na		992	800

由于稀土金属与氧、氮、氢气体的亲和力强及稀土卤化物容易水解，钙热还原过程多在惰性气氛或真空中进行。冶炼设备的真空度应能达到 1.33×10^{-3}Pa，只进行热还原时要求在0.133Pa左右，炉温应能达到1700℃以上并能调节控温。满足以上工艺要求的冶炼设

备有真空感应炉、真空电阻炉及真空电弧炉，其中以真空高频或中频感应炉为最佳。

真空感应炉充入的惰性气体一般为氩气。工业氩气均含有少量至微量的氧、氮、二氧化碳及水分，为减少对金属的污染，在使用时宜进行一次净化。净化剂一般可用钛屑，若使氩气通过加热至250~300℃的混合稀土金属屑，能达到更好的净化效果。

用作还原剂的金属钙，要求其含氧量及其他杂质含量低，但对具体杂质的含量要求，应视被还原金属的纯度要求而定。一般制备工业纯稀土金属，使用蒸馏钙应可满足要求。在金属钙加工、存放以及操作过程中，均需防止其氧化。稀土氯化物或氟化物的含氧量以不超过0.1%为宜，否则会影响金属与渣的分离，从而降低回收率和缩短坩埚的使用寿命。

用稀土氯化物及氟化物进行还原要求使用价格昂贵的坩埚材料，根据其对稀土金属及卤化物的化学稳定性，可采用钽、铌、钼、钨等金属材料。在高温下，氧化物坩埚材料都会与稀土金属发生显著的化学作用，故一般不宜采用。金属钽坩埚是用氩弧或电子束焊接而成的。片材厚度应视制备金属的量而定，50~100g规模的钽片厚度为0.15~0.20mm，300~500g规模的钽片厚度为0.3~0.4mm，10kg左右规模的钽片厚度为0.76~0.8mm。常用坩埚材料对稀土金属的化学稳定性见表6-3。

表6-3 常用坩埚材料对稀土金属的化学稳定性

材　料	化学稳定性
氧化镁	在1200℃以下不发生作用
氧化钙	在1000℃以下是稳定的
氧化铍	在1250℃以下不发生作用
Al_2O_3、ZrO_2、ThO_2、SiO_2	与熔融镧系金属发生反应
钽	在1700℃以下，于真空和惰性气氛中不与金属及其卤化物发生作用，但与钪、镥发生较显著的作用
铌	在1500℃稀土金属中溶解1%~2%
钼	在1400℃以下对金属及其卤化物是稳定的
钨	于高温下缓慢地被腐蚀，但对卤化物是稳定的
铜、镍、铁	与金属发生作用的速度随温度而变化
石　墨	与熔融金属缓慢作用，对卤化物稳定
陶　瓷	迅速被腐蚀

6.1.2 稀土氟化物的钙热还原

金属钙还原稀土氟化物的最终化学反应为：

$$REF_3 + \frac{3}{2}Ca = RE + \frac{3}{2}CaF_2$$

制备单一金属钆、铽、镝、钬、铒、铥、镥、钇、钪和钕，均可采用此种方法。将过量15%~20%、经破碎了的金属钙与稀土氟化物混匀，在油压机上压成锭后装入钽坩埚中，然后将其装入真空感应炉。全部装料操作应迅速、准确，避免与空气长时间接触，或者在保护气氛中进行。

真空中频感应电炉如图6-2所示，常用ZG-0.025和ZG-0.01两种。设备由控制柜、变频机组、炉体和真空系统组成。当使用可控硅中频电源时，没有中频机组，中频电源与控制柜合成一体。中频电炉是本工艺的关键设备，使用中频电炉应严格遵守操作规程，维持一定压力的冷却水是安全运行的关键。为此，最好建立起高位储水槽和循环水池。使用中切记先通冷却水，并保持一定的压力，防止烧坏密封橡皮圈。开启中频电源要严格按操作规程进行，发现异常情况要立即停车检查。炉体上的大密封圈在每次装炉前要用绸布擦拭干净，切勿用尖利物件或高热物件碰撞。

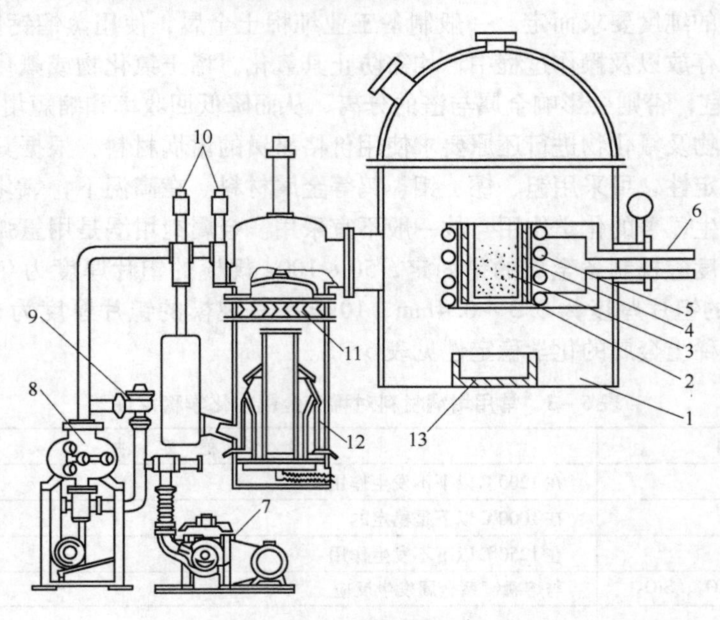

图 6－2 真空中频感应电炉

1—真空室；2—坩埚；3—炉料；4—填充料；5—感应圈；6—冷却水管；7—机械泵；8—罗茨泵；9，10—真空闸阀；11—挡油板；12—油扩散泵；13—水冷铸模

还原的工艺条件主要是升温制度、还原温度、还原时间和还原剂用量，这些条件对金属回收率及质量有显著影响。

6.1.2.1 升温制度

升温制度是依据还原过程的特点而制订的。装料之后，将炉子抽真空至 1.33Pa 左右，缓慢加热至 400～500℃，以使其很好地脱气，然后向炉内充入氩气至 66.6Pa 左右的压力。继续升温至开始还原反应温度，此温度视被还原金属和装料制度的不同而不同，对于钙与氟化物混合装料的开始还原反应温度，视金属的不同在 800～1000℃ 范围内波动；对于熔清炉料后再加入钙的操作，此温度控制在氟化物的熔点附近，例如钙还原氟化钕时需加热至 1373℃ 使其熔化。还原反应进行时产生的热量使熔融介质的温度逐渐升高，但这一热量不足以自动升温至还原产物的熔点。因此，保温数分钟后，最后将炉温升至需要的反应温度并保温数分钟。这一最终温度一般高于还原产物的熔点 50～80℃，使金属和渣熔化，彼此充分分离并依靠密度的不同很好地分层。整个升温还原的时间一般控制在 10～15min 以内，还原产物经过浇注、冷却、出炉、敲渣，得到金属锭。

6.1.2.2 还原温度

如上所述，还原过程的最终温度应高于还原产物的熔点 50～80℃。若这一温度过低，则熔融介质的流动性差，还原反应不充分，金属与渣也不能很好地分离，降低了金属的回收率；若这一温度过高，则会增加坩埚材料对金属的污染，同时由于金属的溶解损失和挥发，使金属的回收率降低。

若还原中使用铌坩埚，随着温度的提高，稀土金属中的铌含量迅速增加，在还原温度为1500℃时铌含量已超过1%。在同样条件下，若在钽坩埚中还原，钽在稀土金属中的含量只有0.1%~0.5%。但钽在钪中的溶解度较大，在还原温度下，其含量可达3%。由于钽不与稀土金属形成金属间化合物及固溶体，钽的存在并不改变稀土金属的基本性质。还原温度的升高，有利于对金属中钙的去除。

6.1.2.3 还原时间

在一定的还原反应温度下，应保持合适的还原时间，使还原反应达到平衡，并使被还原的金属与渣得到很好的分离，从而获得最高的金属回收率，并将杂质污染减到最少。若保温时间不够，则还原反应不完全，金属与渣分离不好，会造成金属回收率低；若保温时间过长，则会增加坩埚材料对金属的污染，并且由于金属的溶解损失而使金属的回收率降低。这一最佳还原时间视不同金属、不同还原条件、不同生产规模而异。

6.1.2.4 还原剂用量

为使还原反应进行得完全，以提高稀土金属的回收率，还原剂金属钙的用量应比按化学反应式计算的用量有一定的过量，其过量值与金属钙的质量、粒度和还原条件有关。一般过量10%~20%，即可达到97%~99%的金属回收率。如果继续增加过量钙，不但不能再提高稀土金属的回收率，而且还会降低还原剂金属的利用率和增加稀土金属中的杂质含量。一般金属钙在被还原稀土金属中的含量达1%左右。

氟化物钙热还原法制备稀土金属的工艺参数见表6-4。

表6-4 氟化物钙热还原法制备稀土金属的工艺参数

金属名称	镧	铈	镨	钕	钆	铽	镝	钬	铒	镥	钪	钇
金属熔点/℃	920	798	931	1024	1311	1360	1409	1470	1522	1656	1539	1523
氟化物熔点/℃	1493	1430	1395	1374	1231	1172	1154	1143	1140	1182	1515	1152
还原温度/℃	1500	1450	1450	1450	1450	1500	1500	1550	1550	1700	1600	1600
还原时间/min	15	15	15	15	10	10	10	10	10	5~10	5~10	5~10
还原剂过量/%	15	15	15	15	20	20	20	20	20	30	20	20
真空除钙温度/℃	1200	1200	1200	1200	1250	1300	1300	1350	1400	1500	1450	1450
真空除钙时间/h	0.5	0.5	0.5	0.5	1.5	1.5	1.0	1.0	1.0	1.0	1.0	1.0
真空熔炼温度/℃	1800	1800	1800	1800	1800	1800	1600	1600	1600	1800	1600	1800
铸锭温度/℃	1200	1200	1200	1200	1400	1420	1460	1520	1570	1750	1600	1650

注：1. 钐、铕、镱不能用钙热还原法制备，铥一般也不用钙热还原法制备；

2. 真空熔炼主要用来除去CaF_2和真空除钙后残留的钙，属于基本的提纯手段，在对金属要求较高时采用。

6.1.3 氟化钇的钙热还原实例

6.1.3.1 产品及原材料要求

金属钇主要用做合金添加剂，以提高镁基、铁基、镍基、铜基等材料的综合性能。此外，在原子能工业中，金属钇用做功能材料。金属钇产品为锭状，表面清洁，无肉眼可见的夹杂物和氧化物粉末，断面呈银灰色，化学成分见表6-5。

表 6-5 金属钇的质量标准 （%）

产品牌号	化学成分										
	RE（≥）	Y/RE（≥）	杂质含量（≤）								
			稀土杂质	非稀土杂质							
				Si	Fe	Ca	O	Ta	C	Ni	Mg
Y-04	99	99.99	0.01	0.01	0.01	0.01	0.3	0.2	0.02	0.05	0.01
Y-2	98.5	99.9	0.1	0.05	0.05	0.05	0.4	0.4	0.03	0.1	0.05
Y-4	98	99	1.0	0.05	0.1	0.15	0.5	0.5	0.05	0.3	0.1
Y-04	99	99.99	0.01	Ti	Cu	Al	N	S	F		
				0.05	0.01	0.01	0.05	0.01	0.05		

原材料采用无水氟化钇，理论氟含量为 39.0%，呈纯白色，要求 $w(F) > 38.4\%$，$w(O) < 0.05\% \sim 0.1\%$，$w(C) < 0.01\%$，$w(Si) < 0.01\%$，$w(Fe) < 0.01\%$，$w(Ni) < 0.01\% \sim 0.15\%$。

若以氧化钇为原料，则要求灼烧完全，颜色纯白，其化学成分见表 6-6。

表 6-6 氧化钇的质量要求（GB/T 3503—2006） （%）

产品牌号				171050	171045	171040	171030A	171030B	171030C	171020
化学成分（质量分数）/%	REO（≥）			99.0	99.0	99.0	99.0	99.0	99.0	98.5
	Y_2O_3/REO（≥）			99.999	99.995	99.99	99.9	99.9	99.9	99.0
	杂质含量（≤）	稀土杂质（REO）	La_2O_3	0.0002	0.0005	0.0010	—	0.02	合量 0.1	合量 1.0
			CeO_2	0.0002	0.0005	0.0005	0.0005	—		
			Pr_6O_{11}	0.0001	0.0005	0.0010	0.0005	0.001		
			Nd_2O_3	0.0001	0.0005	0.0010	0.0005	0.001		
			Sm_2O_3	0.0001	0.0005	0.0010	0.003	0.001		
			Eu_2O_3	0.0001	0.0003	0.0010	—	—		
			Gd_2O_3	0.0001	0.0005	0.0010	—	0.01		
			Tb_2O_3	0.0001	0.0005	0.0010	—	0.001		
			Dy_2O_3	0.0001	0.0005	0.0010	—	—		
			Ho_2O_3	0.0001	0.0005	0.0010	—	—		
			Er_2O_3	0.00005	0.0005	0.0010	—	—		
			Tm_2O_3	0.00005	0.0003	0.0005	—	—		
			Yb_2O_3	0.00005	0.0005	0.0010	—	—		
			Lu_2O_3	0.00005	0.0005	0.0010	—	—		
		非稀土杂质	Fe_2O_3	0.0003	0.0005	0.0007	0.0005	0.001	0.002	0.005
			CaO	0.0007	0.0010	0.0010	—	—	0.002	0.005
			CuO	0.0005	0.0006	0.0006	0.0002	0.0005	0.001	—
			NiO	0.0005	0.0005	0.0010	0.0002	0.0005	0.001	—
			PbO	0.0005	0.0005	0.0010	0.0005	0.0005	0.001	—
			SiO_2	0.0020	0.003	0.0050	—	—	0.005	0.01
			Cl^-	0.01	0.02	0.02	0.03	0.03	0.03	0.05
灼减（≤）				1.0	1.0	1.0	1.0	1.0	1.0	1.5

注：171030A 为光学玻璃用，171030B 为人造宝石用，171030C 为普通型。

若以分离氯化钇溶液为原料，则要求彻底除去溶液中的有机相（一般用四氯化碳萃取）。按 Y_2O_3 换算，溶液中杂质含量不得超过表 6－6 所示的数值。

还原剂金属钙的纯度应大于99%，要求表面清洁，有银白色金属光泽，无白色氧化物覆盖。金属钙属易燃物质，在空中受热或遇水时可能导致燃烧或爆炸，使用中要特别注意。

坩埚钽片厚 0.3～1mm，要求表面光洁，无气孔斑点，厚度均匀。

6.1.3.2 生产工艺

用金属钙还原无水氟化钇制备金属钇的反应为：

$$2YF_3 + 3Ca \xlongequal{} 2Y + 3CaF_2$$

此反应的吉布斯自由能负值很大，反应能自发进行。当物料呈液态（1300℃）时，反应可迅速完成，并放出大量的热。还原过程在真空中频感应炉中进行，采用钽坩埚作为还原及除钙容器。为防止金属钙的挥发，炉内充入纯净氩气（4N）。为了提高金属直收率，金属钙往往过量 10%～20%。尽管钙与钇在液态和固态基本不混溶，但还原出来的金属中仍含有相当多的钙（约 0.5%）。利用钙与钇蒸气压的差别，在钇的熔点下进行真空除钙，可将钙除至 0.01% 以下。

采用钙热还原氟化钇制备金属钇的优点是：

（1）渣相氟化钙在还原温度下蒸气压低、流动性好、密度较轻，反应可平稳进行，金属聚集良好，分离容易；

（2）金属钙价格便宜，来源广泛，易于提纯和保管；

（3）氟化钇相当稳定，不易吸水，便于保管；

（4）工艺流程短，金属直收率高。

其缺点是使用昂贵的钽坩埚，生产成本较高，且产品中钽含量也高（0.2%～0.5%）。

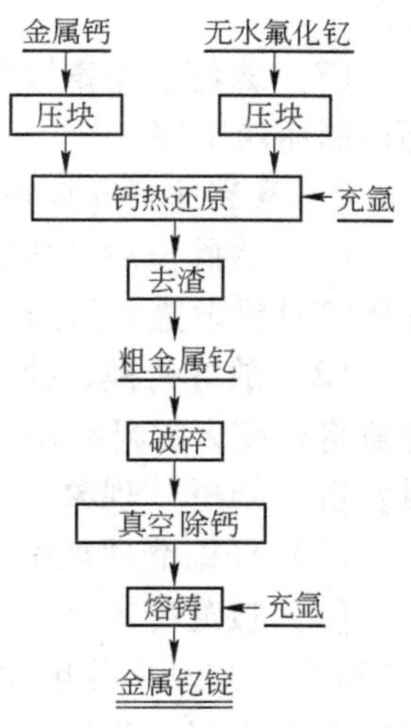

图 6－3 氟化钇的钙热还原工艺流程

氟化钇的钙热还原工艺流程见图 6－3，工艺条件如下：

（1）原料压块。压力为 1.5～2.5MPa；直径略小于钽坩埚内径，高径比为 1∶2。

（2）钙热还原。料比为氟化钇∶钙＝2∶1（钙过量 20%），真空度为 1～5Pa，充氩压力为－0.03MPa（粗真空表指示），还原温度为 1200～1300℃，浇注温度为 1600℃，保温时间为 15min。

（3）真空除钙。进料粒度为 2～4mm，真空度不大于 0.1Pa，温度为 1450℃，保温时间为 0.5～1h。

（4）熔铸。充氩压力为－0.03MPa，浇注温度约为 1650℃。

6.1.3.3 操作步骤

A 原料压块

（1）将称量过的无水氟化钇和金属钙分别放在凹模中，放好垫片和凸模，开动油压机下压，压力达到额定值后保持 20～30s。

（2）撤消压力，将凹、凸模一起置于一圆筒上，开动油压机下压，将物料退出。

（3）压好的饼如不马上装炉，应放在真空干燥箱中抽真空保存。

B 钙热还原

（1）筑炉。在感应圈底部放置耐火水泥石棉板，底部和周围用玻璃布围上，先倒入适量镁砂捣实，然后将石墨坩埚放于感应圈正中心，周围继续充填镁砂，边充填、边捣实，直至全满。最上层镁砂中调入少量水玻璃，并装好浇口。将外露的玻璃布剪去，筑炉即告完成。

（2）烘炉。开通冷却水，启动中频电源，缓慢升温至石墨坩埚红热（约800℃），保持此温度至镁砂层水汽出尽。此时盖上炉盖，开动机械泵抽真空表至满刻度。加大输入功率，使温度缓慢上升到1600℃，保温30min，停炉冷却。

（3）装炉。先放好浇注模，将钽坩埚放入石墨坩埚中，再将氟化钇压饼装入钽坩埚中，上面放钙饼。清洗观察孔玻璃、上炉盖、感应圈外围以及炉体橡皮封圈，盖上炉盖。

（4）还原。开通冷却水，启动机械泵，待真空度达到20Pa时，启动扩散泵。当真空度达到1~5Pa时，启动中频电源，送电升温除气，此时真空度下降。在800~900℃恒温，待真空度达到1Pa时，关闭高、低真空阀，充入氩气（粗真空表指示为-0.03MPa）。升温至1200~1300℃，炉料熔化，反应开始，炉温升高。在约1600℃时恒温5min。整个还原过程约需15min。

（5）浇注。切断中频电源，操纵倾动手柄将熔体注入模中，浇注速度先慢后快。继续通水冷却感应圈、扩散泵、炉体等0.5~1h，即可出炉。

（6）出炉。打开放气阀，掀开炉盖，将铸模翻转，取出铸锭。清扫炉盖、炉体和感应圈。

（7）去渣。用铁锤敲击铸锭，除掉上部及周围的熔渣和金属钙。渣堆放待回收，金属钙返回压块工序。

C 真空除钙和熔铸

（1）将除渣后的粗钇用油压机压碎至规定粒度，粉状粗钇返回还原工序。用油压机压碎粗钇时要设置专门挡板，以防碎金属飞溅伤人，同时也可防止金属散失。

（2）放好铸模，换上用于真空除钙的钽坩埚，再在其中装入破碎了的粗钇。装料时应注意将粒度大的料装在下面并稍为压实，上部装粒度小的料。装料时不能挤压，以防熔铸时发生“架桥”现象。

（3）仔细清理观察孔、上盖、感应圈及密封部，然后盖上炉盖。

（4）接通冷却水，开启机械泵，当真空度达到20Pa时，开启扩散泵。当真空度达到0.1Pa时，启动中频电源，开始送电升温。在1450℃恒温0.5~1h。整个过程中，要保持真空度在0.1Pa以下。

（5）关闭高、低真空阀，停扩散泵和机械泵，充入氩气至粗真空表指示达到-0.03MPa。加大输入功率，使金属钇熔化并达到1650℃。

（6）切断中频电源，操纵倾动手柄将液态金属钇注入模内。

（7）继续通水冷却感应圈、炉体及扩散泵0.5~1h。

（8）打开放气阀，掀起炉盖，将铸模翻转，取出金属钇锭。清扫炉盖、炉体及感应圈。

（9）将金属锭去毛刺、取样、称重并真空封存。

钙热还原操作过程中会接触有毒的氟化物粉尘、易燃烧的冷凝钙粉和钇粉，因此，操作者必须穿戴好劳保用品，特别是要戴好护目眼镜和口罩（或防毒面具）。观察高温炉况时，应使用滤光镜片。

6.1.3.4 异常情况的预防和处理

A 钽坩埚穿漏

钽坩埚穿漏的预防和处理方法如下：

（1）每次出炉时提起钽坩埚，检查其外部及周围是否有微孔或渗出斑。如有，应立即更换。

（2）达到炉龄的钽坩埚应暂停使用，放在空气中或微酸性水溶液里使内部残留物去掉，确定可用时再继续使用。

（3）高温时应经常观察，发现液面下降时应迅速浇注。钽坩埚换新时，若石墨坩埚受到损坏，应重新筑炉。

B 金属钇熔化时“架桥”

（1）预防方法。粗钇破碎粒度不宜太大，应细碎一点。应严格按照真空除钙操作步骤（2）装炉。

（2）处理方法。在通电情况下可照常浇注，少量“架桥”物有可能在浇注时被冲下熔化。假若“架桥”物多，在浇注时没有被冲下来，可在出炉后用机械方法拆除。

C 金属钇熔化时喷溅

（1）预防方法。蒸钙时温度低或保温时间短会引起喷溅，可适当延长保温时间或提高温度。氩气未充够也会导致喷溅，充氩压力应达到 -0.03MPa。

（2）处理方法。降低输入功率，降低温度，恒温一定时间后再升温熔化；适当加充氩气。

6.1.3.5 技术经济指标

（1）原材料单耗（以生产 1kg 金属钇计）：氟化钇 2kg，金属钙 1kg，钽片 0.04 ~ 0.05kg，石墨 0.05kg，氩气 0.05 瓶，电能 1000kW。

（2）金属直收率：还原 90%，破碎 97%，除钙 95%，本岗位直收率 93%；连同氟化钇制备岗位一起计算，金属钇的直收率为 77%。

6.1.4 稀土氯化物的钙热还原

稀土氯化物的钙热还原具有还原温度低（900 ~ 1100℃）、反应易控制、可以不使用价格昂贵的钽坩埚等优点。用此工艺方法制备熔点较低的镧、铈、镨、钕等轻稀土金属是有效的。

还原是在抽真空后充入惰性气体的电阻炉中进行的，也可以在钢制反应弹中进行。还原反应为：

$$RECl_3 + \frac{3}{2}Ca = RE + \frac{3}{2}CaCl_2$$

6.1.4.1 还原 - 浇注炉钙热还原制备金属钕、镨

图 6 - 4 所示为钕、镨氯化物钙热还原 - 浇注设备。由于钼坩埚在 1100℃ 对稀土金属及其氯化物是稳定的，同时还原过程在惰性气氛中进行，采用此法可提高稀土金属的纯度。还原时，将无水氯化钕或氯化镨与过量 15% ~20% 的金属钙屑分层装入钼烧舟中，然

后将其装入还原－浇注炉内，此时它与水平面成25°～30°的倾斜角，并在还原过程中保持不变。炉子装完料、密封好后抽真空至5.3～6.6Pa，并缓慢升温脱气，升温至350℃时充氩气至79.8～93.1kPa，继续升温至800～850℃进行还原并保温30min后，迅速将温度升至1100℃，旋转倾倒炉体进行浇注。待还原－浇注炉冷却至200℃以下时出炉，自浇注坩埚中取出金属。

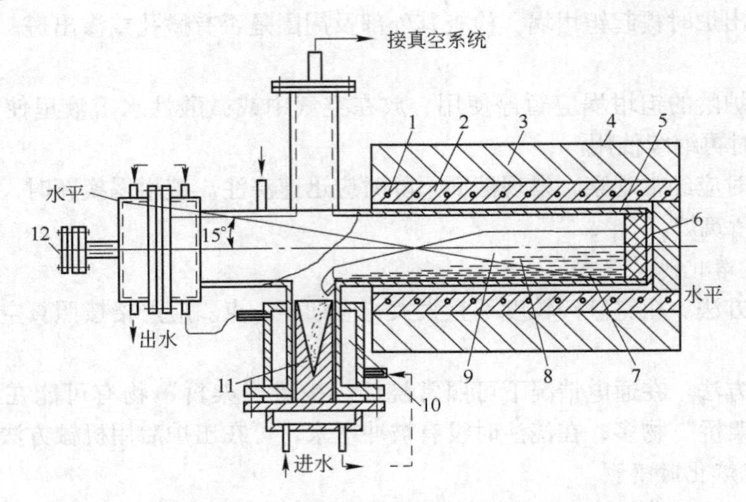

图6－4 钕、镨氯化物钙热还原－浇注设备

1—电热元件；2—耐火砖；3—炉体填料；4—炉壳；5—反应罐；
6—石棉底垫；7—金属；8—熔渣；9—钼烧舟；10—冷却水套；
11—不锈钢铸模；12—观察孔

还原温度对氯化钕钙热还原过程的影响见表6－7。经测试，还原反应起始温度为720～750℃，此时料层下降，冒出大量烟状物，开始剧烈反应。在800～850℃下进行还原可减少坩埚杂质的污染，并能获得97%～98%的实收率。

表6－7 还原温度对氯化钕钙热还原过程的影响

还原温度/℃	实得金属量/g	实收率/%	杂质含量/%	
			Mo	Ca
800	56.6	98.2	0.270	0.15
820	56.1	97.0	0.399	0.30
850	56.0	97.0		0.27
900	55.5	96.0	0.202	0.80
950	52.7	91.2		0.60
1000	53.4	92.0	0.206	0.50

还原剂用量对氯化钕钙热还原过程的影响见表6－8。试验条件为：还原温度850℃，保温30min，于1100℃浇注。结果表明，随着还原剂用量的增加，金属实收率有所提高。当还原剂过量15%～20%时，金属实收率达97%，金属中钙含量为0.22%～0.27%。

表6-8 还原剂用量对氯化钕钙热还原过程的影响

还原剂过量/%	实得金属量/g	实收率/%	金属中钙含量/%
5	47.3	81.8	0.18
5	44.1	77	0.09
10	54.4	94.6	0.27
15	56.0	97	0.22
20	56.0	97	0.27

采用以上还原-浇注条件，无水氯化钕或氯化镨的投料量为300g，则还原结果及金属中部分非稀土杂质含量列于表6-9。

表6-9 还原结果及金属中杂质含量

无水料		实得金属量/g	实收率/%	杂质含量/%				
名称	投料量/g			镁	钙	硅	铁	钼
$PrCl_3$	300	169.5	99.2	0.0834	0.28	0.067	0.00614	0.0638
$PrCl_3$	300	169.3	97.0					
$NdCl_3$	300	161.0	93.2	0.0419	0.27	0.0085	0.00390	0.0735
$NdCl_3$	300	162.5	94.0					

所得金属经真空熔炼可降低杂质钙的含量。用非自耗电弧炉熔炼镨、钕时，抽真空至0.133Pa后充氩气至0.1MPa，电流为150A，电压为10V，熔炼2min的除钙效果为：金属镨中钙含量小于0.05%，氧含量小于0.0289%；金属钕中钙含量为0.002%，氧含量小于0.121%。

6.1.4.2 钢制反应弹中的钙热还原

用于还原轻稀土氯化物的钢制反应弹如图6-5所示，弹内置入氧化镁打结内衬，外侧用氧化钙填充。将无水稀土氯化物（$CeCl_3$、$LaCl_3$、$PrCl_3$、$NdCl_3$）与过量15%~20%的钙屑混匀，与碘一起装入钢制反应弹中，盖上弹盖并密封好。将反应弹放入电阻炉炉膛中加热，升温至700℃以上激发热还原反应。添加碘可增加反应的热效应，使反应弹内部的温度达到1100℃以熔化炉料。反应结束后，经过冷却、出炉，打开反应弹盖，取出氯化钙渣和金属。

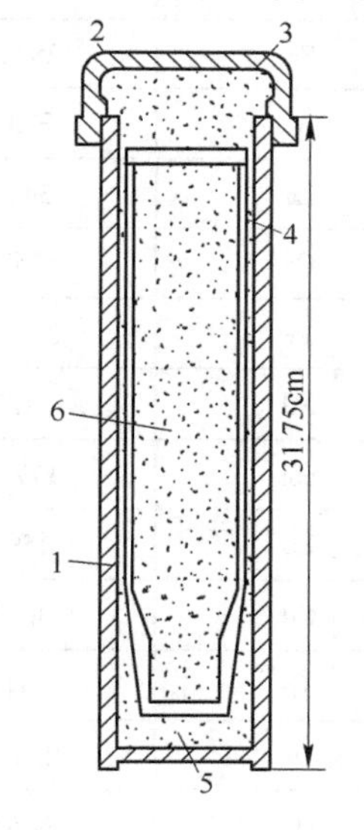

图6-5 稀土氯化物钙热还原反应弹
1—ϕ63.5mm钢制反应弹；2—反应弹盖；3，5—CaO填料；4—MgO打结内衬；6—炉料

碘的添加量为1mol $RECl_3$加入0.3~0.7mol I_2，同时加入生成CaI_2的相应钙量。CaI_2的生成焓为268.8kJ/mol，故生成CaI_2时放出的热量可使还原反应温度提高到1100℃左右。生成的CaI_2还可降低渣的熔点，使金属与渣更好地分层。

在还原温度为1100℃时，稀土金属不与氧化镁内衬作用。在更高的温度下，部分氧化镁将被稀土金属还原，稀土金属中的杂质含量也都相应地增加。

用此法还原轻稀土氯化物获得了良好的致密金属锭，平均回收率为95%。金属中含有2%的钙，可通过真空重熔除去，但其他非稀土杂质较多，稀土金属的纯度不超过98%。

6.2 镧、铈热还原－蒸馏法生产稀土金属【案例】

用钙热还原法还原钐、铕、镱的卤化物一般只能得到低价化合物，但用镧、铈还原它们的氧化物，通过还原、蒸馏可以制得相应的单一稀土金属。由于钐钴永磁的应用发展，此法已成为生产金属钐的工业方法。此外，以镧、铈热还原－蒸馏法制备镝、钬、铒、钇等重稀土金属也获得了不同程度的成功，但产率和金属纯度都较低，故这几种金属的制备一般不采用氧化物还原－蒸馏的方法。

6.2.1 基本原理

用镧、铈热还原－蒸馏法制备某些稀土金属是基于镧、铈与氧的亲和力比这些金属大，同时这些金属具有高的蒸气压，在还原温度下与镧、铈具有较大的蒸气压差值，而且蒸发速度大，如表6－10和图6－6所示。因此，镧、铈热还原－蒸馏法的实质是在高温和真空条件下，以很难蒸发的金属镧、铈（或铝）还原钐、铕、镱等的氧化物，同时将还原出来的钐、铕、镱等金属蒸发排出，经过冷凝得到金属粗结晶，然后将其在惰性气氛中重熔铸锭得到金属。

表6－10 稀土金属的沸点及蒸气压

金 属	沸点/℃	蒸气压为1.33Pa时的温度/℃	蒸气压为133Pa时的温度/℃	蒸气压为133Pa时的蒸发速度/g·(cm^2·h)$^{-1}$
Sc	2832±15	1397	1773	33
Y	3337±5	1637	2082	43
La	3454±5	1754	2217	53
Ce	3257±30	1744	2174	53
Pr	3212±30	1523	1968	56
Nd	3127±5	1341	1759	60
Sm	1778±15	722	964	83
Eu	1597±5	613	897	90
Gd	3233±5	1583	2022	59
Tb	3041±3	1524	1939	60
Dy	2335±20	1121	1439	71
Ho	2720±20	1197	1526	69
Er	2510±20	1271	1609	68
Tm	1727±20	850	1095	83
Yb	1193±5	471	651	108
Lu	3315±5	1657	2098	61

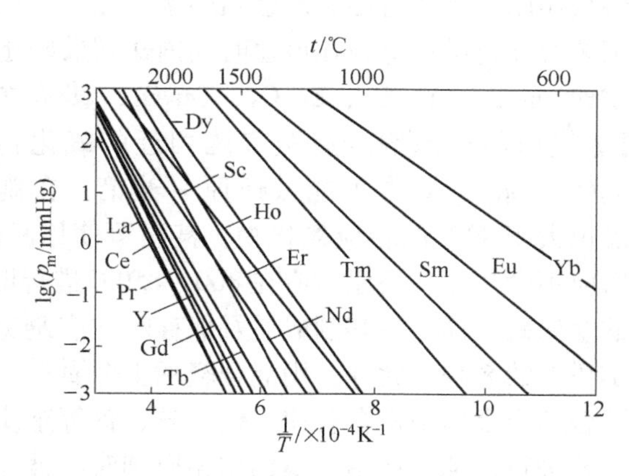

图 6－6 稀土金属的蒸气压（1mmHg＝133Pa）

用金属镧、铈还原稀土氧化物的反应为：

$$RE_2O_{3(s)}+2La_{(l)}=\!=\!=2RE_{(g)}+La_2O_{3(s)}$$

或

$$2RE_2O_{3(s)}+3Ce_{(l)}=\!=\!=4RE_{(g)}+3CeO_{2(s)}$$

式中，RE 可为 Sm、Eu、Yb、Tm。

在此多相反应中，气相物质的蒸气压值决定该反应的平衡，因为其他组元的蒸气压值在反应温度（1200～1350℃）下很小，实际上可视为零，而活度值近似等于 1。利用标准吉布斯自由能变化与反应平衡常数的关系，可以得到被蒸馏金属在平衡状态下的蒸气压及反应的标准吉布斯自由能变化与温度的函数关系，列于表 6－11。

表 6－11 平衡状态下 Sm_2O_3、Yb_2O_3、Tm_2O_3 还原－蒸馏反应的 p_m 及 ΔG 值

化学反应	$Sm_2O_3+2La=2Sm+La_2O_3$	$Yb_2O_3+2Al=2Yb+Al_2O_3$	$Tm_2O_3+2La=2Tm+La_2O_3$
平衡蒸气压 p_m/mmHg	$\lg p_m=8.21-1125/T$	$\lg p_m=8.95-12667/T$	$\lg p_m=12.70-20200/T$
适用温度范围/K	1225～1473	1254～1473	1490～1673
$\Delta G_T^\ominus$/kJ · mol^{-1}	$\Delta G_T^\ominus=430.733-0.314T$	$\Delta G_T^\ominus=484.975-0.343T$	$\Delta G_T^\ominus=773.405-0.486T$

镧、铈热还原－蒸馏过程是一个有固相、液相和气相参加的复杂的多相反应。一般认为这一过程经过的中间反应是：在还原温度下，还原剂熔化并与固态的氧化物作用；被还原出来的金属与还原剂形成中间合金；反应产物由于浓度梯度，经过“固态渣”扩散；被还原金属从液态中间合金中蒸馏出来。由于反应主要是在液态还原剂与固态氧化物之间进行，反应物质接触表面及其活性对于反应速度不能起决定作用。在反应开始阶段，决定反应速度的是被还原金属从中间合金中蒸馏出来的速度；而当反应产物 La_2O_3 大量生成且形成较厚的固态渣后，对反应速度起决定作用的则是扩散速度。

从表 6－11 所示的 $\Delta G_T^\ominus=f(T)$ 函数式中可以看出，提高温度有利于还原反应的进行。当反应温度为 1200～1400℃时，平衡状态下被蒸馏金属的蒸气压已大于 1mmHg。在实践中，为了提高反应的速度而采用影响反应动力学的适宜条件，即反应在真空体系中进行，使气相生成物（金属钐、铕、镱、铥）迅速排出反应区，使反应向右进行，形成不可逆过程。采取适当粒度及表面清洁的还原剂（镧、铈、铝）并适宜地过量，以便使还原反应进行得充分完全，提高被还原金属的实收率。对松散的炉料进行适宜的压制，以破坏还原剂金属表面的氧化膜，改善被还原氧化物与还原剂金属的接触性质，也可有效地提高反应速度与金属回收率。这些工艺及设备条件都是在最短时间内达到最好还原效果所必需的。

还原用的稀土氧化物如 Sm_2O_3、Yb_2O_3、Eu_2O_3、Tm_2O_3，其品位要求视对金属纯度的要求而定。但由于金属蒸气压与还原剂金属蒸气压相近的氧化物，如 Pr_6O_{11}、Nd_2O_3、La_2O_3、CeO_2、Tb_4O_7、Y_2O_3、Gd_2O_3 基本不能被还原－蒸馏，在制备工业纯的金属钐、铕、镱、铥时，可使用品位大于80%的相应氧化物，甚至可使用品位大于60%的富集物为还原原料。氧化物原料应不含水分，还原前应在800～850℃进行煅烧。

还原剂使用工业纯的金属镧、铈，在其刨成屑及保存时均应避免氧化。还原剂屑粒的尺寸对于还原过程没有实质性的影响。此外，用混合轻稀土金属作为还原剂也可获得满意的还原效果，只是由于混合稀土金属中常含有镁、铝、硅、钙等杂质，在制备较高纯度的金属钐、铕、镱、铥时需要进行提纯。在用金属铝作还原剂时，被还原金属易被污染，特别是还原温度高于1250℃时，被还原金属中的铝含量显著增加。例如用铝还原 Yb_2O_3 时，当还原温度从1100℃提高到1250℃时，镱中铝含量从0.08%增加到0.17%。

还原使用的坩埚可用钽、铌或钼片材焊接而成。上部冷凝材料可用铌、钼片材，由于温度不高（300～500℃），对其要求不是很严格，也有用风冷不锈钢或钢质及铜质冷凝器的，现在多采用非金属的瓷坩埚。

6.2.2 还原－蒸馏过程的工艺条件

还原－蒸馏过程工艺条件的选择，尤其是还原－蒸馏温度及还原－蒸馏时间的选择，应根据稀土氧化物的特性、还原批量以及设备的能力等来考虑。工艺条件的选择依据是该化学反应能够到达终点，能够获得高的金属回收率和纯度。

6.2.2.1 还原－蒸馏温度

每种炉料都存在最佳的还原－蒸馏温度及合理的还原－蒸馏时间，在此温度和时间条件下，可获得最高的金属回收率和较少的杂质污染。镧还原－蒸馏氧化钐的过程中，温度对金属钐回收率的影响见图6－7。镧、铈还原 Eu_2O_3、Yb_2O_3、Sm_2O_3 及 Tm_2O_3 的最佳还原温度，在其他条件相同的情况下依次增高，分别为900℃、1200℃、1350℃和1400℃。

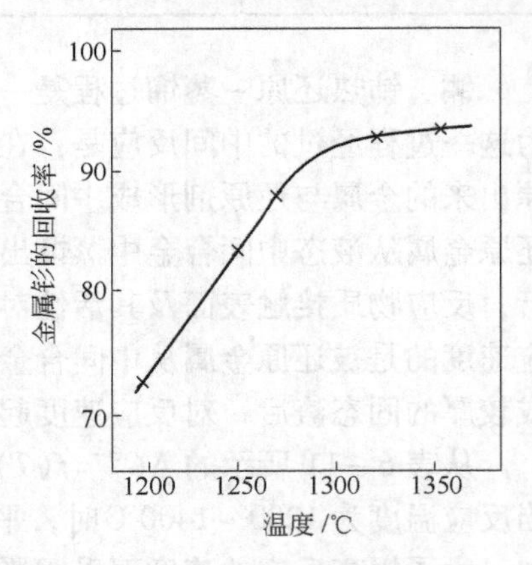

图6－7 金属钐回收率与还原－蒸馏温度的关系
（Sm_2O_3 30g，La过量65%，还原时间10min，真空度0.133Pa）

还原－蒸馏温度一般不宜太高，温度过高会导致蒸发出来的金属得不到及时冷凝而泄漏或向坩埚中倒流，从而使金属的回收率及质量降低。尤其是铥属于高熔点（1545℃）、低沸点（1732℃）金属，其还原－蒸馏温度不应高出其熔点，以避免金属沸腾而影响冷凝收集。实际操作中往往金属的蒸出率很高，而冷凝器中金属的直收率却很低，这是由于冷凝收集不合理（如冷凝器温度偏高）或者还原－蒸馏温度偏高引起金属泄漏等原因所造成的。一般认为，当金属的蒸出率接近或等于金属的直收率时，还原－蒸馏温度才是合适的。

在还原－蒸馏过程中，严格制订升温制度和控制好升温速度是获得高质量、高直收率金属的关键。在相同的温度下，金属镱的蒸气压比金属铕大10倍，比金属钐大100倍，金属镱在还原－蒸馏温度下已经沸腾，反应速度相当大，很难将热还原的起点温度定下来。因此，对不同的氧化物严格控制升温速度就显得特别重要。若升温速度过快，则原料和还原剂中的气体来不及排出，炉内的真空度就会迅速下降，这样制备的金属光泽很差。有时金属蒸气夹带着氧化物进入冷凝器，还会使金属产生夹层。

6.2.2.2 还原－蒸馏时间

还原－蒸馏时间是使按一定速度进行的化学反应达到终点的必需条件，它与反应速度及炉料量都有关。若金属蒸馏速度小或炉料量大，则要求有较长的保温时间。在一定的批量和工艺条件下，如果保温时间过短，则反应达不到终点，会降低金属的直收率；反之，若保温时间过长，则炉内气氛会影响金属的质量，同时也影响效率的提高。因此，对于不同的工艺条件、设备装置效能及炉料量，还原－蒸馏时间也不同。一般需通过实验确定某个具体还原－蒸馏过程的最佳时间，以期达到应有的金属回收率。

镧还原－蒸馏氧化钐的过程中，时间对金属钐回收率的影响见图6－8。

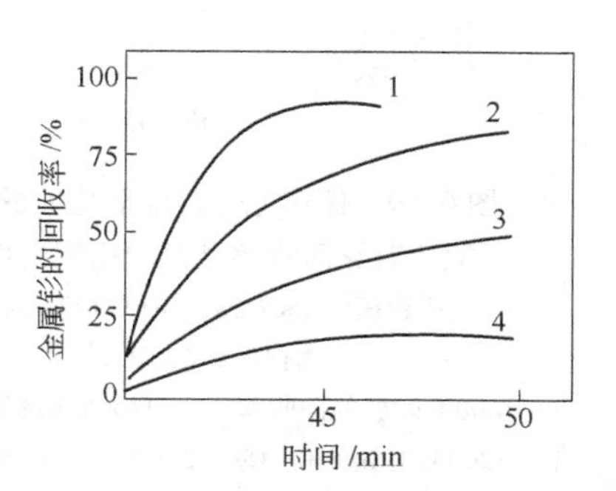

图6－8 金属钐回收率与还原－蒸馏时间的关系
1—1200℃；2—1150℃；3—1100℃；4—1050℃

6.2.2.3 炉料配比

还原剂适当的过量是使还原反应充分进行的重要工艺条件之一。由于还原－蒸馏过程的还原作用是在固态氧化物和液态金属还原剂之间进行的，因此还原剂金属过量的作用不仅是增加两者的接触面积，更主要的是与被还原出来的金属构成中间合金，从而降低反应界面上被还原金属的活度，促进还原反应充分地进行。

镧、铈还原－蒸馏氧化钐的炉料配比对钐回收率及还原剂利用率的影响见图6－9和图6－10，制备铕、镱、铥也有类似的曲线。这些曲线均显示出，还原剂过量对回收率的影响仅在一定数量值内起作用，超过此值后回收率不再提高，而且会降低还原剂金属的利用率。由图6－9可知，对于镧还原－蒸馏氧化钐过程，以 $x(\mathrm{La})/x(\mathrm{Sm_2O_3})=2.75$（即镧的质量比氧化钐质量过量10%）为宜。实际上由于还原剂质量、设备及操作上的原因，还原剂过量的最佳值在一定范围内波动。例如，镧还原－蒸馏氧化钐的镧过量值在10%～45%范围内波动；以铈或混合稀土金属作还原剂时，其过量值比镧作还原剂时高10%～15%。

6.2.2.4 压锭压力及原料粒度

一般情况下，压锭压力及原料粒度不是影响反应速度的主要因素，对还原－蒸馏过程的影响不是很明显。压锭压力只在一定数值内对还原过程有利。据报道，压锭压力主要是用来破坏还原剂金属表面的氧化物界面氧化膜，从而改善还原剂金属与氧化物界面的性质，使液－固界面更好地润湿，促进液态还原剂与固态氧化物的反应。但实践证明，在其他工艺条件都合理的情况下，只要炉料基本成块（质松、密度低）就可以还原得到较高的金属回收率。

在实际生产金属钐的过程中，对压锭压力和原料粒度（即氧化物及还原剂屑粒尺寸）

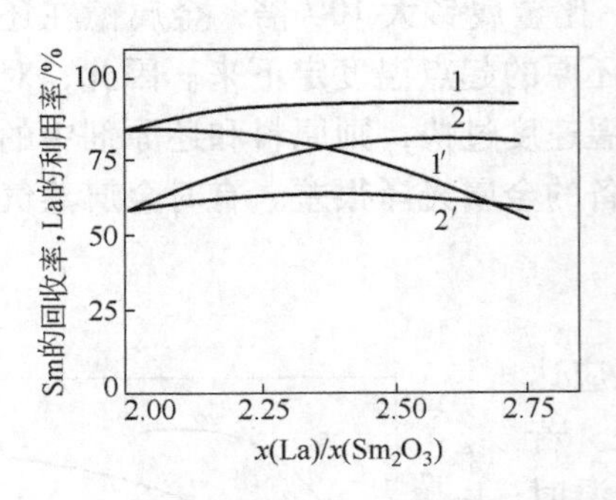

图6-9 镧还原-蒸馏氧化钐的炉料配比对钐回收率及镧利用率的影响

（压锭压力250MPa，还原时间60min，真空度0.133Pa）

1—1200℃时钐的回收率；2—1100℃时钐的回收率；1′—1200℃时镧的利用率；2′—1100℃时镧的利用率

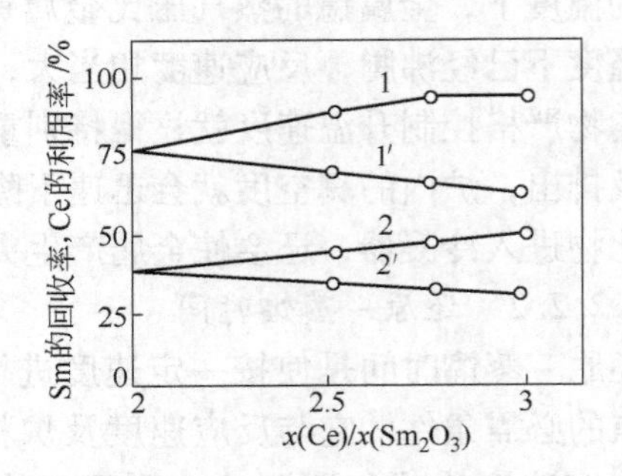

图6-10 铈还原-蒸馏氧化钐的炉料配比对钐回收率及铈利用率的影响

（压锭压力250MPa，真空度0.133Pa，在1200℃时还原60min，在1150℃时还原120min）

1—1200℃时钐的回收率；2—1150℃时钐的回收率；1′—1200℃时铈的利用率；2′—1150℃时铈的利用率

要求不严。而原料氧化镱和氧化铕的粒度比氧化钐要小，为防止还原-蒸馏时将其带入冷凝区而污染金属，需要提高压锭压力。氧化铥还原时的压锭压力应比氧化镱、氧化铕还要高，这主要是由于氧化铥的热还原温度高，提高压锭压力可以防止还原剂流失和促进反应。但若压锭压力过高，随着固态还原产物层 La_2O_3 或 Ce_2O_3 厚度的积累，将会使被还原金属的向外扩散受到抑制，从而影响金属回收率和还原-蒸馏过程的效率。一般用铈或混合稀土金属作还原剂时的压锭压力比用镧作还原剂时要大一些。

此外，金属铕的吸湿性很强，在潮湿的空气中会很快氧化成黄色粉末，因此在还原-蒸馏以后的冷却过程中，最好能在惰性气氛保护下操作。其他金属的冷却过程也应防止金属氧化变质。

6.2.2.5 钐、铕、镱、铥的镧、铈热还原

还原-蒸馏设备应选择能满足工艺温度及真空度要求的真空加热炉，如真空感应炉和真空电阻炉。图6-11是用石墨管作发热体的高温高真空电阻炉工作室部分的结构图。炉子的额定输出功率为25kW和50kW，最高工作温度可达2000℃，工作真空度为 6.66×10^{-2}Pa，工作室尺寸为 ϕ115mm×150mm 和 ϕ180mm×250mm。炉壳内层和外层之间用水冷却，炉壳上设有测温及通入保护气体等的通道。炉盖上设一个观察窗，可以观察加热的情况。

将被还原氧化物和过量20%~30%的还原剂金属钙屑配料、混匀，压成锭后装入坩埚中，在其上部装接冷凝器，然后将装置放入真空炉内。密封好真空炉，预抽真空至0.133Pa时开始加热，到达反应温度后保持一定时间，使炉料充分反应。被还原金属从反应区蒸出，在冷凝器上冷凝。当冷凝器的温度为300~500℃时，冷凝的金属具有较大的结晶颗粒，在空气中稳定；但在冷凝温度较低时，则冷凝的金属颗粒较细，在空气中易燃。

由于钐、铕、镱、铥的熔点、蒸气压、蒸馏速度和冷凝温度等各不相同，其还原的工艺条件也有所不同。表6-12列举了还原批量为300~500g的工艺条件。

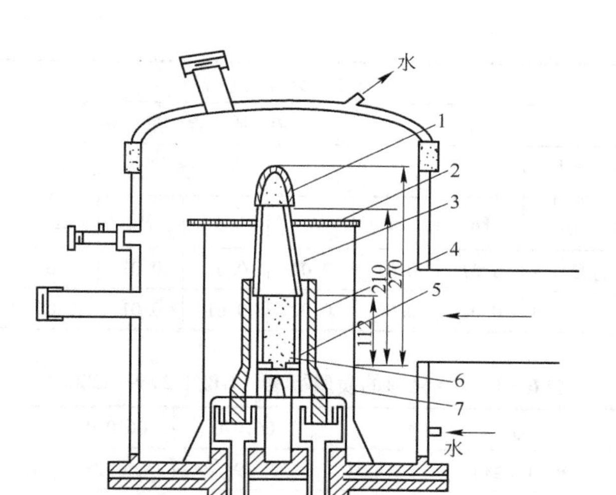

图6-11 还原-蒸馏用高温高真空电阻炉工作室部分的结构图

1—陶瓷坩埚冷凝器；2—钼片隔热屏；3—钼筒；4—石墨加热体；
5—钼制坩埚；6—炉料；7—钽片隔热屏

表6-12 钐、铕、镱、铥的还原工艺条件

还原反应	还原剂过量/%	压锭压力/MPa	还原温度/℃	还原时间/min	金属直收率/%
$Sm_2O_3 + 2La = 2Sm + La_2O_3$	20	250~300	1350~1400	60	90~94
$Eu_2O_3 + 2La = 2Eu + La_2O_3$	20~30	300~500	1200~1300	30	85~90
$Yb_2O_3 + 2La = 2Yb + La_2O_3$	20~25	300~500	1200~1300	45	85~90
$Tm_2O_3 + 2La = 2Tm + La_2O_3$	25~30	500	1450~1500	90	90~94

6.2.3 氧化钐的还原-蒸馏实例

6.2.3.1 *产品及原材料要求*

目前金属钐主要用于制备钐钴永磁材料。钐钴永磁体具有优异的综合性能，使不少磁性器件体积缩小、重量减轻，对于电子器件的轻型化、微型化均具有很重要的意义，其在微型电机、电子仪表、航空航天等高新技术方面得到了广泛应用。金属钐的质量标准见表6-13。氧化钐的质量标准列于表6-14，要求过60目（0.246mm）筛后无肉眼可见的杂质。

表6-13 金属钐的质量标准（GB/T 2968—2008） （%）

产品牌号	化学成分（质量分数）										
	RE（≥）	Sm/RE（≥）	杂质含量（≤）								
			稀土杂质/RE	非稀土杂质							
				Fe	Si	Al	Ca	Mg	Cl^-	C	Nb+Ta+Mo+Ti
064040	99	99.99	合量0.01	0.005	0.005	0.005	0.01	0.005	0.01	0.01	0.01
064030	99	99.9	合量0.1	0.005	0.005	0.01	0.01	0.01	0.02	0.01	0.01

续表 6-13

产品牌号	化学成分（质量分数）										
	RE（≥）	Sm/RE（≥）	杂质含量（≤）								
			稀土杂质/RE	非稀土杂质							
				Fe	Si	Al	Ca	Mg	Cl^-	C	Nb + Ta + Mo + Ti
064025	99	99.5	合量 0.5	0.01	0.01	0.02	0.01	0.01	0.03	0.02	0.01
064020	99	99.0	合量 1.0	0.01	0.01	0.02	0.01	0.01	0.05	0.02	0.01

表 6-14　氧化钐的质量标准（GB/T 2969—2008）　（%）

产品牌号				061040	061030	061025	061020
化学成分（质量分数）	REO（≥）			99	99	99	99
	Sm_2O_3/REO（≥）			99.99	99.9	99.5	99
	杂质含量（≤）	稀土杂质/REO	Pr_6O_{11}	0.0001	合量 0.1	合量 0.5	合量 1
			Nd_2O_3	0.0001			
			Eu_2O_3	0.0001			
			Gd_2O_3	0.0001			
			Y_2O_3	0.00005			
			其他稀土杂质	0.00005			
		非稀土杂质	Fe_2O_3	0.0005	0.001	0.001	0.005
			SiO_2	0.005	0.005	0.01	0.05
			CaO	0.005	0.01	0.05	0.05
			Al_2O_3	0.01	0.02	0.02	0.04
			Cl^-	0.01	0.01	0.02	0.03
灼减（≤）				1.0	1.0	1.0	

对还原剂富镧（或富铈）的化学成分要求见表 6-15，此还原剂最好是经过重熔铸锭且致密、无肉眼可见的夹杂，外形尺寸为 200mm × 100mm × 30mm 或 ϕ200mm × 250mm。

表 6-15　富镧（或富铈）的质量要求　（%）

稀土总量（TRE）	（La + Ce）/RE	杂质含量（≤）				
		稀土杂质	非稀土杂质			
		Eu/RE	Fe	Si	Ca	Cl^-
≥98.5	≥80	0.02	0.5	0.02	0.02	0.02

6.2.3.2　工艺流程

镧热还原法制备金属钐的工艺流程如图 6-12 所示。

首先，按照还原反应式计算还原剂用量。例如，富镧金属的稀土总量为 98.5%，其平均相对原子质量为 141；Sm_2O_3 的纯度为 99%，其相对分子质量为 348；稀土总量为 99%，则每还原 1kg Sm_2O_3 需加入的富镧屑 X 为：

$$X = \frac{2 \times 141 \times 0.985 \times 1.25}{348 \times 0.99 \times 0.99} = 1.02\text{kg}$$

将已煅烧的 Sm_2O_3 按所需质量称重，放入较大的塑料盘内，再称取按计算所需的富镧金属屑，并将其较均匀地分布在称好的 Sm_2O_3 上。先人工粗混，然后装入塑料球磨筒中，在球磨机上再混 30min 即可。

为了增加反应物料之间的接触、增加装料量以及形成一定的反应产物钐蒸气通道，将一定量的还原混合料（视压模尺寸大小而定，通常为 200～400g/块）装入圆形压模中，放在油压机上，按 50～100MPa 的压力进行压制。

还原设备为 SL63－7B 型真空电阻炉，加热功率为 50kW，最高工作温度为 2000℃，工作真空度为 6.66×10^{-2}Pa。还原批量为氧化钐 7.5kg，用过量 25% 的混合稀土金属屑作还原剂，每炉可制备金属钐 6kg。

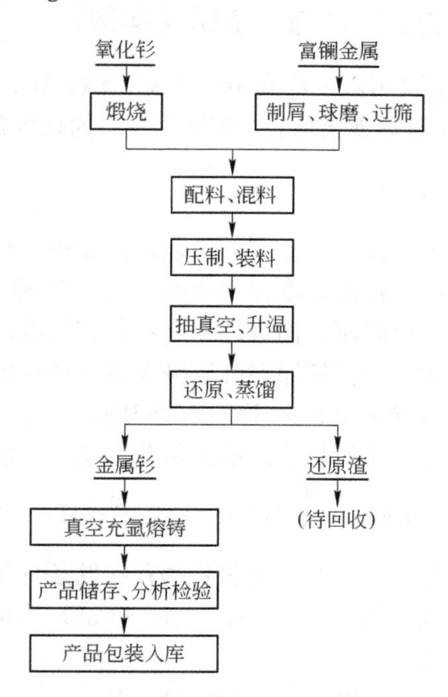

图 6－12 镧热还原法制备金属钐的工艺流程

6.2.3.3 还原操作

将料块装入钼坩埚中，在坩埚中倒套一个氧化铝坩埚作冷凝收集器。然后将坩埚放入真空电阻炉内，密封好炉子。将炉子抽真空并升温，在 600～800℃ 保温以除去炉料和炉膛内物料吸收的水分和气体。当真空度达到 150Pa 时，启动扩散泵；待真空度小于 5Pa 后，缓慢升温至 1300～1350℃；当真空度小于 1Pa 后，在此温度下保温 2～4h 进行还原－蒸馏反应，然后升温至 1360～1400℃ 并保温 1～2h，以缩短还原时间和提高产品回收率。还原－蒸馏反应完成后停电，随炉冷却 3～4h，随后停真空泵并充氩冷却 2～3h，即可出炉。

还原－蒸馏得到的金属钐为银白色金属，纯度在 99.5% 以上，其中碳、氮、氧、氢等杂质含量不大于 0.01%，金属钐的回收率为 90% 左右。由于混合稀土金属来源广泛、价格便宜，用其制备金属的成本可以降低很多，但还原剂中的钕和氯根对产品的质量影响较大。

若有些金属钐产品存在氧化比较严重或结晶状态不佳等不符合质量要求的现象，可在真空还原炉内进行重蒸馏处理。其基本工艺条件是：抽真空至真空度不大于1Pa，升温至600~700℃并保持真空度不大于1Pa；升温至1000~1100℃且真空度不大于1Pa时，保温2~3h；升温至1300~1350℃并保温1~2h后，停电冷却。其余同还原操作。

若用户要求以金属锭的形式供货，则需将还原-蒸馏出来的金属钐在真空感应炉中再经过真空-充氩熔铸成锭。其基本工艺条件为：将分析合格的还原金属钐放入钽坩埚中，抽真空至真空度不大于1Pa，然后充氩至6.13×10^4Pa；升温至1100~1200℃，当金属全部熔化后保温1~2min；停电将熔融金属在有冷却水保护的铜（或钢）模中浇注，冷却后即可取出产品。

6.3 钙热还原-中间合金法生产稀土金属【案例】

钙热还原-中间合金法主要用来生产高熔点的钇、镝、钆、铒、镥等单一重稀土金属，其与钙热还原工艺相比，具有还原温度低、金属污染少、简化设备、易于扩大生产等优点。

6.3.1 基本原理

氟化物钙热还原法生产单一重稀土金属的工艺，是在钽、铌或钼等难熔金属材料制成的坩埚中于氩气保护下进行的，还原温度在1500℃以上。这种工艺需要使用耐高温的较为复杂的设备，使生产量受到一定限制；而且还原是在较高的温度下进行，坩埚材料对被还原金属的污染较为严重。因此，降低还原温度以减少坩埚杂质的污染，简化设备以扩大金属的产量，便成为生产单一重稀土金属必须解决的问题。

钙热还原-中间合金法是基于钙热还原稀土氟化物这一反应：

$$REF_3+\frac{3}{2}Ca = RE+\frac{3}{2}CaF_2$$

这一过程的独特之处是，在有金属镁和无水氯化钙存在的条件下进行反应。还原过程中生成的重稀土金属与金属镁形成低熔点合金，CaF_2则与$CaCl_2$生成熔点低、密度较小的渣而与稀土镁合金分离。反应式为：

$$RE+Mg = RE\cdot Mg$$

$$CaF_2+CaCl_2 = CaF_2\cdot CaCl_2$$

制得的稀土镁中间合金以真空蒸馏法除去镁及剩余的还原剂钙，获得海绵状的重稀土金属，然后再经过电弧炉熔化便制得致密金属。

由钇镁合金相图（见图6-13）可以看出，钇和镁摩尔分数之比为1∶1的合金的熔点为935℃。而同样成分的Gd-Mg合金的熔点为865℃，Tb-Mg合金的熔点为857℃。图6-14为$CaCl_2-CaF_2$体系相图。

因此，制备钇镁中间合金的还原温度采用950℃就可使全部反应产物处于熔融状态，且$CaCl_2-CaF_2$渣的密度比稀土镁合金小，所以渣与金属能很好地分离。所用的坩埚材料可根据对产品杂质的要求分别选用钛、锆、钽、铌等。由于还原温度较低，从而延长了坩埚使用寿命，减少了坩埚材料对稀土金属熔体的污染；另外，因简化了还原设备，故易于扩大生产。

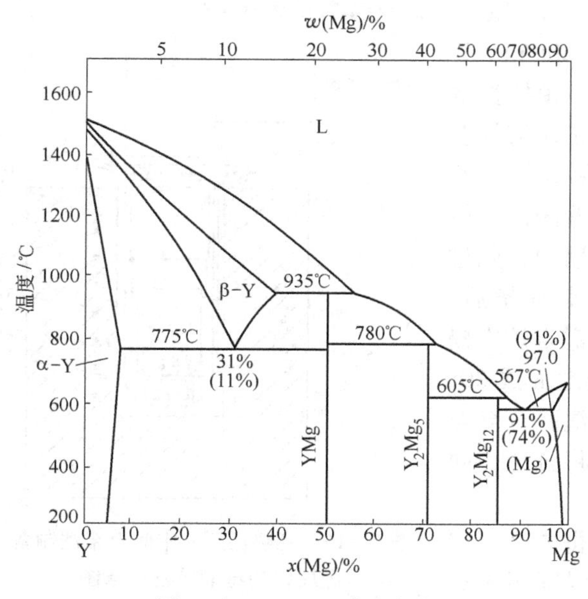

图 6－13　Y－Mg 合金相图

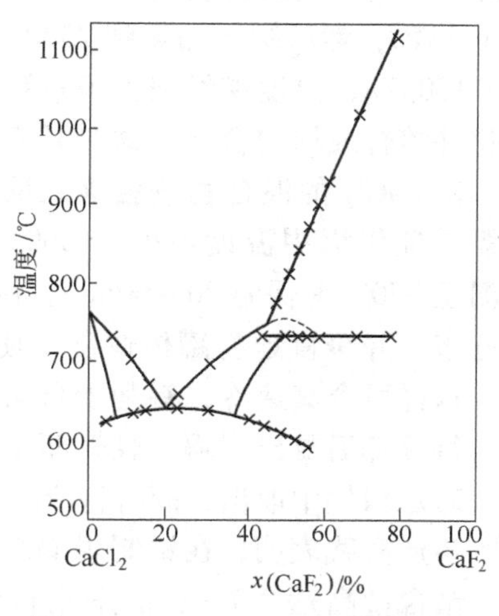

图 6－14　$CaCl_2-CaF_2$ 体系相图

6.3.2　钙热还原－中间合金法制备金属钇

6.3.2.1　原料与设备

在还原过程中，原料的大部分杂质都进入最终金属产品，因此应尽可能采用纯度较高的原料。金属钙在空气中易氧化、吸水，所以先在 900℃ 下进行真空蒸馏。镁在 950℃ 下进行真空蒸馏。出厂的工业纯无水氯化钙仍含有少量水分，需在 450℃ 下进行真空脱水。

还原设备如图 6－15 所示，在不锈钢制反应罐中放置盛装还原剂钙和合金组元镁的难熔金属坩埚。反应罐上部设有加料器，其中盛装 YF_3 和 $CaCl_2$。反应温度用附于反应罐外部的热电偶来测量。整个反应罐密封，可以抽真空或充氩气。反应罐装入电阻炉炉膛内，反应所需的热量由电阻炉供给。

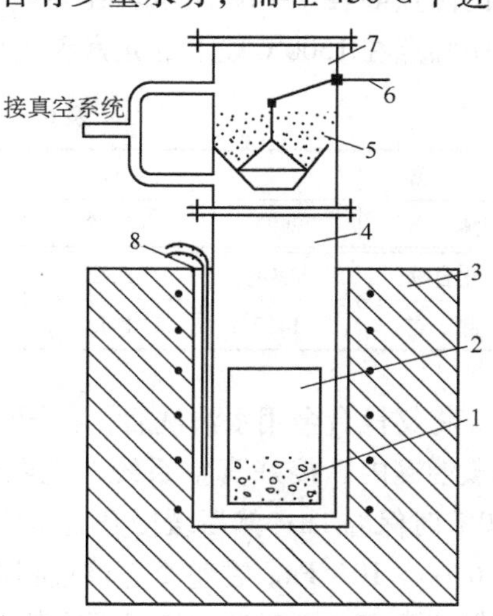

图 6－15　钙热还原－中间合金法制备金属钇的还原设备示意图

1—金属钙和镁；2—钛坩埚；3—硅碳棒电炉；4—反应罐；5—YF_3+CaCl_2；6—加料机构；7—储料罐；8—热电偶

蒸馏设备由不锈钢制蒸馏罐接真空系统和外部加热的电阻炉组成，见图 6－16。蒸馏罐底部呈外凸的半球形，以确保在高温下（950℃）抽真空不致变形。

还原坩埚根据其尺寸，可以采用 1～5mm 厚的钽、铌、钛、锆板用氩弧焊接而成。

6.3.2.2　还原工艺

配料按所得 Y－Mg 合金中含 Mg 24%、生成的 $CaCl_2-CaF_2$ 渣中含 $CaCl_2$ 52%、还原剂钙过量 10%～25%计，各成分之比如下：

$$w(YF_3):w(Ca):w(Mg):w(CaCl_2)=1:0.47:0.2:0.87$$

将块状的钙和镁装入坩埚中，$CaCl_2$ 和 YF_3 装入加料器内，安装好设备。接真空系统，预抽真空至1.33Pa，然后缓慢加热到750℃时再充入氩气至70～100kPa，温度继续升至900℃，使钙和镁全部熔化并熔合成均匀合金。这时开启加料器阀门，使 YF_3 和 $CaCl_2$ 的混合物缓缓落入反应坩埚中，此过程需保证坩埚中温度不低于800℃。加料完毕后，升温至950℃并保温20～60min。将反应罐自炉中提升起来，并缓慢地将罐体倾斜，使其与地面成30°角，这样可令其速冷，有利于自坩埚中清除合金与渣。待冷却后取出坩埚，轻轻叩击即可将合金连同渣一起从坩埚中取出，同时将渣除去。

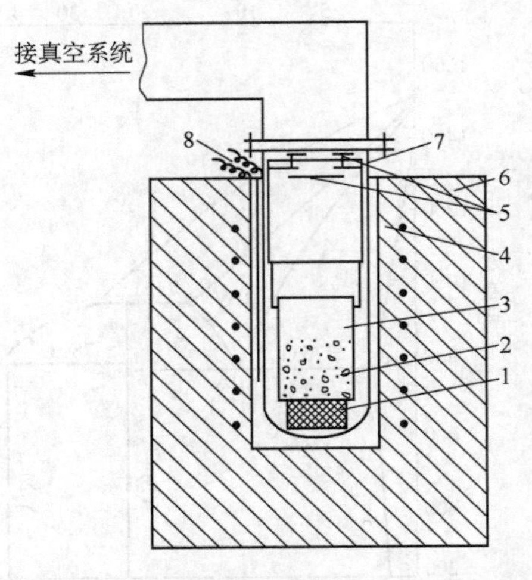

图6－16　钙热还原－中间合金法制备金属钇的蒸馏设备示意图

1—坩埚底垫；2—稀土镁合金；3—坩埚；4—不锈钢衬套；5—挡板；6—硅碳棒电炉；7—不锈钢蒸馏罐；8—热电偶

生产实践表明，在锆制坩埚熔炼所得的金属钇中，锆含量高达0.7%；而采用钛制坩埚则污染较小，钛在Y－Mg合金中的溶解度要小得多，所以坩埚寿命较长，且钛坩埚较易于加工，价格便宜；采用钽、铌制坩埚则对金属的污染更小，但其价格昂贵。

6.3.2.3　合金蒸馏

蒸馏合金的目的是除去镁和剩余的还原剂钙，以制备海绵钇。蒸馏原料可采用钙热还原法或者共析电解法得到的Y－Mg合金。合金中含有24%以上的镁和少量其他杂质，它们的沸点如表6－16所示。在高真空（低于 10^{-2} Pa）和高温（1050～1100℃）条件下，表中沸点在1500℃以下的元素和化合物基本上可以被除去。

表6－16　几种元素及化合物的沸点　（℃）

元　素	Y	Fe	Si	K	Na	Mg	Ca
沸　点	2927	3000	2355	774	892	1107	1487
化合物	$MgCl_2$	NaCl	KCl	$CaCl_2$	YCl_3		
沸　点	1412	1413	1500	1600	1510		

将钇镁合金用水清洗后，在干燥室中破碎成5～10mm的小块，装入蒸馏坩埚中，置于蒸馏罐内。接好真空系统，把蒸馏罐装入炉内，抽真空至 1.33×10^{-2} Pa时升温，至650℃时保温1h；然后缓慢升温至1080℃，升温时间约为6h；保温3h，并将真空度保持在 6.66×10^{-3} Pa。在整个蒸馏过程中合金不发生熔化，也不出现烧结现象。蒸馏完毕后，在保持真空度不降低的情况下冷却至室温出炉，便得到海绵状金属。

6.3.2.4　熔铸

海绵金属经真空自耗或非自耗电弧炉熔炼即成为致密金属锭。例如，采用真空自耗电弧炉熔炼时，设备型号为ZH－5，自耗电极尺寸为 ϕ20mm×(200～300)mm。为保证电极密度均匀，采用径向压制电极。先准备好模具，按计算量在模腔内均匀放料，然后开动油压机压制，压力达到200MPa后保持1～2min。解除压力，脱模，得到棒状自耗电极，用塑料袋真空包装备用。

清理电弧炉，将压制好的棒料夹紧于电极上，擦亮观察孔玻璃，盖好炉盖。接通冷却水，启动真空系统，抽真空至10^{-2}Pa，然后关闭高、低真空阀，迅速充入氩气至粗真空表指示值达－0.02MPa。引弧熔炼至电极基本耗尽。为保护电极夹头，应留适当长度。残留部分可通过氩弧焊与新压制的棒料对接。熔炼完毕后，继续通水冷却铜模约30min。开启放气阀，打开炉门，脱模。铸锭经取样、称重，真空包装入库。

采用该法可制备规模达几十千克的金属，金属纯度为95%～99.5%，金属实收率在90%左右。钇金属锭的典型化学成分分析结果列于表6－17。

表6－17 钇金属锭的典型化学成分分析结果 (%)

元素	含量	元素	含量
C	0.011	Mg	0.002
N	0.019	Si	0.002
O	0.275	Cu	0.004
H	0.009	Al	0.006
F	0.075	Cr	0.013
Fe	0.062	B	<0.001
Ni	0.030	Zr	0.580
Ca	0.0005	RE	98.87

6.3.2.5 技术经济指标

A 收率

	直收率/%	回收率/%
金属钇	90	95
金属镁	92	96

B 单耗

制备1kg锭状金属钇的单耗为：

钇镁合金消耗	电耗
1.6～1.7kg	60～70kW·h

C 物料平衡

物料平衡以100kg合金计：

（1）备料：

合格料	返回重熔料	机械损失
95kg	4kg	1kg

其中，Y 61.7kg，Mg 32.3kg；重熔料回收率90%，重熔合金3.6kg。

（2）蒸馏：

海绵钇	钇直收率	结晶镁
60.5kg	98%	31.7kg

（3）熔铸：

钇锭	钇直收率
59.3kg	98%

6.3.3 钙热还原－中间合金法制备金属镝

6.3.3.1 *产品及原料要求*

镝在功能材料中的用途十分广泛，如用做合金添加剂，提高 Nd－Fe－B 磁体的内禀矫顽力；制备超磁致伸缩材料，用于声纳、微定位器等高技术领域；用于磁光材料和原子能功能材料等。

锭状或扣状金属镝产品要求表面光洁，无肉眼可见的夹杂物及氧化物粉末，断面呈银灰色。其化学成分见表6－18。

表6－18 金属镝的质量标准（GB/T 15071—2008） （%）

产品牌号	化学成分（质量分数）																
	RE（≥）	Dy/RE（≥）	杂质含量（≤）														
			稀土杂质/RE						非稀土杂质								
			Gd	Tb	Ho	Er	Y	其他稀土杂质	Fe	Si	Ca	Mg	Al	Ni	O	C	Ta(或Nb,Ti,Mo,W)
104040	99	99.99	0.001	0.003	0.002	0.001	0.002	0.001	0.01	0.01	0.01	0.01	0.01	0.01	0.04	0.01	0.01
104035	99	99.95	合量0.05						0.02	0.01	0.02	0.01	0.02	0.02	0.05	0.02	0.02
104030	99	99.9	合量0.1						0.05	0.02	0.05	0.03	0.03	0.03	0.25	0.03	0.30
104025	99	99.5	合量0.5						0.1	0.03	0.1	0.05	0.04	0.05	0.25	0.03	0.30
104020	98	99.0	合量1.0						0.2	0.05	0.1	0.05	0.05	0.08	0.3	0.05	0.35

中间合金法制备金属镝一般以氧化镝为原料。氧化镝是一种白色粉末，其质量标准见表6－19。

表6－19 氧化镝的质量标准（GB/T 13558—2008） （%）

产品牌号	化学成分（质量分数）													
	REO（≥）	Dy_2O_3/REO（≥）	杂质含量（≤）											
			稀土杂质/RE						非稀土杂质					
			Gd_2O_3	Tb_2O_3	Ho_2O_3	Er_2O_3	Y_2O_3	其他稀土杂质	Fe_2O_3	SiO_2	CaO	Al_2O_3	Cl^-	灼减（≤）
101040	99	99.99	0.001	0.03	0.002	0.001	0.02	0.001	0.0005	0.005	0.005	0.01	0.01	1.0
101035	99	99.95	合量0.05						0.001	0.005	0.005	0.02	0.02	1.0
101030	99	99.9	合量0.1						0.002	0.01	0.01	0.03	0.02	1.0
101025	99	99.5	合量0.5						0.003	0.01	0.02	0.04	0.04	1.0
101020	98	99.0	合量1.0						0.005	0.02	0.03	0.05	0.05	1.0

其他原材料包括：

（1）金属镁：2N～4N，每块重200～300g，表面无油迹及粉状氧化物；

（2）氟化氢铵：CP或AR，塑料瓶包装；

（3）无水氯化钙：CP或AR，如已吸水，应在400℃左右真空脱水；

（4）金属钙：2N～4N，表面光洁，有银白色光泽，无白色氧化物覆盖；

（5）钼（铌、钛）坩埚：厚3～10mm。

6.3.3.2 工艺原理

A 镁含量的选定

镁与镝的相图至今还没有建立起来，但不少人研究了镁含量达50%的镁－镝系统。已知镁与镝有DyMg、$DyMg_2$、$DyMg_3$和Dy_5Mg_{24}四种化合物，其中镁的含量（质量分数）相应为13%、23%、31%和11.5%。从经济角度出发，镁含量越低越好，但镁含量越低，合金液化温度越高；从操作温度角度出发，镁含量越高越好，但生产率降低，经济效益下降。权衡利弊，可选择两种化合物DyMg、$DyMg_2$镁含量的中间值（约20%）作为中间合金的组成，这种合金的液化温度约为850℃。

B 渣相组成的选定

钙热还原的生成物之一氟化钙的熔点高达1418℃，为了降低渣相的熔点，必须配入另一种熔点较低的组分。配入的组分除要求熔点较低之外，还要求沸点较高，不污染合金。表6－20列举了几种可供选择的物质。

表6－20 几种盐类的熔点、沸点及其他性质

盐 类	$CaCl_2$	$MgCl_2$	LiF	LiCl	NaF	NaCl	KCl	KF
熔点/℃	782	718	848	614	993	804	790	858
沸点/℃	1600	1412	1681	1360	1695	1413	1500	1505
吸湿性	强	强	弱	强	中	中	中	中
毒 性	无	无	无	无	有	无	无	有
价 格	低	低	高	高	中	低	低	高

由表6－20可知，只有$CaCl_2$和LiF比较适合，它们的熔点低、沸点高且无毒性。从经济角度考虑，可选择$CaCl_2$。$CaCl_2$的配比越高，渣相的液化温度越低，但$CaCl_2$含量增加会降低设备的利用率；同时，大量的渣也会使金属损失增加。参考CaF_2－$CaCl_2$体系相图，可选定配比为$w(CaF_2):w(CaCl_2)=48:52$，此时渣相的液化点约为900℃。

使用钙锂复合还原剂时不必添加低熔点盐类，因为生成物中有氟化锂，它能起到降低渣相液化温度的作用。此时炉处理量加大，生产率提高。但锂的价格为钙的10倍左右，尽管1kg锂相当于2.85kg钙的还原作用，但相比之下使用锂的成本还是较为昂贵。

C 还原温度的确定

还原温度一般高于生成物的最高熔点（或液化点）50～100℃，为此，确定还原温度为950℃。

D 还原设备的选择

由于还原温度低，还原设备可用钢制反应罐，以电阻丝或硅碳棒作发热元件，也可用真空中频感应电炉。前者投资少，可以自制，但操作不方便；后者投资高，但使用寿命长，操作方便。这里选择 ZG－0.05 型真空中频感应电炉作为还原设备。

6.3.3.3 生产工艺

钙热还原－中间合金法生产金属镝的工艺流程见图 6－17。

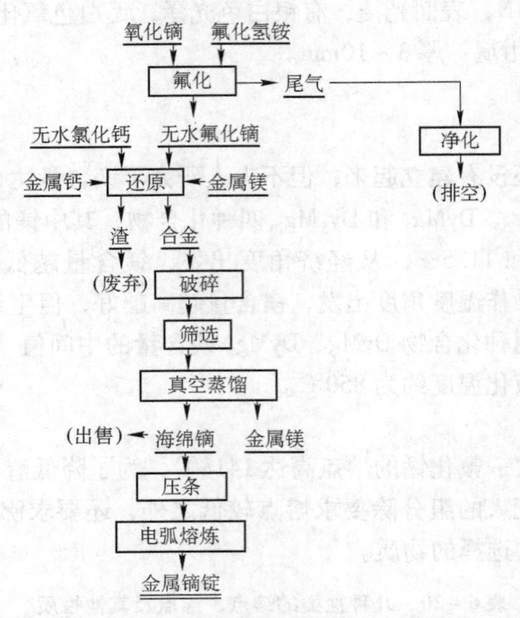

图 6－17 钙热还原－中间合金法生产金属镝的工艺流程

A 工艺条件

（1）原料配比：$w(DyF_3):w(Ca):w(Mg):w(CaCl_2)=1:0.3:0.18:0.57$（钙过量10%）；

（2）还原温度：950℃；

（3）保温时间：30～40min；

（4）充氩压力：－0.03MPa；

（5）真空度：1～5Pa。

B 操作步骤

先放好浇注模。将钼（铌、钛）坩埚放入石墨坩埚中，并将金属钙和镁装入坩埚内，上面酌情装部分氟化镝与无水氯化钙的混合物。剩余的氟化镝和无水氯化钙装于中频炉顶盖料仓中。清理观察孔玻璃、炉盖、感应圈外围及炉体橡皮封圈，盖上炉盖。

开通冷却水，启动真空机组，抽真空至 1～5Pa（粗真空表指示值），此时金属镁熔化并与钙形成液态合金。继续升温至 950℃，上部混合料熔化，反应开始。将料仓手柄旋转一格，混合料即落入加料斗中；旋转加料斗手柄，将混合料缓慢加入到坩埚内。照此操作下去，直到料仓中所有混合料全部加完为止。料加完后，在 950℃保温 30～40min。

切断中频电源，操纵倾动手柄将熔体注入模中，浇注速度先慢后快。继续通冷却水冷却感应圈、扩散泵、炉体等约 30～60min，即可出炉。

打开放气阀，掀起炉盖，将铸模翻转，取出铸锭，清扫炉盖、炉体和感应圈。用铁锤轻敲铸锭，除掉周围熔渣，渣废弃。合金经取样、分析，送下一道工序。

经过除渣的镁镝合金要求表面光洁，无肉眼可见的夹渣，敲碎后内部应无包渣。其化学成分为：$w(\mathrm{Mg})+w(\mathrm{Ca})\approx 24\%$，$w(\mathrm{Dy})+w(\text{其他稀土})\geq 75\%$，$w(\mathrm{O})\leq 0.08\%$，C、Si、Fe、Al 等的含量均小于 0.01%。

C 技术经济指标

（1）单耗（以制备 1kg 合金计）：氟化镝 1.1kg，金属钙 0.33kg，金属镁 0.2kg（其中回收镁 0.18kg），无水氯化钙 0.63kg，钼（铌、钛）坩埚约 0.01kg，氩气 0.02 瓶，电能 20kW · h。

（2）回收率：金属镝 98%，金属镁 99%。

6.3.3.4 海绵镝的制备及熔铸

制备海绵镝的工艺条件为：将镁镝合金破碎至粒度为 5 ~ 30mm，蒸馏真空度小于 0.01Pa，蒸馏升温曲线见图 6－18。

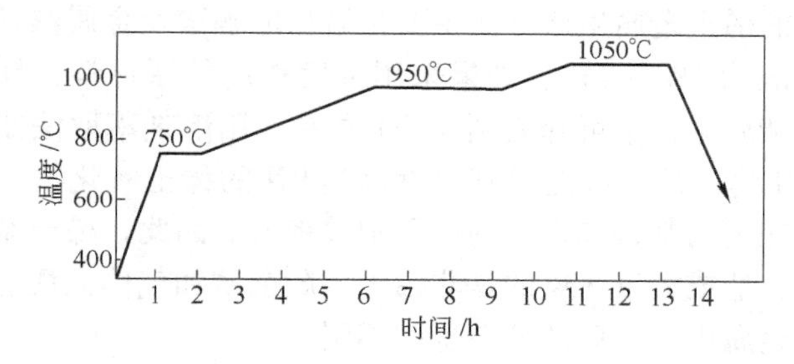

图 6－18 镁镝合金蒸馏升温曲线

自耗电极尺寸为 ϕ20mm ×(200 ~ 300)mm，电极压制压力为 200MPa。

回收率为：金属镝 96%，金属镁 92%。

单耗（以制备 1kg 锭状金属镝计）为：镁镝合金 1.3 ~ 0.35kg，电能 50 ~ 60kW · h。

6.3.4 钙热还原－中间合金法制备其他重稀土金属

钙热还原－中间合金法可以制备除钐、铕、镱以外的所有重稀土金属。采用此法曾制得纯度达 99.7% 的金属镝、钆、铒、镥，金属量分别为几百克的镥，几千克的镝、钆等。

该工艺的配料方法与制备 Y－Mg 合金的配料方法相同，即按所得合金中 $x(\mathrm{RE}):x(\mathrm{Mg})=1:1$、生成的 CaF_2-CaCl_2 渣中 $w(CaCl_2):w(CaF_2)=52:48$、还原剂钙过量 10% ~ 25% 计。制备重稀土金属的工艺参数如表 6－21 所示。

还原反应温度及合金的蒸馏升温制度，视生产的稀土金属不同而有所不同。

表 6－21 钙热还原－中间合金法制备重稀土金属的工艺参数

金属名称		钆	铽	镝	钬	铒	镥	铥	钇
渣相组成/%	CaF_2	48	48	48	48	48	48	48	48
	$CaCl_2$	52	52	52	52	52	52	52	52
合金组成/%	RE	85	85	80	80	80	70	70	75
	Mg	15	15	20	20	20	30	30	25

续表 6-21

金属名称		钆	铽	镝	钬	铒	镥	钪	钇
配料比/%	Ca	0.31	0.31	0.3	0.3	0.3	0.29	0.64	0.45
	REF_3	1	1	1	1	1	1	1	1
	Mg	0.13	0.13	0.18	0.19	0.19	0.32	0.03	0.20
	$CaCl_2$	0.59	0.59	0.57	0.57	0.57	0.55	1.24	0.87
还原温度/℃		950	950	950	950	950	970	970	950

6.4 稀土金属的提纯【拓展】

在现代科学技术的发展中，寻找稀土金属及其化合物的新用途，稀土金属及其合金材料的研制和加工成材，都对稀土金属的纯度提出越来越高的要求。

目前工业上采用的稀土金属生产方法主要是熔盐电解法及金属热还原法，工业稀土金属中的杂质总含量一般为1%～2%。如果采用纯度较高的原材料，且工艺操作精确、严格，则稀土金属中的杂质总含量可降低到0.5%左右。用溶剂萃取法或离子交换法可以得到4N～5N的稀土氧化物，甚至可能得到纯度高达9N的稀土氧化物，然而从氧化物转变成金属时，多数杂质在金属制备和提纯的过程中被带入。因此，稀土杂质对某种单一稀土金属的污染是有限的，造成大量污染的是非稀土金属杂质和气体杂质。由此可见，用不同冶炼工艺制备的稀土金属中，杂质的分布也应不同。

目前提纯稀土金属的工艺方法主要有真空蒸馏法、区域熔炼法、固态电解（电传输）法、悬浮区熔-电传输联合法、电解精炼法、单晶制备法等。但任何一种工艺方法都不可能对所有杂质的去除均有效，因此，选择某一种工艺方法考虑的是该工艺对欲去除杂质的有效性、装置的效率及金属的回收率，而不是盲目追求稀土金属的高纯度。为了去除较多的杂质，往往需要用两种或两种以上的提纯方法进行处理，但也只能达到一定限度。从目前的工艺水平来看，一般纯度不低于99.99%的稀土金属被视为高纯度稀土金属。

6.4.1 真空蒸馏法提纯稀土金属

6.4.1.1 基本原理

真空蒸馏是一种重要的分离提纯手段，不仅应用于还原-蒸馏工艺和还原-中间合金法工艺中分离稀土金属产品，而且广泛应用于稀土金属的提纯。真空蒸馏法基于稀土金属与杂质蒸气压的不同，在高温、高真空条件下使待提纯的稀土金属和蒸气压比它大的杂质一同挥发进入气相，而比稀土金属难挥发的杂质则残留在渣中；对挥发出来的蒸气控制适当的冷凝温度，使稀土金属优先冷凝，而蒸气压比它大的杂质则保留在气相中，到低温带才冷凝或排出系统外。即真空蒸馏法是通过选择性挥发和冷凝过程，将蒸气压比稀土金属小和大的杂质同时除去。

热力学研究表明，假设物质的蒸发热为常数，则其蒸气压与温度的关系可表示为：

$$\lg P = -A/T + B$$

式中 P——蒸气压；

A——系数，$A = L/2.303R$，L 为蒸发热；

B—— 系数，$B = \Delta S_f / 2.303R$，ΔS_f 为沸点时的蒸发熵，并有 $L = T_f \Delta S_f$。

因此，其他杂质的饱和蒸气压与待提纯金属差别越大，即蒸发热、沸点差别越大，越能有效地将其除去。稀土金属及某些杂质的饱和蒸气压如图 6－19 所示，由图可知，锆、钼、铌、钽、钨的饱和蒸气压比各种稀土金属都低两个以上的数量级，故蒸馏稀土金属时这些杂质能残留在渣中而被除去；其他杂质的饱和蒸气压则分别与不同的稀土金属相接近，如钙与铕，铅与钐，铝与镝，铬、锡与钛，铜、硅、铁与钕、铒，镍与铽、镨，钴、钛、钒与钇、钆、镧、铈等，故在对应金属中去除这些杂质的效果较差。

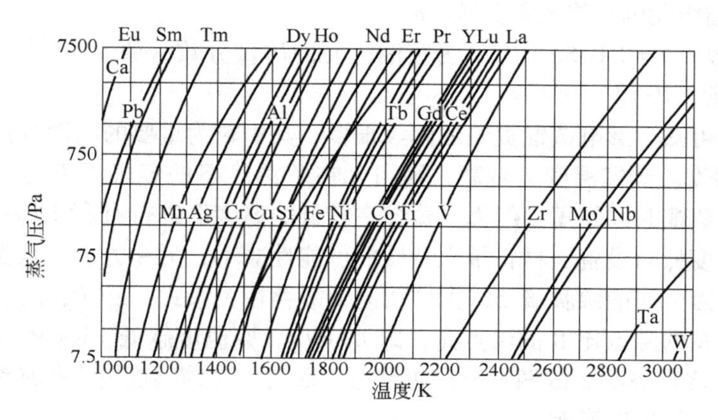

图 6－19　稀土金属及某些杂质的饱和蒸气压

氮、氢、氧、碳在稀土金属中以化合物相存在，如 REN、REH、RE_2O_3、REC、RE_2C_3 等，它们对金属的加工性能影响最大。在真空蒸馏过程中，这些金属化合物的离解或去除一般较易进行。例如，REN 在蒸馏温度（1600～2000℃）下的分解压为 0.1～100Pa，远高于真空炉内的真空压力范围，故可使之完全分解而从金属中逸出 N_2；稀土氢化物的离解压比氮化物大得多，则更易离解而逸出 H_2；稀土氧化物和碳化物均为高沸点难挥发物质，在蒸馏过程中将留在残渣中而与挥发的金属得到分离。

真空蒸馏最重要的动力学条件是物质的蒸馏速度。在分子蒸馏条件下，纯金属蒸馏速度与蒸气压和蒸馏温度的关系是：

$$E = 4.386 \times 10^{-4} \alpha (P - p) \sqrt{\frac{M}{T}}$$

式中　E——金属的蒸馏速度，g/(cm^2·s)；

α——冷凝常数，对纯金属，$\alpha = 1$；

P——金属在蒸馏温度下的蒸气压，Pa；

p——金属在蒸馏温度下的气相分压，Pa；

M——蒸馏金属的摩尔质量，g/mol；

T——蒸馏温度，K。

在蒸馏过程中，金属蒸气有时会在蒸发器上方聚积并产生部分回凝，因此当金属的蒸气压 P 较大时，其在气相中的分压 p 不可忽略。合金组元的蒸馏速度在温度不变的条件下随其浓度变化而变化，在蒸馏过程中随着金属的蒸发，合金中的杂质浓度增加，金属的蒸发速度随之变小。对于分子蒸馏，达韦推导了蒸馏时间与蒸馏组元浓度变化的关系式：

$$\tau = \frac{\gamma B}{50\alpha A}\ln\frac{w_i}{w_f}$$

式中 τ——蒸馏时间，s；

B——合金起始质量，g；

A——蒸发表面积，cm^2，$A = 4.386 \times 10^{-4}\sqrt{\frac{M}{T}}$；

w_i——蒸馏组元的起始质量分数，%；

w_f——蒸馏组元的最终质量分数，%；

γ——系数，$\gamma = 0.075w/P$，w 为蒸馏组元的质量分数（%），P 为蒸馏组元的蒸气分压（Pa）。

由以上公式可知，影响蒸馏提纯的因素很多，其中较为重要的因素有：

（1）蒸馏温度。蒸馏温度 T 越高，则组元在 T 温度下的蒸气压 P 越大，因而蒸馏速度越快，所需的蒸馏时间越短。但真空蒸馏在较低的温度下进行有利于提高产品纯度，这一方面是由于温度低时设备、材料带入杂质的可能性减小；另一方面，低温下各金属蒸气压的差别加大。因金属的沸腾熵 ΔS_f 大体相同，故存在关系式：$\lg(P_A/P_B) \approx -(L_A - L_B)/(2.303RT)$，若 A 的沸点比 B 的沸点高，即 $L_A < L_B$，则温度越低，$\lg(P_A/P_B)$ 负值越大，或者说 P_A 与 P_B 之比越小，故两者分离越彻底。因此，蒸馏温度的选择应综合考虑其对于设备利用率和产品纯度的影响。

（2）炉内气体残压及组成。由于设备密封等原因，不可避免地有少量气体进入炉内。在蒸发表面蒸发的金属分子受到气体分子碰撞会重新弹回熔池，因此残余气体分压越大，则蒸馏速度越小。同时，H_2、N_2、CO 等非冷凝性杂质在气相中的分压也增大，当这一分压大于对应化合物的分解压或平衡分压时，这些气体将被金属吸收。即使设备的真空度足够高，这些气体从金属中逸出仍占主导地位，但当其浓度降低到一定限度，相应地挥发速度降低到一定程度时，则与“吸气”速度平衡，此时金属中气体浓度不再降低，故这些杂质的去除是有一定限度的。

（3）蒸发表面积及搅拌作用。在真空下一般只有表面蒸发过程，很少产生沸腾，因此熔池表面的清洁状态对蒸发速度有很大影响。若表面局部被渣或其他物质（如氧化膜等）所覆盖，则蒸发速度变小。为保证高的蒸发速度，真空蒸馏时应有较大的比表面积，即采用浅熔池；同时表面应力求清洁，无渣层覆盖；另外，熔体中应力求有搅拌条件，以保证挥发性组分向表面传递。

（4）冷凝器的温度及结构。冷凝是蒸发的逆过程，在封闭体系内，只要冷凝温度低于气相蒸气的露点，冷凝过程即可顺利地在冷凝表面进行。由于冷凝过程的进行，使冷凝面附近的压力降低，因而蒸发的蒸气不断向冷凝面扩散补充，使蒸馏过程连续进行下去。但是实际上为保证蒸馏过程的速度和冷凝的金属液不致返流，冷凝温度往往要远远低于露点，稀土金属蒸馏过程的冷凝温度甚至控制在金属熔点以下 100～200℃。冷凝温度越低，则冷凝废气中金属的分压（相当于冷凝温度下的蒸气压）越小，冷凝效率越高；同时，冷凝前混合气体中非冷凝性气体的分压越小，则冷凝效率越高。对于易冷凝性杂质，如蒸气压与稀土金属相近的杂质，则应分段冷凝或在带有温度梯度的冷凝器中进行冷凝，利用它们与稀土金属露点的不同和气相分压的差异，在不同的温度区域分别使其凝结，从而达到提纯的效果。

6.4.1.2 真空蒸馏法提纯稀土金属工艺

真空蒸馏一般选用高真空电阻炉、特种真空电阻炉和真空感应炉等。由于稀土金属的真空蒸馏温度高且温度控制要求较严格，采用特种真空电阻炉和高真空感应炉较好。图6－20所示为真空蒸馏提纯稀土金属的设备。

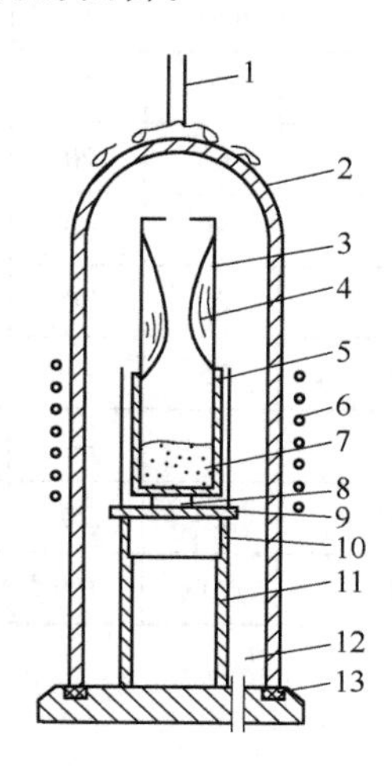

图6－20 真空蒸馏提纯稀土金属的设备

1—水帘冷却；2—石英钟罩；3—钽冷凝器；4—冷凝金属；
5—钽坩埚；6—感应圈；7—粗金属；8—钽垫片；9—钼片；
10—钽支座；11—石英支座；12—抽气嘴；13—密封圈

由于稀土金属的活性大，在高温熔融状态下更活泼，所以在蒸馏提纯稀土金属的实践中曾经试验过各种各样的坩埚材料，例如铌、钛及锆，它们由于在液态稀土金属中的溶解度均较大而未被采用。虽然钨在液态稀土金属中的溶解度比较小，但是要将它加工成所需形状的致密坩埚比较困难。目前较普遍采用钽片作为蒸馏坩埚材料。钽在液态金属中的溶解度随温度的升高而增加，随稀土原子序数的增加而增加（钪除外）。例如，从镧至钕，钽在其中的溶解度为0.02%～0.03%，而在重稀土和钇中则为0.1%～0.5%，在钪中则为3%。

稀土金属真空蒸馏提纯的工艺条件见表6－22。

表6－22 稀土金属真空蒸馏提纯的工艺条件

金属	蒸馏温度/℃	冷凝温度/℃	蒸馏速度/$g\cdot(cm^2\cdot h)^{-1}$	蒸馏产品杂质含量/$\times10^{-6}$						
				C	N_2	O_2	Ta	Ca	Fe	Si
La	2200	700～800	<10	—	—	—	—	—	—	—
Ce	2200	700～800	<10	—	—	—	—	—	—	—
Pr	2200	700～800	35	60	500	－500	<500	<50	50	<100
Nd	2200	700～800	150	60	100	100	<500	<50	100	<100
Sm	1000	700～800	250	90	—	—	—	<100	<50	<100
Eu	1000	500～600	750	—	—	—	—	—	—	—

续表 6－22

金属	蒸馏温度 /℃	冷凝温度 /℃	蒸馏速度 /g·(cm²·h)⁻¹	蒸馏产品杂质含量/×10⁻⁶						
				C	N_2	O_2	Ta	Ca	Fe	Si
Gd	1900	1100～1200	70	50	50	—	500	50	50	<100
Tb	1700	1000～1100	10	50	50	—	—	—	—	—
Dy	1700	1000～1100	700	60	20	—	<500	<100	<10	—
Ho	1700	1000～1100	400	60	20	—	<500	<100	<100	—
Er	1700	1000～1100	175	80	60	—	<500	<100	<50	—
Tm	1500	800～900	500	30	40	—	<500	<200	<50	—
Yb	1000	500～600	600	75	—	—	—	<200	<50	—
Lu	2200	1300～1400	60	—	—	—	<500	<50	<50	—
Y	2000	1200～1300	35	20	20	150	<500	10	150	50
Sc	2000	1200～1300	1500	100	100	1100	<500	—	—	—

6.4.2 区域熔炼法提纯稀土金属

6.4.2.1 基本原理

区域熔炼是基于金属凝固过程中杂质在液相和固相的平衡浓度不同，将锭料的局部熔化为一个或数个熔区，然后使熔区从一端移动至另一端，杂质在熔区凝固时发生偏析并分别被富集于锭料两端，按需要多次重复此过程即可达到提纯的目的。

一般金属中杂质分为两类：一类使金属熔点降低；另一类使金属熔点升高。它们与金属组成的二元系相图有如图 6－21 所示的形状。根据亨利定律，在溶质浓度极小的部分液相线及固相线均为直线，若令平衡浓度之比为 K_0，即 $c_s/c_l=K_0$，则 K_0 为常数，称为分配系数或分凝系数。使金属熔点降低的杂质，$K_0<1$；使金属熔点升高的杂质，$K_0>1$。在液态金属凝固过程中，$K_0<1$ 的杂质在首先凝固的固相中含量较小，而大部分聚集于液相中，以致在最后凝固的固相中含量最高；而 $K_0>1$ 的杂质则与之相反，在先凝固的固相中含量高，而在后凝固的固相中含量低。

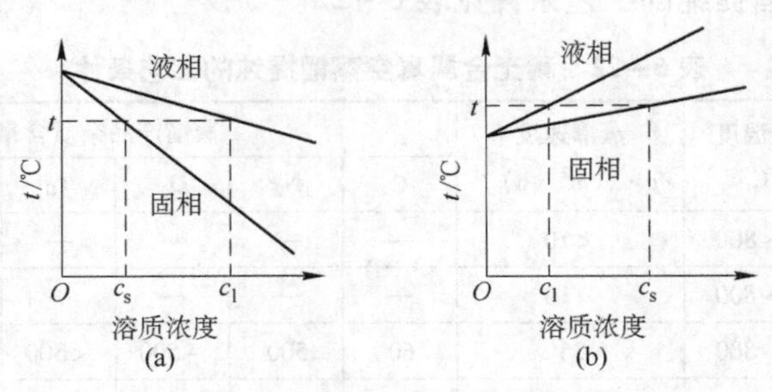

图 6－21 杂质与金属的二元系相图

(a) $K_0<1$；(b) $K_0>1$

基于上述偏析原理进行的区域提纯如图 6－22 所示，当熔区从左端开始向右端移动时，在左端最先凝固出来的固相中，杂质的浓度应为K_0c_0。对于$K_0<1$的杂质，K_0c_0是小于c_0的，所以从熔区右边熔化面熔入的杂质含量大于从熔区左边凝固面进入固相的杂质。因此，熔区中的杂质浓度c_l随着熔区向右移动在不断地增加，相应地，析出的固相杂质浓度也从左到右逐步增加。当熔区中杂质浓度增加到$c_l=c_0/K_0$时，$c_s=K_0c_0/K_0=c_0$，即此时由熔区右边进入熔区的杂质与由熔区左边进入固相的杂质含量相等，提纯作用消失。到最后一个熔区范围内，则是定向凝固，杂质浓度急剧增加。一次区域熔炼提纯后杂质浓度的分布如图6－23所示，通过分析可推导出杂质沿锭长分布的方程式为：

$$c_s = c_0[1-(1-K_0)\exp(-K_0x/l)]$$

式中 c_s——距首端x处的杂质浓度；

c_0——原始杂质的平均浓度；

l——熔区长度。

将上式作图（如图6－24所示），曲线是按锭长为10单位、熔区长度为1单位、$c_0=1$、$K_0=0.01\sim5$计算绘制的。由图6－24可知，对于$K_0<1$的杂质，K_0越小，提纯效果越好，在$x=0$处，$c_s=K_0c_0$，杂质浓度最低；同理，对于$K_0>1$的杂质，K_0越大，其越有效地富集在锭首端；$K_0\approx1$的杂质则很难除去。

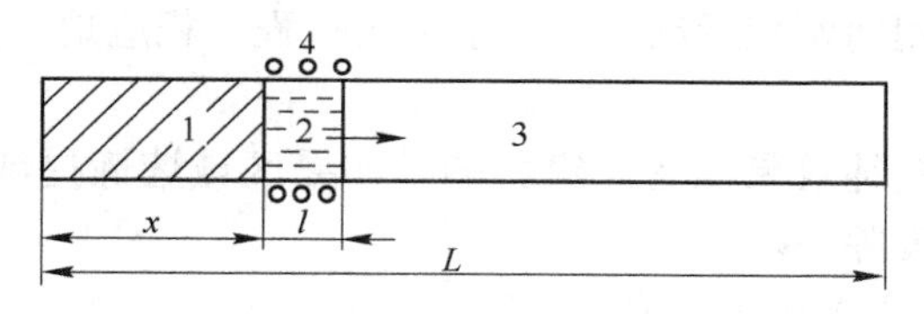

图6－22 区域提纯示意图

1—已凝固的固相；2—熔区；3—固态锭；4—加热器

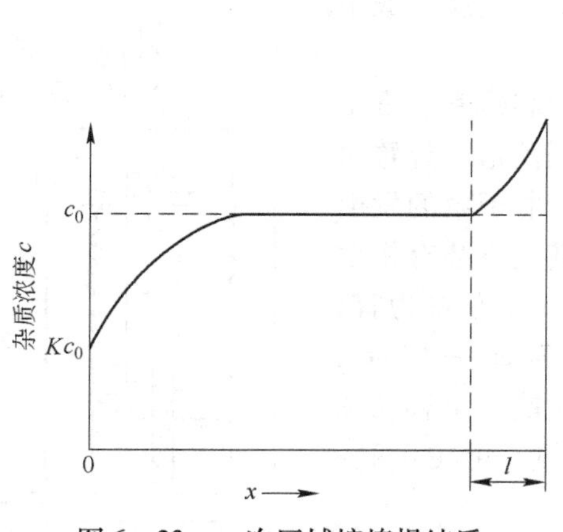

图6－23 一次区域熔炼提纯后杂质浓度的分布（$K_0<1$）

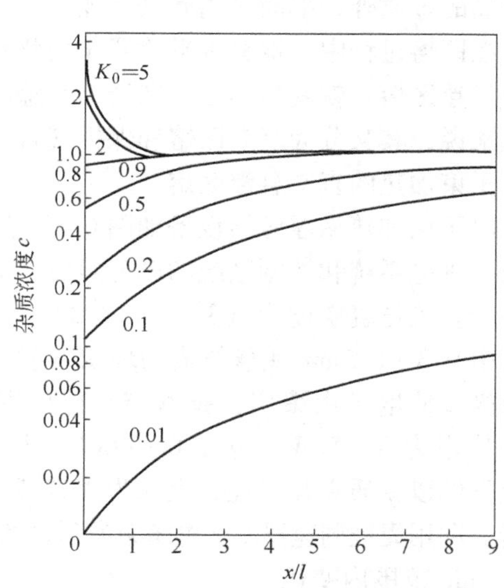

图6－24 一次区域熔炼提纯后不同K_0值的杂质浓度沿锭轴向的分布

以上分析是假设液相中杂质扩散很快，以致熔区中杂质的浓度可视为均匀的。但实际上由于熔区中传质速度有限，其成分并不均匀，故K_0不能反映实际情况下两相中杂质的浓度之比。令实际中 $c_s/c_l=K$，则 K 反映了实际两相中杂质的浓度之比，称为有效分配系数。用 K 代替方程式中的 K_0，则能较好地符合实际情况。显然，当 $K_0<1$ 时，$K>K_0$；当 $K_0>1$ 时，$K<K_0$。加大液相中的传质速度或减小熔区移动速度，将使 K 值接近于 K_0。

影响区域熔炼提纯效果的主要因素有：

（1）区域熔炼提纯次数。区域熔炼提纯过程可重复进行多次，随着提纯次数的增加，提纯效果也增强。但经过一定次数区域提纯后，杂质浓度的分布接近一"极限分布"，提纯效果不再增加。这一极限随熔区长度及 K_0 值等因素的变化而变化。

（2）熔区长度。从杂质的分布式可知，在第一次区域熔炼时，对于 $K<1$ 的杂质，熔区长度 l 增加，则 c_s 下降，即提纯效果增强。但随着提纯次数的增加，前述的极限浓度增大，即能达到的最终纯度降低。故一般区域熔炼提纯时，前几次提纯往往控制熔区较长，后几次则用短熔区。

（3）熔区移动速度。降低熔区的移动速度，则有足够的时间使液相中的杂质扩散均匀，相应地，K 值越接近 K_0 值，提纯效果越好。但速度过慢会引起金属的蒸发损失增加，而且设备的生产能力低。

（4）其他。凡是能强化液相传质速度的因素均能提高提纯效果。如采用感应加热时，熔区内液体由于电磁作用而剧烈运动，加快了传质过程，相应地，其提纯效果比一般电阻加热时好。

此外，真空度对于提纯效果也有一定影响。如果区域熔炼提纯是在高真空中进行的，则杂质还能进一步被蒸发除去。

6.4.2.2 稀土金属悬浮区熔工艺

区熔法目前用于生产尺寸比较小的高纯金属锭及单晶体，除在熔点附近的温度下蒸气压很高的金属外，都能采用此法提纯。

在区熔过程中，锭料水平放置于坩埚中，称为水平区熔；锭料垂直放置且不用容器，称为悬浮区熔。就其加热方式来说，有感应加热、电阻炉加热和电子束加热；就系统中的气氛来说，其又分为真空区熔和保护气氛区熔。稀土金属一般采用电子束加热的真空悬浮区熔。

电子束加热悬浮区熔设备如图6-25所示，由熔炼室、真空系统、供电系统和控制系统四部分组成。炉体为圆筒形，外置水冷夹套。工作真空度为 $(3.99\sim13.3)\times10^{-4}$Pa。电子束的发射采用由0.3~0.5mm钨丝绕成的环状发射器，在其上下装有钼质聚束极以使电子束聚束，钨丝与料棒的间距以2mm左右为宜，轰击功率为0~5kW，电压0~400V。料棒直径为 $\phi3\sim10$mm，其上下端以钼质夹盘夹往，上端为固定端，下夹盘能上下移动和旋转。利用无级调速器调节电子束发射器的移动速度，可在0.2~3mm/min范围内变化。

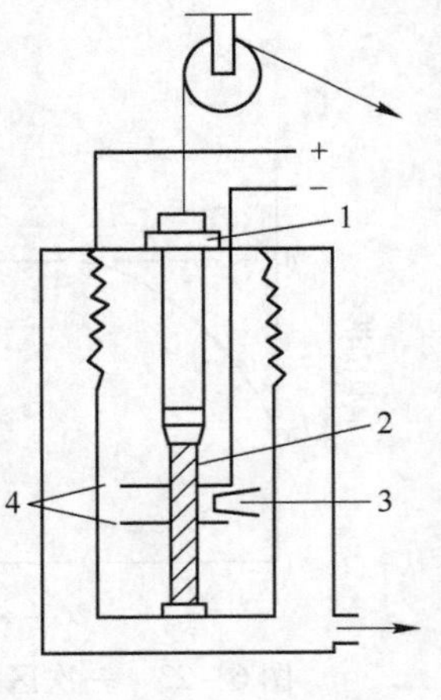

图6-25 电子束加热悬浮区熔设备示意图
1—密封；2—锭料；3—钨丝；4—聚束极

区熔提纯稀土金属时，稀土金属料棒垂直夹在两夹盘之间固定不动，并且以其作阳极。电子束发射器沿着料棒以一定速度自下而上移动。其加热原理是：阴极钨丝通入交流电加热至2600~2800℃时发射出大量热电子，在阴极与金属阳极之间保持大的电位差，使电子在电场作用下得到加速而轰击在金属阳极上，并将其动能转化成热能，使金属升温熔化。熔区中熔体的保持主要依靠熔融金属的表面张力。当表面张力与重力作用相等时，熔体被支持住而不流下来。当加热器移动时，熔区也随之移动，达到区域熔炼的目的。

电子束加热悬浮区熔稀土金属所用的试样尺寸一般为 $\phi(10\sim12)\text{mm}\times(100\sim200)\text{mm}$，真空度为 $10^{-5}\sim10^{-4}\text{Pa}$，熔区移动速度为 1 ~ 5cm/h。经数次区熔后许多金属杂质的含量能降低 1 ~ 3 个数量级，而且区熔次数越多，除金属杂质的效果越好。但区熔后气体杂质和碳的浓度变化不大。

6.4.3 固态电传输法提纯稀土金属

6.4.3.1 基本原理

固态电传输法又称固态电解法或离子迁移法，它是在低于金属熔点的温度下以及电场作用下，利用杂质离子有效电荷和扩散系数的差异产生顺序迁移来实现金属提纯的目的。此法对有效电荷为负的间隙性杂质氧、氮、氢、碳等的去除效果明显，对微量金属杂质的去除也有效。

固态电传输法的提纯效果取决于离子与电子或导电空穴间作用的特性，常用电传输方程式来衡量电传输提纯程度：

$$\ln\frac{c_x}{c_0} = \ln\frac{VEL}{D} - \frac{VEx}{D}$$

式中 c_0——杂质的原始浓度；

c_x——在时间 $\tau\to\infty$ 时沿棒长 x 处的杂质浓度；

V——电传输速率；

E——电场强度；

L——试样长度；

D——扩散系数。

由上式可知，影响固态电传输提纯程度的主要因素为试样长度、电场强度、电传输速率和扩散系数，而后两者的数值随着温度的升高而增大。因此，用尽可能长的试样、提高电流密度以增加电场强度以及提高提纯比 V/D 等，均可提高提纯程度。

6.4.3.2 固态电传输提纯工艺

图 6－26 为固态电传输所用的设备示意图。将经过真空熔化甚至真空蒸馏提纯后的稀土金属棒垂直固定在正、负电极之间，在超高真空或惰性气氛下通入直流电加热到一定温度，并保持一定时间，使杂质分别向两极迁移以达到提纯金属的目的。若需进一步提纯，则将样品两端切去，剩下较纯的中间部分进行二次电迁移处理。

6.4.3.3 悬浮区熔－固态电传输联合法提纯稀土金属

为了提高提纯效果和缩短生产周期，常将区熔与固态电传输结合起来，即在电场中区熔提纯稀土金属。此法综合了两种提纯方法的优点，杂质通过在液、固两相中的溶解度不同而区熔除去，同时利用电传输使杂质向阳极迁移，并且在高真空状态下使易挥发杂质挥发除去。一般情况下，气体杂质和碳主要靠电传输除去，非稀土杂质利用区熔和电传输共同除去。

图6－27为区熔－固态电传输联合法提纯稀土金属的示意图。试样垂直固定在水冷铜电极之间，底部电极用弹簧顶住，以便试样由于热膨胀而向下移动。提纯时试样通入直流电加热，电子束熔区自下而上移动。

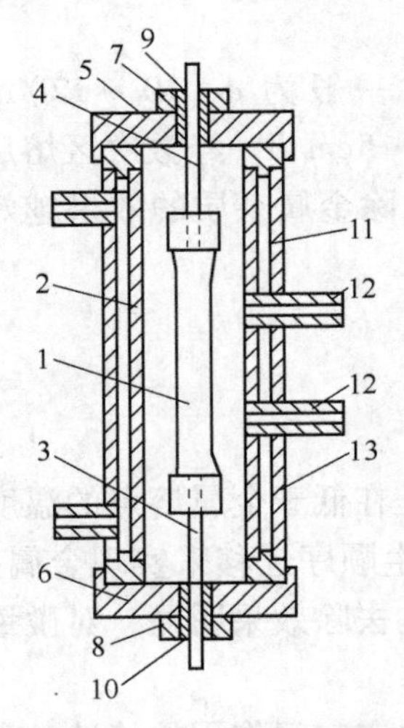

图6－26 固态电传输设备示意图

1—试样；2，11—水冷铜套；3—阴极；4—阳极；5，6—不锈钢盖；7，8—紧固盖；9，10—陶瓷绝缘器；12，13—热电偶测温孔

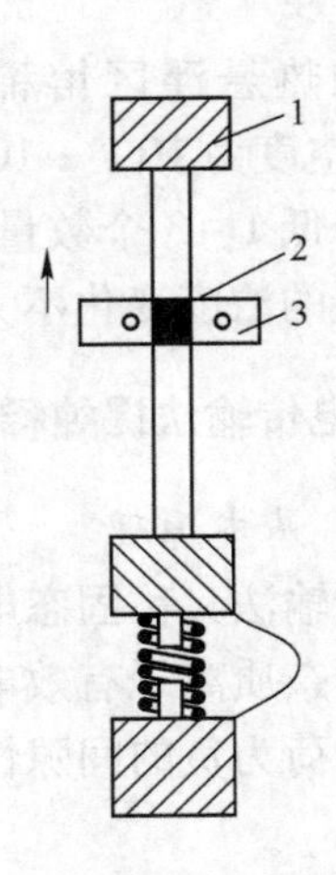

图6－27 区熔－固态电传输联合法提纯稀土金属的示意图

1—阴极（头部）；2—电子枪；3—阳极（尾部）

提纯金属钇的试样长230mm，截面积为120mm²。将其垂直固定在水冷铜电极之间，通入直流电加热至900℃，电流密度为3A/mm²，电场电压为0.06V/cm，设备的真空度为1.33×10^{-5}Pa，电子束熔区以0.4mm/min的速度自下而上移动。在电场中经过10次区熔的试样，其X射线衍射照片表明，钇锭的首部是单晶，中部是粗晶，而尾部是多晶。可见，钇棒的首部是试样的最纯部分。

铈的提纯试样尺寸（$L\times D$）为120mm × ϕ8mm，在以熔融锂提纯的氩气氛下（66.5kPa）进行区熔—固态电传输，电流密度为6A/mm²，电压降为0.4V，电子束熔区以0.3mm/min的速度自下而上移动。熔区通过6次以后，阴极和中间两部分的杂质含量已低于光谱分析的灵敏度，杂质含量从原料铈中的0.245%降低至提纯铈中的0.085%，显微硬度相应地从274.4MPa降低至233.2MPa。

6.4.4 电解精炼法提纯稀土金属

6.4.4.1 基本原理

电解精炼是以粗质稀土金属为阳极，选定合适的电解质成分、阴极电流密度和槽电压，以防止杂质元素离子在阴极上放电，使待提纯稀土金属在阴极上沉积，从而与杂质元素分开以达到提纯的目的。

电解精炼提纯工艺必须采取措施防止金属及电解质在高温下与空气、水分、电极和坩埚材料等作用。电解设备采用密闭电解槽，将空气排除以后在惰性气氛中进行精炼。电解坩埚可用钨或钽片制成，电解质用高纯的物质，成分有$LiCl-RECl_3$、$KCl-RECl_3$、$LiF-$

REF_3、$LiCl-LiF-REF_3$、$BaBr-REBr$ 等几种体系。

电解精炼提纯工艺对各稀土金属去除氧、氮、氢、硅、铁、铜、锰、铝等杂质都是有效的。

6.4.4.2 电解精炼提纯钆

电解精炼设备采用不锈钢罐，内衬钽片衬里，用钽坩埚盛装电解质，用钙热还原法制备并经过真空熔化处理的粗钆制成 $\phi130mm \times 150mm$ 的圆棒作阳极，用纯钆制成 $\phi1.5mm \times 150mm$ 的细棒作阴极，并将电极分别固定在水冷铜导电管上，电解设备是密封的。电解质用纯的 $LiCl-LiF-GdF_3$，LiF 和 GdF_3 的质量比为1:1，$LiCl$ 的加入量为 $LiF+GdF_3$ 总量的77.6%。

将配好的电解质装入钽坩埚电解槽内，装好电极后密封设备，开始抽真空至0.133Pa，然后缓慢预热到200℃以除去盐中的水分。在2h内加热到400℃，停止抽真空并向设备充入纯氩气（99.99%）。继续加热到800℃后，移动钆电极至电解质中进行电解。

在此工艺条件下，当电流密度为 $0.2A/cm^2$ 时，电流效率超过95%。粗钆的氧、氮、氢含量分别为 4.9×10^{-4}、8.9×10^{-5}、3×10^{-6}，经电解精炼后分别降至 7×10^{-5}、5×10^{-6}、4×10^{-6}。

6.4.4.3 电解精炼提纯钇

电解精炼设备由电解槽、滑动阀及水冷空锁室等组成，用电阻丝加热。以电解法制备的或配制的 Y-Ni、Y-Fe、Y-Cu、Y-Fe-Mn 以及 Y-Mg 等合金作为阳极，用 $\phi75mm \times 150mm$ 的钨坩埚盛装合金，将 $\phi6.2mm$ 的钨阴极焊接在软钢的阴极棒上。用纯的 $Li-Cl-YCl_3$、$BaBr-YBr$、$LiF-YF_3$、$LiCl-LiF-YF_3$ 等作电解质。

以电解法制得的 Y-Ni 合金作阳极材料，在进行电解精炼的操作过程中，先将干燥的 LiCl 及粗制的金属钇及合金组元镍按一定配比加入钨坩埚中，打开上部的水冷空锁室，将盛有料的钨坩埚放在加热炉内，然后盖好有过滤器的水冷空锁室，开始抽真空。此时缓慢加热，以防止微量水分生成氯氧化物而污染电解液。在近400℃时，电解槽充入氦气并加热到进行电解的温度。电解质 $LiCl-YCl_3$ 中的 YCl_3 是在电解前，从空锁室将盛有一定量 Y 和 $NiCl_2$ 的多孔、封底、圆筒形的镍质过滤器放入电解槽熔体内，并保持数小时，以完成下列反应产生的。

$$3NiCl_2 + 2Y = 2YCl_3 + 3Ni$$

在上述反应中，产生所需要量的 YCl_3 进入电解质，而镍则沉积在过滤器上。待反应完成后，将过滤器提到空锁室中冷却并关闭滑动阀，使空锁室与电解槽分开。打开空锁室取出过滤器并装接好阴极，然后重新放好空锁室。通过滑动阀将空锁室抽真空，随后充惰性气体，此时打开滑动阀使空锁室与电解槽连通。将阴极放入电解液中，在保持5min以达到热平衡后，即可开始电解。

此法对金属杂质的去除效果是显著的。此外，还可以用电解法制备的 Y-Cu、Y-Fe-Mn 以及 Y-Mg 合金作阳极精炼料，也能获得较满意的提纯效果。

但在采用 $LiCl-YCl_3$ 电解质成分进行精炼时，除氧的效果不好；当采用 $LiF-YF_3$ 和 $Li-Cl-LiF-YF_3$ 电解体系进行精炼时，阴极产品中的氧含量可比阳极料中的氧含量降低一个数量级。

6.4.5 单晶制备方法

科研中需要用大量的稀土单晶来准确测定稀土金属的磁、电等性质。经过反复研究，目前已经有四种制备稀土金属单晶的方法，即电传输法，悬浮区熔法、熔炼-再结晶法和直拉法，现简述后两种单晶制备方法。

6.4.5.1 电弧熔炼-退火再结晶法

电弧熔炼-退火再结晶法是用一个水冷铜坩埚和一个非自耗钨电极构成的电弧炉加热试样，在稍低于试样熔点的温度下进行退火以使晶粒生长。

真空退火炉由一个钽管加热器和一个与之同心的钼隔热屏组成，由焊接变压器供电。在试样上穿一个小孔，用 $\phi0.12$mm 的钨丝穿过小孔以固定试样。钨丝固定在一根钽棒上，钽棒通过 O 形密封圈通至炉外。退火炉在 1.33×10^{-3}Pa 或更高的真空下脱气，而试样是放在加热元件上方约 76mm 处，以保持比较低的温度。钆、铽可以在真空下进行退火，而镝、钬、铒及铥是在氩气气氛下退火的，以减少蒸发损失。某些稀土金属制备单晶的退火工艺制度如表 6-23 所示。

表 6-23 某些稀土金属制备单晶的退火工艺制度

金 属	工 艺 制 度
Gd	在 1050℃保温 12h 后，每 12h 升温 50℃，直至达到 1200~1250℃
Tb	在恒温区于 1250℃下退火 12h
Dy	在 1200℃保温 18h 后，再于 1250℃下保温 6h，在 1300℃下保温 18h
Ho	在恒温区于 1300℃下退火 18h
Er	在恒温区于 1400℃下退火 18h
Tm	在恒温区于 1300~1350℃下退火 6h
Y	在 1100℃下保温 8h 后，每 8h 升温 50℃，直至达到 1350℃

从钆到铥的重稀土和钪、钇、镥以及这些金属之间合金的单晶、钐的单晶，都能用这种方法来制备。弹性中子绕射测量表明，典型的晶体内部嵌镶结构的展宽是不大于 0.5°或更小。

此外，也可以用电子束加热或感应加热方法进行退火，但电子束加热只适用于在熔点时蒸气压低于 1.33Pa 的金属。

6.4.5.2 直拉法

直拉法采用高电导率的水冷铜坩埚，试料在 1.33×10^{-5}Pa 的真空中熔融后，子晶附在 $\phi3$mm 的钽棒上。拉晶速度约为 20mm/h，回转速度约为 10r/min。该法生长晶体的嵌镶结构的展宽比用退火再结晶法时要小很多。

用直拉法生产了镨、钕及它们的合金（含 Nd1%~25%）和铕的单晶。直拉法对制备铕单晶尤其有效，几乎能制备任何尺寸的铕单晶。为了防止铕的蒸发损失，拉单晶应在高纯氩气气氛中进行。但该法对镨、钕及它们的合金，只能生产普通尺寸的单晶。

复习思考题

6－1　简述钙热还原法生产稀土金属的原理。该工艺原料、还原剂和坩埚材料的选择有何特点？

6－2　稀土氟化物钙热还原法的主要工艺条件有哪些，是如何确定的？

6－3　简述真空感应电炉的组成和操作要点。

6－4　简述氟化钇钙热还原的工艺条件和操作方法。

6－5　简述镧或铈还原－蒸馏法生产稀土金属的原理。其对原料、还原剂和坩埚材料有何要求？

6－6　镧或铈还原－蒸馏的主要工艺条件有哪些？钐、铕、镱、铥的镧或铈热还原条件是如何确定的？

6－7　简述镧热还原法制备金属钐的工艺条件和操作方法。

6－8　简述钙热还原－中间合金法生产稀土金属的原理。其对原料、还原剂和坩埚材料有何要求？

6－9　简述钙热还原－中间合金法制备金属钇的工艺条件和操作方法。

6－10　简述钙热还原－中间合金法制备金属镝的工艺条件和操作方法。

6－11　简述真空蒸馏法提纯稀土金属的原理。比较各种稀土金属的蒸发速度，说明蒸馏法能去除哪些金属杂质，为什么？

6－12　简述区域熔炼法提纯稀土金属的原理，说明其适用于哪些金属，为什么？

6－13　简述固态电传输法提纯稀土金属的原理，说明其对哪些杂质的去除有效果？

6－14　说明区域熔炼与固态电传输结合对提纯稀土金属有较好效果的原因。

6－15　电解精炼与熔盐电解有何区别？电解精炼对哪些稀土金属的提纯有效果，为什么？

6－16　如何根据稀土金属的纯度来选择提纯方法和设备，各种提纯设备各有何特点？

7　热还原法生产稀土铁合金

【教学目标】了解稀土铁合金的应用、分类、组成、性质及生产方法；在熟知硅热还原、碳热还原和熔配法生产稀土铁合金的原理、工艺的基础上，能够使用相应设备并进行冶炼操作。

7.1　概述

7.1.1　稀土铁合金的应用

随着高新技术的发展，金属产品质量的改进越来越显得重要和迫切。稀土金属及其中间合金以其独有的性质成为金属结构材料的添加剂，可提高金属产品的质量，从而减轻了金属制品的重量，提高了其使用的可靠性和耐久性。用热还原法生产的稀土中间合金属铁合金范畴，主要有稀土硅铁合金、稀土镁硅铁合金等。这些稀土铁合金目前已广泛应用于钢铁、机械制造和军事工业等部门。

钢铁工业采用稀土金属或含有稀土元素的复合铁合金作添加剂。为了合理利用稀土，钢水必须经良好脱氧、脱硫后再加入稀土处理。稀土的加入方法有稀土铁合金的钢包冲入法、喷吹法、包芯线喂入法和稀土金属丝、棒的喂入法等。

稀土元素与钢中的氧、硫及其他有害杂质有很强的化学亲和力，且由于稀土沸点高，在钢液中与铁完全互溶，因此在钢液中加入稀土后脱氧和脱硫较为彻底。产物为稀土硫氧化物、硫化物和铝酸盐等，都是在高温下塑性较低的高熔点化合物，在钢材中常以椭圆形、纺锤形夹杂物形式存在，使钢材横向及厚度方向上的韧性、塑性大为改善。

稀土化合物在钢液中可成为非自发形核的晶核，同时稀土活性组元在结晶面上有选择性的吸附阻碍了晶体的继续长大，因而可细化晶粒，成为一种较为强烈的变质剂。稀土可与钢中的低熔点杂质形成熔点较高的化合物，抑制这些杂质在晶界析出，从而消除这些夹杂物在钢中引起的热脆性。稀土虽然不减少钢中的氢含量和氮含量，但可以抑制钢中氢引起的脆性和白点，从而提高钢的冲击韧性，也可降低高氮钢的脆性转变温度。

我国稀土处理钢的品种已达 60 多个，用量最大的稀土处理钢是 16Mn 和 09Mn 低合金钢、装甲钢和渣罐钢，其他还有低硫低合金高强度钢、齿轮钢、弹簧钢、高强度曲轴钢、不锈耐热钢、耐磨钢、电热合金、化工用钢等。

我国的稀土处理铸铁有球墨铸铁、蠕墨铸铁及高强度灰铸铁三大类。铸铁与钢相比，除含石墨外，其组织基本相同，稀土在钢中的作用在许多方面也可应用于铸铁。稀土对铸铁的孕育、蠕化、球化等作用，首先归因于它的脱氧、脱硫作用。形成的氧化物、硫化物或硫氧化物一部分被排出，使铁水净化；而另一部分作为石墨生核的基底，可有效地降低白口，提高共晶团数和组织的均匀性。石墨生核后，稀土等球化元素主要吸附在石墨密排六方晶格的棱面上，成为石墨在棱面上长大的障碍，为石墨在基面上长大、生成蠕虫状石墨和球状石墨创造了条件。因此，根据铁水化学成分的不同和稀土加入量的不同，可获得片状、蠕虫状以及球状石墨形态的铸铁。

稀土铁合金最显著的应用是稀土镁硅铁合金作为球化剂，可因地制宜地生产出各种高质量的球墨铸铁。我国目前生产的稀土镁球铁产品有柴油机和汽油机曲轴、铸铁管、轧辊、钢锭模、汽车底盘零件、各种传动齿轮、汽轮机外壳以及抗磨、耐热、耐酸等球墨铸铁。

7.1.2 稀土在铁中的固溶度

部分稀土元素与铁的二元系相图如图7－1所示。La－Fe二元系形成共晶组织。其他稀土元素与铁形成多种稳定的化合物，其数量随稀土元素原子序数的增加而增多。在室温下，稀土元素在铁中固溶的质量分数约为0.1%以下。稀土元素主要在铁晶粒的晶界偏聚，因为晶界原子排列比较疏松，稀土原子在此处取代铁原子比在晶粒内部取代铁原子容易。当稀土元素添加量超过与铁中杂质反应的量后，能生成富稀土的第二相，如La－Fe共晶组织、Ce_2Fe_{17}化合物等。这些组织对改善某些钢和合金的性能是有利的，如可提高电热合

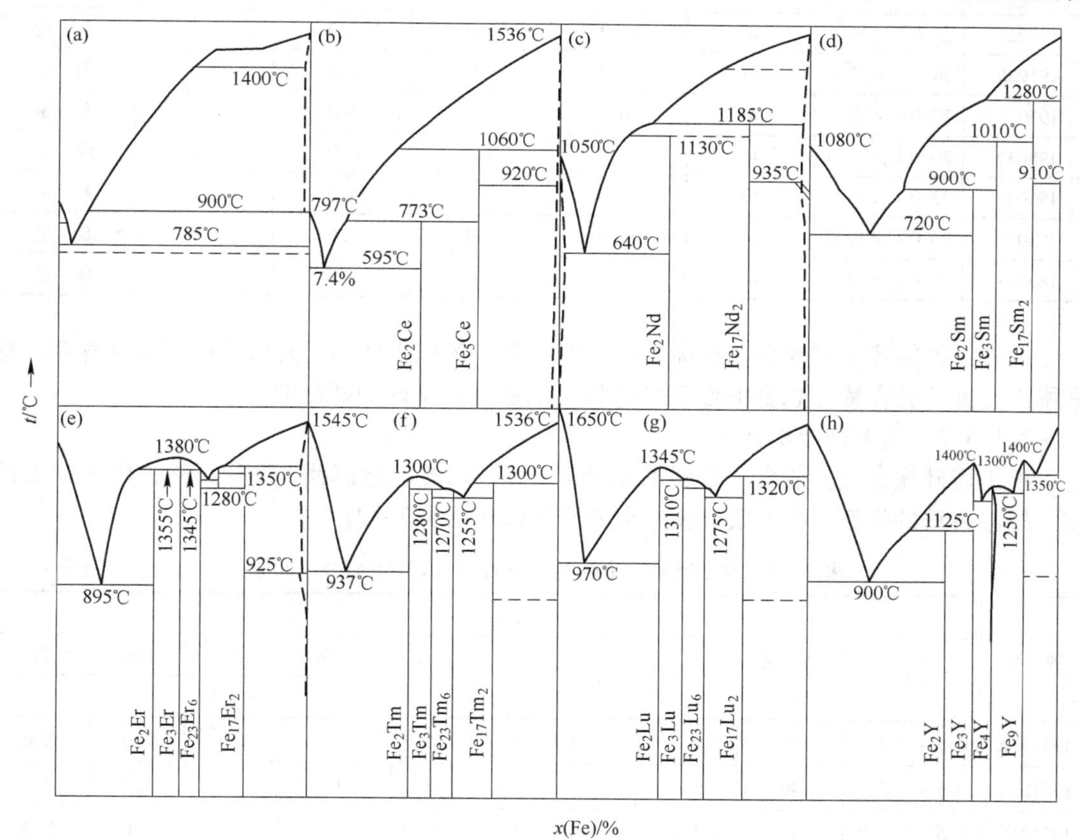

图7－1 稀土元素与铁的二元系相图

(a) La－Fe系；(b) Ce－Fe系；(c) Nd－Fe系；(d) Sm－Fe系；
(e) Er－Fe系；(f) Tm－Fe系；(g) Lu－Fe系；(h) Y－Fe系

金的抗氧化性能、可改善钢的抗氢致破裂性等。但这些组织的熔点较低，聚集在晶界易引起钢材热脆，这也就限制了钢中稀土的加入量。除个别几个钢种外，一般加入质量分数小于0.3%的稀土，以避免这些组织的形成。

7.1.3 稀土铁合金的分类

我国的稀土铁合金工业具有产量大、品种多、成本低和综合利用产品多的特点。目前我国生产的钢铁用稀土铁合金的主要性质和用途介绍如下。

7.1.3.1 稀土硅铁合金

稀土硅铁合金一般含混合轻稀土金属20%~45%，低品位的用于配制三元以上的复合合金，高品位的用作炼钢的添加剂或高强度灰口铸铁的孕育剂。稀土硅铁合金的质量标准见表7-1。

表7-1 稀土硅铁合金的质量标准（GB/T 4137—2004） （%）

牌 号	化 学 成 分						
	RE	Ce/RE（≥）	Si	Mn	Ca	Ti	Fe
			（≤）				
195023	21.0 ~ <24.0	46	43.0	4.0	5.0	2.0	余 量
195026	24.0 ~ <27.0	46	42.0	4.0	5.0	2.0	余 量
195029	27.0 ~ <30.0	46	40.0	4.0	5.0	2.0	余 量
195032	30.0 ~ <33.0	46	39.0	4.0	4.0	1.0	余 量
195035	33.0 ~ <36.0	46	38.0	4.0	4.0	1.0	余 量
195038	36.0 ~ <39.0	46	37.0	4.0	4.0	1.0	余 量
185041	39.0 ~ <42.0	46	36.0	4.0	4.0	1.0	余 量

此外，富铈稀土硅铁合金在稀土总量中含有70%以上的铈，是铸铁的优良孕育剂；富镧稀土硅铁合金在稀土总量中含有50%以上的镧，是良好的蠕化剂。

7.1.3.2 稀土镁硅铁合金

稀土镁硅铁合金一般含混合轻稀土金属5%~21%、金属镁8%~13%，用于球墨铸铁、蠕墨铸铁的生产。稀土镁硅铁合金的质量标准见表7-2。

表7-2 稀土镁硅铁合金的质量标准（GB/T 4138—2004） （%）

牌 号	化 学 成 分								
	RE	Ce/RE（≥）	Mg	Ca	Si	Mn	Ti	MgO	Fe
					（≤）				
195101A	0.5 ~ < 2.0	46	5.0 ~ <5.5	1.5 ~3.0	45.0	1.0	1.0	1.0	余量
195101B	0.5 ~ < 2.0	46	5.5 ~ < 6.5	1.5 ~3.0	45.0	1.0	1.0	1.0	余量
195101C	0.5 ~ < 2.0	46	6.5 ~ < 7.5	1.0 ~2.5	45.0	1.0	1.0	1.0	余量
195101D	0.5 ~ < 2.0	46	7.5 ~8.5	1.0 ~2.5	45.0	1.0	1.0	1.0	余量
195103A	2.0 ~ < 4.0	46	6.0 ~8.0	1.0 ~ <2.0	45.0	1.0	1.0	1.0	余量

续表 7-2

牌号	化学成分								
	RE	Ce/RE (≥)	Mg	Ca	Si	Mn	Ti	MgO	Fe
					(≤)				
195103B	2.0～<4.0	46	6.0～8.0	2.0～3.5	45.0	1.0	1.0	1.0	余量
195103C	2.0～<4.0	46	7.0～9.0	1.0～<2.0	45.0	1.0	1.0	1.0	余量
195103D	2.0～<4.0	46	7.0～9.0	2.0～3.5	44.0	2.0	1.0	1.2	余量
195105A	4.0～<6.0	46	7.0～9.0	1.0～<2.0	44.0	2.0	1.0	1.2	余量
195105B	4.0～<6.0	46	7.0～9.0	2.0～3.0	44.0	2.0	1.0	1.2	余量
195107A	6.0～<8.0	46	7.0～9.0	1.0～<2.0	44.0	2.0	1.0	1.2	余量
195107B	6.0～<8.0	46	7.0～9.0	2.0～3.0	44.0	2.0	1.0	1.2	余量
195107C	6.0～<8.0	46	9.0～11.0	1.0～3.0	44.0	2.0	1.0	1.2	余量
195109	8.0～<10.0	46	8.0～10.0	1.0～3.0	44.0	2.0	1.0	1.2	余量
195118	17.0～20.0	46	7.0～10.0	1.5～3.5	42.0	2.0	2.0	1.2	余量

7.1.3.3 多元复合稀土铁合金

根据用户不同的使用要求，用作球化剂、蠕化剂和孕育剂的稀土铁合金在国家标准的基础上适当调整成分，形成了不同的产品，有的已列入专业标准、地方标准或企业标准。例如，考虑到球化剂的密度影响镁的吸收率，已生产出低硅球化剂；考虑到浇注过程中球化衰退的影响，已开发出含钡的复合球化剂等；特别是利用我国南方的重稀土资源，已生产抗球化衰退能力强的钇基重稀土球化剂，其中包括重稀土镁合金、重稀土镁铜合金、重稀土铝合金等。重稀土硅铁合金中钇组混合重稀土金属的含量在60%以上，用于厚断面球铁件生产或用作长效孕育剂。

用电解法制备的混合稀土金属含混合轻稀土金属95%以上，制成丝、棒，可用于连铸喂丝或用作特殊钢的添加剂。

7.1.4 稀土铁合金的组成和性质

稀土铁合金是非均质的，Ce－Fe－Si三元系相图见图7－2。根据显微镜观察和电子探针分析可知，稀土硅铁合金由硅化稀土、硅铁和夹杂三相组成，稀土镁硅铁合金由硅化稀土、硅铁、硅镁和夹杂四相组成。硅铁相化学式在 $FeSi_2$～Fe_2Si 之间，有时溶有较多的锰生

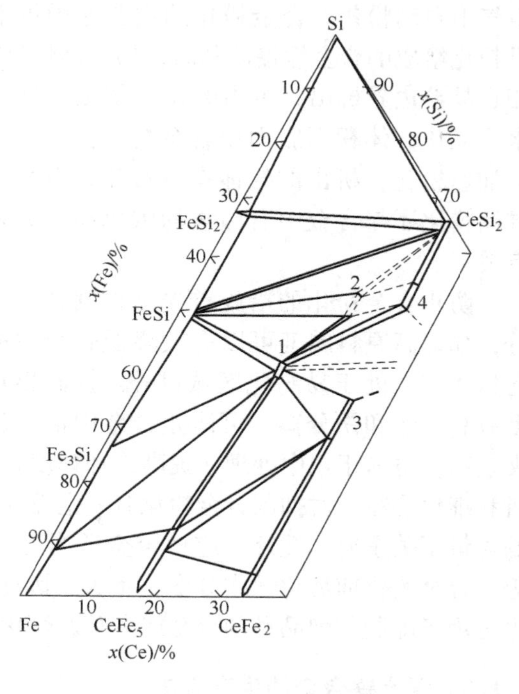

图7－2 Ce－Fe－Si三元系相图（800℃）

1—$CeFe_2Si_2$；2—$Ce(Fe, Si)_3$；3—CeFeSi；4—Ce_2FeSi_3

成 Si – Fe – Mn 系化合物。硅化稀土相化学式在 $RESi_2$ ~ $RESi_5$ 之间，有时溶有较多的钙生成 Si – Ca – RE 系化合物。硅镁相化学式为 Mg_2Si。夹杂相主要有磷化稀土、硅酸钙、炭粒等。各相在合金中以硅铁相为基底存在，硅化稀土除独立存在外，还有相当数量与硅铁相以固溶体分离结构镶嵌在一起。

由以上分析可知，稀土铁合金中主要元素在各相中的分布为：铁几乎都在硅铁相中；稀土主要在硅稀土相中，少部分在夹杂相中，当夹杂相中磷含量高时，稀土含量也高；硅主要在硅铁相、硅稀土相和硅镁相中，少部分在夹杂相中；锰几乎都在硅铁相中；钙集中在硅稀土相和夹杂相中；镁基本集中在硅镁相；铝存在于所有各相中；磷集中于夹杂相中。

稀土铁合金呈块状，有金属光泽，坚硬而脆，易粉碎。稀土硅铁合金断口呈银灰色，稀土镁硅铁合金断口在银灰色基体上闪烁着蓝色光泽。这两种合金的熔点为 1200 ~ 1260℃，密度为 4.5 ~ 4.7g/cm³。

某些稀土硅铁合金在空气中会自动粉化，特别是用稀土精矿为原料生产的合金和碳热还原法生产的合金，粉化倾向更为严重，有的仅在几十分钟内就全部粉化成暗灰色的粉末，装桶的块状合金曾因粉化发生过爆炸。合金粉化时放出氢气和少量的 PH_3、AsH_3 气体。

经长期观察发现，合金的粉化与其组成和冷却条件有关。若合金成分处于图 7 – 3 中的粉化区域Ⅱ，而又使其缓慢冷却时，合金即会在空气中自动粉化。合金粉化的主要原因可能是易粉化组成的合金缓慢冷却时，稀土硅化物或ξ相在晶粒边界析出，析出的化合物被空气中的水汽氧化，体积膨胀而使合金粉碎。合金遇水会加速粉化，析出的气体有电石味，由此可以推断粉化还与合金中有微量的碳化物或夹杂物有关。

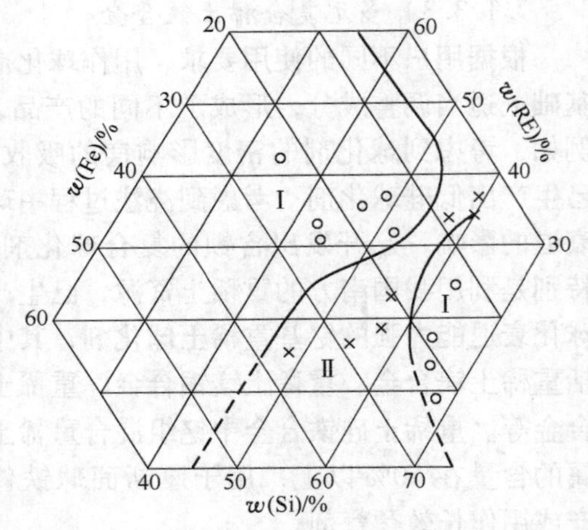

图 7 – 3　稀土硅铁合金粉化区域图
Ⅰ—稳定区；Ⅱ—粉化区

防止合金粉化的措施首先是控制合金的成分，如提高原料碱度可以有效降低合金中的硅含量，使之处于易粉化区域以外。提高出炉温度有利于渣和铁分离，可防止合金中混入渣等夹杂物，也易于包中处理。提高冷却速度，如浇注薄锭或进行水淬处理，可以减少成分偏析和细化晶粒，对抑制合金粉化有一定效果。降低原料中有害杂质的含量，特别是降低磷的含量至关重要。此外，应使合金适当与空气隔绝，如把合金浸入油中保存或密封包装等。合金粉化前后化学成分变化不大，因此，粉化合金可使用于喷吹法或包芯线喂丝法，也可用于配制其他品种的合金或者重新熔化处理。

7.1.5 稀土铁合金的生产方法

7.1.5.1 稀土铁合金的冶炼方法

在我国的稀土硅铁合金试生产阶段，曾试用过高炉、反射炉、矿热炉和电弧炉等冶炼炉。经过多年的实践对比证明，电弧炉更适合于对稀土渣料的冶炼。目前，国内外稀土硅铁合金的冶炼方法主要有下列几种：

（1）硅热还原法。以硅为还原剂在电弧炉内冶炼，主要原料有稀土渣料、硅铁和石灰等。硅热还原法的优点是：反应速度快，产量大，稀土元素回收率高，电耗相对较小；由于是周期性冶炼，操作方便，可方便地变换冶炼品种，出现问题时也容易解决。其缺点是：消耗钢铁工业大量使用的硅铁；冶炼中添加的石灰、萤石等熔剂量大，耗能多，渣量大，污染重。

也可用金属铝、钙、硅铝合金或碳化钙等作还原剂，在电弧炉内冶炼稀土铝、稀土硅钙等中间合金，但均尚未投入工业生产。

（2）碳热还原法。以碳为还原剂在矿热炉内冶炼，主要原料有稀土渣料、硅石、焦炭和钢屑，原料价格比电弧炉工艺低廉。碳热还原法的优点是：炉温高，元素烧损少，可连续生产，成本较低。其缺点是：耗电量较大，炉底易结硬块，炉况出现问题后不易扭转。国外很大一部分的稀土铁合金是用碳热还原法生产的。我国由于原料条件不同，早期采用的稀土富渣中稀土品位低，在炉膛内容易形成熔渣或碳化物炉瘤，生产很难长期延续，严重恶化了生产技术经济指标。近年来随着稀土精矿产量的增加，正在研究采用精矿入炉工艺，这将为我国稀土铁合金工业带来更多的经济效益。

（3）熔配法。以混合稀土金属、单一稀土金属或稀土硅铁合金为原料，配入其他金属（如镁、钙、铬、铜、锌、钛、镍等），在中频感应炉内熔配成多元复合合金。熔配法的优点是：投资少，见效快，易操作，无污染，元素回收率高。其缺点是：成本高，电耗大，产量低，产品批间化学成分波动大。

7.1.5.2 稀土原料的选择

生产稀土铁合金的原料可分为稀土原料、还原剂和熔剂三大类。我国生产稀土铁合金的稀土原料主要采用白云鄂博矿的富稀土中贫铁矿石。该矿是含铁、稀土、铌、锰、磷、氟等多元素的共生矿，因此在选料时要考虑综合利用，以降低生产成本、提高合金质量。生产稀土铁合金可用的稀土原料有许多种，如富稀土中贫铁矿石经高炉冶炼除铁制备的稀土富渣、稀土精矿经电弧炉冶炼脱铁除磷制备的稀土精矿渣、稀土精矿、稀土氧化物、稀土氢氧化物及稀土碳酸盐等，常用稀土原料的化学成分见表7－3。稀土氧化物等由于成本较高，只有在特殊需要时才采用。采用精料是提高冶金企业经济效益的必由之路，使用稀土品位高的精矿是提高稀土铁合金产品在国际市场上竞争力的有效措施。

表7－3 常用稀土原料的化学成分 （%）

成　分	TFe	REO	Nb_2O_3	P_2O_5	CaO	SiO_2	BaO	MnO	CaF_2	ThO_2
中贫铁矿	29.35	9.62	0.144	2.61	3.57	6.03	3.47	0.81	22.26	0.04
稀土富渣	<1	15.30	0.96	0.26	17.32	17.95	6.33	1.52	32.20	0.07
稀土精矿渣	0.27	34.40		0.34	2.80	13.36	8.23	0.15	27.68	
30%稀土精矿	7.32	31.42	0.103	7.68	1.12	0.92	10.60	0.66	23.00	0.13
60%稀土精矿	3.10	58.06	0.075	5.74	0.95	0.63	7.05	0.29	15.83	0.11

7.1.5.3 安全生产和防护

白云鄂博矿中含有钍、钡、氟、磷等共生元素，在火法冶炼过程中有的会生成有毒性的物质。为了减轻危害，在生产过程中应采取安全措施，力争化害为利。用中贫矿和稀土渣冶炼时，主要有害物质为四氟化硅和钍尘。四氟化硅有强烈的刺激性，可引发人体皮炎和头发脱落，解决办法主要采取吸尘。

稀土原料和产品的钍含量及其放射线测定结果见表7－4。从表中数据可知，用稀土富渣冶炼稀土硅铁合金时，其原料和产品的放射性基本符合国际放射性物质的控制标准。用稀土精矿渣或稀土精矿冶炼时，原料和产品工业性生产测定的数据不多，还无确切的结论。

表7－4 稀土原料和产品的钍含量及其放射线测定结果

原 料	氧化钍含量/%	α比活度/×10^4Bq·kg^{-1}	α+β比活度/×10^4Bq·kg^{-1}
中贫铁矿石	0.047	1.66	2.18
稀土富渣	0.069	3.44	4.44
30%稀土精矿	0.14	5.18	6.66
60%稀土精矿	0.20	7.77	9.25
35%稀土硅铁合金	0.19	9.26	10.70
31%稀土硅铁合金	0.18	9.62	10.70
25%稀土硅铁合金	0.16	7.77	8.88
稀土镁硅铁合金	0.051	2.89	1.22

7.2 硅热还原法生产稀土硅铁合金【案例】

硅热还原法生产稀土硅铁合金是用稀土富渣、稀土精矿渣或稀土精矿为稀土原料，以硅铁为还原剂，以石灰为熔剂，在电弧炉内以电极和炉料之间的电弧为热源来熔化炉料和完成冶炼过程。

7.2.1 硅热还原法冶炼稀土硅铁合金的反应热力学

图7－4所示为稀土铁合金冶炼过程中某些氧化物的标准生成吉布斯自由能$\Delta G^{\ominus}$，可见，稀土氧化物的$\Delta G^{\ominus}$负值较大，是比较难还原的。火法冶金常用的还原剂主要是碳、硅和铝，从纯物质的热力学角度考虑，用碳还原稀土氧化物是很难实现的，用硅还原稀土氧化物的反应也是较难进行的。但在实际冶炼过程中，用硅铁还原稀土氧化物，在一定条件下却能顺利地得到稀土合金。这是因为实际冶炼过程是熔融态还原过程，在合金内除了铁和一些主要元素外，还有碳、硅、钙、铝等，这些元素可以影响主要反应的进行；在冶炼过程中有合金化、造渣和碳氧化等反应存在，有效地改变了主要反应的热力学条件。

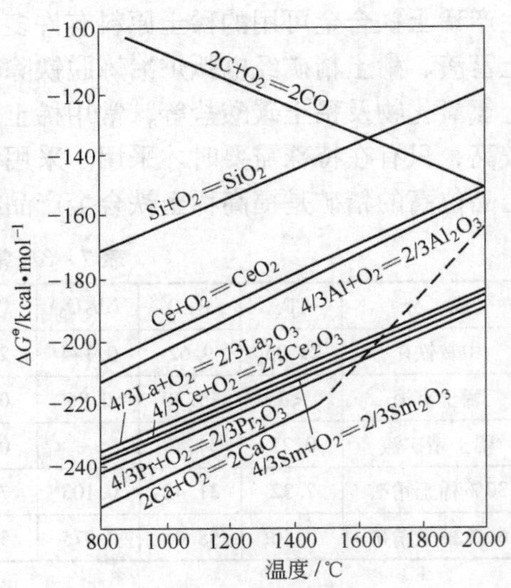

图7－4 氧化物标准生成吉布斯自由能与温度的关系（1cal＝4.1868J）

7.2.1.1 硅还原稀土氧化物的热力学

硅还原稀土氧化物的反应可表示为：

$$\frac{2}{3}(RE_2O_3) + [Si] = \frac{4}{3}[RE] + (SiO_2)$$

$$\Delta G = \Delta G^{\ominus} + RT\ln[a_{RE}^{4/3} \cdot a_{SiO_2}/(a_{RE_2O_3}^{2/3} \cdot a_{Si})]$$

式中 $\Delta G^{\ominus}$——反应的标准吉布斯自由能变化；

a_{RE}——合金熔体中稀土金属的活度；

a_{SiO_2}——熔渣中二氧化硅的活度；

$a_{RE_2O_3}$——熔渣中稀土氧化物的活度；

a_{Si}——合金熔体中硅的活度。

根据化学反应的最小自由能原理，若使反应向生成稀土金属的方向进行，必须使$\Delta G<0$。从自由能的表达式可知，若使$\Delta G<0$，增大反应物的活度或减小反应产物的活度是最有效的途径。如图7-5所示，由于造渣反应减小了SiO_2在渣相中的活度，SiO_2的$\Delta G-T$直线将改变斜率向下倾斜；由于合金化作用减小了RE在合金熔体中的活度，RE_2O_3的$\Delta G-T$直线将改变斜率向上倾斜。最终结果是使两直线在较低温度T'相交，在T'以上的温度，用Si还原RE_2O_3就成为可能。在实际冶炼过程中，还原出的RE溶入金属后立即与Si形成化合物RESi和$RESi_2$，SiO_2生成后立即与渣中的CaO形成硅酸钙，使体系中a_{RE}和a_{SiO_2}减到无穷小，还原反应变得易于进行。同理，增大渣相中$a_{RE_2O_3}$和合金相中a_{Si}也可使两直线按上述方向改变斜率，但这两个活度值的增加常受到原料品位和产品规格的限制。

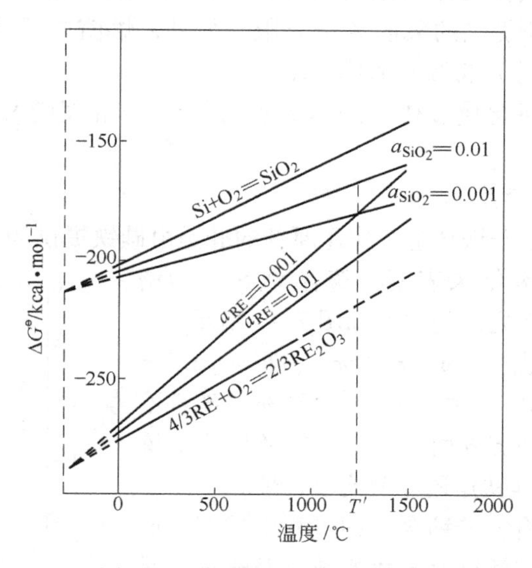

图7-5 物质活度对ΔG的影响

A 熔渣中稀土氧化物的活度

熔渣中稀土氧化物的活度与稀土氧化物的摩尔分数有下列关系：

$$a_{RE_2O_3} = \gamma_{RE_2O_3}x(RE_2O_3)$$

式中 $a_{RE_2O_3}$——熔渣中稀土氧化物的活度；

$\gamma_{RE_2O_3}$——熔渣中稀土氧化物的活度系数；

$x(RE_2O_3)$——熔渣中稀土氧化物的摩尔分数。

由此可知，提高熔渣中稀土氧化物的活度系数和浓度都可以增大稀土氧化物的活度。有研究表明，在不同体系的熔渣中，稀土氧化物的活度有如下相同的规律：

（1）熔渣中稀土氧化物的活度随着稀土氧化物浓度的增加而增加。

（2）当熔渣中氧化钙含量（或碱度）增加时，稀土氧化物的活度系数增大，活度也随之增大，如图7-6所示。

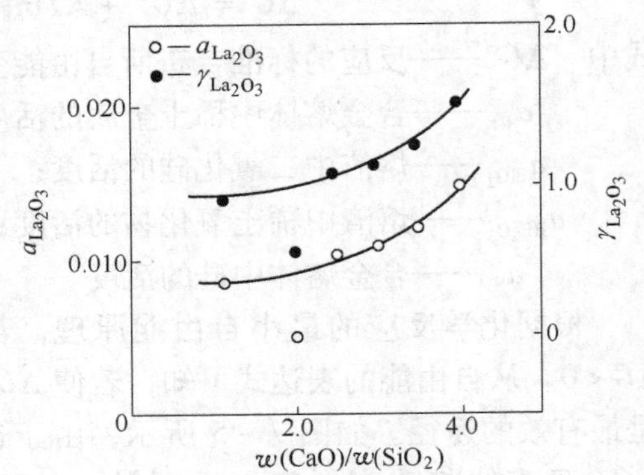

图7-6 $La_2O_3-CaF_2-CaO-SiO_2$四元系中La_2O_3的活度变化

根据离子理论，RE_2O_3的活度可用下式表示：

$$a_{RE_2O_3} = a^2_{RE^{3+}}a^3_{O^{2-}}$$

式中 $a_{RE_2O_3}$——稀土氧化物的活度；

$a_{RE^{3+}}$——稀土离子的活度；

$a_{O^{2-}}$——氧离子的活度。

可见，稀土氧化物的活度与稀土离子和氧离子的活度有关，而稀土离子的活度和氧离子的活度与熔渣中稀土氧化物及氧化钙的含量有关。在熔渣中稀土氧化物和氧化钙将电离成金属阳离子和氧阴离子，因而增加熔渣中稀土氧化物和氧化钙的含量都有利于提高稀土氧化物的活度。但在用硅热还原法冶炼稀土硅铁合金的过程中，稀土氧化物作为主要反应物，其在熔渣中的浓度受合金稀土品位所制约，不能随意增加，它所提供的氧阴离子有限。另外，熔渣中所含的两性和酸性氧化物（如Al_2O_3、SiO_2、P_2O_5等）将吸收氧阴离子。

（3）当熔渣中氧化钙含量过高时，熔渣的熔点升高、黏度增大，稀土氧化物的活度有降低的趋势。

B 合金熔体中硅的活度

硅热还原法冶炼稀土硅铁合金，作还原剂的硅是由硅铁提供的，硅铁中的硅含量对硅的活度有显著影响。研究结果表明，随着$x(Si)$的增大，a_{Si}也相应提高，两者之间的关系如图7-7所示。

由图7-7可见，当$x[Si]=30\%$（即$w[Si]=17.64\%$）时，a_{Si}几乎为零，说明$x[Si]<30\%$的硅铁不能作还原剂。从技术和经济方面考虑，硅热还原法冶炼稀土硅铁合金采用75%硅铁作还原剂比较合理。

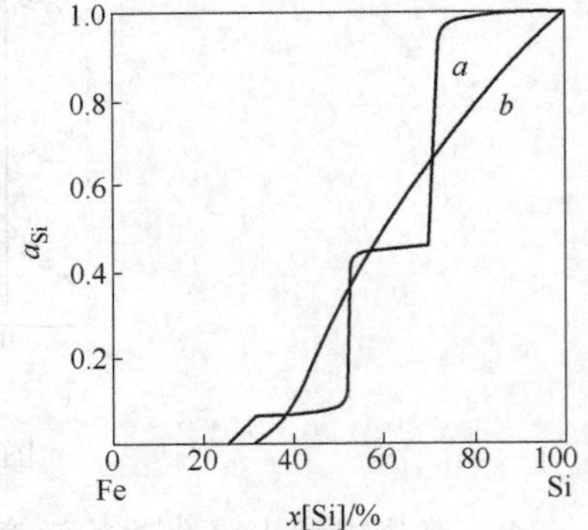

图7-7 Si-Fe系中硅的活度及其浓度的关系（以纯Si为标准态）

a—固态Fe-Si，1200℃；

b—液态Fe-Si，1500℃

在研究硅热还原法冶炼硅钙合金的过程中发现，硅铁中自由硅的含量对硅的活度有较大影响。75%硅铁是由自由硅和ξ相组成的合金，在还原过程中，ξ相中的硅不参加反应，其分子式为Si_2Fe_3。因此，还原剂中硅含量高有利于增大硅的活度。

C 熔渣中SiO_2的活度

在硅热还原法冶炼稀土硅铁合金的过程中，采用增加熔渣中氧化钙含量的方法来降低 SiO_2 的活度。在 CaO - SiO_2 二元系中，随着熔体中 CaO 浓度的增加，SiO_2 的活度急剧减小（见图 7-8）。

氧化钙能与还原过程中生成的二氧化硅形成多种化合物，如 $CaO \cdot SiO_2$、$2CaO \cdot SiO_2$、$3CaO \cdot SiO_2$ 等，使 SiO_2 的活度减小。在实际生产中，熔渣中配入的石灰几乎可以结合全部的 SiO_2，使 SiO_2 的活度变小，则硅还原稀土氧化物的反应能够充分进行。

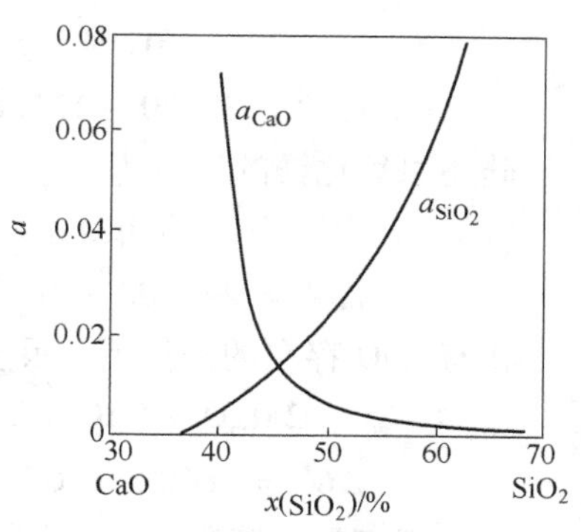

图 7-8 CaO - SiO_2 二元系中活度与浓度的关系

D 合金熔体中稀土的活度

对稀土硅铁合金的物相分析结果表明，合金中稀土是以硅化物形态存在的。也就是说，熔渣中的稀土氧化物被硅还原为稀土金属后，稀土金属即与合金熔体中的硅发生合金化反应，生成稀土硅化物，并溶解于合金熔体中。以铈为例：

$$\frac{1}{2}[Ce] + [Si] = \frac{1}{2}CeSi_2$$

$$CeSi_2 = [CeSi_2]$$

稀土硅化物在合金中处于稳定状态，从而降低了合金中稀土的活度。为了使稀土的合金化反应能够充分地进行，也要求合金中有足够的硅含量。

综上所述，可以认为在硅热还原法冶炼稀土硅铁合金的过程中，为了使稀土能充分地还原并获得较高的稀土回收率，选用高品位、低杂质含量的稀土原料、还原剂和熔剂是硅热还原法的热力学充分条件。

7.2.1.2 硅还原其他氧化物的热力学

稀土原料中除含有 REO、CaO 和 SiO_2 外，还含有少量的 FeO、MnO、MgO、TiO_2、ThO_2 等，而且熔剂带入大量的 CaO，这些氧化物在冶炼过程中不同程度地被硅还原。除 CaO 的还原能促进稀土氧化物的还原外，其他氧化物的还原都要消耗一定数量的硅，使合金熔体中的硅含量降低，硅的活度减小，从而不利于稀土氧化物的还原。

A FeO 和 MnO 的还原

铁、锰与氧的亲和力远比硅与氧的亲和力小，因此硅还原 FeO 和 MnO 很容易进行：

$$2FeO + Si = 2Fe + SiO_2 \qquad \Delta G^\ominus = -368190 + 38.87T \quad (J/mol)$$

$$2MnO + Si = Mn + SiO_2 \qquad \Delta G^\ominus = -123090 + 18.79T \quad (J/mol)$$

这两个反应是放热反应，可以自发地进行。生成的铁、锰与硅反应生成硅化物，在合金中稳定存在，降低了合金中自由硅的含量，不利于稀土氧化物的还原。

B CaO 和 MgO 的还原

氧化钙是极其稳定的氧化物，硅还原氧化钙的反应为：

$$2CaO + Si_{(l)} = 2Ca_{(l)} + SiO_2 \qquad \Delta G^\ominus = 324430 - 17.15T \quad (J/mol)$$

该反应在一般冶炼条件下极难进行，但在硅热法冶炼稀土硅铁合金的过程中，硅能够还原氧化钙已被实践所证实。

据报道，在铁合金生产的反应体系中，硅还原氧化钙的反应是：

$$2CaO + 3Si_{(l)} = 2CaSi_{(l)} + SiO_2 \qquad \Delta G^\ominus = 465190 - 240.54T \quad (J/mol)$$

$$3CaO + 3Si_{(l)} = 2CaSi_{(l)} + CaO \cdot SiO_{2(l)}$$

$$\Delta G^{\ominus} = 23220 - 111.84T - 0.75 \times 10^{-3}T^2 + 2.68T\lg T \quad (J/mol)$$

硅还原氧化镁的反应为：

$$3MgO + 2Si_{(l)} = Mg_2Si_{(l)} + CaO \cdot SiO_{2(l)}$$

$$\Delta G^{\ominus} = 245600 + 48.50T + 1.0 \times 10^{-3}T^2 + 38.74T\lg T \quad (J/mol)$$

在有 CaO 存在的条件下，反应按下式进行：

$$2MgO + CaO + 2Si_{(l)} = Mg_2Si_{(l)} + CaO \cdot SiO_{2(l)}$$

$$\Delta G^{\ominus} = 186020 + 62.22T + 2.0 \times 10^{-3}T^2 + 43.22T\lg T \quad (J/mol)$$

但由于实际冶炼温度高于镁的沸点（1105℃），被还原出来的镁大部分以气态挥发，仅有少部分存在于合金中。

C TiO_2 的还原

TiO_2 的热力学稳定性与 SiO_2 相近，硅还原 TiO_2 的反应为：

$$TiO_2 + Si_{(l)} = Ti + SiO_2 \qquad \Delta G^{\ominus} = -8386 + 21.63T \quad (J/mol)$$

原料中带入的 TiO_2 常被视为有害物质，因为被还原出来的钛进入合金中，影响稀土硅铁合金在铁中的使用效果。因此，在冶炼过程中应尽可能减少 TiO_2 的还原。

7.2.2 硅热还原法冶炼稀土硅铁合金的原理

硅热还原法冶炼稀土硅铁合金过程，可以根据热力学的基本原理，结合冶炼过程阶段取样对样品进行化学分析和物相分析的结果，定性地推断各阶段化学反应的原理。实践证明，根据这一反应原理进行的配料计算与实际相符。

7.2.2.1 炉料熔化期的化学反应

熔化期是指从加料开始至炉料熔化加硅铁之前的冶炼阶段，其任务是熔化炉料形成渣相。使用稀土富渣或稀土精矿渣作原料时，其主要矿物组成有铈钙硅石、枪晶石、萤石、硫化钙和硫化锰等，稀土元素存在于铈钙硅石矿物（$3CaO \cdot CeO_2 \cdot 2SiO_2$）中。当冶炼温度达到 1150～1180℃时，炉料开始熔化；温度升到 1240～1300℃时，熔化的炉渣和石灰发生化学反应，并促使石灰熔化。这时铈钙硅石和枪晶石分解，渣相重新组合，产生铈针石、硅酸钙和萤石，反应为：

$$3CaO \cdot RE_xO_y \cdot 2SiO_2 + CaO = 2(2CaO \cdot SiO_2) + RE_xO_y$$

$$3CaO \cdot CaF_2 \cdot 2SiO_2 + CaO = 2(2CaO \cdot SiO_2) + CaF_2$$

温度继续升高，在有充足 CaO 存在的条件下也发生如下反应：

$$2CaO \cdot SiO_2 + CaO = 3CaO \cdot SiO_2$$

使用稀土精矿作原料时，稀土元素主要存在于氟碳铈矿和独居石矿物中，在冶炼温度下，稀土矿物将发生分解并参与造渣反应。热分析实验表明，氟碳铈矿的热分解温度在 400～600℃范围内。在电弧炉冶炼条件下，当有 CaO 和 SiO_2 参加时，独居石等磷酸盐矿物也发生分解，主要反应为：

$$2REFCO_3 + 5CaO + 2SiO_2 = RE_2O_3 + 2(2CaO \cdot SiO_2) + CaF_2 + 2CO_2$$

$$2REPO_4 + 4CaO + 2SiO_2 = RE_2O_3 + 2(2CaO \cdot SiO_2) + P_2O_5$$

生成的 P_2O_5 被硅还原：

$$2P_2O_5 + 5Si = 4P + 5SiO_2$$

7.2.2.2 还原期的化学反应

还原期是指从加入硅铁至合金出炉的冶炼阶段。随着硅铁的熔化，在炉内出现了两相，即熔融的渣相和合金相。此时的化学反应由三部分组成，即两相界面上进行的还原反应、渣相中的造渣反应及合金相中的合金化反应。

A 硅还原稀土氧化物

由于熔渣中存在大量游离状态的（RE_xO_y），加入炉内的硅铁熔化后含有大量游离状态的［Si］，在熔渣－合金相界面发生如下反应：

$$2(RE_xO_y) + y[Si] = 2x[RE] + y(SiO_2)$$

根据物相分析，合金中的 RE 以硅化物的形式存在，渣中的 SiO_2 以硅酸盐的形式存在。这说明反应体系中存在如下合金化反应和造渣反应：

$$[RE] + [Si] = [RESi]$$

$$[RESi] + [Si] = [RESi_2]$$

$$(SiO_2) + (CaO) = (CaO \cdot SiO_2)$$

$$(CaO \cdot SiO_2) + (CaO) = (2CaO \cdot SiO_2)$$

$$(CaO \cdot SiO_2) + 2(CaO) = (3CaO \cdot SiO_2)$$

稀土硅化物和硅酸钙的生成大大降低了合金中稀土的活度和渣中 SiO_2 的活度，使反应能够顺利地进行，稀土氧化物得到还原，生成了稀土硅铁合金。

B 硅钙还原稀土氧化物

由于冶炼过程中加入大量石灰，硅可以还原出大量钙或硅钙。但在用硅铁还原稀土氧化物得到的稀土硅铁合金中，钙含量一般不大于5%。在冶炼稀土硅铁合金的过程中取样分析硅钙变化情况，证实被还原出来的钙或硅钙参与了稀土氧化物的还原，有下列反应存在：

$$RE_xO_y + \frac{y}{3}[CaSi] = x[RE] + \frac{y}{3}(CaO \cdot SiO_2)$$

$$[RE] + [Si] = [RESi]$$

因此，渣中 CaO 被硅还原对稀土氧化物的还原是有利的。

7.2.2.3 辅助反应

在冶炼稀土硅铁合金的过程中，电弧炉有大量的烟气逸出，随着炉温的升高，烟气由稀变浓，强化还原期（搅拌时）的烟气更浓。当炉温过高时，还会产生熔体的沸腾现象。这是因为电弧炉采用炭素炉衬和石墨电极，其中的碳也可参与还原反应，例如：

$$(FeO) + C = [Fe] + CO_{(g)}$$

$$(MnO) + C = [Mn] + CO_{(g)}$$

$$(SiO_2) + C = SiO_{(g)} + CO_{(g)}$$

炉渣中含有大量的 CaF_2，还原过程又产生大量的 SiO_2，故有如下反应发生：

$$2(CaF_2) + 2(SiO_2) = SiF_{4(g)} + 2(CaO \cdot SiO_2)$$

生成的 SiO_2 与合金中的硅或炉内的碳作用，产生 SiO 白色烟气：

$$(SiO_2) + [Si] = SiO_{(g)}$$

$$(SiO_2) + C = SiO_{(g)} + CO_{(g)}$$

以上反应产生的气体使熔体沸腾，起到了搅拌作用，使熔融渣相和合金相的接触条件得到改善，也有利于反应物的扩散，改善了还原反应的动力学条件。

总之，根据多年的试验和生产实践可以认为，采用硅热还原法在电弧炉中冶炼稀土硅铁合金的反应，是在大量石灰参与反应的条件下，硅首先将石灰还原成钙而形成硅钙合金，硅钙再将稀土氧化物还原成稀土金属，也不排除硅直接将稀土氧化物还原成稀土金属的可能性，稀土金属与硅合金化，以硅化物相存在于合金中。这是一个复杂的氧化还原反应过程，可通过控制冶炼工艺条件（如炉料配比、还原温度和时间等）有效地控制合金组成。

7.2.3 电弧炉设备

7.2.3.1 炉子类型和主要参数

电弧炉具有操作简单、炉况容易掌握、生产灵活、开停方便和产量高等优点，在钢铁冶炼中有着广泛的应用。电弧炉也是目前生产稀土硅铁合金的主要冶炼设备。生产实践中采用3t或5t炼钢电弧炉冶炼稀土硅铁合金，但冶炼工艺操作与炼钢存在本质的差别。我国冶炼稀土硅铁合金的电弧炉，采用高架炉台、炉顶上料、炉身倾动、炭素炉衬等结构形式以及炉底引弧、渣铁分别出炉、薄锭浇注等工艺技术。图7－9为冶炼稀土硅铁合金的设备系统示意图。

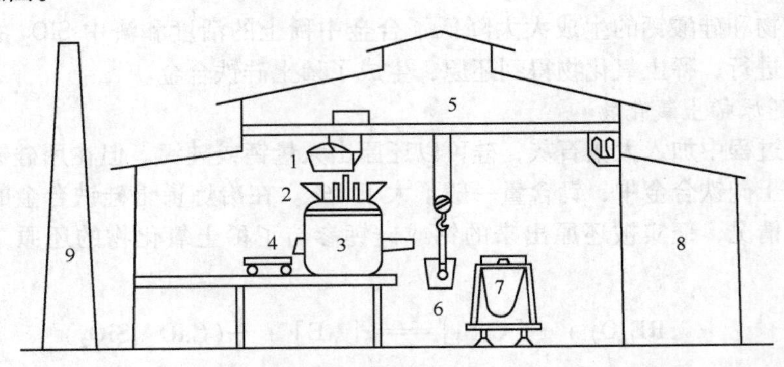

图7－9 冶炼稀土硅铁合金的设备系统示意图

1—料斗；2—加料口；3—5t电弧炉；4—操作台；5—天车；
6—合金罐；7—渣罐；8—铸锭间；9—烟囱

电弧炉的炉体一般都呈圆形，三根电极成等边三角形均匀地布置在炉内，由软电缆引入三相交流电为电极供电。早期的电弧炉采用炉门装料，新设计和制造的炉子则采用炉顶机械化装料。根据炉盖和炉体相对移动方式的不同，炉顶装料的电弧炉又分为炉体开出式、炉盖开出式和炉盖旋转式三种形式，冶炼稀土硅铁合金常用的炉体开出式电弧炉如图7－10所示。炉盖旋转式HGX系列电弧炉的主要技术参数见表7－5。

表7－5 炉盖旋转式HGX系列电弧炉的主要技术参数

型 号	HGX－0.5	HGX－1.5	HGX－3	HGX－5
电弧炉容量/t	0.5	1.5	3	5
变压器容量/kV·A	500	1200	1800	2800
变压器低压侧电压/V	190～110	211～127	245～121	265～110

续表 7 - 5

型　号	HGX - 0.5	HGX - 1.5	HGX - 3	HGX - 5
级　数	2	2	4	8
变压器低压侧最大电流/A	1500	3300	4252	6100
炉壳直径/mm	1480	2230	2740	3240
炉膛直径/mm	950	1600	2000	2520
熔池深度/mm	240	290	360	430
电极直径/mm	150	200	250	300
电极分布圆直径/mm	400	680	800	900
电极最大行程/mm	850	1100	1300	1700
电极升降速度/m · min^{-1}	0.6 ~ 4	0.4 ~ 4	3 ~ 6	3 ~ 5
总重/t	8	17.8	37	66

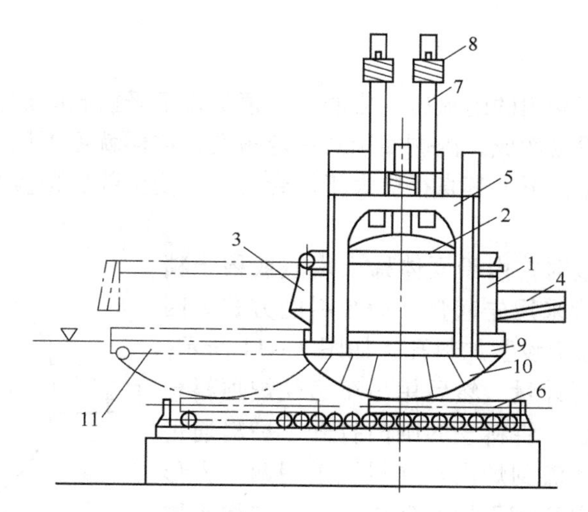

图 7 - 10　炉体开出式电弧炉

1—炉体；2—炉盖；3—炉门；4—出渣槽；5—吊桥；6—滚床；7—电极；8—电极夹头；9—工作台；10—扇形架；11—炉体开出位置

电弧炉的额定容量可以用炉子实际的出钢量或炉料装入量来表示，两者之间有固定的关系。电弧炉容量是冶炼操作、生产管理、车间设计等各方面的基础。同吨位的电弧炉可以有不同尺寸的炉壳和不同容量的变压器，因此，应该同时用三个参数来表示一台电弧炉，这样才比较准确和全面。冶炼生产过程中考核很多指标，其中与电炉参数配合直接有关的指标是小时生产率（t/h）和单位产品电耗（kW · h/t）。其他指标如电极消耗、耐火材料消耗等，都与电耗及生产率有关。

7.2.3.2　炉体系统

A　炉壳

电弧炉的炉壳包括圆筒形炉身、炉壳底和上部加固圈三部分，通常用 12 ~ 30mm 厚的钢板焊接而成。炉壳上沿专门焊上的加固圈一般都通水冷却，以提高炉壳的强度和刚度。

炉壳钢板上通常均匀地钻有许多直径为 ϕ20mm 左右的小孔，以排除烘炉时的水分。炉壳底有平底、截头圆锥形底和球形底三种。球形底坚固，但制造较困难，小容量的炉子采用得较多；截头圆锥形底应用得最普遍；平底用得很少。

B 炉门

炉门部分包括炉门、炉门框、炉门槛和炉门升降机构。大部分电弧炉采用钢板焊接的水箱式炉门和炉门框。门型炉门框固定在炉壳上，水冷部分嵌入炉墙内，支持炉门框上部的炉壁。炉门的受热面应衬以耐火砖或耐火水泥，其和炉门框的贴合面与垂线有 3°～12° 的夹角，以保持两者密封。炉门要易于升降，最好还能停留在中间位置。

C 出渣槽

在炉壳上与炉门相对的位置，用钢板和角钢焊接出渣槽，其截面应接近矩形，槽内砌以大块耐火砖。出渣槽的长度取决于电弧炉在车间中的布置位置和电弧炉倾动机构的形式，从炉内壁算起的全长一般超过 2m，并向上倾斜 8°～12°，以防止出渣口打开后熔体自动流出。炉壳上开一个圆形出渣口，一般比炉内液面高 100～150mm，冶炼时用耐火材料或石灰将其堵住。

D 炉盖

炉盖是由砌在炉顶圈内的耐火砖构成的。炉顶圈要承受拱起的炉顶砖重量和热膨胀的作用力，通常用钢板焊接而成，内侧面倾斜一定角度，这样就可不用专门的拱角砖。内腔通水进行冷却，以防止变形。其直径应大于炉壳直径，使全部炉顶重量加在炉壳加固圈上而非炉壁上。

冶炼稀土硅铁合金时，由于固体稀土富渣或稀土精矿的导电性不良，只能采用先起弧、后装料的方式。因此，需在电弧炉的炉盖上设置加料孔，如图 7－11 所示。先将炉料装入料斗进行计量，然后用吊车运往炉顶料仓内储存。电弧炉起弧后，将料仓的闸门打开，炉料通过导料管从炉盖的加料孔流到炉内。加料孔采用两个方形钢结构或铸铁构件的水套砌于炉顶砖中，一个加稀土原料，另一个加石灰。为了避免炉盖受热变形而折断电极以及冷却电极，炉盖上的电极孔装设电极冷却器，冷却器内通水冷却，可起到冷却电极、减少电极氧化、防止炉气外逸和冷却炉盖中心部位的作用。

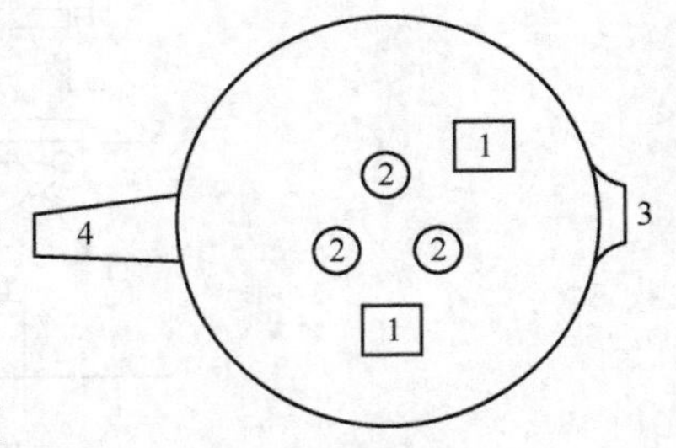

图 7－11 炉盖加料孔
1—加料孔；2—电极孔；3—炉门；4—出渣槽

E 炉体倾动机构

出炉时，炉体需向出渣槽方向倾动 40°～45°；扒渣时，炉体需向炉门方向倾动 10°～15°，上述动作由炉体倾动机构完成。倾动机构分为侧面倾动和炉底倾动两种。侧面倾动机构是在炉壳两侧固定两个扇形齿轮，用电动机经减速器驱动螺杆旋转，带动扇形齿轮沿水平齿条座滚动而使炉体倾动，倾动速度为（1°～1.2°）/s。

F 排烟和除尘装置

冶炼稀土硅铁合金的过程中产生大量有害烟气，烟气中含有大量粉尘，而且烟气中的 SiF_4 刺激人体皮肤，对车间环境和人体健康危害很大。为此，采用炉顶轨道移动式烟罩将烟尘引入管道系统，并在排风机前装设了直径为 ϕ2500mm 的泡沫除尘器。这种烟尘极易溶于水，风机壳体及叶片无烟尘污染，烟气可以顺利地排出，基本上解决了冶炼过程中产生的烟尘危害问题。

7.2.3.3 电极系统

A 电极夹持器

电弧炉的电极夹持器可将电极夹持在一定高度，并把电流传导给电极。为了避免夹头过热、起弧和烧毁，应定期清洁夹头或插入垫板。

电极夹紧机构可分为手动和气动两类。手动电极夹紧机构操作不够方便，且高温下易松动。常用的气动电极夹头是利用弹簧的弹力把电极夹紧，依靠压缩空气的压力使其松开。

B 电极升降机构

为了调整电弧长度，电极应能灵活地升降。电极升降机构有液压传动和钢丝绳传动两种。液压传动的电极升降机构系统惯性较小，起动、制动快，控制灵敏（0.02～0.05s），故可采用较高的升降速度（6～9m/min）。

7.2.3.4 电气设备

电弧炉是一种耗电很多的设备，近代炉用变压器的功率可高达几万至几十万千伏安。考虑到炉内电弧不应太长，电弧炉工作电压只能在300～400V以下，而电流将大至数万安培。所以，电弧炉总是从高压电网取得电能，再通过炉用变压器降低到使用电压。由高压电网至电弧炉的输电线路称为电弧炉的主回路（见图7－12）。冶炼所需的全部电能即通过这一主回路输入炉内。为了保证操作正常和安全，主回路上应有隔离开关、高压断路器、电抗器的断路开关、炉用变压器和电压转变开关等电气设备。

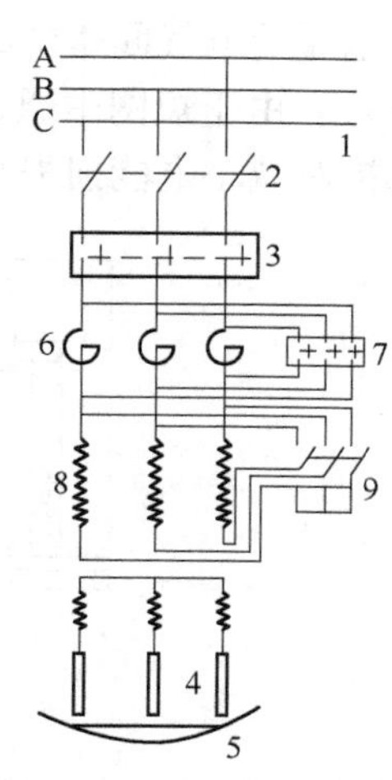

图7－12 电弧炉的主回路
1—高压线；2—隔离开关；3—高压断路器；4—电极；5—熔池；6—电抗器；7—电抗器的断路开关；8—变压器；9—变压器的Y－△转换开关

A 油开关和隔离开关

油开关是高压断路器的一种，用于在负载下接通或切断高压线路。根据电弧炉的工作特点，油开关的负担很重，切断次数很多，故宜采用多油断路器。油能使触头分离时产生的电弧迅速熄灭。但油分解产生的气体易引起爆燃，这是油开关的严重缺点。油分解生成的游离碳会降低油的绝缘性能，需要定期检查和换油。

近年来，许多工厂的电弧炉改用电磁式空气开关代替油开关。与油开关相比，它具有灵敏度高、不用换油、结构简单和维修方便等优点。还有一种新型高压断路器——真空断路器，它利用真空来熄弧，设计小巧，使用寿命长，目前已经得到推广使用。

当高压断路器断开后，连接电源一侧的接触点仍有极高的电压，对高压断路器的一系列检修工作仍然不能进行。为此，在电网和高压断路器之间还需安装隔离开关。它是一个三相刀闸式的空气开关，无灭弧装置。隔离开关的接通和闭合只允许在高压断路器断开之后进行，即必须在没有负载的情况下进行，否则闸刀和夹片之间会产生电弧而使闸刀熔化，并极易使线路短路。隔离开关借助绝缘杆或操纵机构来操作。

B 变压器

炉用变压器与一般电力变压器相比，具有变比大、二次电流大、副边电压可以调节、过载能力大及机械强度高等特点。变压器工作时必须进行冷却，以防止因温升而导致导线绝缘材料的变质。一般规定油面温度不应超过70℃，周围大气温度不应超过35℃。

在冶炼过程中，冶炼各阶段要求供给的能量各不相同。如在熔化期，应该输入最大的功率以使固体冷料迅速熔化；而在还原期，由于炉温已高，熔池吸热减少，故仅需要较小的功率。因此，要求变压器输入炉内功率的大小能够调节。

C 电抗器

电抗器串联在高压边，其功用是增加电弧在起弧阶段的稳定性和限制短路电流的数值。当主回路中电流增大时，电抗器线圈中产生感应电流，其方向与主回路中的原电流方向相反；而当主回路中电流减小时，电抗器线圈中产生的感应电流方向与原电流方向相同，从而限制原电流的变化。

D 短网

电弧炉电气回路中的短网是指从变压器低压侧引出线到电弧炉电极的一段线路（见图7-13）。由于短网中通过巨大的电流，线路中导体的截面很大，所以设法减小短网的电阻和感抗对减小电能损失具有重要意义。

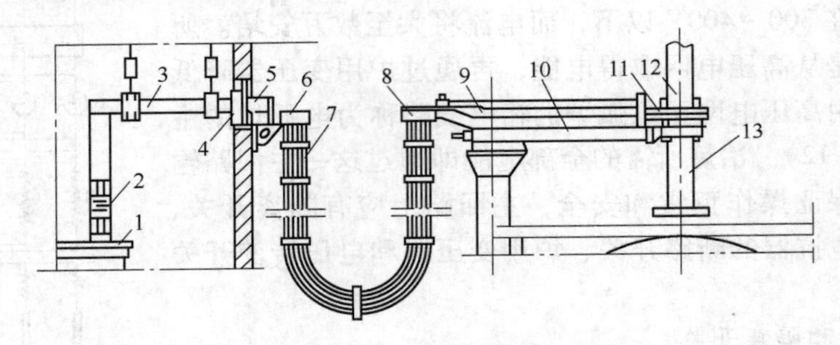

图7-13 中小容量电弧炉的短网结构

1—炉用变压器；2—补偿器；3—矩形母线束；4—电流互感器；5—分裂母线；
6—固定集电环；7—可绕软电缆；8—移动集电环；9—导电铜管；10—电极夹持器横臂；
11—供给电极夹板的软编线束；12—电极夹持器；13—电极

当巨大的电流流经大截面的导线时，表面效应便明显地表现出来，导线的有效电阻则因表面效应而增大。为了充分利用导电材料，短网的某些部分用铜管代替实心导线，内部可通水冷却。若导线为若干平行导体，则导体的有效电阻还因受邻近效应的作用而增大。为了减小短网各部分的电流密度值，应保证导体有足够的有效截面积。考虑到表面效应和邻近效应均使导体的有效电阻值增大，因此应尽量缩短短网的长度。根据空间布置，短网长度一般小于10~20m。

E 电极

电极是短网的最后一部分，其作用是把电流导入炉内，并与炉料间形成电弧而放出大量的热。电极工作时受到高温炉气的氧化以及塌料的撞击等作用，因此对电极的导电性能、在空气中开始强烈氧化的温度和机械强度等有较高的要求，并要求电极的灰分和硫含量低，几何形状规整。

电弧炉中采用的电极有炭素电极和石墨电极两种。前者用优质无烟煤、冶金焦、沥青焦作为原料，以一定的比例和粒度混匀后加入沥青和焦油作黏结剂，在适当温度下搅拌均匀，然后压制成型，放入焙烧炉缓慢焙烧而成。后者主要以石油焦和沥青为原料，制成炭素电极后，在温度为2000～2500℃的隔绝空气的石墨化电阻炉内经石墨化烧结而成。故石墨电极各方面的性能均优于炭素电极，但价格较高。电极的物理性能见表7－6，石墨电极的电流密度要求见表7－7。

表7－6 电极的物理性能

电　极	密度 /g·cm^{-3}	电阻系数① /Ω·mm^2·m^{-1}	在空气中开始强烈氧化的温度/℃	抗拉强度 /MPa	抗压强度② /MPa	抗弯强度② /MPa
石墨	1.55～1.60	8～10	600	5～8.5②	21～28	10.5～10.6
炭素	1.55～1.60	40～70	450	3～7	15～30	5.6～9.0

①上限属于大直径；
②上限属于小直径。

表7－7 石墨电极的电流密度要求

电极标号	电极直径/mm											
	100	125	150	175	200	225	250	275	300	350	400	500
	电流密度/A·cm^{-2}											
优级	28	26	24	20	20	20	18	17	17	16	15	13
一级	26	24	21	18	18	16	16	16	16	15	14	12
二级	24	22	18	17	16	15	15	15	15	14	13	11

7.2.3.5 电弧炉的砌筑

A 炉盖砌筑

砌筑炉盖前，先将炉盖水套圈放在水泥制作的炉盖旋胎上，确定好电极孔和加料孔位置后，开始砌筑炉盖砖。砌筑炉盖时，先沿炉盖水套圈用湿砌法砌一圈拱脚砖，然后砌炉盖的主、副筋。炉盖的主筋沿两个电极孔的共同切线砌筑，其位置接近炉盖中心线。炉盖使用长300mm的电炉专用高铝砖砌筑，砌筑时由边缘向中心砌主筋，再由边缘向炉盖中心砌副筋，副筋与主筋方向垂直。主、副筋砌完后，由中心向边缘砌筑炉盖砖，使它们互成人字形。图7－14为炉盖砌筑示意图。

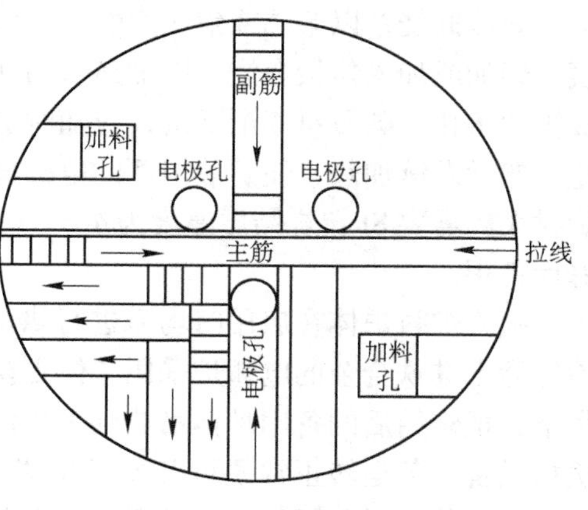

图7－14 炉盖砌筑示意图

B 炉体砌筑

冶炼稀土硅铁合金时，由于含氟稀土炉渣对用碱性或酸性耐火材料砌筑的炉衬有较强的腐蚀性，炉衬寿命较短，降低了电弧炉的作业率，因此需改用耐氟的碳质炉衬。由于冶炼稀土硅铁合金的炉料体积大，而且在冶炼时常出现熔渣沸腾的现象，必须增加熔池的深度以扩大熔池体积。实践中常采用提高炉门坎位置的方法来增加熔池的深度。

5t电弧炉炉体的砌筑如图7－15所示。为减少炉子热损失及增强电绝缘性，在炉衬和炉壳间加一层电绝缘性好、导热系数极小的石棉板和黏土砖。炉体的砌筑方法是：在炉底平铺一层10mm厚的石棉板，然后干砌一层65mm的黏土砖。其上砌筑一层按炉底形状加工好的400mm厚的炭砖，炭砖之间留60～80mm的间隙，用炒好的电极糊与炭素料的混合料充填缝隙并捣实。在炭砖平面以上砌筑炉墙，沿炉壁圆周内湿砌一层10mm的石棉板，再砌一层115mm厚的黏土砖，一直砌到炉口。为减小劳动强度和改善作业环境，目前的碳质炉衬多采用将铁胎放入炉内后灌入炭素料、电极糊、碎电极块，经烧结的方法而制成。在灌入碳质料前，炉门用耐火砖砌筑，在出铁口炉眼位置预置钢管或缸瓦管，灌入碳质料后与炉衬进行整体烧结。表7－8示出了捣制用碳质材料的组成。出铁口的流槽采用加工好的流槽炭砖砌筑。

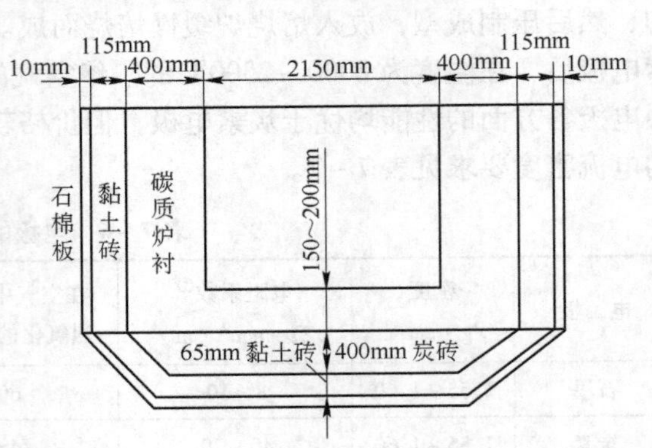

图7－15 5t电弧炉炉体砌筑示意图

表7－8 捣制用碳质材料的组成

原 料	炭素料	电极糊	废电极头
配比/%	50	30	20
粒度/mm	10～50	10～50	10～20

C 炉体的烧结与烘炉

炉体的烧结以柴油或焦炭为燃料。铁胎是一个厚30mm的整铸壳体，在壳体内用油枪喷入柴油或加入焦炭燃烧，以加热铁胎并将热量传入电极糊，使电极糊逐渐熔化。随着电极糊的熔化，碳质料逐渐下沉，应随时加入碳质料，直至炉墙处的所有空间灌满碳质料为止。然后继续加热，使炉墙内侧的电极糊烧结、硬化和部分石墨化。一般用柴油烧结一个炉衬大约需要8h，烧结层厚度为40～50mm。烧结停火20h后，将铁胎吊出，清理和修整好后备用。

碳质炉衬炉体在启用时均需进行烘炉，以保证炉衬的良好烧结和去除炉体内的水分。冶炼稀土硅铁合金的电弧炉采用整体更换炉体的方法，当炉壁损坏至需要更换时，将炉体吊下，把烧结后的备用炉体吊放到工作位置，盖上炉盖，上好三根电极。检查电气设备和机械设备，若运转正常便可开始送电烘炉。合理的烘炉供电制度是保证电弧炉质量的关键，为了使炉衬各部位均衡升温，送电前应先在炉底上铺一层废电极块，其厚度为200～300mm，长度为100～300mm，也可用大块焦炭代替。开始送电时应采用大电压、小电流，以形成较长的电弧柱。根据炉体升温情况，加大电流断续烘烤，经过4～5h后停电，扒出废电极块后方可装料冶炼。

7.2.4 硅热法冶炼稀土硅铁合金的生产工艺

7.2.4.1 冶炼工艺流程

电弧炉硅热法冶炼稀土硅铁合金的工艺流程如图7-16所示。在电弧炉内冶炼稀土硅铁合金是以稀土富渣、稀土精矿渣或稀土精矿等为稀土原料、75%硅铁为还原剂、石灰为熔剂，当炉渣氟含量低时，也加入萤石为辅助熔剂。对原材料的要求如下：

（1）稀土原料。为了提高稀土回收率和产量，节省电能，减轻环境污染，要求选用精料。近年开发出利用白云鄂博或山东微山低品位稀土精矿（含REO 30%）直接冶炼稀土硅铁合金的工艺，可采用湿法冶金不宜使用的低品位稀土精矿生产稀土硅铁合金。

（2）石灰。要求 $w(CaO)>85\%$，其余按炼钢用材料要求，粒度不大于50mm，严禁粉石灰入炉。

（3）硅铁。75%硅铁按国家标准，硅含量大于75%，块度不大于150mm。

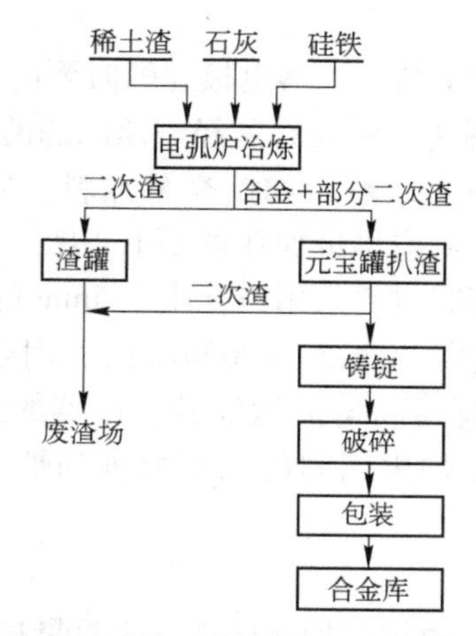

图7-16 电弧炉硅热法冶炼稀土硅铁合金的工艺流程

7.2.4.2 配料

按所要生产的稀土硅铁合金的化学成分，以炉料的化学成分为依据，按炉子装入量计算出稀土原料、石灰、硅铁的量，组成批量。炉料间的相对配比，随合金品位、各原料成分的变化而变动。

根据入炉原料和冶炼产品中稀土平衡的原理，可计算出稀土原料量与硅铁量之比：

$$0.835\times Aw(RE_xO_y)f = Cw[RE]g$$

这一公式可写成：

$$A/C=\frac{gw[RE]}{0.835\times fw(RE_xO_y)}$$

式中 A——稀土原料量，kg；

C——硅铁量，kg；

g——合金率，即产出合金与加入硅铁的质量比，%，可根据经验确定；

$w[RE]$——合金中稀土金属的含量，%；

$w(RE_xO_y)$——稀土原料中稀土氧化物的含量，%，换算成稀土金属时需乘以0.835；

f——稀土回收率，%。

根据配料碱度可计算稀土原料量与石灰量之比：

$$碱度 = \frac{Aw(CaO) - 1.47w(F_2) + Bw(CaO)'}{Aw(SiO_2) + Bw(SiO_2)'}$$

式中 A——稀土原料量，kg；

B——石灰量，kg；

$w(CaO)$，$w(F_2)$，$w(SiO_2)$——分别为 CaO、F_2、SiO_2 在稀土原料中的含量，%；

$w(CaO)'$，$w(SiO_2)'$——分别为 CaO、SiO_2 在石灰中的含量，%。

生产实践证明，按上式表示的配料碱度应保持在 3.0～3.5，出炉前的终渣碱度以 2.0～2.5 为宜。由上式计算的石灰加入量，适用于以稀土富渣为原料的情况。如使用稀土精矿渣或稀土精矿为原料，由于稀土氧化物也是碱性氧化物，当其含量大于 30% 时，应对该式进行适当的修正。

7.2.4.3 冶炼工艺操作

A 加料熔化

烘炉后，即进行送电起弧和加料。在落电极起弧时要防止折断电极，当三根电极都有电流（有电流表指示）时，将稀土原料及石灰经炉顶部的两个加料漏斗加入。先放入一部分稀土原料，相继放入一部分石灰，然后如此交替加料。新炉体的容积小，可分两批加料，直至把配料量加完为止。石灰应尽量加在炉子中心区。

在加料的同时堵好炉眼，堵眼材料采用粒度小于 5mm 的焦粉。当炉眼直径在 ϕ100mm 左右时，用干焦粉堵；当炉眼直径为 ϕ150～200mm 时，用湿焦粉堵。

电流一般稳定 5min 左右，即可将电流增加到变压器的最大允许值，以加速熔化。在熔化过程中要勤推料，不断地把炉内四周的未熔料推到炉子中央高温区。要避免炉墙挂料，以防造成操作困难。

B 还原

当炉料熔化 70%～80% 时，由炉门加入硅铁。应尽量把硅铁加在高温三角区并压到液面以下，以减少硅铁烧损。加完硅铁待电流平稳后，加大电流至额定值，提高炉温使硅铁快速熔化，但应注意不要造成金属过热。

在升温过程中，要注意观察炉顶逸出炉气的颜色、浓度变化以及熔体液面的情况。当炉气由黄褐色逐渐变成灰白色，最后为蓝色，并观察到电极周围与渣面接触处不断翻滚时，表示硅铁已经熔化完。当渣温达到 1350～1400℃时，即可停电搅拌。抬起电极并将炉体倾向流槽方向，使炉门排气，并从炉门插入气体搅拌管进行搅拌，气体压力为 0.2～0.4MPa。以前采用压缩空气搅拌造成硅的大量氧化烧损，现改用压缩氮气搅拌，明显降低了硅的氧化损失，同时提高了稀土回收率。在搅拌期要保持炉内强烈沸腾而不溢渣。搅拌管的位置要随时变动，不留死角，一般搅拌 8～15min 即可。当炉气由浓变稀、由黑变白且熔池沸腾减弱时，表明炉内的反应在当时的温度下已达到平衡，可停止搅拌。取样化验合金中稀土成分，决定是否需要继续搅拌，如果样品合格，就准备出炉。为确保渣铁分离，从搅拌后至出炉前，采用高电压、中级电流送电 5～8min 以提高炉温。

C 出炉

出炉熔体温度要高于 1350℃，出炉前先将炉门槛用石灰或焦粉垫平，倾动炉体趋于水平，停电 3～5min，使渣铁很好地分离。打开出铁口，先将大部分炉渣溢到渣罐中，此时倾炉必须缓慢，以免带出合金。然后将剩余的渣和合金放入由天车吊挂的元宝罐中，出完合金后，将罐吊至铸锭跨。放完合金后把炉子恢复到正常位置，进行下一炉的送电起弧和加料。

把元宝罐吊到扒渣位置处，先将大部分炉渣溢到渣罐中，同时用铁管击荡渣流。如见有合金花（蓝色）溅出，应立刻回小钩停止溢渣，以避免溢出合金。扒渣一般需 5 ~ 8min，扒渣后的合金吊到铸锭位置，倾倒在已准备好的铸锭盘内。应使合金缓慢地流入盘中，避免铸锭盘被合金流冲出坑。为减小偏析，要求锭厚小于 150mm。铸锭后约 15min（视锭厚而定）左右，把合金锭运到指定地点。

D 破碎和包装

破碎前的合金由质检人员取样化验有关成分，按化验结果分级堆放。由于用户使用合金的目的和方法不同，对合金的粒度要求各有差异，需根据用户要求的粒度进行破碎。破碎粒度合格的合金装桶，每桶净重 50kg。装桶合金分批取样化验化学成分，合格者填写合格证后装入桶内，不合格者列为废品回炉。

5t 电弧炉用含 REO 15% 的稀土富渣冶炼稀土硅铁合金，每炉可产合金 1t，冶炼周期为 200 ~ 245min，炉子作业率为 78% ~ 85%，产品合格率为 95%，稀土回收率为 60% ~ 70%，电耗为 4000 ~ 4700kW · h。用含 REO 30% 的稀土精矿冶炼稀土品位大于 30% 的稀土硅铁合金时，稀土回收率达 75%；冶炼含稀土 21% ~ 27% 的合金时，稀土回收率达 80%，每吨合金电耗在 3000kW · h 以下，比原工艺节省电耗 30%。

7.2.4.4 影响因素

电弧炉硅热还原法生产稀土硅铁合金，经过多年的科学研究和生产实践证明，配料碱度、料铁比、还原温度和搅拌强度对合金的稀土品位和回收率具有决定性的影响。这四个影响因素也称为稀土硅铁合金冶炼过程的四要素。

A 配料碱度

用硅铁还原熔渣中的稀土氧化物时，在一定范围内，熔渣碱度和硅铁的硅含量越高，还原越完全。增加熔渣碱度能提高稀土回收率，这是因为有充足的氧化钙是促成稀土矿物分解的关键，氧化钙不仅增大了熔渣中稀土氧化物的活度，而且起着与反应产物二氧化硅化合生成硅酸二钙、硅酸三钙以降低二氧化硅活度的作用；同时，被硅还原出来的钙又用于稀土的还原。但碱度过高会降低渣中稀土的浓度，同时又使熔渣变黏，影响反应物的扩散，不利于还原反应的进行。

在配料时，加入的石灰量要使二氧化硅均呈硅酸二钙和硅酸三钙的形式存在，其中硅酸三钙量要占总量的 50% 甚至更高一点，此时碱度为 2.3 ~ 2.7。实践表明，当冶炼终渣的碱度在这个范围内时，稀土的回收率最高。在冶炼过程中产生大量的二氧化硅使熔渣碱度降低，所以配料碱度要高于终渣碱度，究竟高多少则视冶炼过程中硅的消耗量（即二氧化硅的生成量）而定。有关实验证明，对于每种熔渣都有一个最佳配料碱度，只有选择合适的配料碱度才能得到最高的稀土回收率。

B 料铁比

入炉的稀土原料质量与硅铁质量之比称为料铁比，它是配料计算中的一个重要数据。料铁比不是常数，应随原料稀土品位和合金稀土品位的变化而进行调整。如果合金的稀土品位不变，随着原料稀土品位的降低，料铁比应提高，即在低品位原料中还原出同样多的稀土要消耗更多的硅铁。如果原料的稀土品位不变，随着合金稀土品位的增加，料铁比也应提高，因为在同样的原料中还原出的稀土越多，消耗的硅铁也就越多。上海冶金研究所的试验表明，在选定配料碱度为4.0、温度为1200～1300℃、其他操作条件相同时，料铁比与合金稀土品位和稀土回收率的关系如图7－17所示。可见，冶炼低品位的合金，稀土回收率高；而冶炼高品位的合金，稀土回收率则低。

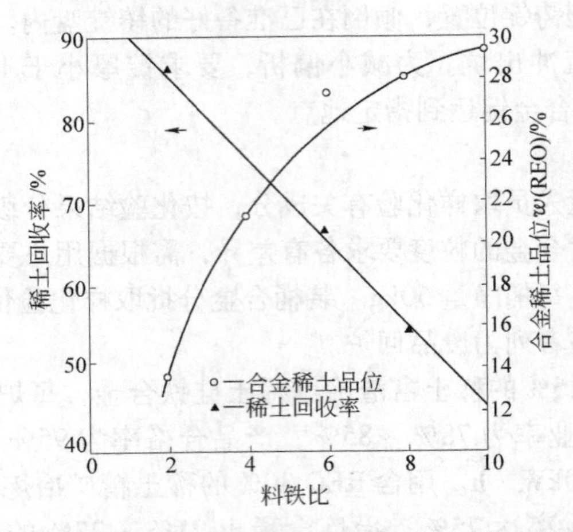

图7－17 料铁比对合金稀土品位和稀土回收率的影响

C 还原温度

还原温度对稀土的还原速率具有重大的影响。实践证明，在一定范围内采用较高的碱度和较低的温度对稀土还原有利。当配料碱度为4.0，温度在1400℃、1325℃及1250℃时，稀土在终渣与合金之间的分配比分别为0.06、0.04和0.02，稀土的回收率分别为67.7%、75.8%及85.0%。

硅热法还原稀土氧化物是放热反应，所以提高温度会影响反应进程，使稀土回收率降低。但是对于工艺条件的选择，不仅取决于反应的平衡状态，还要考虑反应速度、生产效率、操作条件及熔渣性质等因素，综合各因素来选择最佳条件是十分必要的。还原温度较高时，熔渣黏度较低，有利于反应离子的扩散，因而合金中稀土含量较快达到峰值。但若温度过高，则合金的氧化速度加快，对控制合金成分造成困难，被氧化的稀土回到渣中使合金品位降低。一般认为，最适宜的还原温度为1300～1350℃，出炉温度以1350～1400℃为宜。若将还原温度提高到1400～1450℃，则会出现终渣中稀土含量增高、稀土回收率降低的趋势。

D 搅拌强度

稀土熔渣与液态硅铁的反应属于液－液反应，反应物的扩散是反应速度的限制环节。由于两种液相的密度不同（如熔渣的密度为2.6g/cm^3，硅铁的密度为3.3g/cm^3，且随稀土含量的增加会逐渐增加到4.6g/cm^3），在冶炼温度下熔渣与合金自然会分成明显的两层。因此在还原过程中进行搅拌，可使熔渣与硅铁充分接触，增加了反应物质碰撞和生成物质离开的机会，强化了反应，缩短了冶炼时间。

生产实践中，搅拌强度视炉温的高低而灵活掌握。炉温偏低时应强烈搅拌，炉温偏高时搅拌可减弱。搅拌过度会增加合金暴露在空气中的机会，反而使硅、稀土等元素氧化，造成稀土回收率降低。如果碱度不够高，则合金中稀土含量下降得更快。所以，需掌握合适的搅拌时间和次数，适当调整压缩气体的流量。

7.2.4.5 生产中常见故障及处理方法

在稀土硅铁合金冶炼过程中经常出现一些故障，有机械设备、电气系统方面的，也有冶炼工艺、冶炼操作方面的。在冶炼操作方面常见的一些故障及一般处理方法介绍如下。

A 熔渣在炉内凝固

在冶炼过程中途突然停电，会使熔渣凝固。再次送电时，因凝固渣导电性差而导致不能起弧，此时要用焦粉、废电极块、硅铁或铁块等在电极下面的三角区搭成通路使之起弧。当三相电极都起弧后，三角区的熔渣逐渐熔化并慢慢扩大到整个熔池，使冶炼可继续进行。

B 电极折断

冶炼中加硅铁时碰撞、加料时料块冲击、因下放电极速度过快而撞击炉料或炉底、电极受潮以及因接头螺母处有灰尘而引起打弧过热等，都会引起电极折断。

电极折断后，小块电极可用耙子由炉门扒出；大块电极要待炉料熔化后倾动炉体，再从炉门扒出。如较长的电极或整根电极从接头处折断，电极卡在电极孔处，则要停电，用细钢丝绳把电极上端拴住，再用吊车把断电极由电极孔吊出，固定在复活电极架上，将螺丝头旋出，电极以备再用。

C 跑炉

还原期的冶炼反应十分剧烈，烟气量大，液面迅速上涨，熔渣大量溢出或喷出炉外的现象称为跑炉。跑炉的产生原因大多是不按操作规程操作，如炉温过高，搅拌过迟；粉状硅铁量大，且加入较晚；搅拌时压缩气体流量过大，搅拌过于强烈等。

发现有跑炉的迹象时需立刻停电，将炉体向后倾，用压缩气体吹堵炉门，将上涨的熔渣吹向炉后，并将冷渣、湿焦粉或煤块等投入炉内，使渣面沸腾，排出气体。如已发生跑炉，则要保持好设备，及时用水冷却，把溢出的炉渣重新投入炉内冶炼。

D 出铁口冻结

出炉时常有出铁口打不开的现象，这是由于堵出铁口时没有清净炉渣或焦粉没有填满炉眼，致使熔渣浸入后凝固。这时，可把炉体向后倾，提高炉眼处温度，用钢钎捶打。仍打不开时，可用氧气烧开，即将点燃的吹氧管对准清理好的炉眼，加大吹氧量，使堵塞物熔化流出，直至烧通为止。

E 炉衬烧损

电弧炉冶炼稀土硅铁合金，其炉衬是用碳质材料烧结而成的。当炉墙与炉底烧损程度不一致时，要进行热补炉。

a 热补炉底

经过一段时间冶炼后，在电极起弧处会出现深坑，炉底变薄，使熔池过深。若此时炉墙尚且完好，则要热补炉底，否则就会影响冶炼的正常进行。

热补炉底之前的最后一炉配料应力求碱度偏低些，出炉时尽量把熔渣出净。热补炉底前需洗炉。对于5t容量的炉子，向熔池中加入600~700kg萤石，送电熔化后用耙子搅动，使熔融的萤石冲蚀残渣，并倾动炉体5~6次。约40min后，将熔体放出炉外，捞出残留在凹坑处的残渣。如残渣取不净，可用废电极头粘出。炉底清净后，待自然冷却到700~800℃时进行热补炉。

补炉材料的粒度要求小于100mm。如有沥青，可先在炉底摊一层，然后加入电极糊耙平，在电极糊上面再铺一层电极糊占60%、炭素料占40%的混合料并耙平，最后在最上面盖一层电极糊。

待加入的补炉料黑烟基本冒完、炉底表面出现硬壳时，在电弧区加一层小块电极块，用低压、大电流起弧，烘炉约2h。烘好炉后扒出电极块，炉子便可投入生产。

b 热补炉墙

炉墙发生局部损毁时要热补炉墙。先用铁铲将贴补处清理干净，然后把已炒软的料（电极糊占60%、炭素料占40%）用长柄铁铲送到贴补处，再用小长柄铁耙将软料推压到贴补处压实即可。

c 热补炉眼

当出铁口炉眼烧损过大，不易堵而易跑眼时，也要进行热补。补眼前先将炉眼周围的炉渣清理干净，用直径为ϕ150mm、长800mm的缸瓦管或铁管，里面填满焦粉，两端用耐火泥封口，放入炉眼内并对好位置。外部用炒软的电极糊填满捣实后，用耐火泥封口。当确定不会漏出电极糊时，将炉体向出铁口侧倾转至便于加料热补的位置，用铁锹将小块电极糊由炉门投放到管的周围，直至全部补完。待电极糊熔化、结壳后，将炉体回复到正常位置，除尽管中的耐火泥及焦粉，把炉眼清整好后即可投入使用。

7.3 电弧炉冶炼其他稀土铁合金【案例】

7.3.1 硅热还原法冶炼其他稀土铁合金

7.3.1.1 硅热还原法冶炼稀土钙硅铁合金

稀土钙硅铁合金是生产蠕墨铸铁的主要蠕化剂之一，其牌号与化学成分如表7-9所示。

表7-9 稀土钙硅铁合金的质量标准

牌 号	w(RE)/%	w(Ca)/%	w(Si)/%	粒度/mm
$FeSiCa_{13}RE_{13}$	10~15	10~15	≤60	3~25
$FeSiCa_{9}RE_{18}$	15~20	8~10	≤50	3~25
$FeSiCa_{9}RE_{22}$	20~25	8~10	≤45	3~25

电弧炉生产稀土钙硅铁合金的工艺与生产稀土硅铁合金基本相同，但有如下特点：

（1）配料碱度高，终碱度大于3。

（2）冶炼温度高于1450℃。

（3）配成渣中w(F)≥15%。

（4）搅拌强度大而时间短，一般不超过8min，最长不超过12min。

（5）还原剂硅铁中的硅含量大于75%。为了避免产生废品，强搅拌6~7min后停电取样，化验稀土和钙含量，如钙含量达到要求，立刻组织出炉。

7.3.1.2 硅热还原法生产稀土镁硅铁合金

电弧炉冶炼镁硅铁合金是分两步进行的，即先冶炼出相应成分的稀土硅铁合金，然后进行炉外配镁。炉外配镁有两种方法，即冲镁法和压镁法。冲镁法是用合金液将镁冲化，然后铸锭。压镁法是把镁锭压入合金液中熔化，然后铸锭。相比较而言，压镁法镁的烧损率低，合金中氧化镁夹杂少。

配镁过程中，镁的烧损率随合金温度的高低而变化。合金温度越高，镁的烧损率越大。所以，配镁的合金温度应适当，既要使镁锭全部熔化，保证配镁后的合金具有一定的流动性，又要使镁的烧损率降到最低限度。

镁的烧损还与合金中的铁含量有关，合金铁含量越高，镁的烧损率越大。这是因为铁与镁不互溶，若合金铁含量高，则合金中的游离硅优先与铁结合形成 FeSi 或 $FeSi_2$，就没有充分的游离硅与镁结合生成 $MgSi_2$，从而使镁的气化烧损率加大。合金中的稀土、镁、钙、铁都与硅形成化合物，而硅含量高又超标，所以必须控制好合金中的铁含量，才能使镁的烧损减少。

7.3.1.3 硅一步法冶炼稀土镁硅铁合金

在电弧炉内用硅热还原法直接制取稀土镁硅铁合金，是以稀土富渣为稀土原料，以白云石（$CaCO_3 \cdot MgCO_3$）为镁原料，以硅铁、硅钙为还原剂。将称量好的炉料混匀后一次加入电弧炉，调节电压和电流进行熔化和还原，还原结束后出炉，注入锭模中。其优点是以白云石为镁原料，这在金属镁短缺的情况下更具有特殊的意义。

A 冶炼温度

合金中的镁含量与冶炼温度有关。在一定温度范围内，温度越高，合金中的镁含量越高，如表 7－10 所示。

表 7－10 冶炼温度对合金中镁含量的影响

冶炼温度/℃	1350～1400	1500～1550	1600～1650
合金中镁含量/%	1.34	3.38	5.15

B 配料碱度

这里所说的碱度是指 CaO 与 MgO 总量占稀土渣与白云石总量的百分比，碱度与合金中镁含量的关系如图 7－18 所示。

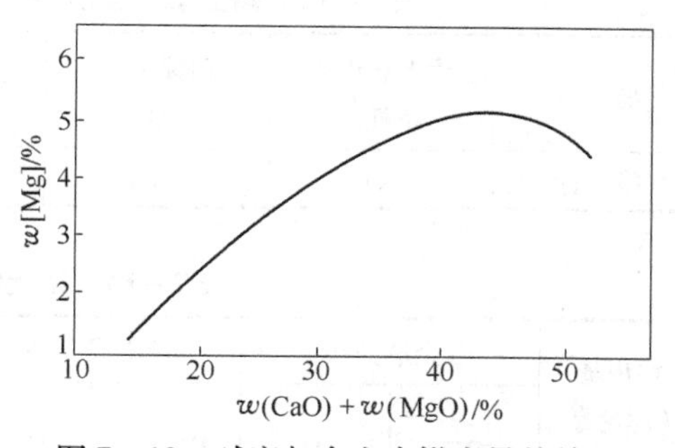

图 7－18 碱度与合金中镁含量的关系

当碱度超过 45% 时，合金中镁含量有下降趋势。这可能是由于熔渣的黏度增高，还原剂与熔渣接触不良，使还原效率降低。

C 硅的含量

还原剂硅铁、硅钙中硅的含量对合金中镁含量有直接影响。由表 7－11 可见，合金中镁含量随还原剂中硅含量的增加而增加，这是符合热力学原理的。

表 7－11 还原剂中硅含量对合金中镁含量的影响 （%）

还原剂中硅含量	95	90	85	80
合金中镁含量	4.2	4.15	3.23	2.65

D 镁在合金相、渣相、气相间的分配

根据工业性试验的物料平衡统计，镁在各相中的分配比为：合金相20%～25%，渣相30%～35%，气相40%～50%。由此可知，镁的还原率很高，但回收率不高。这是因为镁的蒸气压很高，还原的镁大部分进入气相。如果在熔体上面有一定厚度的料层吸附逸出的镁，使渣中氧化镁的含量增加，则可提高合金中镁的含量。

电弧炉硅一步法冶炼稀土镁硅铁合金的工业试验，可获得如下合金成分：$w[RE] \approx 17\%$，$w[Mg]=3\%\sim5\%$，$w[Si]=50\%\sim55\%$，$w[Ca]+w[Mg]>10\%$，余量为Fe。

7.3.2 铝热还原法冶炼稀土中间合金

与硅相比，金属铝具有更强的还原能力。铝与稀土可形成多种金属间化合物，其中Al_2RE比较稳定，约在1458℃熔化。用铝作还原剂可冶炼含稀土40%～60%、铝20%～55%的中间合金，这种合金有效元素组分含量高、杂质含量少，成本低于电解法生产的同类产品，能满足炼钢和炼铝、镁等有色金属合金的需要。可使用稀土氧化物、稀土氢氧化物、稀土精矿渣等作为稀土原料，以工业用粗铝或部分硅铝、硅铁为还原剂，配入适量的石灰和萤石作熔剂。与硅铁还原工艺相比，用铝作还原剂时熔池基本上不发生沸腾，也不产生烟雾状气体，减少了烟害，改善了劳动条件，同时也简化了炉气的排烟除尘设施。

7.3.2.1 用稀土氧化物冶炼稀土铝合金

金属铝还原稀土氧化物制取稀土铝合金的主要反应为：

$$RE_2O_3 + 6Al = 2REAl_2 + Al_2O_3$$

还原生成的Al_2O_3等与石灰相结合，进入渣中。用稀土氧化物冶炼的稀土铝合金的大致成分为：$w[RE]=50\%\sim60\%$，$w[Si]<2.5\%$，$w[Fe]<3\%$，$w[C]<0.3\%$，余量为Al。用250kV·A电弧炉冶炼稀土铝合金的指标见表7－12，制取的稀土铝合金的主要成分及性质见表7－13。

表7－12 稀土氧化物冶炼稀土铝合金的指标（250kV·A电弧炉）

项 目	稀土氧化物单耗/t	铝锭单耗/t	稀土直接回收率/%	铝利用率/%	电耗/kW·h	渣碱度
指 标	1.415	0.648	51.8	65.6	2280	0.5～0.92

表7－13 稀土铝合金的主要成分及性质

铝用量（理论量的倍数）	合金成分/%		炉渣成分/%			主要性质			
	RE	Al	RE_xO_y	Al_2O_3	CaO	合金熔点/℃	渣熔点/℃	合金密度/g·cm^{-3}	渣密度/g·cm^{-3}
5	40.11	52.90	17.72	24.25	48.72	840	1170	3.54	3.27
3	49.19	42.23	16.10	18.71	48.02	800	1170	3.70	3.78

由表7－13可知，合金与渣的密度相差不大，难以分离完全。除了采用必要的强化分离措施外，在不影响用户对合金使用要求的前提下，可考虑加入适量的沉淀剂（如硅铁等）以增加合金密度。此处，二次渣中的稀土含量较高，应用来冶炼其他稀土合金加以回收。

7.3.2.2 用稀土氢氧化物冶炼稀土铝硅合金

湿法提取重稀土氧化物过程中产出的轻稀土富集物价格较便宜，适于用作冶炼稀土合金的原料。用于冶炼稀土铝合金的稀土氢氧化物含 RE_xO_y 68% ~72%、H_2O 6% ~8%，RE_xO_y 中的 CeO_2 占31% ~35%。

由于原料的稀土氧化物含量较高，熔点也较高。为了便于冶炼和降低渣的熔点，需配入适量的石灰和萤石作熔剂，其用量对稀土回收率、合金中稀土含量的影响见图7－19。

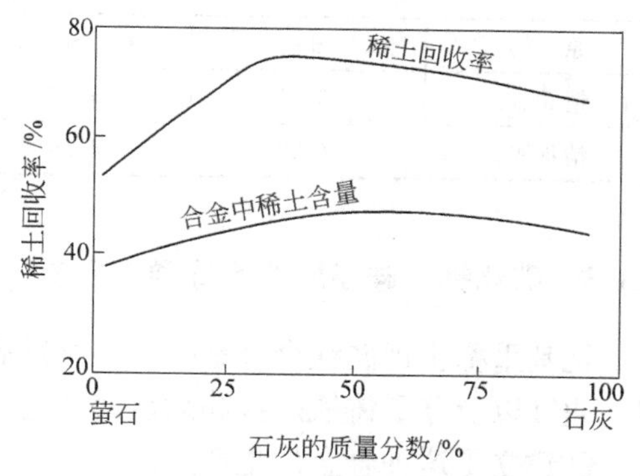

图7－19 稀土回收率、合金中稀土含量与石灰、萤石用量的关系

采用配比（质量比）石灰∶萤石＝40∶60时，可以得到稀土含量较高的合金和较好的稀土回收率。当熔剂加入量为原料中稀土量的1.6~1.8倍时，合金的稀土品位和稀土回收率均较高。在还原温度为1440~1460℃、还原时间为10min、搅拌两次的条件下，还原剂配比对稀土回收率、合金性质影响的相关数据见表7－14。

表7－14 不同还原剂配比所制取的合金的有关数据

还原剂配比/%		合金组成/%				稀土回收率/%			密度/g·cm^{-3}		熔点/℃	
铝	硅铁	RE	Al	Si	Fe	RE	Al	Si	合金	炉渣	合金	炉渣
80	20	38.22	38.43	10.63	3.25	78.8	67.5	100	3.46	3.62	1150	1150
50	50	41.20	18.82	25.99	7.88	86.5	53.4	98.3	3.82	3.82	1200	1150
80	20	47.39	30.40	10.01	3.00	68.3	58.0	100	3.84	3.84	1150	1150
50	50	50.26	18.53	24.53	7.18	74.2	49.1	100.2	4.34	4.34	1250	1150

由于铝密度小、易烧损，所得合金的密度随冶炼进程逐渐增大，这不利于还原反应和合金的沉淀。为此，在试验中加入硅铁作沉淀剂。

7.3.2.3 用稀土精矿渣冶炼稀土铝硅合金

原料采用稀土精矿经过脱铁除磷后的渣，渣的成分见表7－15，精Ⅱ渣为高品位稀土精矿渣，精Ⅲ渣为低品位稀土精矿渣。

鉴于铝的还原能力比硅强，用纯铝还原精Ⅲ渣可得到稀土品位较高（含RE58.7%）的合金，稀土回收率达95%。但由于渣发黏，影响了合金的凝聚及回收率。

当用精Ⅱ渣为原料、$w(Al-Si)/w(Fe-Si)=1$ 时，合金的稀土品位为37%，稀土回收率为93%。试验得出最好的还原条件为：渣∶剂＝2∶1，碱度3.5，还原温度1325~1350℃。制得的合金成分见表7－16。

表7－15 稀土精矿渣的成分 （%）

种类	RE_xO_y	CaO	SiO_2	F	P	Fe	S	Nb
精Ⅱ渣	20.87	38.40	18.69	15.37	0.06	0.167	0.12	<0.01
精Ⅲ渣	13.20	13.20	8.80	6.35	0.12	0.199	1.40	

表 7-16 合金的成分 (%)

原料	RE	Si	Al	Ca	Fe
精Ⅱ渣	50.15	33.8	8.2	1.3	4.6
精Ⅲ渣	36.97	41.6	1.92	5.5	18.2

7.3.3 碳化钙、硅还原法冶炼稀土合金

钇基重稀土钙硅铁合金是一种很有发展前途的新型球化剂，已用于大断面球墨铸铁轧辊、曲轴以及球墨铸铁焊接和耐热铸铁上，均取得了较好的效果。我国钇组重稀土资源丰富，已建立了这种合金的生产点。

钙的还原能力比硅、铝都强，可用碳化钙、硅还原法制取钇基重稀土合金及稀土硅钙合金。炉料中配入碳化钙是基于高温下碳化钙与硅可以反应，生成强还原剂硅钙合金，从而改善了冶炼条件，获得了较好的效益。碳化钙对硅热法还原反应的影响可用下列化学反应表示：

$$CaC_2 + 3Si = 2SiC + CaSi$$

$$2SiC + SiO_2 = 3Si + 2CO_{(g)}$$

原料采用重稀土氧化物，其成分见表 7-17；还原剂用工业纯碳化钙（80%）及 75% 硅铁；熔剂用石灰、硅石和萤石。

表 7-17 原料的成分 (%)

成分	La_2O_3	CeO_2	Pr_6O_{11}	Nd_2O_3	Sm_2O_3	Eu_2O_3	Gd_2O_3	Tb_4O_7
含量	5.5	≤1.0	2.1	2.8	4.4	0.12	6.1	1.3
成分	Dy_2O_3	Ho_2O_3	Er_2O_3	Tm_2O_3	Yb_2O_3	Lu_2O_3	Y_2O_3	TREO
含量	6.0	1.5	4.6	0.85	5.5	0.8	45	87.57

还原设备为单相交流电弧炉，石墨坩埚内型尺寸为 ϕ250mm×350mm，电极直径为 ϕ100mm。将配好的料混匀后，待炉子加热至 1000℃ 以上开始加料还原，还原温度为 1600～1800℃。反应后转动炉体，倒出合金和渣。

在 $[w(Si) + w(Ca)]/w(RE_xO_y) = 1.1 \sim 2.7$、$w(Ca)/w(Si) = 0.37 \sim 0.9$ 的配料情况下，生产的钇基重稀土合金的主要成分和部分技术经济指标见表 7-18。

表 7-18 冶炼钇基重稀土合金的有关指标

合金成分/%				稀土回收率 /%	硅单耗 /t	密度 /g·cm^{-3}	熔点 /℃
RE_xO_y	Ca	Si	Fe				
22.24～40	2.35～7.4	33～45	20～30	63～76	0.3～0.5	4.4～5.1	1400～1500

该还原工艺有如下几个优点：

(1) 还原过程为非可逆反应，加入少量石灰就可使渣的碱度达到冶炼要求；

(2) 可用部分碳化钙代替硅铁，降低了硅铁用量；

(3) 渣量少，稀土回收率较高，设备利用率高，从而降低了合金成本。

采用或部分采用硅钙合金作还原剂制取稀土硅钙合金，在原理上和实践上都是可行的。硅钙合金是一种强还原剂，其密度小，因此在冶炼时具有还原速度快、钙易挥发和烧损、炉料中铁含量不宜过高和熔渣碱度应较高等特点。用硅钙作还原剂可冶炼出合格的合金，当加入硅铁量占硅钙合金量的10%或20%时，均可冶炼含钙10%的合金；当原料中RE_xO_y量与还原剂量的比值为0.65左右时，能使合金的钙含量增加。将还原温度控制在1280~1350℃，加还原剂温度以1300~1320℃为宜，加入后立即搅拌5~6min，待其沉入渣中后，把温度降至1220℃。碱度为4.3~4.5时，渣的流动性增强，有利于合金的沉淀。但硅钙合金售价昂贵，用该法冶炼稀土硅钙合金的成本较高。

7.4 碳热还原法冶炼稀土铁合金【案例】

碳热还原法冶炼稀土铁合金通常在矿热炉中进行，国外稀土中间合金的很大一部分是用碳热还原法生产的。其优点是：把冶炼硅铁后再冶炼稀土合金的两个步骤在矿热炉中一步完成，缩短了流程，连续操作，所用原料来源广泛，成本低于两步法。

矿热炉是目前生产铁合金的主要设备。它与电弧炉相比，相同的是热源都是电弧，不同的是矿热炉的电压低、电流大，热损小，炉温较高，生产连续。但是矿热炉的灵活性差，适于无渣或造渣少的冶炼，要求原料纯净。国内曾以稀土富渣为稀土原料在矿热炉中冶炼稀土硅铁合金，近年正在研究用稀土氧化物或稀土精矿在矿热炉中冶炼稀土铁合金的工艺。

7.4.1 碳热还原法冶炼稀土铁合金的原料

根据矿热炉的冶炼特点，用碳热还原法冶炼稀土铁合金应以稀土氧化物、稀土氢氧化物、高品位稀土精矿等精料为稀土原料。国内曾用稀土富渣为稀土原料冶炼稀土硅铁合金，主要原料还有硅石、焦炭和钢屑。要求稀土富渣的RE_xO_y含量大于12%，自由碱度大于1，粒度一般为10~50mm。当使用稀土品位更高的稀土精矿渣为原料时，可配入较多的硅石和钢屑，这样可延缓碳化硅的生成、减少渣量和提高生产率。

硅石中的SiO_2含量越高越好，通常要求不小于97%。硅石中有害杂质Al_2O_3、P_2O_5的含量越低越好。Al_2O_3含量高的硅石会使炉料烧结、渣量增加且难排除。除了硅石本身含有Al_2O_3外，硅石表面黏附泥土也是使硅石Al_2O_3含量升高的一个原因，因此，用于配料的硅石最好经过水冲洗。通常规定硅石中$w(Al_2O_3)<1\%$。炉料中的P_2O_5大部分被还原进入合金中，使合金的磷含量增加；同时，磷使稀土硅铁合金易于粉化，故通常规定硅石中$w(P_2O_5)<0.02\%$。在冶炼稀土硅铁过程中，硅石中的CaO、MgO、Fe_2O_3并无多大害处。硫和硅形成化合物SiS和SiS_2，这些化合物在高温下的挥发性很大，因此原料中的硫不会进入合金中。表7-19列出了几种硅石的化学成分。

表7-19 几种硅石的化学成分 (%)

产 地	SiO_2	Al_2O_3	P_2O_5	CaO	MgO	FeO
北京平谷	98.12	1.49	0.081	0.23	0.04	0.19
本溪寒岭	98.41	0.13	0.009	0.057	0.16	0.043
南京江浦	99.21	0.47	0.018	0.20	0.011	0.11
江苏江阴	97.80	0.80	0.030	0.03	0.10	0.50

续表 7-19

产　地	SiO_2	Al_2O_3	P_2O_5	CaO	MgO	FeO
内蒙古四子王旗	99.69	0.20	0.001	0.11		
河北隆化	99.30	0.10	0.001	0.11	0.081	0.16
山东莱阳	98.48	0.05	0.006	0.50		0.24
陕西湄县	98.24	0.15	0.009	0.20		0.26

除了化学成分外，硅石在高温下的机械强度也是一个重要的性质。硅石加热时由于结晶转变而爆裂成粉末，会降低炉料的透气性，对炉子工作是不利的。小型电炉由于炉口温度低，硅石的爆裂现象往往不严重，这时，硅石的纯度对冶炼效果有决定性的影响。

大块硅石会延缓熔化还原进程，使用前需进行破碎，破碎后筛除小于 20mm 的碎块及粉末。硅石的粒度与炉子容量有关，用 1800kV · A 电炉冶炼稀土硅铁合金时，硅石粒度为 20～50mm。

冶炼稀土硅铁合金最广泛使用的还原剂是冶金焦碎焦，焦炭的固定碳含量越高越好，并要求其灰分低、气孔率大、化学活性好、比电阻高、在高温下有一定机械强度。

焦炭的粒度是影响炉料比电阻和透气性的重要因素，对冶炼有很大影响。这是由于焦炭的粒度大，比电阻小，则炉料导电性强，电极下插困难，电炉热损失增加；同时，粒度大的焦炭反应表面积小，还原能力相应降低。因此，将粒度过大的焦炭加入炉内是有害的。粒度小些的焦炭比电阻大、接触面积大，使电极插得深，热损失少。对于容量为 400～1800kV · A 的电炉，焦炭粒度应为 1～8mm，其中 1～3mm 粒度的焦炭比例不大于 20%。

冶炼稀土硅铁合金时，使用碳素钢钢屑来增加铁量。碳素钢钢屑的铁含量应大于 95%，钢屑越短、越小，越容易操作，因此，钢屑长度不得大于 100mm。钢屑应清洁，不得有显著的外来夹杂物。

7.4.2 碳热还原法的反应原理

碳热还原法冶炼稀土硅铁合金的主要依据是，在矿热炉的高温下，碳把硅石中的硅还原出来并与铁形成硅铁合金。当有大量游离硅存在时，硅又成为还原剂，使稀土氧化物还原并形成硅化稀土进入合金。碳也能直接还原稀土氧化物，还原出来的稀土与硅结合成硅化物进入合金。硅在其中起还原剂的作用，同时也起合金化的作用。碳热还原法制取稀土硅铁合金的主要反应为：

$$M_xO_y + C = M_xO_{y-1} + CO_{(g)}$$

$$M_xO_y + (z+y)C = M_xC_z + yCO_{(g)}$$

$$zM_xO_y + M_xC_z = x(z+y)M + zyCO_{(g)}$$

式中，M 为稀土、硅、钙等合金元素。低价氧化物可进一步还原，直至形成金属。中间产物碳氧化物也是存在的，它可进一步与氧化物和碳反应，最终形成金属。例如，碳从二氧化硅中还原硅的过程可以写成：

$$SiO_2 + 2C = Si + 2CO$$

$$\Delta G^{\ominus} = 732060 - 3870.5T \quad (J/mol)$$

$$SiO_2 + C = SiO + CO$$

温度高于1850℃时，生成SiO反应进行的可能性是有限的，因为在冶炼条件下，其动力学条件不充分。对Si－O－C－Ce（Y）体系的热力学和动力学研究表明，下列反应是存在的：

$$Ce_2O_3 + 7C = 2CeC_2 + 3CO_{(g)}$$

$$Y_2O_3 + 7C = 2YC_2 + 3CO_{(g)}$$

$$SiC + SiO = 2Si + CO_{(g)}$$

$$SiC + SiO_2 = Si + SiO + CO_{(g)}$$

$$CeC_2 + 2SiO = CeSi_2 + 2CO_{(g)}$$

$$SiC + CeO = CeSi + CO_{(g)}$$

当温度高于1600℃时，最初将还原出硅，同时有中间产物SiC、SiO和稀土碳化物等生成。而还原稀土金属则需要更高的温度（高于1800℃）。还原硅和稀土金属的中间凝聚产物是碳化物，它们可与一氧化硅或二氧化硅相互作用而分解。在其他条件相同的情况下，生成碳化硅比生成稀土碳化物容易；随着稀土硅化物的形成，稀土碳化物比碳化硅更容易分解。碳化硅等的聚集若不及时分解，极易造成炉底堆积，形成炉瘤。当碳化硅遇到铁时很容易被破坏，反应式为：

$$SiC + Fe = FeSi + C$$

因此，在冶炼过程中需加入大量钢屑，以消除碳化物的生成，避免炉底上涨和电极上抬。钢屑加入量越多，这一效果越明显。

由于碳热还原时总要配入大量的硅石，一方面，还原产物硅可以与稀土、钙形成稳定的硅化物，降低了这些难还原元素的起始还原温度；另一方面，不可避免地将产生稳定的硅酸盐和其他复杂氧化物，这些氧化物恶化了还原元素的热力学和动力学条件。

7.4.3 矿热炉设备

冶炼稀土铁合金采用小型（如1800kV·A或400kV·A）敞口固定式矿热炉。小型矿热炉大致由机械设备、电气设备、电极、炉体等几部分构成。

7.4.3.1 机械设备

矿热炉的机械设备包括导电系统、电极把持器、电极压放装置和升降装置、冷却装置及通风装置、防护设备等部分。

A 电极把持器

电极把持器的作用是夹紧电极、将电流传给电极、配合压放以及升降电极。电极把持器的结构应该坚固耐用，保证在将电流导向电极时电损失最小，并能保证压放电极方便、可靠和便于检修。由于电极把持器是处于高温条件下的部件，承受着炉口的辐射热、热炉气以及强大电流通过导体时产生的热量，所以把持器需进行水冷。

B 电极压放装置

在合金冶炼过程中自熔电极不断消耗，故需定时下放电极，以满足电极工作端的长度。小型矿热炉多用钢带式电极压放装置，大型矿热炉及封闭炉都采用液压自动压放装置。

C 电极升降装置

小型矿热炉采用卷扬机升降电极装置。卷扬机由电动机、蜗轮蜗杆、减速箱、齿轮、鼓形轮等组成。卷扬机开动时，通过钢丝绳（或链条）、滑轮、横梁、电极把持器等带动电极上升或下降。电极的升降速度视炉子功率不同而不同，一般直径大于ϕ1m的电极，升降速度为0.2～0.5m/min；直径小于ϕ1m的电极，升降速度为0.4～0.8m/min。电极升降行程为1.2～1.6m。

目前新式大型矿热炉多采用液压驱动系统。电极靠两个同步液压缸升降，松放电极靠由程序控制的液压抱闸来完成，导电铜瓦则靠吊挂弹簧、液压缸松紧锥形环来控制。

D 冷却装置及通风装置

电极把持器附近的温度有时高达1100～1500℃，因此，电极夹紧环、铜瓦、导电铜管都必须用水冷却。水冷不但可以提高零件的寿命，还可以改善电路的导电性能。

为了排除炉气和粉尘，改善劳动条件，在敞口式电炉上设有圆筒形铁罩。铁罩的下缘距离工作台面约1.5m。铁罩与烟囱相通，利用烟尘的自然抽力吸收烟尘。炉前出铁口上方也设置烟罩，出铁前打开抽风机，将随铁水排出的烟气经烟罩排放到厂房外。

7.4.3.2 电气设备

矿热炉的输电过程是：电能由高压电网经过高压母线、高压隔离开关和高压断路器送至炉用变压器，再经过短网到达电极。供电主线路中的主要电气设备有炉用变压器、短网、电极等专用设备以及高压配电、测量仪表、继电保护等一般配电设备。

矿热炉变压器的变压比很大，二次侧电压较低，电流很大，如1800kV·A变压器的二次工作电压为75～95V，二次工作电流达13000A。故低压绕组一般只有几匝，通常用多根导线并列绕制。

矿热炉对二次工作电压值的大小非常敏感，从工艺角度考虑，分接电压越多越好；但级数越多，变压器的造价将越高。所以，矿热炉变压器一般只具备3～5级分接电压，少数达8级。

矿热炉是埋弧操作，负载较为稳定，短路冲击电流较小，一般与电力变压器的阻抗电压相仿，为5%～10%。为预防变压器低压出线处短路电流太大，可在该处加强保护措施，要求具有较高的绝缘强度和机械强度。

矿热炉中的短网是指从变压器副边引出线到炉子电极的一段线路，包括导电铜板（铜排）、软电缆和导电铜管三部分，如图7-20所示。短网的主要作用是传输大电流，故短网中的电抗和电阻在整个线路中占很大比重，足以决定整个设备的电气特性。

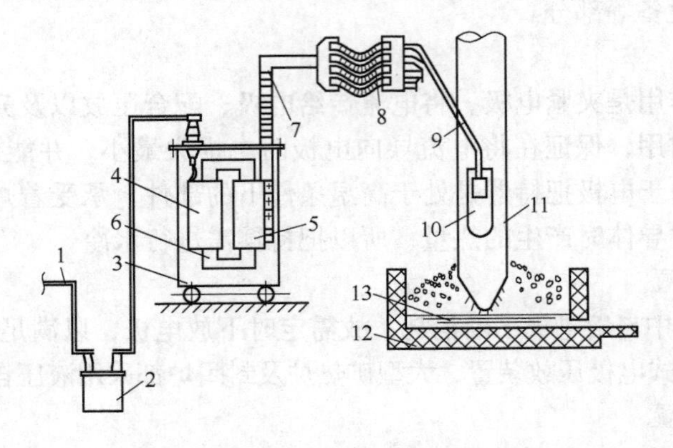

图7-20 矿热炉短网线路

1—高压母线；2—油开关；3—电炉变压器；4—高压线圈；5—低压线圈；6—铁芯；
7—铜排；8—软电缆；9—导电铜管；10—铜瓦；11—电极；12—炉衬；13—熔池

7.4.3.3 自焙电极

电极是矿热炉的关键性部件，正确使用和维护电极对于保证炉子正常运行极为重要。矿热炉使用的碳质电极按其加工制作工艺不同，分为炭素电极、石墨电极和自焙电极三种，实际生产中常用自焙电极。自焙电极是由电极壳和电极糊构成的。在矿热炉冶炼过程中，随着电极的消耗和下放，将电极糊不断填入电极壳中，可以边使用、边成型、边烧结、边接长。

A 电极壳

电极壳是用薄钢板焊成的圆筒，作为电极糊烧结的模子。为了提高电极的机械强度和分担电极壳圆筒可能承受的过大电流，在电极壳内等距离地以连续焊缝焊接若干个筋片。每个筋片上加工出若干个圆孔或三角形切口，三角形切口的舌片分别交错地向两侧折弯30°~45°，以便在烧结时使电极壳与电极糊更好地结合。制作电极壳的钢板厚度以及筋片数量、筋片高度等与电极直径有关。为了使一节电极壳恰好能插入另一节电极壳，电极壳的上口圆周应比下口圆周长10mm。

B 电极糊

制备电极糊的原料有固体炭素材料和黏结剂。固体炭素材料有无烟煤、焦炭和适量的石墨切屑（石墨碎）。使用焦炭和石墨碎的目的是为了提高电极的导电和导热性能。黏结材料有沥青和焦油，它们在电极糊的烧结过程中焦化，使电极产生一定强度。在沥青中加入焦油的主要目的是调整其软化点，软化点为65~75℃。

电极糊的配方需考虑固体料的配比、粒度的组成、黏结剂的软化点和加入量。自焙电极用电极糊分为敞口炉用的标准电极糊和封闭炉用的封闭电极糊两种。标准电极糊中的焦炭采用冶金焦，封闭电极糊中的焦炭采用石油焦和沥青焦。黏结剂的软化点，标准电极糊控制在65℃左右，封闭电极糊控制在57℃左右。若软化点低，则电极容易过早烧结；若软化点高，则电极不易烧结。黏结剂的加入量要适当，加入量过多时，电极不易烧结，会产生固体颗粒与黏结剂分层的现象，容易造成电极漏糊和软断事故；加入量过少时，电极糊黏结性不够，会导致电极过早烧结，易产生硬断事故。电极糊配比及其烧结后的主要性能见表7-20。

表7-20 电极糊配比及其烧结后的主要性能

项　目	标准电极糊	封闭电极糊	项　目	标准电极糊	封闭电极糊
无烟煤含量/%	59±3	50±2	真密度/g·cm^{-3}	1.80~1.90	1.90~1.93
冶金焦含量/%	41±3		假密度/g·cm^{-3}	1.40~1.55	1.45
石油焦或沥青焦含量/%		33±2	气孔率/%	16~22	23.7~24.4
石墨碎含量/%		17±2	抗拉强度/MPa	30~45	22.9~24.5
沥青（软化点（65±2）℃）含量/%	22±2		比电阻/Ω·mm^2·m^{-1}	70~85	57.4~58.8
沥青和焦油(软化点(55±2)℃)含量/%		22±2	固定碳含量/%	>72	>72
灰分含量/%	≤9	≤6	挥发分含量/%	12~16	12~16

C 自焙电极的烧结

在矿热炉冶炼过程中，随着电极的消耗和下放，添加的电极糊逐渐下移，温度逐步升高，不断排出挥发物，最后完成电极烧结过程。烧结电极所需的热量来自电流通过电极本身所产生的电阻热、电极热等向上传导的热、炉口的辐射热和热气体的传导热。

电极在烧结过程中的温度分布情况如图7－21所示。在铜瓦以上1m处，电极糊熔化成液态，此处电极筒受冷风作用，中心温度稍高于周边。在铜瓦部分，电极温度自上而下由250℃逐渐升高到800℃或更高一些。当达到800℃以上时，经4～8h，电极烧结基本完成。

电极糊在低温时电阻很大，在焙烧过程中，电极电阻随着温度的升高而降低，其比电阻变化见表7－21。可见，大部分电流是通过铜瓦以下部分的电极输入炉内的。如果焙烧速度过快，电极气孔率增加，电极的导电性和机械强度都降低。

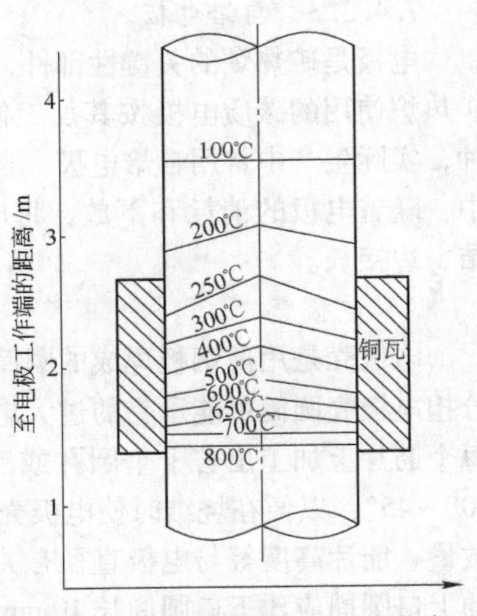

图7－21 电极断面上的温度分布

表7－21 焙烧时电极比电阻的变化

温度/℃	100	300	500	700	900	1000	1200
比电阻/$\Omega \cdot mm^2 \cdot m^{-1}$	17000	10000	2200	1000	82	65	55

D 自焙电极的接长和下放

a 电极的接长

在冶炼过程中，随着电极的消耗和下放，需从上部不断地接长电极壳和添加新的电极糊。新接上的电极壳要插在原已接好的电极壳上，并应保持垂直方向。电极壳接长时采用气焊焊接，焊接时要保证焊接质量。

电极糊的添加量应能保持规定的糊柱高度，糊柱高度的控制主要取决于电极直径的大小。通常，按图7－22所示的关系控制糊柱高度，可以获得质量良好的烧结电极。若糊柱太低，则由于糊柱内压力太小，填充性差，难以得到致密的电极；若糊柱太高，则电极糊中的粗、细颗粒易出现分层现象，或者由于糊柱内压力太大而胀坏电极壳。

添好电极糊后，用木盖将电极壳上口盖好，以防灰尘落入。冷却电极用的风机应是经常工作的，以防止电极糊熔化过早，防止电极壳上沾有灰尘而影响导电。

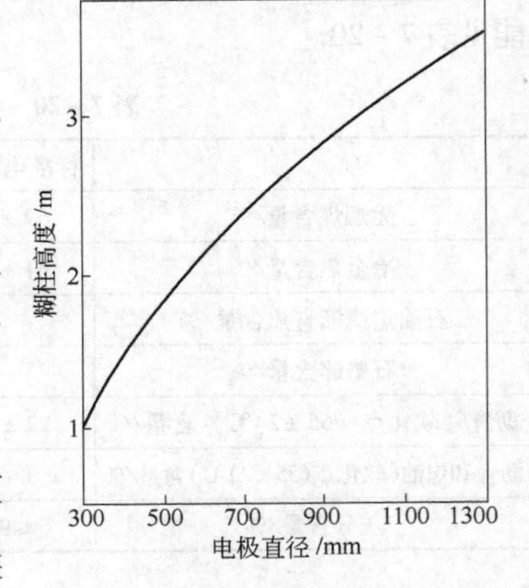

图7－22 电极糊柱高度与直径的关系

b 电极的下放

在冶炼过程中电极应保持一定长度的工作端，并且其消耗速度与烧成、下放速度相适应。正常冶炼操作可按规定的间隔时间和下放长度下放电极，一般有压放装置的敞口炉和封闭炉，每4～6h下放100mm；无压放装置的敞口炉，每8～12h下放200mm。电极下放通常在出铁后进行，下放时要降低负荷10%~50%，以防止烧穿电极壳。

E 电极事故及处理方法

自焙电极常见的事故有流糊、软断和硬断三种。

（1）流糊。液态电极糊从电极壳破损处流出的现象称为流糊。流糊多发生在电极下放后不久。发现流糊时应立即停电，增加冷却风量，减少铜瓦的冷却水量。当孔洞不大、流出的电极糊不多时，用石棉绳填住孔洞，然后采用低负荷送电进行烧结；如果孔洞大，则用钢板将洞补焊好，随后补加电极糊，清除料面上的液态电极糊，然后用木柴或通电烧结电极。

（2）软断。电极在未烧结好的部位发生断裂称为软断。发现电极发生软断时，必须立即停电，将风机开至全风量。如果电极糊流出不多，采取向下坐电极的方法将断口压接在一起，尽量使断口压在铜瓦内，然后送电烘烤。送电时，发生软断的一相电极埋入炉料中不动且不产生弧光，使通过它的电流全部转化为电阻热，一般经过10h左右就可使电极接上。如果不能压接，可取出电极断头，在电极筒底部另焊新底，重新焙烧电极。

（3）硬断。已烧结好的电极发生折断称为硬断。发现电极发生硬断时，应立即停电。如果断头较长，应取出断头，根据电极烧结情况和铜瓦下面的电极长度适当下放电极，然后送电烘烤；如果断头较短、难以取出，可借助电极自重将断头压下，适当下放电极，送电并缓慢升高负荷。

7.4.3.4 炉体及其砌筑

矿热炉的炉壳大部分呈圆筒形，用16~25mm厚的锅炉钢板焊接制成，并装设水平加固圈和立筋加固。出铁口流槽用钢板或铸钢制成。矿热炉采用碳质炉衬，要求炉壳焊接严密，在炉壳接口处必须焊上薄钢板密封接缝，以防止炉壳受热后接缝松开，漏入空气使炭砖氧化。炉壳的底部是水平的，固定式矿热炉的炉壳浮放在工字钢梁上，这样炉壳和工字钢梁在受热时能自由膨胀而不互相影响。工字钢梁之间形成炉底的空气通道，有利于炉底冷却。

炉体的砌筑过程为：

（1）铺石棉板。清除炉壳内垃圾，于炉壳内铺一层厚10mm的石棉板，并用木槌打实，使之与炉壳紧密接触。

（2）铺弹性层。在石棉板上铺一层厚70~80mm、粒度为3~8mm的耐火砖颗粒，即所谓的弹性层。

（3）砌黏土砖。在弹性层上按人字形干砌一层黏土砖，砖缝小于2mm。第二层以上的炉底黏土砖采用湿砌或干砌，砌缝均应小于1.5mm，且砖缝应用泥浆或干黏土粉填充饱满，每层黏土砖之间交错30°~50°。从炉底炭砖周围至炉口的炉壁黏土砖均采用湿砌，并在其中等距离地砌8~12个尺寸为10mm×(25~30)mm的排气孔。

（4）砌炭砖。最后一层炉底黏土砖砌完后，开始砌炭砖周围的炉墙黏土砖。炉壁黏土砖砌到高度与炭砖厚度大致相同时，可砌炉底炭砖。炭砖与黏土砖之间铺一层厚度为10~15mm的水平糊，用按石墨粉:水玻璃=2:1调制而成的水平糊填充。共砌三层炭砖，第三层炭砖正好对准出铁口。炭砖之间宽40~50mm的立缝用底糊打结。打结底糊时，先将加热到120℃左右的底糊迅速倒入立缝中，并铺至厚度约为100mm，用加热过（不能烧红）的捣锤轻捣，然后用风锤捣固，直至其不再下沉为止。炉底炭砖砌好后，从出铁口开始砌炉墙炭砖。炉墙炭砖与炉底炭砖之间的水平缝用水平糊填充，厚度约为5mm。用底糊打结立缝，打结方法与前述相同。炉墙炭砖上部用黏土砖砌筑成梯形，以便于操作。

（5）铺补偿糊。为补偿炉底炭砖立缝底糊加热焦化后的收缩，必须在底糊缝面上铺捣宽100mm、高30mm的补偿糊。在炉墙炭砖和炉底炭砖处的边缘直角处，也需用底糊捣打，这有助于防止铁水从炉底炭砖与炉墙炭砖的接触处渗出。

（6）贴黏土砖或刷石灰浆。为了避免烘炉时炉墙炭砖氧化，还应在炉墙内壁平贴一层耐火黏土砖或者涂一层石灰浆。砌好的炉衬结构如图7－23所示。

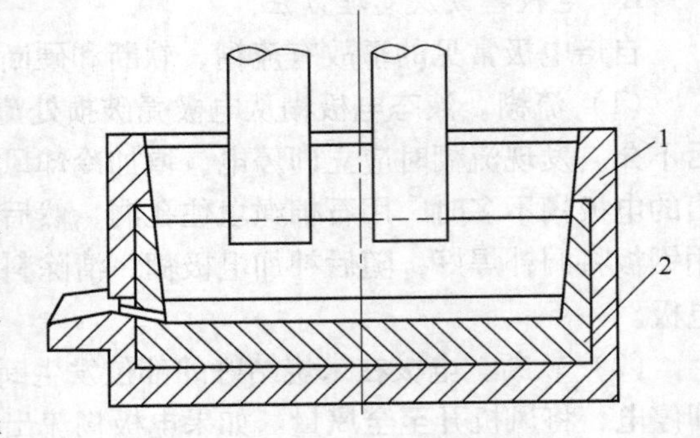

图7－23 矿热炉的炉衬示意图

1—耐火黏土砖；2—炭砖

7.4.4 矿热炉碳热还原法冶炼稀土硅铁合金的生产工艺

使用400kV·A和1800kV·A矿热炉冶炼稀土硅铁合金或用炉外配镁法生产低稀土镁硅铁合金，试生产结果证实了这种冶炼工艺的可靠性，而且用其冶炼某些品种取得了较好的技术经济指标。矿热炉碳热还原法冶炼稀土硅铁合金的工艺流程如图7－24所示。

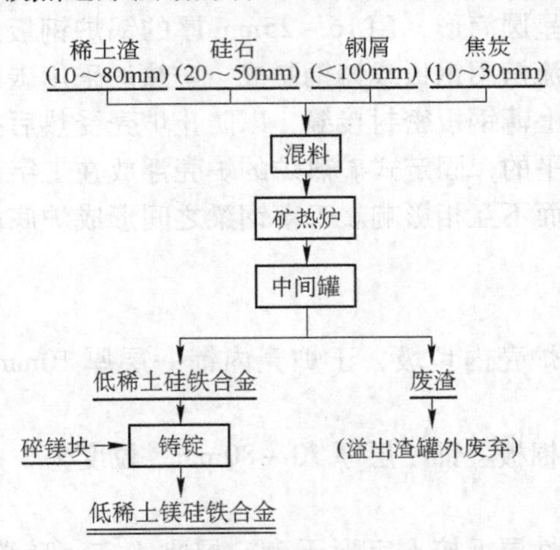

图7－24 矿热炉碳热还原法冶炼稀土硅铁合金的工艺流程

7.4.4.1 烘炉

A 木柴烘炉及焙烧电极

木柴烘炉的主要任务是焙烧电极，否则电烘炉时可能发生电极软断。点火后加入木柴燃烧，烘炉前期（约4h）的木柴加入量要严格控制，大部分要加在三根电极面上，炉心与大面少加，火焰高度一般不超过炉口，目的是烘烤电极和炉衬的下部。然后用大火烘烤电极，使木柴剧烈而均匀地燃烧。烘烤过程中应经常观察电极糊熔化情况、糊柱高度、电极壳形状和挥发分外逸情况，及时补加电极糊到预定高度。

木柴烘炉的总时间为24～30h，电极烧结端长度为1.5～1.7m，烧结质量可用尖头钢钎刺探检查。木柴烘炉结束后，下降电极把持器至电极工作端（即1.6m处），拧紧铜瓦。抬起电极，校正电极间距及垂直度，同时将炉内木灰迅速清理出去。

B 电烘炉

电烘炉的目的是进一步焙烧电极、烘干炉衬和提高炉温。电烘炉时间为32～48h，直至炉外壳温度达到70～80℃、炉衬排气孔冒出较大的火苗为止。电烘炉结束时的最大功率通常为额定功率的1/3～1/2，1800kV·A矿热炉电烘炉的耗电量为30000～40000kW·h。

7.4.4.2 开炉

先清除炉底积灰和剩余焦炭，特别是电极下面要清扫干净。由炉口放下木板堵住出铁口，在炉外用堵眼材料将炉眼封堵好。然后下放电极，并在电极下堆放少量粒度为10～25mm的焦炭，送电起弧，待弧光稳定后即可投料。

开炉料应少加、勤加，以压住火为准。尽量控制料面上升速度，使之不要上升太快，并在一周内保持于较低料线下操作。以稀土富渣为稀土原料冶炼时，渣量一般为合金量的1～2倍。投料后发现翻渣，一般在2h左右放渣一次，继续加料直至料面封住后10h，即可放出合金。

7.4.4.3 冶炼操作

加料不但要做到少加、勤加，而且要加得准确。当发生刺火时，采用轻压料而不捣料的处理方法。当翻渣现象不易控制时，可放渣一次。料层不能太薄，以防塌料。当出现塌料时，可将周围熟料推至塌料区（出铁时例外），严禁将生料直接加入塌料区。要保持料面的良好透气性，发现死料区时要及时用钢钎扎眼，进行适当透气，但要避免钢钎熔化到炉内。

当料批中还原剂不足时，SiO_2不能得到充分还原，炉料发黏，料面烧结，刺火严重，甚至翻渣；同时，液态渣会提高炉内的高温导电性，电流波动大，电极不易下插，出炉温度低。此时，应在刺火处压料或放渣，并在料批中增加焦炭用量。

当料批中还原剂过多时，炉料导电性增大，电极上抬，刺火、塌料严重，铁水温度低，排渣困难。还原剂过剩严重时，炉内易生成SiC等碳化物，在电极下结瘤。在保证合金中稀土品位达到合格标准的前提下，可配入尽量多的钢屑，以防止碳化物硬块的生成。同时，在料批中适当增加硅石量也会促使SiC分解，有利于电极深插，减少黏料下沉和塌料。

当电极下的SiC硬块长高至操作平台口而影响合金产量与质量时，即应考虑将其清除。清除SiC硬块时速度要快，并应注意安全。SiC硬块清除后要及时下放电极，然后将周围熟料推至电极周围。

为了减少热停电时间和次数，要加强电极的维护，使电极能按正常程序烧结，防止软断和硬断。要经常保持电极铜瓦下端到料面的高度为200～350mm，以免刺火时把铜瓦烧坏而增加热停炉。

出炉前应清扫好合金模及出铁口，准备好渣包。正常情况下，每班出炉2～3次。出铁口要开大，以便用钢钎拉渣，将渣和合金放净。渣和合金出在溢渣罐内。

合金及渣基本放净后再堵眼，以避免喷溅。将炉眼外面的渣清理干净，然后用耐火黏土与焦粉混合物制成的泥团堵眼。堵塞越深越好，这样可以防止金属在排出口的窄沟中淤塞和冷凝，便于下次打开。

7.4.4.4 主要技术经济指标

在1800kV·A矿热炉内冶炼稀土硅铁合金的指标、合金成分及二次渣成分，分别见表7-22~表7-24。

表7-22 矿热炉冶炼稀土硅铁合金的指标

原料	每批配料/kg				加料批数	平均班产量/kg	合金平均稀土品位/%	稀土回收率/%	电耗/kW·h·t^{-1}	单位消耗/t			
	富渣	硅石	焦炭	钢屑						钢屑	富渣	硅石	焦炭
稀土富渣	100	62	43		638	779	18.65	59.07	15760	3	1.86	1.29	
稀土精矿渣	100	80~85	50	10	991	1025	20.53	64.18	10121	2	1.7	1.0	0.2

表7-23 矿热炉生产的稀土硅铁合金的成分分析 (%)

原料	稀土	硅	铁	钙	镁	钛	铝	锰	磷	钍	硫
稀土富渣	17.93	59.60	12.43	1.38	0.34	2.0	0.78	3.22	0.032	0.09	0.002
稀土精矿渣	20.86	45.20	27.26	0.82	—	1.48	0.83	2.20	0.336	0.12	

表7-24 冶炼合金后所产生的二次渣的成分分析 (%)

原料	RE_xO_y	CaO	MgO	SiO_2	Fe	Al_2O_3	MnO	TiO_2	ThO_2	F	P_2O_5
稀土富渣	5.85	45.50	1.67	34.24	0.69	5.16	0.24	0.29	0.04	7.95	0.065
稀土精矿渣	10.82	37.22	1.63	29.53	0.66	8.22		0.017	0.061	8.43	0.813

7.4.4.5 矿热炉冶炼其他稀土铁合金概况

美国福特矿物公司用8000kV·A矿热炉冶炼富铈稀土硅铁合金的炉料为氢氧化铈球团、硅石、钢屑、烟煤和木刨花，生产工艺的特点是：严格控制配碳量，保持电极深插，还原温度高（出炉温度为1870~1980℃），少渣操作。合金的稀土总含量为12%~15%，铈含量9%~11%，硅含量为36%~40%，其余为铁。

前苏联采用稀土精矿、硅石、钢屑和气煤在1200kV·A矿热炉中冶炼含稀土30%左右的稀土硅铁合金，稀土在合金中的回收率为70%~80%。将炉用变压器的功率增加到1600kV·A后，稀土回收率提高，合金中的稀土平均含量为28%~40%，硅含量为50%~55%，铁含量为3%~5%；配入钢屑后，铁含量为31%~37%，硅含量降为30%左右。

我国包头稀土研究院曾对碳热法生产稀土硅钙合金进行了系统的研究，采用稀土富渣、硅石和石灰为原料，选用焦炭、木炭或石油焦作还原剂，冶炼出 $w[RE]>10\%$、$w[Ca]=12\%\sim15\%$、$w[Si]\approx55\%$ 的稀土硅钙合金，并在一些企业中进行工业规模的生产，取得了较好的经济效益。

国外用碳热法生产稀土硅钙合金，是在炉料中碳大量过剩、无渣操作条件下进行的。如美国生产RE-Si-Ca-Ba-Sr-Fe合金，采用的炉料配比为：硅石500kg，石灰石100kg，钢屑50kg，烟煤390kg，木屑400kg，氟碳铈矿精矿团块480kg；所得合金的化学成分为：$w[RE]=25\%\sim40\%$，$w[Si]=35\%\sim50\%$，$w[Ca]=2\%\sim8\%$，$w[Ba]=2\%\sim4\%$，$w[Sr]=1\%\sim3\%$，其余为铁，其中稀土金属与碱土金属的比例约为3:1。

7.5 熔配法生产稀土中间合金【案例】

熔配法是制备多种稀土中间合金简便而有效的方法，特别适用于制备多元素的复合合金。目前国内使用的稀土铜镁合金、稀土钨镁合金、稀土锌镁合金、稀土锰镁合金、稀土镁硅铁合金以及铈镁打火石合金等，就是用该法生产的。

熔配法生产稀土中间合金的设备有中频感应电炉、燃油炉、焦炭地坑炉等。其中以中频感应电炉较好，其升温均匀且可控制，有电磁搅拌作用，所得合金成分均匀、偏析少。

7.5.1 坩埚式中频感应电炉

感应电炉按照输入电流的频率，可分为高频炉（10000Hz 以上）、中频炉（500Hz 以上）和工频炉（50Hz）三种。坩埚式感应电炉主要由炉体、炉盖及炉盖启闭机构、倾动炉架、倾动机构、固定支架等组成。炉体是坩埚式感应电炉的主要工作部分。中频感应电炉的炉体通常由坩埚、感应器、炉壳、冷却水管及馈电连接部分等组成，其构造如图 7－25 所示。

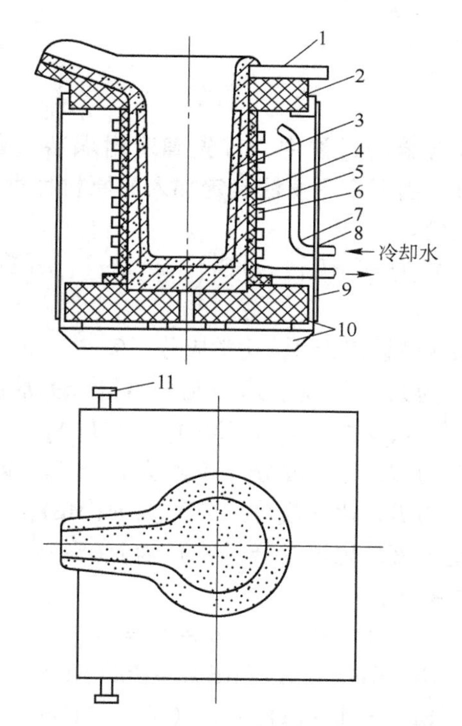

图 7－25 中频感应电炉的炉体构造图

1—环氧层压板；2—耐火砖框；3—石墨坩埚；4—镁砂填充层；
5—绝缘层；6—感应线圈；7—冷却水管；8—铝制炉壳；
9—耐火砖底座；10—铝制边框；11—转轴

感应电炉类似于没有铁芯的变压器，感应线圈相当于变压器的原绕组，坩埚中的炉料相当于变压器的副绕组。副绕组的特点是仅有一圈且是闭合的。

感应炉冶炼时，炉料中的感应电动势在与磁力线轴向垂直的平面上产生涡旋电流。但炉料中的电流并不是均匀的，由于集肤效应，电流密度在炉料表面达到最大值，并沿着料柱由外向内逐渐减小。经试验分析可知，从电流降低到表面电流的36.8%的那一点到导体表面的距离，为电流穿透深度。经计算可知，沿导体横截面上，距离表面5倍穿透深度处的电流接近于零。炉料中的感应电流主要集中在穿透深度层内，加热炉料的热量主要由表面层供给，且依靠热传导来实现全部炉料的加热。

熔配法生产稀土中间合金使用通过整体预制的石墨坩埚和由打结材料结合成的复合炉衬，感应电流使石墨坩埚加热并将热量传递给炉料，从而使炉料加热和熔化。在坩埚内部，电磁力对熔化金属的搅拌是有利因素，它有助于炉料的迅速熔化以及合金化学成分和温度的均匀化，还有利于合金液脱氧、脱气、去除夹杂物。但是电磁搅拌力会使金属表面出现驼峰，过高的驼峰会把中间的熔渣顶起并推向坩埚壁，由于熔渣不能覆盖住整个液面，加剧了合金氧化；另外，剧烈运动的合金液强烈地冲刷炉衬，且炉衬与活性渣接触的表面积增加，这都加剧了炉衬的侵蚀。因此，必须把搅拌力限制在不妨碍正常熔炼过程的数值范围内。

目前，用于熔配法生产稀土中间合金的中频感应电炉的最大容量为1t，使用石墨坩埚后，使容量减少至200kg左右。

7.5.2 配料计算

在熔配法生产稀土中间合金的过程中，首先确定坩埚装入量，再根据生产合金的品种、品级和主要原料的成分，由元素平衡法确定加入的原料种类和配比。现以生产稀土镁硅铁合金为例计算原料加入量。

设配制的合金成分（%）为 $w[\mathrm{RE}]$、$w[\mathrm{Si}]$、$w[\mathrm{Mg}]$、$w[\mathrm{Fe}]$，炉子容量为 G。

可供选择的原料如下：

（1）稀土硅铁合金：加入量设定为 A，化学成分（%）为 $w(\mathrm{RE})_1$、$w(\mathrm{Si})_1$、$w(\mathrm{Fe})_1$。

（2）稀土镁硅铁合金：为某一种或某几种元素不符合标准的废合金，加入量设定为 B，化学成分（%）为 $w(\mathrm{RE})_2$、$w(\mathrm{Si})_2$、$w(\mathrm{Mg})_2$、$w(\mathrm{Fe})_2$。

（3）硅铁：加入量设定为 C，化学成分（%）为 $w(\mathrm{Si})_3$、$w(\mathrm{Fe})_3$。

（4）镁锭：加入量设定为 D，化学成分（%）为 $w(\mathrm{Mg})_4$。

（5）废铁：加入量设定为 E，化学成分（%）为 $w(\mathrm{Fe})_5$。

可列出如下元素平衡关系式：

$$A + B + C + D + E = G$$

$$Gw[\mathrm{RE}] = Aw(\mathrm{RE})_1 + Bw(\mathrm{RE})_2$$

$$Gw[\mathrm{Si}] = Aw(\mathrm{Si})_1 + Bw(\mathrm{Si})_2 + Cw(\mathrm{Si})_3$$

$$Gw[\mathrm{Mg}] = Bw(\mathrm{Mg})_2 + Dw(\mathrm{Mg})_4 f$$

$$Gw[\mathrm{Fe}] = Aw(\mathrm{Fe})_1 + Bw(\mathrm{Fe})_2 + Cw(\mathrm{Fe})_3 + Ew(\mathrm{Fe})_5$$

式中 f——纯镁在配镁时的回收率，经验数据为 $f=0.9\sim0.95$。

联立求解以上线性方程组，即可求出所熔配合金的各种原料加入量。计算中若 A、B、C、D、E 任一项出现负值，则将该项舍去（设定为零），再重新计算。但应注意：A、B 不可同时为零；当 $A > G$ 时，说明稀土硅铁合金的稀土品位不够，需用较高稀土品位的稀土硅铁合金；B、C、D、$E > G$ 均为不可能发生的情况，否则计算有误。

在实际生产中，按以上计算的配料量熔配合金，其产品不一定符合要求。这是由于原料的成分不均匀，造成样品的代表性差别。所以在改炼合金品级或改换批料后，都要及时取2~3个合金样，快速化验其主要成分，校对原料加入量。

7.5.3 中频感应电炉熔配法冶炼稀土中间合金的生产工艺

用石墨坩埚式中频感应电炉熔炼稀土中间合金，由于炉体有效容积的减小，其只适合使用精料而不宜进行造渣过程，故为熔配法熔炼。即根据合金成分的要求，按配比将各种金属或中间合金原料加入炉内重新熔化即可。熔炼过程不要求进行还原或氧化反应，只存在多种合金成分的互溶和化合状态的变化。用中频感应电炉熔配法生产稀土镁硅铁合金的工艺流程如图7-26所示。

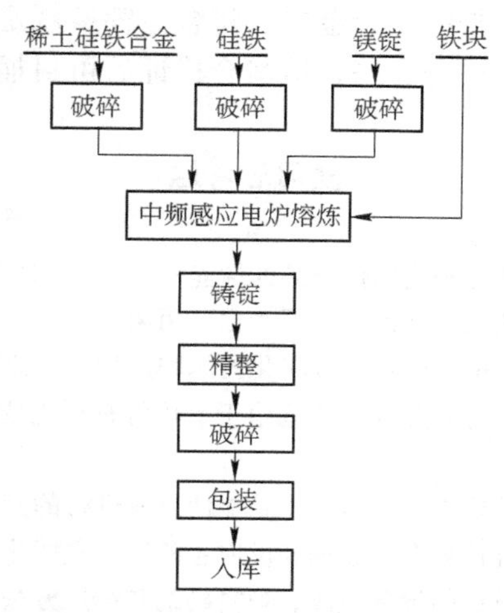

图7-26 用中频感应电炉熔配法生产稀土镁硅铁合金的工艺流程

熔配法所用原料的尺寸规格视炉子容量大小而定。其主要原则是：炉料应纯净，不得夹有砂石和泥土，不得潮湿或夹有积雪和冰块；粒度不宜过大且要求均匀，粉状料比例不得超过5%，以保持良好的透气性。1t中频感应电炉熔炼稀土镁硅铁合金的原料规格见表7-25。

表7-25 1t中频感应电炉熔炼稀土镁硅铁合金的原料规格

原料种类	成分/%			粒度/mm
	RE	Si	Mg	
稀土硅铁合金	20~26			≤60
硅铁		≥72		≤60
金属镁			≥93	80~100
废铁				断面≤40，长≤600

熔炼操作分为以下五个步骤：

（1）加料。烘炉后，将称量好的炉料分层加到炉中。如果铁料的块度较小，可先加铁料，再加稀土硅铁合金和金属镁，最后加硅铁；如果铁料较长，可后加铁，但不要一次加入。

（2）熔料。加完料后，将功率升至额定值熔料。待炉料熔化1/2以上时，用钢钎拉动上面料层以防止结壳。在熔料过程中要特别注意料层的透气性，应及时用钢钎扎动料层，使其保持充分透气。

（3）搅拌。待上部料基本熔化完毕后，可用钢钎搅动2~3次，使熔体内的块状料加快熔化、成分均一。

（4）出炉。经搅动后，确认熔体中无块状料以及合金温度达到要求，即可出炉。把合金倾倒在铺有一层石灰浆且干燥了的锭盘中，然后清理炉口部位的挂渣。合金锭的厚度要求小于100mm。

（5）合金精整。锭盘中的合金冷凝至呈暗红色时脱出，必须一炉一清，分级堆放。脱除的毛刺、浮皮另行存放，不得混入合金中。将合金锭按规定粒度进行破碎、筛分，然后装桶、称重、取样。如果化验成分合格，填写合格证后可封桶、入库。

复习思考题

7-1 稀土铁合金有哪些应用？如何提高钢铁制品的性能？
7-2 稀土铁合金有哪几类，大致成分如何，有哪些主要用途？
7-3 稀土铁合金由哪些相组成？稀土硅铁合金粉化的原因是什么，如何防止粉化？
7-4 稀土铁合金的主要冶炼方法有哪几种，各适用于冶炼哪种稀土原料？应用稀土精矿作原料有何优缺点？
7-5 进行硅热还原稀土氧化物的热力学分析，总结能使反应进行的充分条件。
7-6 简述硅热还原法冶炼稀土硅铁合金的原理和反应各阶段的主要化学反应。
7-7 简述冶炼稀土硅铁合金电弧炉的设备组成、炉衬砌筑和烘炉方法。
7-8 简述硅热还原法冶炼稀土硅铁合金的生产工艺和操作方法。
7-9 碳热法冶炼稀土硅铁合金使用哪些原料，各有何要求？
7-10 简述碳热还原法冶炼稀土硅铁合金的原理和主要化学反应。
7-11 简述冶炼稀土硅铁合金矿热炉的设备组成、炉衬砌筑和烘炉方法。
7-12 简述碳热还原法冶炼稀土硅铁合金的生产工艺和操作方法。
7-13 中频感应电炉熔配法能生产哪些稀土合金，如何配料？简述其熔炼工艺和操作方法。

参考文献

[1] 徐光宪．稀土（上、中、下）［M］．2版．北京：冶金工业出版社，1995.
[2] 石富．稀土冶金［M］．呼和浩特：内蒙古大学出版社，1994.
[3] 张长鑫，张新．稀土冶金原理与工艺［M］．北京：冶金工业出版社，1997.
[4] 李洪桂．稀有金属冶金原理与工艺［M］．北京：冶金工业出版社，1981.
[5] 程建忠，车丽萍．中国稀土资源开采现状及发展趋势［J］．稀土，2010，31（2）：65～69.
[6] 徐忠麟，苏艳超，等．我国离子型稀土开发中环境问题的法律思考［J］．稀土，2013，34（3）：98～102.
[7] 程妍东，梁英，等．清洁生产技术在稀土金属冶炼行业中的应用［J］．稀土，2011，32（5）：92～96.
[8] 赖兆添，姚渝州．采用原地浸矿工艺的风化壳淋积型稀土矿山“三率”问题的探讨［J］．稀土，2010，31（2）：86～88.
[9] 李永绣，周新木，等．离子吸附型稀土高效提取和分离技术进展［J］．中国稀土学报，2012，30（3）：257～264.
[10] 熊家齐，贾昭，等．化学选矿除去高品位包头稀土精矿中的钙（一）［J］．稀土，1980，2：34～40.
[11] 马莹，许延辉，等．包头稀土精矿浓硫酸低温焙烧工艺技术研究［J］．稀土，2010，31（2）：20～23.
[12] 石富．包头稀土精矿浓硫酸低温焙烧的数量分析［J］．稀土，2008，29（2）：36～39.
[13] 柳召刚，李梅，等．碳酸盐沉淀法制备超细氧化铈的研究［J］．稀土，2010，31（6）：27～31.
[14] 刘海蛟，许延辉，等．浓碱法分解包头混合稀土矿的静态工艺条件研究［J］．稀土，2011，32（1）：68～71.
[15] 侯德宝，许立勇，等．稀土萃取流程的产品纯度决策模型［J］．稀土，2011，32（1）：46～49.
[16] 钟学明．水相进料理想分馏萃取的模拟［J］．稀土，2010，31（5）；48～51.
[17] 尹祖平，徐志广，等．HF气体制备氟化（镨）钕产业化研究［J］．稀土，2010，31（1）：99～101.
[18] 高乐乐，沈雷军，等．PDP荧光粉的研究进展［J］．稀土，2012，33（3）：12～15.
[19] 刘荣辉，黄小卫，等．稀土发光材料技术和市场现状及展望［J］．中国稀土学报，2012，30（3）：265～272.
[20] 石富．稀土电解槽的研究现状及发展趋势［J］．中国稀土学报，2007，25（S1）：70～75.
[21] 姜银举，郭海涛，等．氧化铈熔盐电解过程预还原反应的冶金热力学分析［J］．稀土，2010，31（2）：28～30.

冶金工业出版社部分图书推荐

书名	作者	定价（元）
物理化学（第3版）（本科国规教材）	王淑兰	35.00
冶金热工基础（本科教材）	朱光俊	36.00
冶金与材料热力学（本科教材）	李文超	65.00
钢铁冶金原理（第4版）（本科教材）	黄希祜	82.00
钢铁冶金原燃料及辅助材料（本科教材）	储满生	59.00
钢铁冶金学（炼铁部分）（第3版）（本科教材）	王筱留	60.00
现代冶金工艺学（钢铁冶金卷）（本科国规教材）	朱苗勇	49.00
炉外精炼教程（本科教材）	高泽平	39.00
连续铸钢（第2版）（本科教材）	贺道中	38.00
冶金工厂设计基础（本科教材）	姜　澜	45.00
冶金设备（第2版）（本科教材）	朱　云	56.00
复合矿与二次资源综合利用（本科教材）	孟繁明	36.00
冶金科技英语口译教程（本科教材）	吴小力	45.00
冶金专业英语（第2版）（高职高专国规教材）	侯向东	36.00
冶金基础知识（高职高专教材）	丁亚茹　等	29.00
冶金炉热工基础（高职高专教材）	杜效侠	37.00
冶金原理（高职高专教材）	卢宇飞	36.00
金属材料及热处理（高职高专教材）	王悦祥	35.00
炼铁技术（高职高专教材）	卢宇飞	29.00
高炉炼铁设备（高职高专教材）	王宏启	36.00
高炉炼铁生产实训（高职高专教材）	高岗强　等	35.00
转炉炼钢生产仿真实训（高职高专教材）	陈　炜　等	21.00
炼铁工艺及设备（高职高专教材）	郑金星	49.00
炼钢工艺及设备（高职高专教材）	郑金星	49.00
铁合金生产工艺与设备（第2版）（高职高专国规教材）	刘　卫	估45.00
矿热炉控制与操作（第2版）（高职高专国规教材）	石　富　等	39.00
稀土冶金分析（高职高专教材）	李　锋	25.00
稀土永磁材料制备技术（第2版）（高职高专教材）	石　富　等	35.00
高炉冶炼操作与控制（高职高专教材）	侯向东	49.00
转炉炼钢操作与控制（高职高专教材）	李　荣	39.00
连续铸钢操作与控制（高职高专教材）	冯　捷	39.00
炉外精炼操作与控制（高职高专教材）	高泽平	38.00
冶金电气设备使用及维护（高职高专教材）	高岗强　等	29.00